青藏高原地–气耦合系统变化
及其全球气候效应

专辑 I

青藏高原
地-气系统复杂耦合过程

周秀骥　赵 平　马耀明　阳 坤　范广洲　卞建春　等 著

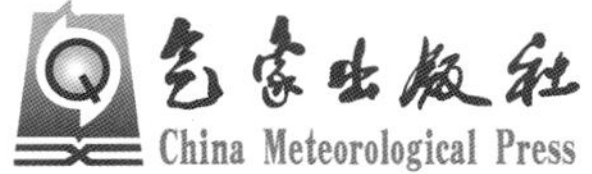

内容简介

本书在简单回顾早期研究进展的基础上，着重介绍国家自然科学基金委员会重大研究计划“青藏高原地-气耦合系统变化及其全球气候效应”开展以来有关青藏高原地-气系统复杂耦合过程的研究成果，内容涉及青藏高原多圈层复杂地表地-气相互作用规律研究，青藏高原地表水量平衡的分析与模拟，青藏高原边界层结构特征及形成机制，青藏高原云降水物理过程特征及大气水分循环，以及青藏高原对流层-平流层大气成分交换过程及其影响的研究成果等。本书内容深入浅出，理论联系实际，可供气象业务工作者、高等院校师生和大气科学研究人员参考。

图书在版编目（CIP）数据

青藏高原地-气系统复杂耦合过程 / 周秀骥等著. --
北京 : 气象出版社, 2023.8
（青藏高原地-气耦合系统变化及其全球气候效应）
ISBN 978-7-5029-7864-8

Ⅰ. ①青… Ⅱ. ①周… Ⅲ. ①青藏高原－地球大气－耦合 Ⅳ. ①P421.35

中国版本图书馆CIP数据核字(2022)第221391号

审图号:GS 京(2022)1412 号

青藏高原地-气系统复杂耦合过程
Qingzang Gaoyuan Di-Qi Xitong Fuza Ouhe Guocheng

出版发行： 气象出版社
地　　址： 北京市海淀区中关村南大街 46 号　**邮政编码：** 100081
电　　话： 010-68407112(总编室)　010-68408042(发行部)
网　　址： http://www.qxcbs.com　**E-mail：** qxcbs@cma.gov.cn
责任编辑： 黄红丽　**终　　审：** 张　斌
责任校对： 张硕杰　**责任技编：** 赵相宁
封面设计： 博雅锦
印　　刷： 北京地大彩印有限公司
开　　本： 787 mm×1092 mm　1/16　**印　　张：** 16.5
字　　数： 370 千字
版　　次： 2023 年 8 月第 1 版　**印　　次：** 2023 年 8 月第 1 次印刷
定　　价： 180.00 元

序

青藏高原位于副热带，覆盖面积约占中国陆地领土的四分之一，矗立在欧亚大陆东部。青藏高原是全球最高的高原，平均海拔超过 4000 m，耸入大气对流层中部。青藏高原群山起伏、山谷纵横交错，具有显著的多尺度特征。全球海拔超过 7000 m 的 96 座高山中就有 94 座围绕青藏高原分布。青藏高原边缘海拔变化剧烈，特别是南部边缘高度落差大，光照强烈。

青藏高原下垫面极为复杂，存在森林、草甸、荒漠、湖泊、积雪、冰川和冻土等，被誉为地球中低纬度高海拔“永久冻土和山地冰川王国”。高原上地表空气密度只有海平面上的 60%，上空大气特别是边界层中各种辐射过程变异万千，不同下垫面地表反照率时空变化及其辐射效应呈强非均匀性；相应的大气物理过程与能量交换和水分收支极为复杂。青藏高原为世界上最大的总辐射量地区，远大于北半球热带和副热带沙漠地区所测到的太阳总辐射量的最高值，春夏季节地表对大气施加强烈的感热加热。青藏高原边界层内可以产生一系列有组织的强湍流大涡旋，其上空的对流活动频繁，夏季在高原南部和东部形成强大的凝结潜热源。对流层中的低频大尺度罗斯贝波和高频重力波的向上传播改变平流层大气环流状态；同时，平流层环流异常信号也能够下传到对流层。发生在对流层-平流层之间的物质交换和输送过程改变平流层大气成分含量和空间分布，通过大气化学、微物理、辐射等过程对臭氧层和区域与全球气候产生重要影响。揭示高原区域特有的陆面-大气的能量、水分及物质交换过程和边界层-对流层-平流层物理交换过程的特征及其对亚洲季风和全球气候的影响具有重要的科学意义。

青藏高原影响气候的理论研究也具有国家经济社会可持续发展的重大战略需求。青藏高原作为一个陆地上的“亚洲水塔”，是长江、黄河、印度河、澜沧江-湄公河和恒河等亚洲大江大河的发源地，对我国与东亚、南亚水资源与生态安全保障具有重要战略地位。亚洲季风区抚育着全球 60%以上的人口，蕴藏着丰富的文化，演绎着悠久的历史。近几十年来，亚洲季风区的社会发展迅速，引领全球的经济发展，亚洲社会的可持续发展意义重大，这种可持续发展与气候关系密切。受全球气候变化的影响，近年来我国极端天气气候事件频发，各类灾害呈突发性、异常性及持续性特征。全国气象灾害造成的直接经济损失亦呈上升趋势，暴雨、干旱、洪涝使得我国粮食与水安全处于严重威胁之中，制约着经济社会的可持续发展。研究表明，青藏高原热力和动力作用的异常对我国乃至全球天气气候的异常有重要影响，被称为是全球气候变化的“驱动机”与“放大器”，是全球与区域重大天气气候灾害发生前兆性“强信号”的关键区与气候高影响敏感区，对亚洲旱涝的形成有推波助澜的作用。深入开展青藏高原物理过程及其气候影响的观测、理论和模拟研究，有助于提高气候预测水平，可为社会的可持续发展提供重要保障，具有重大的社会需求。

为了揭示青藏高原在天气气候形成和变异中的重要作用，几十年来大气科学界相继开展了多次大规模青藏高原综合性大气科学试验。1979 年世界气象组织（WMO）开展的“全球大气研究计划（GARP）第一期全球试验”（FGGE）是第一次大规模的全球观测研究计划。与 FGGE 同步，在国家科委、计委的支持下，中国科学院与中央气象局合作开展了第一次青藏高原气象科学试验“1979 年 5—8 月青藏高原气象科学试验计划”（QXPMEX-1979）。1993—1999 年进行的“中日亚洲季风机制合作研究计划”对亚洲季风的形成机制、亚洲季风与青藏高原的相互作用关系等开展合作研究。在此期间，世界气象组织和国际科学联盟理事会（ICSU）开启了“全球能量与水交换”（Global Energy and Water Exchanges，GEWEX）大型科学试验，GEWEX 亚洲季风试验（GAME）成为重大科学试验之一。其中中日合作的“全球能量水交换/亚洲季风青藏高原试验（GAME/Tibet，1996—2000）”共同研究青藏高原地表与大气之间能量交换及青藏高原对亚洲季风区多尺度能量水交换过程的影响。1998 年中国气象局与中国科学院共同主持实施的“第二次青藏高原大气科学试验（TIPEX）”成为 GAME/Tibet 的核心。2006—2009 年期间，中日科学家联合实施日本国际协力机构（JICA）项目“青藏高原及周边新一代综合气象观测计划”。我国科学家与美国、日本科学家共同发起的“亚洲季风年”（AMY，2008—2012）等国际合作计划，进一步研究青藏高原的能量和水分交换过程及其天气气候影响。2013—2021 年中国气象局开展了“第三次青藏高原大气科学试验”，对高原陆面-边界层-对流层-平流层进行了综合观测及应用研究。这些试验计划获得的研究成果表明，青藏高原地区的能量和水交换过程是亚洲季风及全球能量、水交换的一个重要部分，是当代国内外科学家关注的前沿性科学难题。

尽管青藏高原研究已经取得了许多前沿性的、具有重要价值的研究成果，但是在此前历次青藏高原大气科学试验中，技术装备与探测手段、试验时段以及常规观测站网均存在很大局限性；综合观测系统优化设计尚未充分发挥卫星遥感与高空、地面的观测综合优势；所获取的观测资料多源信息的融合、提取与同化技术能力有限，导致科学试验的数据再分析技术及其综合应用效果与国际水平相比差距较大。青藏高原复杂大地形区域再分析资料匮乏，亦制约了高原影响的理论研究与数值模式物理过程参数化技术的发展，导致模式在青藏高原邻近区域对边界层与云降水过程的模拟与实况存在较大偏差。

“十二五”期间，中国气象局实施加强西部观测站网的综合观测计划，以提升高原区域常规观测网技术，增强卫星遥感和各类先进的特种探测系统，为把陆面过程以及边界层的重点观测目标拓展到对流层-平流层范围提供了契机。多年来的模式发展和理论研究也为拓展卫星遥感、高空和地面观测等多源信息再分析新技术与数值预报模式物理参数化奠定了基础。为了应对经济社会可持续发展的挑战，推动青藏高原影响天气和气候变化的前沿领域理论研究，国家自然科学基金委员会于 2014 年 1 月启动了为期 10 年的重大研究计划“青藏高原地-气耦合系统变化及其全球气候效应”。该重大研究计划的科学目标是：充分利用新建的高原及周边气象科研-业务综合探测系统，认识青藏高原地-气耦合过程、青藏高原云降水及水交换过程以及对流层-平流层相互作用过程；建立青藏高原资料库和同化系统；完善青藏高原区域和全球气候系统数值模式；揭示青藏高原影响区域与全球能量和水分交换的机制。其总体目标是：通过 10 年重大研究计划的实施，揭示青藏高原对全球气候及其变化的影响；培养一批优秀的领军人才；把我国青藏高原大气科学研究进一步推向世界舞台，处于国际领先地位；为经济社会的可持续发展做出贡献。该重大研究计划的三个核心科学问题和研究内容如下。

（1）青藏高原地-气耦合系统变化：包括青藏高原复杂多尺度地形对大气动力学过程的影响；青藏高原地表过程与地-气相互作用；青藏高原云降水物理及大气水交换；以及青藏高原对流层-平流层大气相互作用。

（2）青藏高原-全球季风-海-气相互作用对气候变化的影响：包括高原大气动力过程影响季风与气候异常的机制；海-气相互作用对高原地-气耦合作用的影响；青藏高原能量和水分交换的联系及其影响；青藏高原对亚洲季风-沙漠共生现象的影响；以及高原对全球气候变化的影响和响应。

（3）气候系统模式、再分析资料和数据同化关键技术难题：包括青藏高原观测网站点科学布局问题；观测网站点密度、观测内容和观测手段问题；再分析数据可靠性问题；以及模式中青藏高原关键大气过程描述问题。

截至目前，重大研究计划已资助项目 91 项，其中管理项目 2 项、重点项目 33 项、培育项目 45 项、集成项目 9 项、战略研究项目 2 项，比例分别为 2%、36%、50%、10%和 2%。通过项目实施，已经在如下几方面取得了一系列重要进展。

（1）以高原地-气耦合系统为主线，首次实现了在“世界屋脊”上近地层-边界层-对流层-平流层等多层次大气物理耦合过程的综合研究，深化了高原地区对流层-平流层物质交换的认识；实现了高原上地-气交换观测由点到面的突破，构建了覆盖青藏高原的有关地-气物质和能量交换的时空分布场；推动高原云观测系统的建设并定量揭示了高原云的宏观和微观参数特征、闪电活动与降水频次分布特征；开展上对流层-下平流层大气成分国际协同观测，并首次提供了亚洲对流层顶气溶胶层存在的原位观测证据；揭示了亚洲南部排放的大气污染物经特定通道进入平流层及其对北半球平流层气溶胶收支的显著贡献。

（2）在高原天气气候动力学理论方面，从能量交换、水分交换和位涡守恒理论的不同角度确定了高原的加热作用在亚洲夏季风环流形成中的主导作用和对全球气候的影响；明晰了青藏-伊朗高原热源对区域、全球气候协同影响的物理过程；提出了海洋与高原协同影响东亚季风及气候变化的概念模型；明确了高原土壤湿度、融冻和融雪异常等引起的地表非绝热加热效应异常与东亚夏季风的关系及机理；建立了高原低涡系统激发下游暴雨的分析与预报新思路；揭示了青藏高原动力热力强迫对非洲与美洲气候、大西洋与太平洋中纬度海-气相互作用及印度洋环流和温度、太平洋赤道辐合带、大西洋经圈翻转流（AMOC）形成的影响。

（3）从地球气候系统海-陆-气相互作用的视角出发，显著推进了高原天气气候效应的科学认知。建立了融合高原特色物理过程的高分辨率数值模式，推动了青藏高原地区天-空-地多源观测信息融合、同化及再分析新技术发展；研发了适合高原的高分辨率气候模式和若干具有高原特色的物理过程参数化方案，改进了高原地区陆面过程参数化方案和云过程关键参数化方案；建成了针对高原和周边地区的短期气候预测系统；发展了耦合公共陆面模式（CLM）和数据同化研究平台（DART）的全球陆面多源数据的同化系统，创新性地建成了国内唯一的、实时业务运行的、覆盖青藏高原及周边区域的高时效（1 h）、高分辨率（6.25 km 和 1 km）和高质量的陆面数据同化业务系统，提供近地面温、湿、压、风、降水、辐射、地表温度、土壤湿度、土壤温度等格点产品，填补了国内空白；还建成了长达 22 年的相应的历史数据系列（温、压、湿、风数据达 41 年），并提供公开服务。

该重大研究计划有力地推动了大气科学与其他学科的交叉融合，将高原大气科学推向了跨学科的交叉和应用研究。其中很多成果达到了国际先进水平，提升了我国大气科学的原始创新能力和国际影响力，并培养了一批中青年学科带头人。

为了进一步推动学术交流，促进青藏高原相关科学研究发展，我们根据该重大研究计划的三个研究内容，组织承担该项目的相关科学家撰写了下列三部专辑。

专辑Ⅰ：青藏高原地-气系统复杂耦合过程。作者：周秀骥、赵平、马耀明、阳坤、范广洲和卞建春等。内容包括青藏高原多圈层复杂地表地-气相互作用规律研究；青藏高原地表水量平衡的分析与模拟；青藏高原边界层结构特征及形成机制；青藏高原云降水物理过程特征与大气水分交换以及青藏高原对流层-平流层大气成分交换过程及其影响。

专辑Ⅱ：青藏高原对季风和全球气候的影响。作者：吴国雄、刘屹岷、黄建平、段安民、李跃清和杨海军等。内容包括大地形的动力和热力作用对大气环流和气候的影响；青藏高原气候变化及其对水资源和生态环境的影响；青藏高原气溶胶对天气气候的影响；青藏高原对灾害天气的影响；青藏高原对海洋环流的影响及其气候效应以及青藏高原对区域和全球气候的影响。

专辑Ⅲ：青藏高原气候系统模式与数据同化及再分析。作者：徐祥德、师春香、包庆、王斌、杨宗良、李建和何编等。内容包括青藏高原地-气耦合气候系统模式发展；青藏高原数值模式参数化研究；青藏高原数值模式评估与应用；青藏高原资料同化方法研究以及青藏高原再分析数据集与共享平台。

上述各个专辑的作者都是该重大研究计划的重点项目或集成项目的首席科学家。专辑在简要回顾相关领域研究成果的基础上，着重介绍重大项目开展以来的研究进展和取得的成果；并提出了青藏高原研究中有待深入研究的问题，展望学科未来的发展方向。希望专辑的发表有助于进一步推动相关的学术交流，促进青藏高原天气气候影响的研究。

专辑的出版得到国家自然科学基金委员会重大研究计划“青藏高原地-气耦合系统变化及其全球气候效应”综合集成项目“青藏高原多圈层相互作用及其气候影响”（项目号 91937302）和战略研究计划（项目号 92037000、91937000）的支持。

周秀骥　吴国雄　徐祥德

2022 年 4 月 20 日

前言

大气运动是热力驱动的。虽然驱动大气运动的最终能源是太阳辐射，然而驱动大气运动的直接能源约三分之二来自地球表面。对大气的加热包括扩散感热加热、相变潜热加热和辐射加热。不同地区加热的差异形成大气压力的差异，从而驱动大气运动。起伏不平的地形除了机械作用，更重要的是通过加剧地区的加热差异，从而改变大气运动的状况。高耸的山脉白天接收更强烈的太阳辐射，向大气释放更多的感热加热，增强了大气的上升运动，形成更强烈的降水和潜热加热，从而更显著地改变了大气的运动。大地形上空的大气夏季受热上升、冬季冷却下沉，调控了大气环流的季节转化。全球山地面积占陆地总面积的约三分之二，可见大地形对大气运动具有重要的影响。

青藏高原是世界海拔最高的高原，对大气环流和天气气候影响的独特性和重要性毋庸置疑。自从 20 世纪 50 年代叶笃正先生开拓青藏高原气象学以来，气象学者对青藏高原的特征及其天气气候影响开展了大量的研究，取得了重要的进展。尤其在 20 世纪 80 年代以后，随着地基观测和空基探测技术的不断改善、计算科学技术的飞跃发展，以及理论研究的逐渐完善，人们对青藏高原的天气气候影响的认识更加深入。然而经济社会的快速发展对气象科学提出了更高的要求。为了更好地服务于经济社会的可持续发展，国家自然科学基金委员会于 2014 年批准了为期 10 年的重大研究计划“青藏高原地-气耦合系统变化及其全球气候效应”，围绕青藏高原地-气耦合系统变化，青藏高原-全球季风-海-气相互作用对气候变化的影响，以及气候系统模式、再分析资料和数据同化关键技术难题三个核心科学问题，在原有的研究基础上侧重开展综合性和协调性的研究。

本专辑在回顾早期研究进展的基础上，着重介绍上述重大科学研究计划开展以来有关青藏高原地-气系统复杂耦合过程的研究成果。

第 1 章概述了青藏高原多圈层复杂地表地-气相互作用规律研究进展，回顾了青藏高原多圈层地表地-气相互作用在理解青藏高原动力和热力作用的区域和全球尺度气候效应中的重要性；介绍了自 20 世纪 60 年代在青藏高原珠峰地区进行大气辐射野外观测以来的观测试验进展，包括第一次青藏高原气象科学试验、第二次和第三次青藏高原大气科学试验；总结了围绕青藏高原多圈层地-气交换过程以及地表和大气热源时空变化规律的研究成果；集中讨论了青藏高原区域能量和蒸散发的卫星遥感估算方法，以及青藏高原地-气相互作用过程及其天气气候效应的数值模拟研究进展。

第 2 章总结了在青藏高原地表水量平衡分析与模拟研究方面的进展。分析了青藏高原地区降水和地面蒸发的水平分布和时间变化特征及其机理；从冰冻圈与大气相互作用、岩石圈与大气相互作用角度，综述了青藏高原土壤湿度特征及其对降水的影响、陆面-大气相互作用过程以及青藏高原地面热通量参数化方案改进的进展；在湖泊-大气相互作用过程研究方面，重点讨论了湖-气相互作用过程机理、湖泊模式参数化方案的改进以及湖泊水量的预估；通过讨论青藏高原的区域水汽平衡与降水再循环率、青藏高原的外来水汽源以及复杂地形湍流对水汽传输的影响，分析了青藏高原的水汽传输过程。

第 3 章综述了青藏高原边界层结构特征及形成机制。回顾了大气边界层过程在地-气相互作用过程中的重要作用；总结了青藏高原大气边界层过程观测研究进展；集中讨论了青藏高原对流边界层、稳定边界层和中性边界层高度水平分布特征，以及青藏高原超高对流边界层的结构特征，并就地表感热通量、地表入射太阳辐射通量、土壤体积含水量及云覆盖等因素探讨了青藏高原东、西部之间大气边界层高度空间差异的原因；分析了青藏高原东南缘边界层对流与湍能结构特征及青藏高原边界层对青藏高原对流降水的影响；在评估青藏高原边界层参数化方案性能基础上，改进大气边界层参数化方案。

第 4 章总结了青藏高原云降水物理过程特征及大气水分循环研究进展。分析了夏季青藏高原及周边对流发生频率及对流的季节内变率，讨论了青藏高原对流活动与周边区域的独立性及联系；从统计分析和数值模拟角度讨论了青藏高原云-降水的宏观和微物理特征；讨论了青藏高原地区云-降水的垂直结构特征，包括对流性云和层状云的垂直结构、高层冰云和低层液态云的垂直结构以及整体上的云-降水垂直结构；分析了青藏高原云-降水过程的日变化特征及在高原冷雨过程、暖雨过程中的云-降水的物理过程机理。

第 5 章总结了青藏高原对流层-平流层大气成分交换过程及其影响的研究进展。综述了在青藏高原地区开展的大气成分探空观测试验及仪器设备性能；系统分析了青藏高原臭氧总量长期变化趋势、臭氧垂直方向的双核心结构特征、南亚高压反气旋区域上对流层-下平流层（UTLS）臭氧变化模态特征以及青藏高原臭氧低谷对南亚高压的影响，预估了未来情景下夏季青藏高原臭氧的变化趋势；集中讨论了亚洲对流层顶气溶胶层（ATAL）的存在性、传输和形成过程以及对北半球平流层气溶胶收支的贡献；分析了对流层-平流层输送过程、亚洲夏季风对流层顶层混合特性以及亚洲夏季风反气旋内部污染物地面排放源的追根溯源问题。

本书成书过程中，周秀骥作为重大研究计划的负责人，负责图书的总体把关和设计，把握学术大方向，协调各个专辑之间的内容；赵平负责图书的具体联络、组织校对修改、进度推进执行等工作。同时，为便于读者在今后工作中与各位专家联系，这里将本书各章节的主要作者列表如下。

前　言：周秀骥、赵平

第 1 章：马耀明、胡泽勇、王宾宾、马伟强、李茂善、仲雷、陈学龙、韩存博、谢志鹏、谷良雷、孙方林、王树金、赵平等

第 2 章：阳坤、孟宪红、岳思妤、孙静、邹宓君、马小刚、杨凯、姜尧志、袁旭、唐世浩、李博、李蓉蓉等

第 3 章：赵平、马耀明、车军辉、刘辉志、孟宪红、王寅钧、许鲁君、陈学龙、孙方林、赖悦、李茂善、马伟强、胡泽勇、仲雷、王宾宾等

第 4 章：范广洲、郑佳锋、赵鹏国、贺婧姝、李剑婕、杨华、王雨婷、韦成强、王元、赵平、郭学良、唐世浩、李博等

第 5 章：卞建春、李丹、颜晓露、任荣彩、郭栋、马殿妍等

后　记：赵平、周秀骥

在本书撰写过程中，得到黄红丽编审及参加国家自然科学基金委员会重大研究计划许多专家学者的支持和帮助，在此表示衷心的感谢。

本书涉及多种学科、大量文献和资料，难免出现错误与疏漏，诚请读者赐教。

周秀骥　赵平

2022 年 8 月

目录

第1章 青藏高原多圈层复杂地表地-气相互作用规律研究

1.1 引言

青藏高原位于亚洲内陆，面积约为265万km^2，约占中国国土总面积的四分之一，是世界上海拔最高、地形最为复杂的高原，有着“世界屋脊”和“地球第三极”之称(Qiu,2008)。青藏高原的隆起形成了一个高耸到对流层中层自由大气的动力和热力强迫扰源，显著影响和调制着青藏高原及其周边的大气环流，对高原、我国、东亚乃至全球天气及气候变化都有重要的影响(如：叶笃正 等，1979；章基嘉 等，1988；刘晓东 等，1989；Zhao et al.，2001，2018；吴国雄 等，2004；周秀骥 等，2009；Yang et al.，2014；Ma et al.，2017)。由于青藏高原处于低纬度高海拔地区，再加之空气密度较小以及太阳辐射到达地表的路径较短等原因，高原地表接收的太阳辐射较强且地-气温差大，地表给大气输送了大量的热量和水汽。钱永甫(1993)研究发现，东亚夏季风气候区的基本气候特征主要受海陆分布和大地形的影响，而局地尺度的气候分异特征则受局地地-气相互作用过程的影响。数值模拟试验结果也表明，青藏高原的边界层结构特征不仅影响了高原局地的对流活动，而且显著影响高原周边地区及其下游的大气环流特征(周明煜 等，2000；卓嘎 等，2002；吴国雄 等，2005；赵平 等，2018)。比如，青藏高原大气边界层内的中尺度系统低涡、切变线等过程(Li et al.，2014，2018)，其产生、发展、东移经常引发高原及下游地区大雨、暴雨等灾害性天气，而青藏高原独特的边界层结构很可能是产生上述现象的重要因素之一(徐祥德 等，2006)。因此，青藏高原地面热量和水分收支状况很大程度上决定并反映了高原及周边地区的天气、气候变化，更加深入地研究青藏高原地-气相互作用过程和大气边界层过程，在高原不同类型下垫面上开展针对地-气之间水热通量交换和大气边界层过程的长期观测研究，对于深入认识青藏高原地-气相互作用过程对亚洲和全球气候系统能量、水分循环的影响具有十分重要的意义(王介民，1999；马耀明 等，2006，2014；赵平 等，2018)。

地-气相互作用主要通过陆面过程和大气边界层之间动量、热量以及水汽和二氧化碳等物质通量的交换来实现。它不仅是地球陆面与大气物质和能量交换的主要途径，也是地球系统能量调整和转化的重要方式，对全球或区域气候产生影响，是气候变化研究的重要内容之一。深入认识地-气相互作用过程对于我们理解大气边界层结构、提升数值模拟及预测能力具有十分重要的科学意义和实用价值。已有研究表明：地-气之间的能量和物质输送是大气边界层发展的重要驱动力，而青藏高原对大气的各种动力和热力效应主要是通过高原近地层和边界层逐步影响到自由大气（Raupach，1998；马耀明 等，2006；Duan et al.，2011；赵平 等，2018）。然而，近地层能量和物质的交换不仅受下垫面性质和地形的影响，还会随着近地层微气象条件的不同有所差异，表现出显著的季节差异（钱永甫，1993；马耀明 等，2000；Zhao et al.，2000；徐祥德 等，2001；Ma et al.，2002b；左洪超 等，2004；王介民 等，2007；Gao et al.，2009；刘辉志 等，2013；Sun et al.，2020）。青藏高原拥有多种多样的地貌特征，而不同下垫面状况的地-气之间水分、热量和动量通量交换规律显著不同，进而对其上层大气的边界层结构的发展、温度场和水汽场的区域循环以及风场的三维结构等产生影响（Che et al.，2021）。因此，研究青藏高原地区不同下垫面地-气能量交换特征和大气边界层结构变化特征对于理解青藏高原动力和热力作用的区域和全球尺度气候效应至关重要。

在过去的半个世纪里，国内外的科学家针对青藏高原地-气相互作用过程和大气边界层过程及其气候效应开展了众多深入而细致的研究工作。自20世纪70年代以来，相继开展了“第一次青藏高原气象科学试验（QXPMEX）”“第二次青藏高原大气科学试验（TIPEX-Ⅱ）”“全球能量与水交换亚洲季风青藏高原试验（GAME/Tibet）”“全球协调加强观测计划（CEOP）亚澳季风之青藏高原试验（CAMP/Tibet）”“中日气象灾害合作研究中心项目（JICA计划项目）”“第三次青藏高原大气科学试验（TIPEX-Ⅲ）”以及多次“喜马拉雅山珠峰地区和林芝地区大气科学试验”等（陈联寿 等，1998；马耀明 等，2006；Ma et al.，2008；张人禾 等，2012；赵平 等，2018）。基于这些青藏高原地-气相互作用过程和大气边界层过程观测试验，国内外的科学家在青藏高原不同区域不同下垫面上布设了大量的观测仪器，并建立了数量众多的多圈层地-气相互作用过程观测站点，其中很多观测站点及观测仪器持续运行至今，比如GAME/Tibet和CAMP/Tibet项目建立的那曲中尺度观测网络等。依托这些观测台站的野外观测资料，获得了青藏高原地-气相互作用过程和大气边界层过程的一些新认识。本章将对1979年以来，特别是国家自然科学基金委员会重大研究计划“青藏高原地-气耦合系统变化及其全球气候效应”实施以来的青藏高原地-气相互作用过程和大气边界层过程的相关研究成果进行回顾，分别从地-气相互作用过程观测研究、大气边界层过程研究、地面和大气热源、地表热通量和蒸散发遥感估算研究以及地-气相互作用过程数值模拟研究等方面展开。

1.2 青藏高原多圈层复杂地表地-气相互作用和大气边界层过程观测试验

科研工作者陆续开展了针对青藏高原地-气相互作用和大气边界层过程的观测试验研究。20世纪60年代，中国科学院组织西藏科考队在珠峰地区进行了大气辐射状况的观测。70年代初，研究站开始关注高原地形对天气气候和大气环流的影响以及高原地区的大气物理现象。

之后，我国科学家于1979年和1998年开展了2次较大规模的青藏高原大气科学试验（QX-PMEX和TIPEX-Ⅱ）（周明煜 等，2000；徐祥德 等，2001），对该地区地-气相互作用过程、高原大气边界层和对流层结构、云辐射过程进行了较为系统的研究，并定性地分析了高原地区的加热作用及其对周边大气环流的影响机制，阐述了高原感热气泵调节亚洲季风的过程。1996—2000年，我国与日本科学家联合开展了“全球能量与水交换亚洲季风青藏高原试验（GAME/Tibet）”，重点关注了青藏高原地表与大气之间能量交换过程（胡泽勇 等，1998；王介民，1999）。作为该项目的后续，中日科学家在2001—2005年实施了“全球协调加强观测计划（CEOP）亚澳季风之青藏高原试验研究（CAMP/Tibet）”，进一步深化和推动了对高原能量水循环过程的研究（马耀明 等，2006）。以高原能量水循环过程为主要关注点，GAME/Tibet和CAMP/Tibet重点针对以下四个方面进行了研究：①青藏高原地-气相互作用过程及其与水汽输送、水循环和区域气候之间的关系；②青藏高原地面观测的“能量不平衡”问题；③青藏高原陆面过程模式的发展与改进；④地-气间水热通量交换的卫星遥感估算。

以上观测项目的实施有力地推动了后续的高原长期综合观测网络的建立。2002年，中日气象灾害合作研究中心项目立项。该项目日方有日本国际协力机构（Japan International Cooperation Agency，JICA）支持，中方由中国气象局国际合作司负责组织，中国气象局和中国科学院等单位参加（于淑秋 等，2006）。项目于2004年全面展开，在青藏高原及周边地区布设了一系列针对地-气间能量水循环及大气中水汽传输过程的观测仪器，以深入认识青藏高原及周边区域水汽输送特征以及大尺度能量和水循环结构及其影响，为高原及周边水循环监测网及东亚地区天气灾害预警提供科学数据（Xu et al.，2008；Zhang et al.，2012）。2003年起，中国科学院青藏高原研究所协调中国科学院和其他部委的科研机构，着手建立了“青藏高原观测研究平台（TORP）”（Ma et al.，2008），在后续的近10 a中逐步打造和完善了一个由大气边界层塔、涡动协方差系统、大气风温湿廓线仪、自动气象站、土壤温湿度观测网、全球定位系统（GPS）无线电探空等组成的多圈层地-气相互作用综合观测平台（图1.1），填补了青藏高原综合观测体系的空白（Ma et al.，2017，2020）。基于该平台，研究人员获取了2003—2020年间的综合观测资料，形成了对青藏高原地-气相互作用过程的一系列新的认识，建立了青藏高原多圈层地-气相互作用综合观测数据库，该数据库在青藏高原科学数据中心发布共享（Ma et al.，2020）。

2013年，“第三次青藏高原大气科学试验（TIPEX-Ⅲ）”开展了预试验以及2014年启动了正式科学试验（赵平 等，2018）。TIPEX-Ⅲ新建了46个观测点，并按照中国气象局业务规范进行观测，从而基本上构建了青藏高原尺度的土壤湿度观测网（图1.2a），设计了多个以校验卫星遥感产品为主要目的的地表温、湿度“多级多尺度”自动观测网，并已建成那曲和阿里2个区域网（图1.2b），其中那曲区域网（约50 km范围）由33个观测点组成，从2015年8月开始观测；阿里区域网由17个观测点组成。此外，为了提供更精细的高原地表特征信息，TIPEX-Ⅲ还设计了地理剖线流动观测，针对地物类型、植被覆盖度、土壤介电参数、发射率、大气臭氧总量和大气光学厚度（AOD）等进行观测，采集不同地表类型的土壤样本和草本植被样本等，

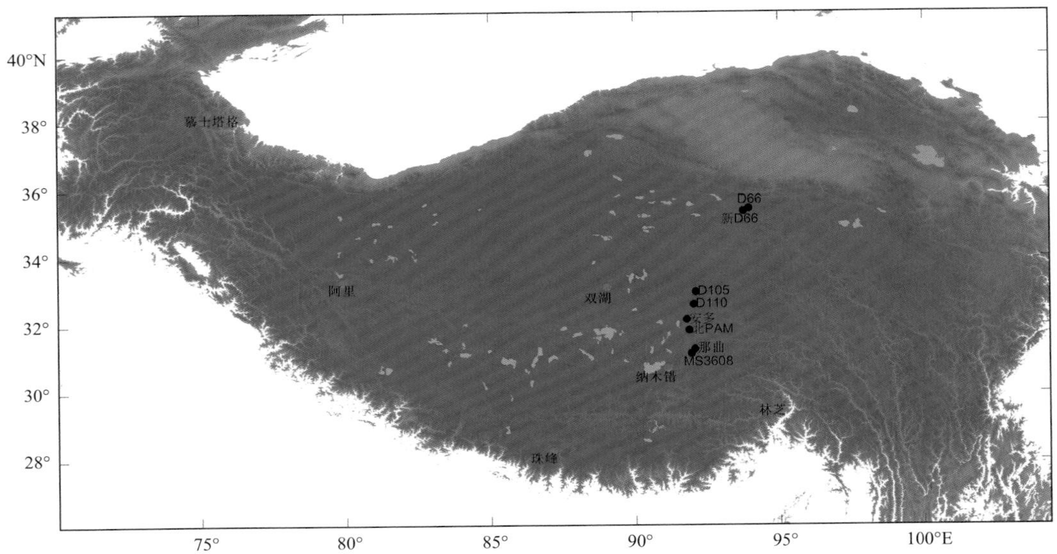

图 1.1　青藏高原地-气相互作用过程观测站点。红色为中国科学院青藏高原研究所观测站点，黑色是全球能量与水交换亚洲季风青藏高原试验和全球协调加强观测计划亚澳季风之青藏高原试验研究项目那曲中尺度观测网络站点(引自马耀明 等,2006)

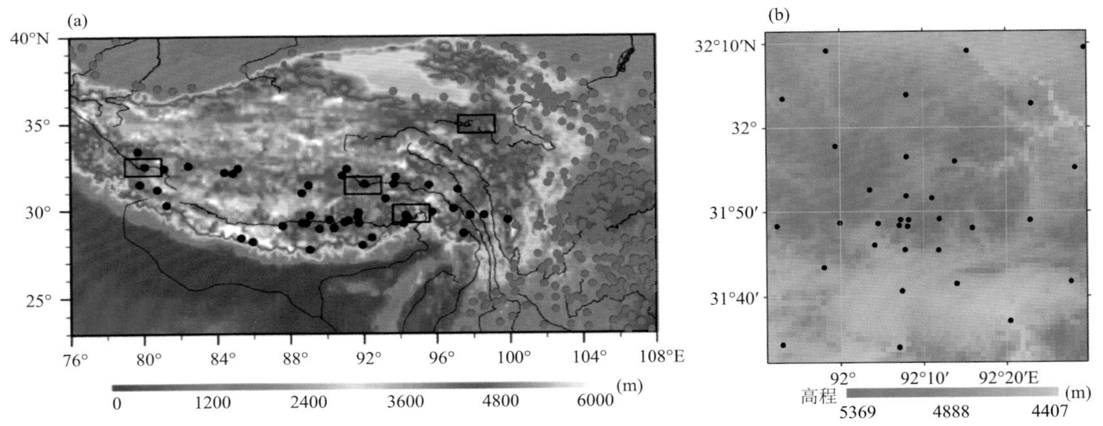

图 1.2　(a)土壤湿度观测站分布,其中红色为中国气象局业务观测站,黑色为 46 个新建站,小方框为用于卫星校验的土壤温、湿度观测网;(b)那曲土壤温、湿度校验观测点分布(引自赵平 等,2018)

其中每隔 50～100 km 设置一个观测点,保证整个剖线观测点不少于 20 个。2014 年夏季完成了“林芝—拉萨—那曲”段的剖线观测,全长 1000 多千米;2015 年夏季完成了“林芝—拉萨—那曲—阿里”段的剖线观测,全长 5000 多千米;2016 年夏季,完成“那曲—昌都—波密—林芝—拉萨”段的剖线观测。为了研究地-气相互作用的非均匀性特征,TIPEX-Ⅲ设计了高原尺度和那曲区域尺度的边界层观测网。其中,高原尺度网由狮泉河、改则、那曲、林周、林芝、沱沱河、玛曲、理塘、大理和温江10个多层边界层铁塔组成(图1.3),2个铁塔之间的水平距离大致为500 km,用于理解陆面-边界层结构在高原东西部之间的差异;区域尺度网建在云、降水多发区的那曲300 km×200 km范围内,包括那曲、班戈、纳木错、安多、聂荣、嘉里和比如7个观测点,用于对比区域尺度与高原尺度的非均匀性特征,从而深入认识陆面-边界层特征及其对中尺度系统的影响(Zhao et al.,2018)。2014年7月—2016年12月在狮泉河、纳木错、那曲、安多、林芝、理塘、大理和温江进行了观测,2014年7月—2016年3月在班戈、比如、嘉里和聂荣进行了观测,2015年8月—2016年12月在林周进行了观测。

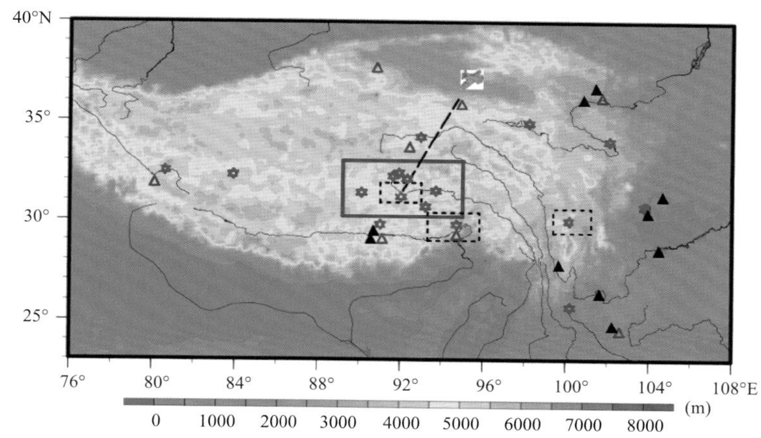

图1.3 边界层铁塔观测点(紫色星)和大气成分观测点(蓝色三角形为加密观测点,黑色三角形为气象业务观测点)分布,蓝色方框为那曲的区域边界层铁塔观测网,黑色虚线框为云-降水微物理特征观测区域,长断线指示着飞机从格尔木机场起飞到那曲的观测飞行线路(引自赵平 等,2018)

1.3 青藏高原多圈层地-气相互作用过程观测研究

地表和大气之间存在着持续的能量、动量和物质的输送与交换,是地-气相互作用过程的关键,对局部和区域大气环流及气候变化有着重要的影响。基于青藏高原地-气相互作用过程观测试验的资料和数据,许多学者对高原地表的能量交换特征进行了研究,得出:在雨季之前的干季,地表与大气间的能量交换以感热通量为主;而在雨季来临之后,地表与大气间能量交换形式发生了明显的变化,潜热通量显著增加,贡献率可超过50%,部分区域潜热通量贡献率甚至超过70%(叶笃正 等,1979;章基嘉 等,1988;Li et al.,1996; Zhao et al., 2000, 2001;马耀明 等,2006; Li M S et al.,2015)。青藏高原高山大川密布,地表类型复杂多样,分布着高山、峡谷、草原、森林、水系、湖泊、盆地、冰川、冻土、戈壁、荒漠等不同性质下垫面,在此背景下,许多学者基于相关观测试验资料对高原不同性质下垫面上的地表参数、气象要素和小气候特征,以及能量和水分交换过程等进行了细致的研究工作。李国平等(1996)利用1993—1997年中日季风合作研究项目观测的资料，采用近地层廓线-通量法计算了青藏高原拉萨、日喀则、那曲和林芝各站的地面感热湍流交换系统。Zhao 等（2000）建立了地面感热湍流交换系数与地面观测站气温、湿度、风和云量以及卫星辐射的回归方程，并应用于估计青藏高原地区感热湍流交换系数和地面感热通量，分析了青藏高原区域地面感热湍流交换系数和感热、潜热季节变化特征，指出青藏高原平均地面感热湍流交换系数在 $4.1\times10^{-3}\sim4.8\times10^{-3}$，其中春、夏季高原西南部的区域平均值略大于东部，且呈现出冬季山区大于河谷、夏季河谷大于山区的特征。徐祥德等(2001)基于第二次青藏高原大气科学试验（TIPEX-Ⅱ）对开阔干河谷、荒漠沙石裸地、河谷草地三种不同下垫面的能量通量进行了研究，发现无论在干季和湿季，荒漠沙石裸地地面热源的强度都最大，河谷草地最小。进一步研究发现，高原地-气相互作用过程中动力和热力学粗糙度有显著差异，动力和热力粗糙度的显著差异最终会影响高原地表-大气的动力和热力传输效率(Ma et al.，2002b)。随后，Ma 等(2005)、Sun 等(2016)和 Ding 等(2017)利用青藏高原多圈层地-气相互作用综合观测资料计算得到青藏高原各类典型地表特征(荒漠、草甸、草原、森林、湖泊、湿地等)的地-气相互作用参数，包括动力和热力学粗糙度、热输送附加阻尼等参数，发现，由于青藏高原下垫面差异，造成这些地-气相互作用参数的差异很大，且热输送附加阻尼有明显的日变化。这些为青藏高原陆面模型、数值预报耦合模拟提供了重要的参考值。同年，Ma 等(2005)分析了青藏高原年际、年代际、季节、日变化不同时间尺度各类典型地表热通量动态变化规律与特征，定量揭示出高原地表对高原大气的显著影响。Han 等(2015)利用在高原多个站点观测得到的边界层廓线数据，计算得到了青藏高原山地地区的有效空气动力学粗糙度和零平面位移等，发现有效空气动力学粗糙度比局地动力粗糙度大一到两个量级。

在青藏高原地面总加热中，地面有效辐射和地面感热是两个主要项，其中有效辐射、感热加热与蒸发潜热的比值在冬季为 11∶1.5，夏季为 3∶1.9，并呈现出明显的水平非均匀特征，高原南部的雅鲁藏布江流域最强出现在 5 月，高原西部和北部出现在 6 月，藏北地区在 4—9 月始终存在着一个强感热加热区(Zhao et al.，2000)。青藏高原地表反射率 1 月最大(平均为 0.29)，高值地区主要位于高原东部和西南部山区，雅鲁藏布江流域河谷和高原东南部河谷反射率较小，而 7—8 月最小(平均为 0.17)，下垫面状况趋于均匀，导致地表反射率水平差异变小；高原东部地区地面总辐射及其年变化幅度都比西南部小，冬季总辐射最大中心位于水汽稀少的喜马拉雅山南坡，春季随着水汽自西向东侵入高原地区，地面总辐射中心明显向西移动，并在西南部地区维持到 9 月，此后该中心开始向东移动，并伴随着高原西南部总辐射的显著减弱；高原平均地面净辐射各个月都为正值，7 月最大，12 月最小，高原地-气系统从 10 月至次年的 2 月向外散失热量，而在 3—9 月间得到热量，高原地-气系统平均每年得到 15 $W\cdot m^{-2}$的热量(Zhao et al.，2001)。马伟强等(2004)利用观测资料综合分析了藏北高原地区的总辐射、大气长波向下辐射、反射辐射及净辐射等的季节变化特征，以及地表辐射平衡和能量平衡各分量季节变化特征。发现，在青藏高原这种特殊的条件下海拔高度的影响显得尤为重要，夜间地面不断向近地层大气输送长波辐射，导致净辐射夜间为负值。净辐射的季节变化主要是受太阳总辐射的季节变化所控制，由于净辐射受到四个分量的相互制约，只要其中任何一个量发生变化，都会直接影响到净辐射的值。由于长波的向下向上传播基本上维持在一个不变的水平，而影响净辐射的大小就要看太阳短波向下辐射的大小，这样看来，净辐射的大小直接受太阳短波向下辐射的影响。谷星月等(2018)利用青藏高原6个站地表辐射平衡观测资料分析发现，高原上大部分站点观测到的短波向下辐射有不同程度减小的年变化趋势，基本所有站点观测的长波向上辐射有不同程度的逐年增加趋势，且高原上基本所有站点观测的长波向下辐射有不同程度的增加趋势，高原地区大部分站点的净辐射通量的年变化趋势基本与短波向下辐射的年变化趋势相一致，青藏高原大部分站点的地表反照率在不同程度上逐年减小。

对珠峰北坡绒布河谷地-气能量传输特征的研究显示，位于开阔谷底的观测场的地表能量收支和地面加热场具有显著的日变化和季节变化特征：地表在白天是一个强大的热源，日落后变成一个弱冷汇；在季风的影响下，感热通量和潜热通量呈相反的变化趋势，从季风前期到季风中期，地面感热通量减少，潜热通量增加；全年大多数时期，潜热通量和蒸散发量相对较高；地面热源强度在雨季显著高于干季（Zhong et al.，2009)。通过分析地表参数与地表能量平衡的季节和年变化，发现珠峰站土壤湿度是影响分配地表和大气之间的可用能量和水交换的重要因素之一，感热通量与净辐射的比值在土壤干燥时高达0.49，土壤湿度增大时降至0.14；相反，潜热通量与净辐射的比值随着土壤湿度的增大而增大，当土壤湿度在15%～20%时，最大比值达到0.5（Chen et al.，2012)。此外，珠峰北坡山谷地表热量传输与南亚夏季风(SASM)活动密切相关。SASM活跃期山谷的热量传输总量平均为79.8 $W \cdot m^{-2}$，鲍恩比为1.12；SASM间歇期的热量传输总量平均为129.2 $W \cdot m^{-2}$，鲍恩比为2.80；两个阶段热量传输的差异主要是由于SASM间歇期地表感热通量增大所致；观测到的感热通量、潜热通量和土壤热通量三者很难与净辐射通量平衡，地表能量存在10%～20%的不闭合部分，甚至更多(Zou et al.，2009)。Li M S等(2015)利用青藏高原4个野外观测站点(珠峰站、林芝站、纳木错站和那曲站)的涡动观测数据获得了3 a(2008—2010年)的湍流通量数据集，分析了不同下垫面(植被稀疏的高海拔高山草原、植被茂密的高寒草甸、植被稀疏的高寒草甸和高寒草原)的地表能量收支和能量闭合规律，发现地表能量通量受高原季风影响很大，季风前是地表向大气提供感热通量热量为主，而在季风期，潜热通量大于感热通量，但珠峰站除外。4个站点均出现能量不闭合现象，尤其在冬季非常明显，能量闭合率平均为61%、76%、78%和107%。珠峰站的能量闭合率最低，这与珠峰地区的冰川风有关。涡动观测系统未捕获的冰川风效应引起的对流通量值增强被认为是白天能量闭合率较低的原因；那曲站的能量闭合率最高，这与其所处观测下垫面最为平坦均一有关。张亚春等(2021)利用青藏高原不同下垫面5个观测站点(阿里站、慕士塔格站、珠峰站、那曲站、阿柔站)涡动相关仪观测的2013年热通量观测资料，计算了不同下垫面的实际蒸散发量，并对不同下垫面的实际日蒸散发量与气象要素(净辐射、土壤湿度、地温、气温、风速、饱和水汽压差)进行斯皮尔曼(Spearman)等级相关分析。研究发现：不同下垫面的实际日蒸散发量变化趋势大致相同但变化范围有一定差异。高寒草原下垫面的实际日蒸散发量和实际月蒸散发量最大，其次为高寒草甸下垫面，以荒漠、碎石和稀疏短草为主的下垫面实际日蒸散发量和实际月蒸散发量较小；青藏高原不同下垫面的地温、气温和净辐射的变化趋势大致相同，不同下垫面的实际日蒸散发量与地温、气温和净辐射均有显著相关性，但风速与实际日蒸散发量的相关性较小；热力因素和水分条件对高原实际日蒸散发量影响较大，而动力因素对实际日蒸散发量影响较小。同时，王俏懿等(2021)基于喜马拉雅山北坡(那曲站、珠峰站、慕士塔格站)和南坡(Kirtipur 站、Simara 站、Tarahara 站)6 个站点 2016 年的观测资料，对比分析各个站点的地表热通量交换特征及其蒸散发量的异同；并利用土壤温度预报校正法(TDEC)计算土壤热通量，在此基础上分析各站地表能量平衡闭合度。研究发现：喜马拉雅山北坡地区的下垫面加热方式是感热交换占主导地位，而南坡地区则是以潜热交换为主；南北坡之间地表辐射平衡各分量差异明显，短波辐射北坡地区高于南坡，而长波辐射则是南坡高于北坡，冬季南坡净辐射较高，其他季节南北坡差异不大；地表反照率均呈现典型的“U”形日变化特征，北坡地区反照率达 0.25～0.40，南坡地区反照率均在 0.1～0.2，北坡反照率大于南坡；那曲站、珠峰站、慕士塔格站、Kirtipur 站、Simara 站和 Tarahara 站的能量平衡闭合率分别为 85.1%、51.2%、53.5%、64.3%、65.6%和 68.2%，总体来看，南坡地区能量闭合程度大于北坡地区；各站蒸散发有显著季节变化特征，均表现为夏季最强，秋季和春季次之，冬季最小，北坡地区除那曲站外各站点月累计蒸散发量低于南坡。

地表和大气之间的水分和热量通量交换过程与温度、湿度、风、云量和降雨量变化紧密相关。李娟等(2016)利用青藏高原东南部林芝地区 4 个野外试验站点的观测资料，分析了不同天气条件下，高原复杂地形区不同下垫面的地-气能量交换特征。结果表明：在各站向下短波辐射基本一致的情况下，地形较陡的北坡阔叶林站感热通量远大于其他 3 个站点；下垫面植被覆盖最多的南面麦田站潜热通量最大。各站能量通量有明显的日变化特征，晴天时，感热通量和净辐射明显大于阴雨天，而潜热通量随天气状况变化不大。青藏高原复杂地形环境比不同天气条件对于感热通量的影响更显著；不同地形阴雨天时对于潜热通量有明显的影响。当南亚季风槽前的西南暖湿气流影响到林芝地区时，该地区以阴雨天为主，反之则以晴天为主。林芝地区地-气通量的季节变化明显受南亚季风活动的影响。Han Y Z 等 (2021b)利用观测资料与再分析资料对该地区过去 40 a 间的气温与降水的变化特征进行分析，且与青藏高原整体的气候变化特征进行了对比分析，并研究了这些变化与大气环流场之间的关系。研究结果表明，珠峰北坡地区在过去几十年间存在显著的增温，该地区温度增长率是青藏高原地区的 1.5 倍，中国地区的 2 倍，全球平均的 3.5 倍。此外，相比于喜马拉雅山脉其余地区，珠峰北坡地区增温更加明显，说明喜马拉雅山不同地区对气候变化的敏感性不同。通过分析其增温的季节差异可知，尽管珠峰北坡地区增温趋势不像青藏高原那样表现出明显的季节差异，但秋冬季的升温幅度仍高于春夏季。夏季气温升高的突变点比其他季节晚 5 a 左右，说明珠峰北坡地区在寒冷季节对气候变暖更为敏感，这也与喜马拉雅山西部和西北部相似。青藏高原局地大气环流系统也受到更大范围的天气气候异常信号影响。南方涛动指数(SOI)与珠峰北坡的温度显示出显著的相关性，同时，北大西洋涛动指数(NAO)和西太平洋副热带高压强度指数(WPI)也与该地区季节性温度变化存在一定的相关性。这表明大气环流也会影响该地区的温度升高，尤其是在夏季和冬季。降水变化仅受季风季节(6—9 月)南方涛动指数的影响，表明厄尔尼诺-南方涛动(ENSO)通过水汽传输影响降水变化。相比之下,青藏高原降水与北大西洋涛动(NAO)、SOI 和 WPI 相关,说明青藏高原降水可能受多个环流系统的影响。

1.4 地-气间水分交换的观测研究

1.4.1 青藏高原湖面蒸发特征

青藏高原湖泊数量众多,湖泊面积占中国湖泊总面积的一半以上,面积大于 1 km^2 的湖泊数量更是超过 1400 个,构成了世界上海拔最高的高海拔内陆湖泊群。湖泊是地-气相互作用过程的重要下垫面,湖-气相互作用过程,尤其是湖面的蒸发过程,引起人们越来越广泛的关注。湖泊蒸发是湖泊流域水分循环的重要水汽来源,是湖泊水量平衡的重要支出项,对流域的天气气候变化至关重要。自 2000 年以来,人们采用各种不同的方法估算青藏高原典型湖泊的蒸发量,但是,不同湖泊蒸发量的季节变化和年总量存在较大的时空差异,并且相同湖泊采用不同研究方法的蒸发量结果也显著不同(Wang B B et al. ,2019)。纳木错湖因观测资料丰富受到较多关注。彭曼-蒙蒂思(Penman-Monteith)方法(Zhu et al. ,2010)、淡水湖泊模型模拟(Flake,Lazhu et al. ,2016)、蒸发皿观测(Zhou et al. ,2013)所得到的湖泊蒸发量呈现出较大的差异,分别为 1430 mm、832 mm、约 600 mm,而采用涡动相关方法直接观测的非结冰期蒸发量约为 980 mm (Wang B B et al. ,2019)。以往研究结果显示:基于 Penman-Monteith 蒸发量(1430 mm),纳木错湖入湖水量不足以补给湖泊蒸发及其水储量变化(Zhu et al. ,2010);而基于蒸发皿结果(约 600 mm),纳木错湖入湖水量远高于出湖水量,纳木错湖可能存在湖底泄漏(Zhou et al. ,2013)。湖泊蒸发量结果的差异会显著影响流域尺度水量平衡估算。另外,不同模型方法采用相同气象驱动资料对湖泊蒸发量的长期趋势模拟结果呈现出相反的变化趋势:互补关系湖泊蒸发模型模拟的 1980—2012 年的蒸发量呈现出降低的趋势(Ma et al. ,2016),而 Flake 模型显示 1980—2014 年的蒸发量呈现增高的趋势(Lazhu et al. ,2016)。由于青藏高原湖冰升华观测资料较少,以往经验通常认为湖泊冬季冰面升华量很小,在湖泊年蒸发总量估算中可以忽略。然而,纳木错湖冬季冰面水热通量涡动相关观测资料及模型模拟结果(Huang et al. ,2019)显示,湖泊冬季冰面升华量可占到年蒸发总量的 10%~20%。

自 2010 年以来,越来越多的研究活动针对青藏高原的湖泊过程开展观测活动,并采用涡动相关观测研究高原中东部季风区的数个大型湖泊非结冰期的水热通量交换过程,如:纳木错湖(Wang et al. ,2015;Wang B B,2019)、青海湖(Li et al. ,2016)、色林错(Guo et al. ,2016)和鄂陵湖(Li Z G et al. ,2015)。与此同时,人们也广泛开展了高原湖泊水位变化、水温梯度观测、湖泊环境气象要素观测等活动,包括班公错和达则错(Wang et al. ,2014)、佩枯错、羊卓雍错(Yu et al.,2011)、拉昂错和巴木错等。青藏高原海拔较高,辐射较强,温度较低,因此,多数湖泊存在结冰期,是双季对流湖。其湖泊水热通量交换特征及其对气候变化的影响和响应与同纬度其他湖泊,如太湖、鄱阳湖、洱海等有明显差异。青藏高原湖泊群分布广泛,其面积、大小、位置、气象和环境条件存在很大差异。例如,位于纳木错流域的两个湖泊(纳木错湖(超过2000 km^2)和纳木错小湖(约 1.4 km^2))的水热通量交换特征存在着显著的季节变化差异(Wang B B et al.,2019)。纳木错小湖最高的湖表温度比纳木错湖高 3 ℃左右,并且湖表温度和空气温度的季节变化峰值相对较早;纳木错小湖和纳木错湖的蒸发量呈现出显著不同的季节变化规律,前者最大值发生在 6 月,而后者最大值发生在 11 月。Wang B B 等(2020)的研究结果(图 1.4)显示:青藏高原湖泊蒸发量及其相关气象要素显示出明显的空间分布差异,海拔和纬度较高、面积较小的湖泊通常具有较长的结冰期和较小的湖泊蒸发量。结合青藏高原 75 个大型湖泊的蒸发量和湖泊面积,我们推算出其蒸发的水资源总量大约为每年(294±12)亿吨,而青藏高原所有湖泊蒸发的水资源总量大约为每年(517±21)亿吨。近 10 a 以来,人们针对青藏高原湖泊过程的观测和模拟研究工作越来越多,但人们对青藏高原数千个湖泊水热通量和冰物候的季节变化及空间分布规律的认识仍十分有限,尤其是其冬季结冰过程和冰面升华量。

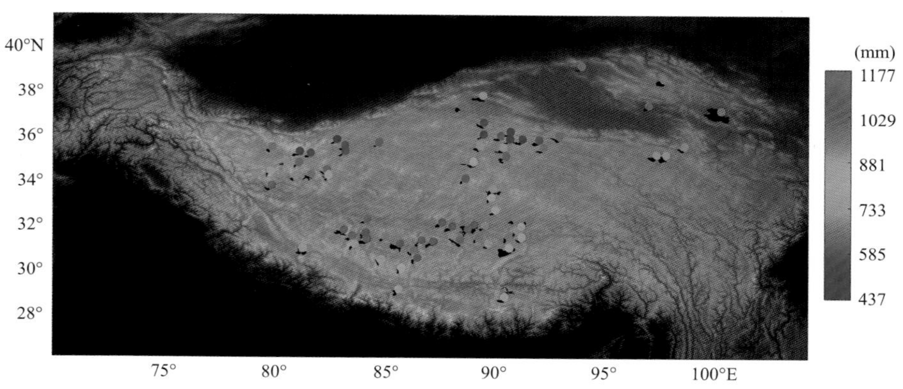

图 1.4 青藏高原 75 个大型湖泊蒸发量空间分布规律(引自 Wang B B et al., 2020)

1.4.2 青藏高原地-气间其他水分交换特征

积雪是青藏高原下垫面的重要特征之一,受高原复杂气候和地理特征的共同影响,高原地区降雪量分布特征和变化具有显著的空间异质性。高原东部积雪日数大于西部,山区多于河谷,冬季积雪日数最大(平均在 3~10 d);最大积雪深度也呈现出东部大于西部、南部大于北部、山区大于河谷的特征,东部山区雪深 4 月最大(赵平,1999)。马丽娟等(2012)发现,高原积雪呈现四周多雪而高原腹地少雪的特征,年平均雪深为 0.29 cm,2 月达到峰值。蒋文轩等(2016)进一步指出,冬季降雪总体上呈现东部和南部多、西北部和雅鲁藏布江中段少雪的分布特征。高原平均最大雪深为 7.7 cm,多数台站平均最大雪深为 2~20 cm(除多 等,2018)。积雪深度变化特征因所选积雪深度台站和观测时段的不同而存在较大的差异，比如，韦志刚等(2002)指出，青藏高原积雪总的来讲呈平缓增长态势。利用气象站观测资料，Zhao等(2007，2010)分析了青藏高原冬春季积雪的长期变化特征，指出，在1961—2000年期间冬春季高原降雪量总体上呈现出一种增加趋势；进一步的分析表明，青藏高原冬季积雪在1961—2006年呈"少雪—多雪—少雪"的年代际变化特征，其中20世纪60—70年代中期积雪较少，70年代末—90年代初为一个明显的多雪时期，1999—2006年积雪再次进入少雪时期。王春学等(2012)利用台站的积雪观测资料对青藏高原1958—2008年间最大深度演变规律的分析结果表明，1958—2008年期间高原地区春、秋季最大雪深在整体上呈现缓慢减少的趋势，而冬季的最大雪深则呈现增加的趋势；除多等(2018)基于1981—2010年地面雪深观测资料的分析则表明，高原春季平均最大雪深下降趋势非常显著，而秋、冬季平均最大雪深减少趋势不明显。

利用地面气象站降水和云观测资料及卫星产品，赵平(1999)发现青藏高原降水的多尺度变化特征，指出：就气候平均而言，高原地区的雨带自西向东推进，降雨量也向西递减；7月降水量为全年最大，其中高原东部的雨量在50 mm以上，东南部超过100 mm；该月在高原西部的冈底斯山和昆仑山之间为多雨区，而从高原中部的唐古拉山至阿尔金山之间为少雨区；青藏高原地区的总云量分布形势与雨量比较相似，并且也具有东部大于西部、夏季最大和冬季最小的变化特征；从20世纪60—70年代初呈现出明显的下降趋势，以后主要是缓慢的下降趋势。但在年平均降水量上这种特征不明显；1961—1995年期间高原地区各季平均总云量年代际变化显著，特别是各季节在20世纪80年代都表现出减少趋势，其中夏季和秋季表现出从1961—1995年一致的下降趋势。Wang等(2016)基于气象台站1961—2013年间的观测资料分析发现，虽然该时期内降水量以0.6 mm・a^{-1}的速率显著增加，但是降雪量与降雨量之比呈现显著减少的趋势(−0.5 %・a^{-1})。高原站点降雪量的年代际变化结果表明，1961—1990年和1971—2000年间降雪量表现为增加趋势，而1981—2010以及1991—2014年的降雪量略有减少(Deng et al.，2017)。

利用青藏高原地-气相互作用过程、降雨雷达以及卫星遥感等观测资料，科研人员对青藏高原及周边地区的云及降雨量的日变化、季节变化、总量、频率分布等特征进行了研究。徐祥德等(2006)的研究表明：高原中部为高原对流活动频发区域，对流活动主要发生在夏季，对流活动的发生常常伴随短时降雨，对流活动与局地加热有密切关系，那曲地区对流活动有很强的日变化规律，午后地表加热加强了局地对流活动，在17—18时(北京时，以下未标注当地时间、世界时的均为北京时)形成最强的对流活动，入夜后逐渐减弱，而上午的对流活动较弱。青藏高原云的垂直分布呈现为不连续性的特征，云的最小发生频率在5 km，随着海拔高度的升高，云顶高度和云底高度呈现出增高的趋势。杨梅学等(1999)利用青藏高原唐古拉山北坡的D105站和南坡的WADD站5—9月的降水资料发现，该地区夏季降水频率较高，占年降水量的48.8%，夏季降水有显著的活跃期和中断期，以5 d为主导周期，D105站降雨资料表明，6月7日—9月18日降雨天数的频率接近80%，总降水量为279.2 mm，日平均降水量达3.4 mm，6月7日是该年的夏季风爆发日，夏季风在9月初明显减弱；局地对流云降雨对D105站处夏季风降水有较大的贡献(杨梅学 等,2000)。Shimizu 等(2001)基于 TRMM 卫星降水数据发现,高原降水有显著日变化特征,白天以对流云降雨特征为主,夜晚则以层状云降雨特征为主且覆盖范围较大,随着中尺度平流辐合过程的增强,降雨量明显增大,在冷暖空气遭遇过程中,湿空气的辐合对层状云降雨的发展和维持起重要作用。

冯锦明等(2001)利用多普勒雷达和 TRMM 卫星观测资料对比分析了降雨回波结构、回波强度和降雨量;结果表明,TRMM 卫星和多普勒雷达观测的回波结构非常相似,而卫星观测的回波强度远高于雷达的结果,两者的偏差达到 23 dB,由于两种设备的观测方式和发射波长不同,得到云粒子的散射特性也不同。Liu 等(2002)基于探空资料和雷达资料研究了那曲区域对流可利用潜在能量、抬升凝结高度和降雨的日变化规律,并分析了其与夏季降水的关系;结果表明,该地区降雨日变化明显,且最大降雨量与最大对流可利用潜在能量出现在相同时刻,白天 6～8.5 km 的大气层状况大部分时间处于不稳定状态,夜间 04:00—08:00 低于 6 km 和高于 9 km 的大气为强稳定层,该稳定层结抑制了对流系统的发展,降雨的日变化与水汽含量的日变化相关,夜间底层较高的水汽是降雨发生的关键因素。

青藏高原上分布着世界上面积最大的高海拔冻土。青藏高原冻土地区的地-气交换过程是青藏公路和铁路建设急需克服的难题,冻土冻融过程的研究对支持路基的稳定性具有重要意义。丁永建等(2000)利用青藏高原冻土水文连续监测资料,给出了土壤水热状况的时间和空间分布特征,分析了地形对土壤水热条件的影响,研究了青藏高原土壤冻融过程,估计了不同深度的最大冻结和融化深度以及年冻结日数;结果表明,受积雪、土壤有机质、植被覆盖以及太阳辐射等因素的影响,高原土壤冻融过程存在显著的区域差异。杨梅学等(2002)基于 GAME-Tibet 和 CAMP-Tibet 试验期间藏北高原不同地点的土壤温湿度观测资料,分析了土壤冻融过程,指出,藏北地区 4 cm 深处土壤均在 10 月开始冻结,消融开始于次年 4 月,不同地点冻结和消融的开始时间及冻结持续时间有所不同,平均冻结时间长达半年左右,冻结过程有利于土壤维持其水分,土壤冻融过程的快慢与土壤含水量有关。由于各个土壤冻融观测站点的地理位置以及局地环境的差异,冻结或消融开始以及结束时间、速率、类型等存在很大的差别(赵林 等,2000;李韧 等,2012; 胡国杰 等,2014),同一区域的南、北坡冻融过程也呈现出了差异性,表现为北坡冻结程度高于南坡(陈瑞 等,2020)。

1.5 地表和大气热源观测研究

了解青藏高原大气热源强度及其形成机制对研究青藏高原热力过程对亚洲季风的影响十分重要,因此,研究青藏高原大气热源一直是青藏高原气象学的重大课题之一,受到气象界的普遍重视。大气热源/汇是描述空气柱内热量得失的定量物理方法,代表了一个地区过去一段时间得到或失去的热量大小(叶笃正 等,1979;何金海,2011;Wang et al.,2012)。在定常状况下，热源（冷源）的空气柱在得到（失去）热量后，会通过动力作用过程（冷平流的上升冷却及暖平流的下沉增温）来耗散得到（失去）的能量（叶笃正 等，1957）。目前对于大气热源尚无直接观测，但可通过正算法及倒算法计算获得。其中正算法为分别计算感热加热、凝结潜热加热以及辐射加热并求和得到整层气柱内的热源结果（朱抱真，1957；叶笃正 等，1979）；而倒算法是通过使用气象常规资料（如温度、经向风、纬向风等）、利用热量方程从能量平衡来决定大气热源（何金海，2011）。

早在20世纪50年代，叶笃正等（1957）利用1954—1956年的资料讨论了青藏高原及其附近地区大气的热量平衡。叶笃正等（1979）进一步指出，冬半年高原上空对流层大气是一个冷源，最大冷源出现在12月；相反，夏半年大气是一个热源，最大值出现在6月；高原西部的加热率比东部的大，东部的凝结加热大于西部。Nitta（1983）、Luo 等（1984）用 FGGE Ⅱ-b 测站资料，分析了1979年国际夏季风试验（MONEX）期间青藏高原地区热量源汇和水汽源汇等物理量。Chen 等（1985）用正算法直接从辐射、感热和凝结潜热等物理量出发计算了1979年MONEX 和第一次青藏高原气象科学试验（QXPMEX）期间的逐日青藏高原大气热量源汇和水汽源汇。杨伟愚（1988）用加入了1979年高原试验期间4个高空站的资料，通过倒算法计算了7月青藏高原大气热源状况，得到7月大气加热率为168 $W \cdot m^{-2}$。Yanai 等（1992）也在FGGE Ⅱ-b 高空资料中加入了1979年青藏高原气象科学试验资料，用倒算法重新分析了青藏高原的视热源（Q_1）和视水汽汇（Q_2），指出：该年夏季青藏高原大气热源平均强度为77 $W \cdot m^{-2}$。赵平等（2001）利用正算法计算了1961—1990年青藏高原大气热量源汇以及水汽源汇各个分量，并分析了它们在1961—1990年的30 a平均特征，指出：多年平均而言，高原从4月到9月为热源，其他月份为冷源，其中热源最强在6月（78 $W \cdot m^{-2}$）和7月（75 $W \cdot m^{-2}$），冷源最强在12月（-72 $W \cdot m^{-2}$）；从冬末到春季地面感热加热是造成大气热源增加的主要原因，地面感热首先在高原西南部大幅度增加，造成2月、3月西南部的大气热源增加最明显，使得该地区在3月就变为大气热源，在喜马拉雅山北坡形成热源中心，该中心有两次明显的向西移动，并伴随着中心值明显增大，在6月最大；而东部地面感热值要小些，而且增加缓慢，造成东部大气变为热源的时间以及热源最强的时间都要比西南部晚一个月。夏季凝结潜热大幅度增加，成为和感热同样重要的加热因子，尤其是在东部地区；盛夏期间，凝结潜热加热是使东部大气热源继续增强的主要因子，而西部地区凝结潜热增强并未使大气热源增强。高原各区大气热源在秋季减小最明显，从10月起变为冷源。

已有的研究表明，青藏高原地表及大气热源不仅对亚洲夏季风系统的发展和维持十分重要（Wu et al.，1998），同时也对大气环流场有着深远的影响。Zhao 等（2001）和周秀骥等（2009）分析了青藏高原大气热源变率以及与气候的联系，指出：1976—1977年前后青藏高原热量源汇表现出相反的变化趋势；当夏季高原大气热源偏强时，在500 hPa上，从青藏高原到东亚中纬度为一个大范围的异常气旋性环流，印度南部地区也为异常气旋性环流（对应着偏强的南亚季风槽），从青藏高原南侧到我国南方以异常西南气流为主；此时，我国南方的低层也以异常西南气流为主，并且伴随着低层异常偏北风出现在长江以北，从而加强了长江流域的低层辐合；总体上，在青藏高原大气热源偏强的情况下，东亚和南亚季风区对流偏强，从四川到长江三角洲的较大范围降水偏多，夏季青藏高原大气热源与前期春季积雪状况存在明显负相关，即当4月高原地区积雪日数和降雪量偏多（或少）时，随后的夏季青藏高原地区大气热源偏弱（或强）；当冬季青藏高原大气偏暖时，一个异常气旋性环流覆盖了从青藏高原到我国东南沿海地区，这说明即使冬季高原大气是冷源，但其冷源强度变化也影响着高原及其附近上空的大气环流，此时，一个异常反气旋环流出现在高原北侧，反映了冬季东亚长波槽位置比平均状况偏东，指示着东亚中纬度偏弱的冬季风；冬季的这种异常大气环流型也指示着在东亚大陆高、低纬度大气环流之间存在着反位相变化关系。田荣湘等（2017）利用1981—2010年共30 a的美国国家环境预报中心（NCEP）再分析格点资料研究了青藏高原及其周边温度季节变化及其可能机理，研究发现：地表24 ℃等温线在2—3月和11月的南北大幅度跳动可能是太阳辐射和季风环流共同作用的结果；200 hPa温度的季节变化早于地面和500 hPa，其原因可能与平流层爆发性增温所造成的能量下传有关；青藏高原上的低温与低的大气逆辐射密切相关。

青藏高原的热力作用不仅会影响夏季环流场，更是影响亚洲季风爆发的重要因素之一。高原地表感热的经、纬向热力差异导致了亚洲夏季风的爆发，而感热分布差异则会导致亚洲夏季风爆发的时空差异。因此，可将高原感热所导致的经纬向热力差异视为预测季风爆发的重要因素（张艳 等，2002；段安民 等，2004）。此外，前期高原地表感热会通过热力适应理论来影响周边区域的降水，即前期高原加热偏强会使得高原上空低层大气为气旋式环流（气流辐合流入），高层则为反气旋式环流（气流辐散流出），进而增强高原中心地区的上升运动，最终来自南方的暖湿空气导致了充沛的降水（段安民 等，2003）。因此，倘若青藏高原的热力作用被削弱将直接导致亚洲夏季风的强度减弱，减弱印度洋向中国内陆地区的水汽传输，最终增强中国大陆地区的夏季干旱（Bao et al.，2010）。

青藏高原主要通过湍流方式进行物质与能量交换来实现地-气相互作用，最终影响上空大气（胡隐樵 等，1994；张强，2003）。为了增强对于青藏高原地-气相互作用的定量理解，20世纪80年代以来中外学者在青藏高原不同区域进行了多次科学观测试验，获得了大量宝贵的一手观测资料，基于所得地表感热与潜热通量的观测数据分析了高原地表加热的变化特征。结果表明，高原夏季主要以潜热为主，而冬季则以感热为主，且两者存在明显的日变化和季节变化特征。其中日变化主要体现在白天感热一般为正值，地表加热大气，夜间一般为负值，大气加热地面。除日变化外，季风的爆发会导致高原的感热和潜热存在很大的季节性差异，这些差异与季风、土壤冻融过程以及净辐射变化密切相关（马耀明 等，2000；Tanaka et al.，2001；李栋梁 等，2003；马伟强 等，2005，2007；Ma et al.，2006；仲雷 等，2007；姚济敏 等，2008）。由于现阶段青藏高原观测资料存在年限较短且空间分布不均，且缺乏有效连贯的高空大气的常规观测等特征，因此，大部分对于高原大气热源的研究主要利用了再分析资料（Luo et al.，1984；Ueda et al.，2003）。通过分析可知，夏季青藏高原上空大气的最大加热率主要位于对流层上部（Luo et al.，1984）。此外，高原上空大气热源存在较强的季节差异以及空间差异，在季风爆发前，高原西部上层大气的最大加热值（约为3 $K \cdot d^{-1}$）主要位于400～600 hPa

(Ueda et al.,2003)。

青藏高原大气热源存在两种计算方法，分别为正算法和倒算法。其中正算法是通过观测、再分析资料和卫星遥感资料分别计算整层大气的辐射加热、地表感热以及大气降水的凝结潜热并求和以计算大气热源，相比于倒算法精度较高(罗小青 等，2019)。与之相比，基于再分析资料的倒算法存在较大的不确定性，因此，可能并不适用大气热源的年际及气候尺度的分析工作(Yang et al., 2011)。因此，部分学者利用站点观测数据和正算法计算了青藏高原大气热源的变化特征(Chen et al.,1985;赵平 等，2001)，发现在全球变暖的气候背景下，青藏高原地表感热整体呈下降趋势，其减弱趋势约为 2 %·$(10\ a)^{-1}$(Duan et al.,2011; Yang et al.,2011)，其中春季高原中东部地区的地表感热自 20 世纪 80 年代以来呈较为显著的下降趋势(Duan et al.,2008; Wang et al.,2012)，这主要是由于地表风速的减弱所导致的(Cui et al.,2015)。夏季高原大气热源的变化主要由凝结潜热所决定，而在 6 月与 7、8 月大气环流模式结果存在较大差异(Jiang et al.,2015)。Han Y Z 等(2021a)分析了青藏高原地区的夏季大气热源与欧亚大陆丝绸之路遥相关(SRP)之间的关系；发现 SRP 位相的转变会在贝加尔湖上空产生环流和位势高度异常，抑制了高原东部水汽向外传输并增强了高原上空水汽含量，最终影响了高原夏季大气热源的变化。

尽管对于青藏高原的热源研究已取得较多进展，但是高原大气热源的计算仍旧存在部分问题需要解决(Duan et al.,2014)。如青藏高原地区观测站点分布极其不均匀，主要分布在中部和东部海拔 5 km 以下的地区，此外，大部分观测站点并没有直接的地表热通量观测，而计算所用的热阻力系数常在整个高原被视为常数，而忽略了大气稳定性和热粗糙度的影响。除此以外，高原地表复杂的地形和下垫面会影响卫星遥感数据的反演精度，最后则是模式得到的再分析资料中，模式物理过程可能存在一定偏差。如 Cui 等(2015)发现，不同数据所计算的大气热源存在较为显著的差异，甚至呈现相反的分布特征和变化趋势，这都会影响对于高原热源的计算和分析结果。

1.6 青藏高原区域能量和蒸散发卫星遥感估算研究

蒸散发是陆地圈、水圈、大气圈和生物圈水分循环及能量交换的主要过程，是水热平衡的重要因素，也是全球水循环过程中的重要环节之一，受到太阳辐射、风速、水汽压差和气温等多种气候因素的影响和控制。蒸散发的强弱及其时空分布与气象因子、土壤水分、植被覆盖状况等因素密切相关，影响着地表降水和辐射能量的再分配，对区域气候变化特征具有重要的影响。由于地表几何结构信息和下垫面物理性质具有水平非均匀性，传统估算和实测蒸散发的方法难以在大面积区域上推广应用。而相对于传统的观测手段而言，卫星遥感估算区域能量和蒸散发的方法具有以下优势：①可提供连续实时的不同时间尺度的大范围空间覆盖数据；

②当人工测量很难实施或不可得的时候，它对无资料的地区更加适用。卫星遥感方法的出现和发展使得大面积区域能量和蒸散发的模拟和计算以及传统的“点”尺度能量和蒸散发估算方法在时空尺度上的扩展得以实现。伴随着卫星遥感技术的发展，涌现出了许多估算地表水热通量的遥感模型（Li et al.，2009），陆地蒸散发卫星遥感估算在空间异质性较大的区域尺度的蒸散发研究中获得了长足的发展，并在青藏高原地区获得了广泛的应用。

利用美国国家海洋大气局/先进甚高分辨率辐射仪 NOAA-14/AVHRR（Advanced Very High-Resolution Radiometer）卫星数据和作为地面验证数据的全球能量与水交换（GEWEX）亚洲季风试验青藏高原 GAME/Tibet（the GEWEX Asian Monsoon Experiment on the Tibetan Plateau）中尺度观测网资料，Ma 等（2002a）提出了一种适用于青藏高原地区的地表通量参数化方案，首次将地表温度、下行短波辐射、净辐射通量和土壤热通量的卫星遥感估算由单点尺度拓展到区域尺度，且卫星结果与实测值的平均绝对百分比偏差小于 10%。随后，不同学者基于 AVHRR、中分辨率成像光谱辐射仪（Moderate-Resolution Imaging Spectroradiometer，MODIS）、陆地卫星专题制图仪 Landsat TM（Thematic Mapper）/增强型专题绘图仪 ETM+（Enhanced Thematic Mapper Plus）、先进星载热发射和反射辐射仪（Advanced Spaceborne Thermal Emission and Reflection Radiometer，ASTER）等极轨卫星数据和地球静止气象卫星/可见光和红外自旋扫描辐射仪 GMS-5/VISSR（Visible and Infrared Spin Scan Radiometer）、风云 2C/扫描辐射计 FY-2C/SVISSR（Stretched Visible and Infrared Spin Scan Radiometer）等静止卫星数据，对青藏高原地区的地表温度、反照率、植被指数等地表特征参数以及辐射平衡与能量平衡分量进行了详尽的计算和分析，并且利用站点实测资料对遥感估算结果进行了地面验证，结果显示卫星结果与站点实测接近，且具有合理的季节变化和日变化规律（Jia et al.，2003；Oku et al.，2007；Ma et al.，2011，2012，2014；Huang et al.，2017；Zhong et al.，2019）。此外，Ma 等（2010）还提出了图像块法和混合高度法两种新的地表热通量参数化方案，并利用近地层和大气边界层观测资料及卫星数据综合评估了图像块法、混合高度法和卫星遥感法三种通量参数化方案的估算结果，旨在解决青藏高原复杂非均一下垫面的地表参数和通量估算问题。

近年来，随着卫星遥感观测技术的快速发展，人们对青藏高原水热通量的遥感估算研究也获得了更加深入的认识。Ma 等（2011）利用地表能量平衡系统（SEBS）模型结合高空间分辨率（30 m）的 ASTER 卫星资料估算了青藏高原纳木错区域的地表水热通量，并利用站点实测地表通量数据进行了验证，结果表明卫星遥感估算结果在大部分情况下与观测吻合。Chen 等（2013）将基于 DEM 数据计算复杂山区地形条件下的晴空辐射计算方案引入 SEBS 模型，发展了地形增强的地表能量平衡系统模型（TESEBS），并利用高空间分辨率（30 m）的 Landsat-TM 和 ETM 资料开展了青藏高原珠峰地区地表通量的卫星遥感模拟研究。其结果表明，珠峰地区净辐射通量（R_n）、感热通量（H）、潜热通量（λE）和土壤热通量（G_0）随山区地形变化显示出明显南北坡差异，并且平均偏差低于 23.6 W·m^{-2}。Han 等（2017）利用计算得到的有效动力学粗糙度（Han et al.，2015）、有效热力学粗糙度和总体边界层相似理论对区域地表通量的估算模型进行了优化，并利用优化后的模型结合遥感数据和再分析气象数据，得到了青藏高原2001—2012年长时间序列的月平均的区域地表热通量数据，同时分析了地表通量的年变化趋势及空间分布特征。Ma等(2018)又把优化后的模型推广到计算青藏高原地表能量平衡各项(包括感热通量、潜热通量、净辐射和土壤热通量)的月变化和2001—2016年月平均的区域地表热通量年变化趋势。结果表明，感热通量和潜热通量在2001—2012年期间变化趋势相反，其中感热通量是减弱的，而潜热通量是增加的，但如果就2001—2016年的平均而言，则不然(图1.5)。Zou等(2018)分别利用Priestley-Taylor模型、线性回归模型和TESEBS模型计算了那曲地区无云情况下旬尺度的地表蒸散发时间序列数据，结果表明，两个模型模拟结果与观测的地表蒸散发结果的相关系数可达0.88和0.82，其中TESEBS模型有着更好的模拟效果。并进一步发现，利用线性回归模拟蒸散发结果时，若采用多层气温、相对湿度、净辐射通量、风速、降雨和土壤水分作为自变量用于拟合实际蒸散发，估算结果与观测结果显示出更高的相关性。其中作为能量来源的因子，包括净辐射通量和气温对蒸散发估算最为重要。Zhong等(2019)基于静止和极轨卫星构建了全天空下青藏高原地表温度的日变化特征，并采用地表能量平衡系统模型(SEBS)估算得到了小时分辨率10 km空间分辨率的地表水热通量结果(图1.6)。其中净辐射通量、感热通量、潜热通量和土壤热通量可显示出地表能量平衡各

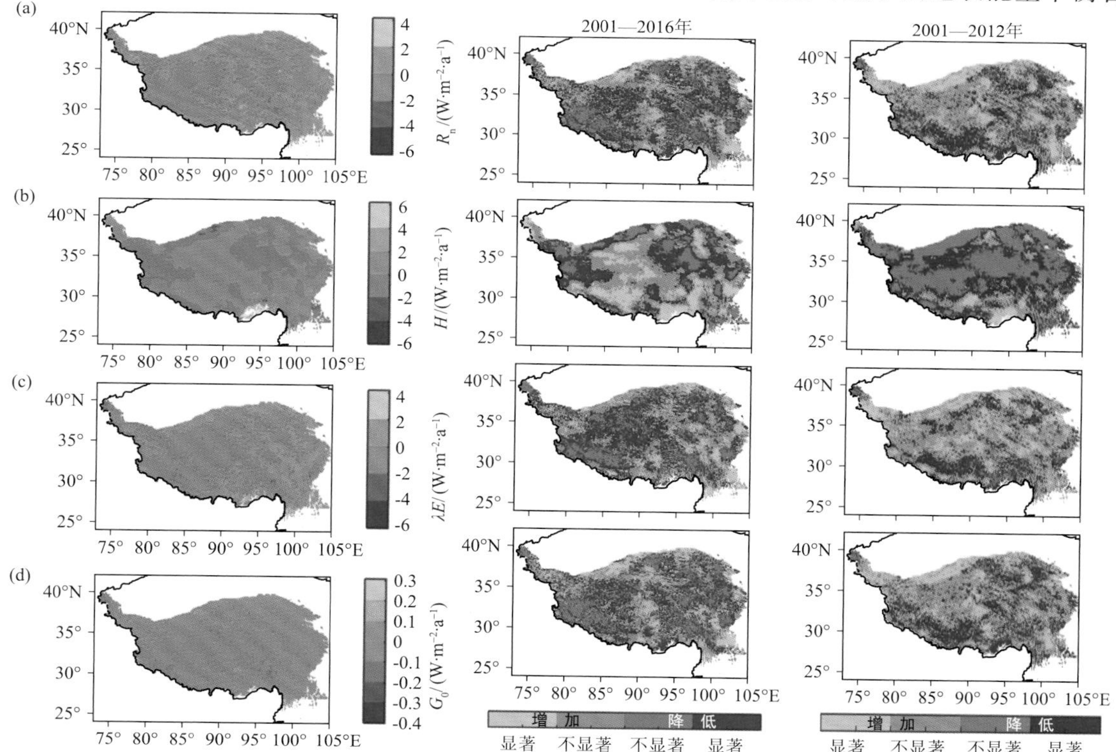

图1.5 青藏高原地表能量平衡分量(净辐射通量R_n(a)、感热通量H(b)、潜热通量λE(c)和土壤热通量G_0(d))变化趋势的空间分布特征(第一列)及其月平均的年变化趋势(第二列为2001—2016年，第三列为2001—2012年)(引自Han et al.，2017；Ma et al.，2018)

组分显著的日变化和季节变化规律，其均方根误差分别为 76.6 W·m^{-2}、60.3 W·m^{-2}、71.0 W·m^{-2}和 37.5 W·m^{-2}，均优于全球陆地数据同化系统(GLDAS)通量产品的结果。Ge 等(2021)利用 SEBS 模型结合国产风云系列静止卫星 FY-4A 数据和中国气象局最新气象同化资料，估算了青藏高原全域逐小时地表特征参数以及地表通量数据。结果表明，青藏高原地区潜热通量和感热通量呈现明显的季节和昼夜变化。潜热和感热通量分别于 4 月和 7 月到达峰值。同时发现潜热通量的昼夜平均大小相差可达 70 W·m^{-2}以上。

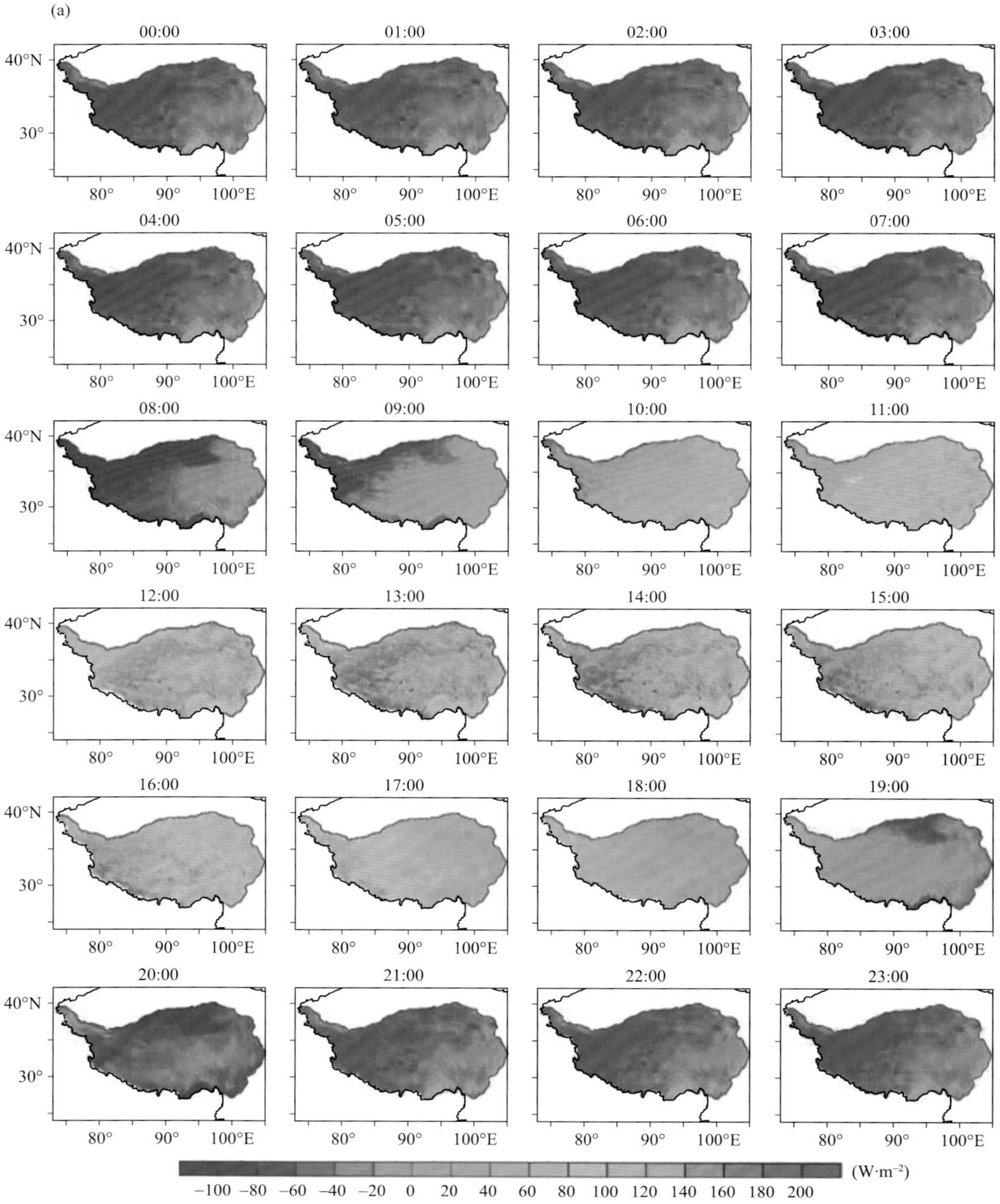

(a)
00:00 01:00 02:00 03:00
04:00 05:00 06:00 07:00
08:00 09:00 10:00 11:00
12:00 13:00 14:00 15:00
16:00 17:00 18:00 19:00
20:00 21:00 22:00 23:00
−100 −80 −60 −40 −20 0 20 40 60 80 100 120 140 160 180 200 (W·m^{-2})

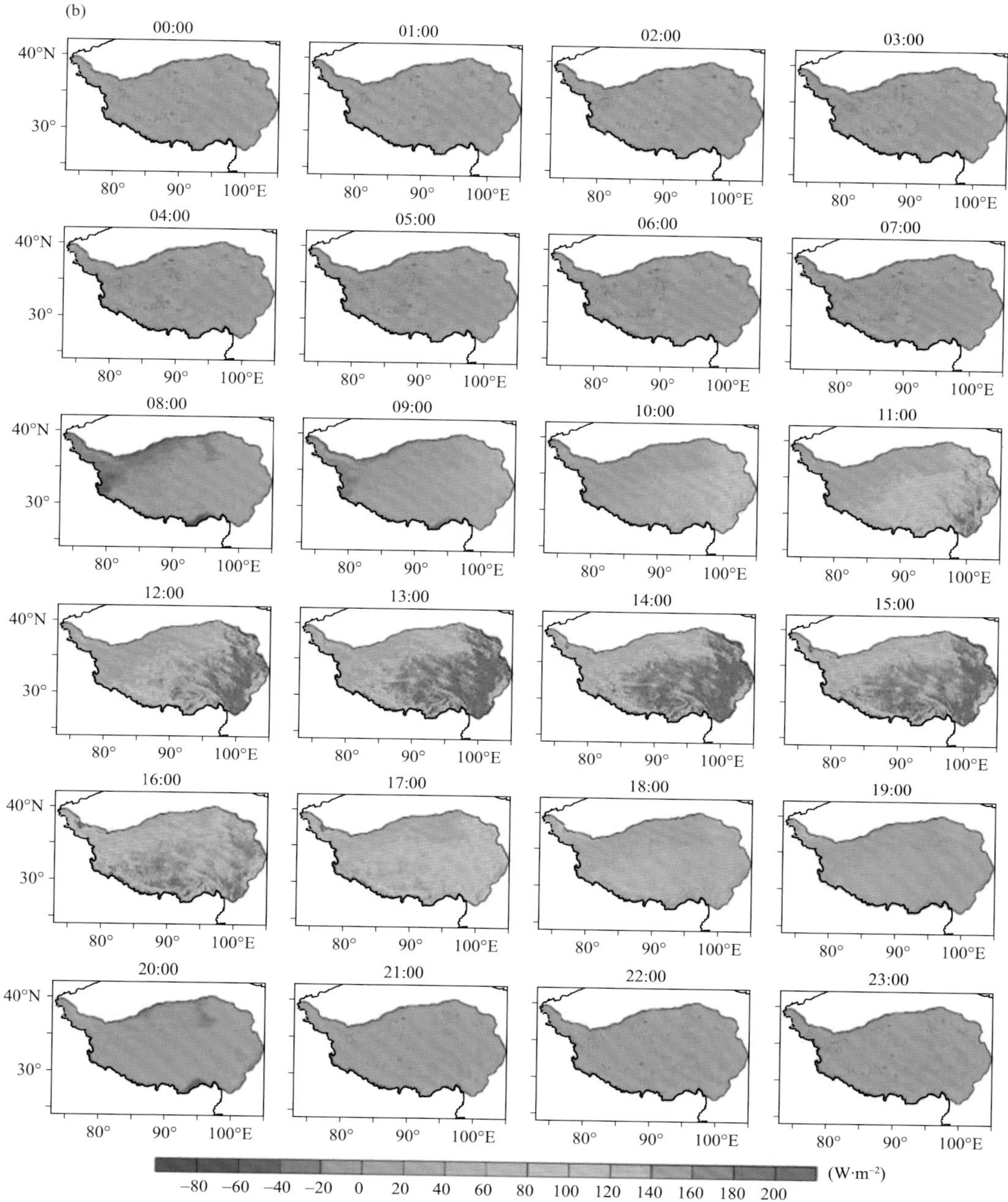

图 1.6 青藏高原感热通量(a)和潜热通量(b)日变化的空间分布特征

(引自 Zhong et al., 2019)

借助于卫星遥感资料、再分析资料和数值模型模拟结果,青藏高原地表水热通量的估算和时空分布特征研究取得了诸多进展。Shi 等(2014)融合站点观测、再分析资料和卫星遥感资料得到了一套青藏高原感热和潜热通量产品,其月平均感热通量和潜热通量的均方根误差分别为 14.3 $W \cdot m^{-2}$ 和 10.3 $W \cdot m^{-2}$,并发现青藏高原感热通量呈现减弱的趋势,这可能与东亚季风减弱有关。Chen 等 (2014)基于青藏高原地面观测资料发展了新的卫星遥感地表通量参数化方法，并计算得到了一套高分辨率的地表通量和蒸散发产品，将高原和其他地区的感热通量的空间分布进行对比后，可以明显看出高原感热泵的显著加热作用。Han 等（2017）在 SEBS 模型中引入了大尺度地形的有效粗糙度方案，模拟得到了 2001—2012 年青藏高原地表能量平衡分量，发现感热通量整体呈现出降低的趋势而潜热通量呈现出略微升高的趋势。Wang S Z 等(2019)利用诺亚多参数陆面模型(Noah-MP)模拟得到了 1981—2010 年青藏高原感热通量结果，发现感热通量的年际变化在高原中西部比高原东部更大，感热通量显示显著减弱的趋势(平均每 10 a 2.7 $W \cdot m^{-2}$)，并且中西部的减弱趋势比东部明显。Wang G X 等(2020)采用一个简单但有效的方法来表示由于冰相态变化所引起的能量损耗，发现其可以将冻融过程的蒸散发估算精度提升 4.6%～106.67%。其得到的蒸散发量为每年 294.21 mm，在 1961—2014 年呈现出增大的趋势，平均每年 0.38 mm，并主要受气温和净辐射的影响。基于观测资料，Han C B 等(2021)发展了考虑大地形拖曳作用的有效粗糙度参数化方案，并将其引入地表能量平衡系统模型(SEBS)，再利用改进的 SEBS 模型，结合 MODIS 卫星遥感数据和中国区域气象驱动数据集(CMFD)气象再分析数据，计算得到了 2001—2018 年青藏高原月平均的蒸散发量，并利用位于高原不同下垫面的 6 个湍流通量站的观测数据验证了改进的 SEBS 估算的蒸散发量，结果显示相关系数均超过 0.9，月蒸散量的均方根误差在 9.3～14.5 mm 之间。这一研究发现，青藏高原平均年蒸散发总量(2001—2018 年)为(1.238±0.058)万亿吨，但其年变化趋势存在很大的空间差异性(图 1.7)。总体来说，以东经 90°为界，高原东部总体呈增加

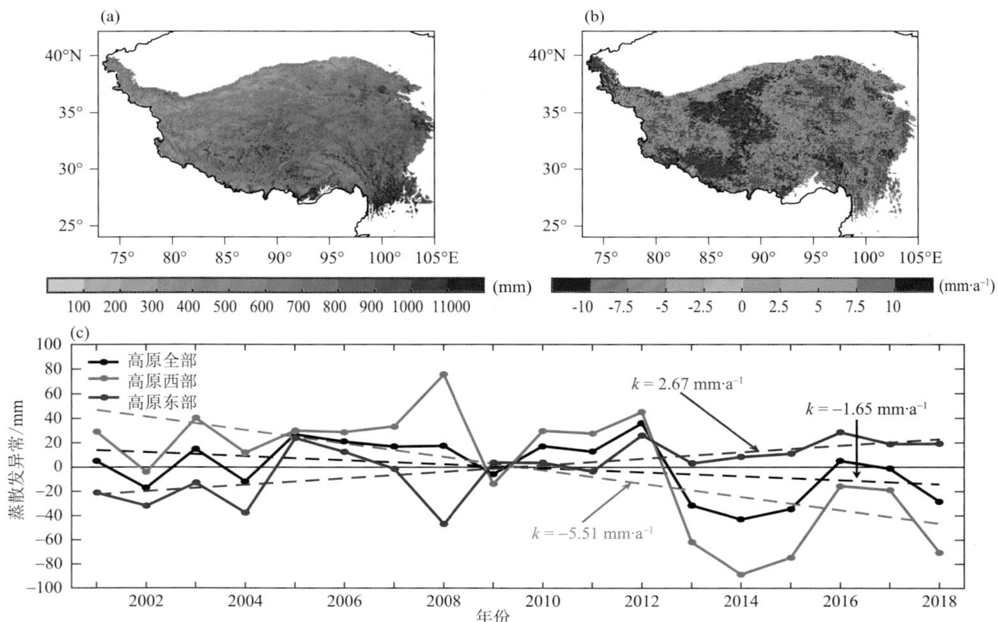

图 1.7　青藏高原蒸散发时空变化分布。(a)多年(2001—2018 年)平均年蒸散发总量分布；(b)蒸散发变化趋势分布(2001—2018 年)；(c)高原不同区域蒸散发变化趋势。其中，黑色、红色和蓝色实线分别代表高原全部、高原西部和高原东部蒸散发异常的年际变化；对应颜色的虚线和 k 值分别代表其趋势拟合线及拟合线的斜率(引自 Han C B et al.，2021)

趋势，高原西部总体呈减少趋势。高原东部蒸散发的增加速率主要为 2.5～7.5 mm·a^{-1}，且通过显著性检验；高原西部大部分地区呈现减少趋势，且减少趋势显著，速率超过−7.5 mm·a^{-1}。就季节而言，春夏两季，蒸散发减少趋势明显，尤其在高原西部地区；秋季，蒸散发增加和减少的区域在整个青藏高原呈相间分布状态，但增加和减少的速度相较春夏季减弱很多；冬季，蒸散发减少趋势占主导，尤其是在高原西部，而高原东部部分区域呈现增加趋势（图 1.7）。

1.7 青藏高原地-气相互作用过程及其天气气候效应的数值模拟研究

青藏高原复杂的地形条件、相对较少且分布极其不均匀的观测站，造成了青藏高原区域尺度地-气相互作用过程研究存在严重不足。卫星遥感数据虽然可以获得区域尺度地-气相互作用过程参数，但由于受卫星回访时间限制以及云的影响，使其反演结果在时间连续性和精度上仍存在很大的问题。高时空分辨率的数值模拟，逐渐成为研究青藏高原“面”上陆面物理过程研究的重要手段。

随着陆面模式的逐步发展与改进，越来越多的学者利用其研究青藏高原地区的土壤温湿度变化、地表能量平衡和水热交换等（张宇，2002；陈海山 等，2005；王澄海 等，2007；罗斯琼 等，2008；Gao et al.，2015；Ma et al.，2016；谢志鹏 等，2017；李茂善 等，2019；胡伟 等，2020）。研究发现，模拟得到的地表温度、土壤湿度、地表感热通量和潜热通量的日变化和季节变化特征与观测结果较为一致，但不同站点不同季节的模拟偏差存在着较大差异。比如，王澄海等（2007）发现通用陆面模式（Common Land Model，CoLM）对青藏高原西部的陆面过程具体较高的模拟能力，模拟显示高原西部地表能量以感热通量为主，这与李茂善等（2008）对青藏高原西部感热和潜热通量的模拟结果一致，但该模式对冻融期的潜热通量模拟结果存在较大的不确定性。Yang 等（2009）比较了简单生物圈模型（Simple Biosphere Model，SiB2）、CoLM 和诺亚（Noah）三个陆面模式在青藏高原的模拟效果，发现这三个模式均低估了表层土壤水分和温度梯度，导致模拟的净辐射偏高，土壤热通量偏低。李燕等（2012）基于实测数据优化了 CoLM 模式中土壤孔隙度、导水率和土壤分层方案，显著提高了 CoLM 对土壤湿度和潜热通量的模拟效果，但对土壤温度和感热通量的改进不太理想。Gao 等（2015）评估了 Noah-MP 中土壤异质性、有机质和植被根系参数化方案的相对重要性及其对土壤温湿度和地表能量收支和水循环的影响，发现改进模式中植被根系的描述可以减小饱和土壤传导度，由此模拟的季风期感热和潜热通量结果更好。谢志鹏等（2017）发现，公共陆面模式（Community Land Model，CLM）在那曲非冻结期具有较高的模拟能力，积雪覆盖是导致冬季模拟效果较差的主要影响因子。由此可见，精确的地表和土壤参数是陆面模式准确模拟地-气间能量平衡和水热交换的关键因素。

另外，研究发现，热力学和动力学粗糙度参数化方案在地表能量分配的模拟中起着非常关键的作用。观测结果表明：热力学粗糙度的日变化对日间地表温度和湍流通量的变化有很大的影响，改进热力学粗糙度方案，可以有效缓解陆面模式低估地表温度和高估感热通量这一现象（Yang et al.，2008）。Chen 等（2010）改进了 Noah 模式中的热力学粗糙度参数化方案，显著提高了干旱半干旱区地表温度和地表能量平衡的模拟精度。杨耀先等（2014）将一个独立的确定地表动力学粗糙度的方法引入到了 CoLM 模式中，显著提高了高原感热通量的模拟效果。李茂善等（2019）将同样的动力学粗糙度方法引入到了 WRF 模式中，模拟了青藏高原 2004—2013 年 10 a 的地表湍流通量并分析了它们的变化特征，发现青藏高原中部和东南部地区感热通量明显增加，增加了 10～15 W·m^{-2}，其他地区感热通量呈弱减小趋势（约 −5 W·m^{-2}）；整个青藏高原上的潜热变化较小，在东部地区表现为弱增加，其他区域表现为弱减小。然而，该模拟结果与卫星遥感资料估算得到 2001—2012 年的感热通量减弱和潜热通量增加的趋势存在较大差异。另外，冬春季节青藏高原降雪频繁，降雪期间地-气间能量交换剧烈，给青藏高原地-气相互作用模拟带来了困难。因此，评估数值模式对青藏高原降雪或积雪的模拟能力就显得非常必要。Liu 等（2019）评估了 WRF 模式中的多种陆面过程参数化方案对高原强降雪和过程的模拟效果，发现 WRF 耦合 CLM 对降雪期间气温模拟结果最好，主要归因于 CLM 中更为合理的反照率参数化方案。但是，WRF 耦合 Noah 模式对降雪及融雪过程的模拟表现出明显的冷偏差。随后，Liu 等（2021）基于 WRF 耦合 CLM 模式对青藏高原强降雪过程进行了数值模拟诊断分析（图 1.8），为准确模拟复杂地形条件下的极端降雪过程提供了理论参考。

图 1.8 强降雪期间，天气形势和有利的气象要素配置。棕色实线为槽线（trough），红色实线为等温线，黑色双虚线为风切变线（shear line），蓝色虚线为等比湿线，红色箭头为高空急流（upper jet），玫红色箭头为低空急流（lower jet），蓝色箭头为水汽输送通道（water vapor channel），绿色线条区为雪带（snow belt）位置，黑色箭头为高空急流出口区的次级环流，黄色虚线为青藏高原边界（引自 Liu et al.，2021）

Zhong 等(2021)利用 WRF 模拟研究了青藏高原夏季的降水过程,发现 WRF 模式中的三种陆面过程参数化方案均高估了高原中西部的降水落区和降水量,但在高原东南部地区则相反。该结果也进一步地证实了土壤湿度-能量通量-降水之间的反馈机制是不同陆面过程参数化方案之间出现模拟偏差的主要原因。Xie 等(2018)评估了 CLM 中积雪参数化方案对高原地区积雪的分布和能量平衡的影响。结果发现,如果积雪参数化方案中考虑了雪的累积和融化过程,则能够较好地模拟与积雪相关的物理量,同时也能够明显改善对地表能量通量特别是净辐射和感热通量的模拟效果。青藏高原大风极大地影响了积雪的空间分布,在模式中考虑风吹雪过程并结合恰当的模式驱动数据可以显著提高模式对积雪覆盖状况以及地-气相互作用的模拟精度(Xie et al. ,2019)。此外,有研究表明,引入合理的地形拖曳参数化方案可以提高模式对风场的模拟能力,进而能够改善青藏高原降雪模拟性能(Zhou et al. ,2018,2019)。

1.8 本章小结

青藏高原高大的地形状况,使其直接加热对流层中上层大气,形成高耸入云的动力和热力扰源,对青藏高原及周边、东亚和全球的环流和天气气候变化有重要影响。在数次大规模的青藏高原地-气相互作用过程与大气边界层过程观测试验的基础之上,构建了青藏高原地-气相互作用过程综合观测研究网络,较为系统地揭示了高原地区地面辐射平衡和热量平衡各个分量的时空变化特征,凸显了高原复杂地形和地理分布特征以及高原加热作用对于青藏高原及其周边天气系统的发生、发展及其结构的重要影响,加深了对青藏高原地-气相互作用过程的认识,促进了非均匀下垫面地-气相互作用过程参数化方案以及遥感估算青藏高原关键地表参数算法的发展,提升了陆面模式以及气候模式对于复杂地表多圈层地-气相互作用过程的模拟性能和数值预报能力。虽然目前青藏高原地-气相互作用过程和大气边界层过程的研究已经取得了长足的进展,但是其研究还存在诸多不足,还有很多问题需要进一步开展研究,主要从野外观测、资料分析以及模式发展几个方面来进行讨论。

野外科学试验是地-气相互作用过程研究最为重要的手段之一,地-气相互作用过程研究的逐步发展和完善成熟乃至于理论认识上的重大突破也是依赖于观测试验方面的重大发展。尽管在青藏高原地区已经开展了多次外场观测试验,并且在一些专项项目的支持下初步构建了青藏高原地-气相互作用综合观测研究网络,但是高原观测站点稀疏的问题仍然没有很好地被解决,特别是高原西部及西北部地区仍然缺乏有效的地面直接观测。虽然卫星遥感反演的大范围和同步观测的特性恰好能够弥补地面站点分布稀疏的不足,但仍存在遥感观测精度有待进一步完善的实际问题,并且站点尺度与像元尺度的差异也制约着遥感产品在高原地区的应用。因此,随着现代气象探测新技术、新方法的不断涌现,如何将不同时空尺度的地基、空基和天基观测进行有机的融合,形成一套更加全面、准确、高时空分辨率的地面气象要素、地表关键参数数据集，更好地服务于青藏高原复杂地表多圈层地-气相互作用过程与气候效应研究，仍是一个亟待解决的问题。这其中，在观测数据样本量充足的情况下，基于数据驱动的机器学习算法未来发展空间广阔。此外，目前各单位自建自管的单个站点观测数据在可用性、可比性、连续性、共享性方面普遍存在问题，制约着数据的充分利用。因此，野外台站观测还需建立严格的质量控制标准和数据质量评估方案、规范的仪器维护和标定方法以及完善的数据汇交和共享体系。

其次，青藏高原地-气相互作用过程和大气边界层过程研究中观测资料的分析还需加强总结和系统的比较，尤其是针对不同下垫面特征地-气相互作用过程差异的分析，从而更加全面地认识青藏高原这一复杂系统下的地-气相互作用特征和规律。另外，地-气相互作用过程关键的非均匀因子在局地尺度、卫星遥感像元尺度以及模式网格尺度的特征和规律还需进一步通过综合的分析手段深入认识。

在数值模式发展方面，将地面台站观测的局地参数升尺度到数值模式的网格尺度上的研究目前还相当缺乏。大量来之不易的观测数据以及观测试验结果对于陆面过程参数化发展与完善的贡献十分有限，这一方面与目前高原地区野外观测数据共享开放度不够有关，另一方面也是由于以往研究的很多局地参数化关系并没有有效地转化为适用于数值模式的陆面过程参数化方案或卫星遥感反演模式中所需要的参数。因此，在今后的研究中，需要探索在获得局地参数的基础上，将陆面过程局地观测与小尺度平均通量观测、卫星遥感反演以及数值模拟等相结合的方法。

参考文献

陈海山，孙照渤，2005. 青藏高原单点地气交换过程的模拟试验[J]. 高原气象，24(1)：9-15.

陈联寿，徐祥德，1998. 1998年青藏高原第二次大气科学试验(TIPEX)陆气过程、边界层观测预研究进展[J]. 中国气象科学研究院年报：20-21.

陈瑞，杨梅学，万国宁，等，2020. 基于水热变化的青藏高原土壤冻融过程研究进展[J]. 地理科学进展，39(11)：1944-1958.

除多，洛桑曲珍，林志强，等，2018. 近30年青藏高原雪深时空变化特征分析[J]. 气象，44(2)：233-243.

丁永建，叶佰生，刘时银，等，2000. 青藏高原大尺度冻土水文监测研究[J]. 科学通报，45(2)：208-214.

段安民，刘屹岷，吴国雄，2003. 4—6月青藏高原热状况与盛夏东亚降水和大气环流的异常[J]. 中国科学D辑：地球科学，33(10)：997-1004.

段安民，毛江玉，吴国雄，2004. 孟加拉湾季风爆发可预测性的分析和初步应用[J]. 高原气象，23(1)：18-25.

冯锦明，王致君，楚荣忠，等，2001. 青藏高原地面Doppler雷达与TRMM星载雷达测云比较[J]. 高原气象，20(4)：345-353.

谷星月，马耀明，马伟强，等，2018. 青藏高原地表辐射通量的气候特征分析[J]. 高原气象，37(6)：1458-1469.

何金海，2011. 青藏高原大气热源特征及其影响和可能机制[M]. 北京：气象出版社.

胡国杰，赵林，李韧，等，2014. 青藏高原多年冻土区土壤冻融期间水热运移特征分析[J]. 土壤，46(2)：355-360.

胡伟，马伟强，马耀明，等，2020. GLDAS资料驱动的Noah-MP陆面模式青藏高原地表能量交换模拟性能评估[J]. 高原气象，39(3):44-56.

胡隐樵，高由禧，王介民，等，1994. 黑河实验的一些研究成果[J]. 高原气象，13(3):225-236.

胡泽勇，马耀明，刘黎平，1998. 中日合作成功进行“青藏高原能量水分循环试验”预试验[J]. 中国科学院院刊，13(3):224-225.

蒋文轩，假拉，肖天贵，等，2016. 1971—2010年青藏高原冬季降雪气候变化及空间分布[J]. 冰川冻土，38(5):1211-1218.

李栋梁，李维京，魏丽，等，2003. 青藏高原地面感热及其异常的诊断分析[J]. 气候与环境研究，8(1):71-83.

李国平，段庭扬，史有瑜，等，1996. 青藏高原地面拖曳系数的变化特征[C]//何金海. 亚洲季风研究的新进展：中日亚洲季风机制合作研究论文集. 北京：气象出版社：37-44.

李娟，李跃清，蒋兴文，等，2016. 青藏高原东南部复杂地形区不同天气状况下陆气能量交换特征分析[J]. 大气科学，40(4):777-791.

李茂善，马耀明，2008. 藏北高原地表能量和边界层结构的数值模拟[J]. 高原气象，27(1):36-45.

李茂善，阴蜀城，刘啸然，等，2019. 近10年青藏高原及其周边湍流通量变化的数值模拟[J]. 高原气象，38(6):1140-1148.

李韧，赵林，丁永建，等，2012. 青藏公路沿线多年冻土区活动层动态变化及区域差异特征[J]. 科学通报，57(30):2864-2871.

李燕，刘新，李伟平，2012. 青藏高原地区不同下垫面陆面过程的数值模拟研究[J]. 高原气象，31(3):581-591.

刘辉志，冯健武，王雷，等，2013. 大气边界层物理研究进展[J]. 大气科学，37(2):467-476.

刘晓东，罗四维，钱永甫，1989. 青藏高原地表热状况对夏季东亚大气环流影响的数值模拟[J]. 高原气象，8(3):205-216.

罗斯琼，吕世华，张宇，等，2008. CoLM模式对青藏高原中部BJ站陆面过程的数值模拟[J]. 高原气象，27(2):259-271.

罗小青，徐建军，李凯，2019. 青藏高原大气热源研究述评[J]. 广东海洋大学学报，39(6):130-136.

马丽娟，秦大河，2012. 1957—2009年中国台站观测的关键积雪参数时空变化特征[J]. 冰川冻土，34(1):1-11.

马伟强，马耀明，胡泽勇，等，2004. 藏北高原地面辐射收支的初步分析[J]. 高原气象，23(3):348-352.

马伟强，马耀明，李茂善，等，2005. 藏北高原地区地表辐射出支和能量平衡的季节变化[J]. 冰川冻土，27(5):673-679.

马伟强，戴有学，马耀明，等，2007. 珠峰北坡地区地表辐射和能量季节变化的初步分析[J]. 高原气象，25(6):1237-1243.

马耀明，塚本修，吴晓鸣，等，2000. 藏北高原草甸下垫面近地层能量输送及微气象特征[J]. 大气科学，24(5):715-722.

马耀明，姚檀栋，王介民，2006. 青藏高原能量和水循环试验研究——GAME/Tibet与CAMP/Tibet研究进展[J]. 高原气象，25(2):344-351.

马耀明，胡泽勇，田立德，等，2014. 青藏高原气候系统变化及其对东亚区域的影响与机制研究进展[J]. 地球科学进展，29(2):207-215.

钱永甫，1993. 气候变化中下垫面作用的数值模拟[J]. 大气科学，17(3):283-293.

田荣湘，康玉香，张文滨，等，2017. 太阳辐射和大气环流在青藏高原气温季节变化中的作用[J]. 浙江大学学报(理学版)，15(1):84-96.

王澄海，师锐，2007. 青藏高原西部陆面过程特征的模拟分析[J]. 冰川冻土，29(1)：73-81.

王春学，李栋梁，2012. 中国近50年积雪日数与最大积雪深度的时空变化规律[J]. 冰川冻土，34(2)：247-256.

王介民，1999. 陆面过程实验和地气相互作用研究——从HEIFE到IMGRASS和GAME-Tibet/TIPEX[J]. 高原气象，18(3)：280-294.

王介民，王维真，奥银焕，等，2007. 复杂条件下湍流通量的观测与分析[J]. 地球科学进展，22(8)：791-797.

王俏懿，马耀明，王宾宾，等，2021. 喜马拉雅南北坡地区地表能量通量及蒸散发量对比分析[J]. 地球科学进展，36(8)：810-825.

韦志刚，黄荣辉，陈文，等，2002. 青藏高原地面站积雪的空间分布和年代际变化特征[J]. 大气科学，26(4)：496-508.

吴国雄，毛江玉，段安民，等，2004. 青藏高原影响亚洲夏季气候研究的最新进展[J]. 气象学报，62(5)：528-540.

吴国雄，刘屹岷，刘新，等，2005. 青藏高原加热如何影响亚洲夏季的气候格局[J]. 大气科学，29(1)：47-56，167-168.

谢志鹏，胡泽勇，刘火霖，等，2017. 陆面模式CLM4.5对青藏高原高寒草甸地表能量交换模拟性能的评估[J]. 高原气象，36(1)：1-12.

徐祥德，卞林根，张光智，等，2001. 青藏高原地-气过程动力、热力结构综合物理图像[J]. 中国科学D辑：地球科学，31(5)：428-440.

徐祥德，陈联寿，2006. 青藏高原大气科学试验研究进展[J]. 应用气象学报，17(6)：756-772.

杨梅学，姚檀栋，KENICHI U，1999. 青藏高原唐古拉山北坡夏季风降水特征的初步分析[J]. 冰川冻土，21(3)：233-236.

杨梅学，姚檀栋，勾晓华，2000. 青藏公路沿线土壤的冻融过程及水热分布特征[J]. 自然科学进展，10(5)：443-450.

杨梅学，姚檀栋，何元庆，2002. 青藏高原土壤水热分布特征及冻融过程在季节转换中的作用[J]. 山地学报，20(5)：553-558.

杨伟愚，1988. 西藏高原上空夏季热力和动力场的诊断分析[D]. 北京：中国科学院大气物理研究所.

杨耀先，李茂善，2014. 藏北高原高寒草甸地表粗糙度对地气通量的影响[J]. 高原气象，33(3)：626-636.

姚济敏，赵林，丁永建，等，2008. 2005年青藏高原唐古拉地区地表能量收支状况分析[J]. 冰川冻土，30(1)：119-124.

叶笃正，罗四维，朱抱真，1957. 西藏高原及其附近的流场结构和对流层大气的热量平衡[J]. 气象学报，28(2)：20-33.

叶笃正，高由禧，1979. 青藏高原气象学[M]. 北京：科学出版社.

于淑秋，王继志，2006. 中日气象灾害合作研究中心项目(JICA计划项目)正式启动实施[J]. 应用气象学报，17(2)：191.

张强，2003. 大气边界层气象学研究综述[J]. 干旱气象，21(3)：74-78.

张人禾，徐祥德，2012. 青藏高原及东缘新一代大气综合探测系统应用平台——中日合作JICA项目[J]. 中国工程科学，14(9)：102-112.

张亚春，马耀明，马伟强，等，2021. 青藏高原不同下垫面蒸散量及其与气象因子的相关性[J]. 干旱气象，39(3)：366-373.

张艳，钱永甫，2002. 青藏高原地面热源对亚洲季风爆发的热力影响[J]. 南京气象学院学报，25(3)：298-306.

张宇，2002. 藏北高原陆面过程的模拟试验[J]. 大气科学，26(3)：101-107.

章基嘉，朱抱真，朱福康，等，1988. 青藏高原气象学进展[M]. 北京：科学出版社.

赵林，程国栋，李述训，等，2000. 青藏高原五道梁附近多年冻土活动层冻结和融化过程[J]. 科学通报，45(11)：1205-1211.

赵平，1999. 青藏高原热源状况及其与海气关系的研究[D]. 北京：中国气象科学研究院.

赵平，陈隆勋，2001. 35 年来青藏高原大气热源气候特征及其与中国降水的关系[J]. 中国科学 D 辑：地球科学，31(4)：327-332.

赵平，李跃清，郭学良，等，2018. 青藏高原地气耦合系统及其天气气候效应：第三次青藏高原大气科学试验[J]. 气象学报，76(6)：3-30.

仲雷，马耀明，苏中波，等，2007. 雨季前后珠峰地区近地层气象要素、辐射及能量平衡分量变化特征[J]. 高原气象，26(6)：1269-1275.

周明煜，徐祥德，卞林根，2000. 青藏高原大气边界层观测分析与动力学研究[M]. 北京：气象出版社.

周秀骥，赵平，陈军明，等，2009. 青藏高原热力作用对北半球气候影响的研究[J]. 中国科学 D 辑：地球科学，39(11)：1473-1486.

朱抱真，1957. 大尺度热源、热汇和地形对西风带的常定扰动(一)[J]. 气象学报，28(2)：34-52.

卓嘎，徐祥德，陈联寿，2002. 青藏高原边界层高度特征对大气环流动力学效应的数值试验[J]. 应用气象学报，13(2)：163-169.

左洪超，胡隐樵，吕世华，等，2004. 青藏高原安多地区干、湿季的转换及其边界层特征[J]. 自然科学进展，14(5)：535-540.

BAO Q，LIU Y M，SHI J C，et al，2010. Comparisons of soil moisture datasets over the Tibetan Plateau and application to the simulation of Asia summer monsoon onset[J]. Adv Atmos Sci，27：303-314.

CHE J H，ZHAO P，2021. Characteristics of the summer atmospheric boundary layer height over the Tibetan Plateau and influential factors[J]. Atmos Chem Phys，21(7)：5253-5268.

CHEN L X，REITER E R，FENG Z Q，1985. The atmospheric heat source over the Tibetan Plateau：May—August 1979[J]. Mon Wea Rev，113(10)：1771-1790.

CHEN X L，SU Z B，MA Y M，et al，2012. Analysis of land-atmosphere interactions over the north region of Mt. Qomolangma (Mt. Everest)[J]. Arct Antarct Alp Res，44(4)：412-422.

CHEN X L，SU Z B，MA Y M，et al，2013. Estimation of surface energy fluxes under complex terrain of Mt. Qomolangma over the Tibetan Plateau[J]. Hydrol Earth Syst Sci，17(4)：1607-1618.

CHEN X L，SU Z B，MA Y M，et al，2014. Development of a 10-year (2001—2010) 0.1° data set of land-surface energy balance for mainland China[J]. Atmos Chem Phys，14(23)：13097-13117.

CHEN Y Y，YANG K，ZHOU D G，et al，2010. Improving the Noah Land Surface Model in arid regions with an appropriate parameterization of the thermal roughness length[J]. J Hydrometeorol，11(4)：995-1006.

CUI Y F，DUAN A M，LIU Y M，et al，2015. Interannual variability of the spring atmospheric heat source over the Tibetan Plateau forced by the North Atlantic SSTA[J]. Clim Dyn，45(5-6)：1-18.

DENG H，PEPIN N C，CHEN Y，2017，Changes of snowfall under warming in the Tibetan Plateau[J]. J Geophys Res：Atmos，122(14)：7323-7341.

DING Z W，MA Y M，WEN Z P，et al，2017. A comparison between energy transfer and atmospheric turbulent exchanges over alpine meadow and banana plantation[J]. Theor Appl Climatol，129(1-2)：59-76.

DUAN A M,WU G X,2008. Weakening trend in the atmospheric heat source over the Tibetan Plateau during recent decades. Part I: Observations[J]. J Clim,21(13):3149-3164.

DUAN A M,LI F,WANG M R,et al, 2011. Persistent weakening trend in the spring sensible heat source over the Tibetan Plateau and its impact on the Asian summer monsoon[J]. J Clim, 24(21):5671-5682.

DUAN A M,WANG M R,XIAO Z X, 2014. Uncertainties in quantitatively estimating the atmospheric heat source over the Tibetan Plateau[J]. Atmos Oceanic Sci Lett, 7(1):28-33.

GAO Y H,LI K,CHEN F,et al, 2015. Assessing and improving Noah-MP land model simulations for the central Tibetan Plateau[J]. J Geophys Res:Atmos, 120(18):9258-9278.

GAO Z,LENSCHOW D H,HE Z,et al, 2009. Seasonal and diurnal variations in moisture,heat and CO_2 fluxes over a typical steppe prairie in Inner Mongolia,China[J]. Hydrol Earth Syst Sci, 13(7):987-998.

GE N,ZHONG L,MA Y M,et al,2021. Estimations of land surface characteristic parameters and turbulent heat fluxes over the Tibetan Plateau based on FY-4A/AGRI data[J]. Adv Atmos Sci,38(8):1299-1314.

GUO Y H,ZHANG Y S,MA N,et al, 2016. Quantifying surface energy fluxes and evaporation over a significant expanding endorheic lake in the central Tibetan Plateau[J]. J Meteorol Soc Jpn, 94(5):453-465.

HAN C B,MA Y M,SU Z B,et al,2015. Estimates of effective aerodynamic roughness length over mountainous areas of the Tibetan Plateau[J]. Q J Roy Meteor Soc,141(689):1457-1465.

HAN C B,MA Y M,CHEN X L,et al, 2017. Trends of land surface heat fluxes on the Tibetan Plateau from 2001 to 2012[J]. Int J Climatol, 37(14): 4757-4776.

HAN C B,MA Y M,WANG B B,et al, 2021. Long-term variations in actual evapotranspiration over the Tibetan Plateau[J]. Earth Syst Sci Data, 13(7): 3513-3524.

HAN Y Z,MA W Q,YANG Y X,et al, 2021a. Impacts of the Silk Road pattern on the interdecadal variations of the atmospheric heat source over the Tibetan Plateau[J]. Atmos Res, 260:105696.

HAN Y Z,MA Y M,WANG Z Y,et al, 2021b. Variation characteristics of temperature and precipitation on the northern slopes of the Himalaya region from 1979 to 2018[J]. Atmos Res, 253:105481.

HUANG F F,MA W Q,WANG B B,et al, 2017. Air temperature estimation with MODIS data over the northern Tibetan Plateau[J]. Adv Atmos Sci, 34:650-662.

HUANG W F,CHENG B,ZHANG J R,et al, 2019. Modeling experiments on seasonal lake ice mass and energy balance in the Qinghai-Tibet Plateau: A case study[J]. Hydrol Earth Syst Sci, 23(4):2173-2186.

JIA L,SU Z B,VAN D H B,et al, 2003. Estimation of sensible heat flux using the surface energy balance system (SEBS) and ATSR measurements[J]. Phys Chem Earth, 28(1):75-88.

JIANG X W,LI Y Q,YANG S,et al, 2015. Interannual variation of summer atmospheric heat source over the Tibetan Plateau and the role of convection around the western Maritime Continent[J]. J Clim, 28(1): 121-138.

LAZHU,YANG K,WANG J B,et al, 2016. Quantifying evaporation and its decadal change for Lake Nam Co, central Tibetan Plateau[J]. J Geophys Res:Atmos, 121(13):7578-7591.

LI C,YANAI M, 1996. The onset and interannual variability of the Asian summer monsoon in relation to land-sea thermal contrast[J]. J Clim, 9(2):358-375.

LI L,ZHANG R H,MIN W,et al,2014. Effect of the atmospheric heat soure on the development and eastward movement of the Tibetan Platean vortices[J]. Tellus A: Dynamic Meteorology and Oceanography, 66:

419-439.

LI L, ZHANG R H, WEN M, et al, 2018. Effect of the atmospheric quasi-biweekly oscillation on the vortices moving off the Tibetan Plateau[J]. Clim Dyn, 50(3-4): 1193-1207.

LI M S, BABEL W, CHEN X L, et al, 2015. A 3-year dataset of sensible and latent heat fluxes from the Tibetan Plateau, derived using eddy covariance measurements[J]. Theor Appl Climatol, 122(3-4): 457-469.

LI X Y, MA Y J, HUANG Y M, et al, 2016. Evaporation and surface energy budget over the largest high-altitude saline lake on the Qinghai-Tibet Plateau[J]. J Geophys Res: Atmos, 121(18): 10470-10485.

LI Z G, LYU S H, AO Y H, et al, 2015. Long-term energy flux and radiation balance observations over Lake Ngoring, Tibetan Plateau[J]. Atmos Res, 155: 13-25.

LI Z L, TANG R L, WAN Z M, et al, 2009. A review of current methodologies for regional evapotranspiration estimation from remotely sensed data[J]. Sensors, 9(5): 3801-3853.

LIU L, MA Y M, MENENTI M, et al, 2019. Evaluation of WRF modeling in relation to different land surface schemes and initial and boundary conditions: A snow event simulation over the Tibetan Plateau[J]. J Geophys Res: Atmos, 124(1): 209-226.

LIU L, MA Y M, YAO N, et al, 2021. Diagnostic analysis of a regional heavy snowfall event over the Tibetan Plateau using NCEP reanalysis data and WRF[J]. Clim Dyn, 56(7-8): 2451-2467.

LIU L P, FENG J M, CHU R Z, et al, 2002. The diurnal variation of precipitation in monsoon season in the Tibetan Plateau[J]. Adv Atmos Sci, 19(2): 365-378.

LUO H B, YANAI M, 1984. The large-scale circulation and heat sources over the Tibetan Plateau and surrouding areas during the early summer of 1979. Part Ⅱ: Heat and moisture budgets[J]. Mon Wea Rev, 112(5): 966-989.

MA W Q, MA Y M, SU B, et al, 2011. Feasibility of retrieving land surface heat fluxes from ASTER data using SEBS: A case study from the NamCo area of the Tibetan Plateau[J]. Arct Antarct Alp Res, 43(2): 239-245.

MA W Q, MA Y M, 2016. Modeling the influence of land surface flux on the regional climate of the Tibetan Plateau[J]. Theor Appl Climatol, 125(1-2): 45-52.

MA Y M, SU Z B, LI Z L, et al, 2002a. Determination of regional net radiation and soil heat flux over a heterogeneous landscape of the Tibetan Plateau[J]. Hydrol Process, 16(15): 2963-2971.

MA Y M, TSUKAMOTO O, WANG J M, et al, 2002b. Analysis of aerodynamic and thermodynamic parameters on the grassy marshland surface of Tibetan Plateau[J]. Prog Nat Sci-Mater, 12(1): 36-40.

MA Y M, FAN S, ISHIKAWA H, et al, 2005. Diurnal and inter-monthly variation of land surface heat fluxes over the central Tibetan Plateau area[J]. Theor Appl Climatol, 80(2): 259-273.

MA Y M, ZHONG L, SU Z B, et al, 2006. Determination of regional distributions and seasonal variations of land surface heat fluxes from Landsat-7 Enhanced Thematic Mapper data over the central Tibetan Plateau area[J]. J Geophys Res: Atmos, 111(D10): D10305.

MA Y M, KANG S C, ZHU L P, et al, 2008. Tibetan observation and research platform atmosphere-land interaction over a heterogeneous landscape[J]. B Am Meteorol Soc, 89(10): 1487-1492.

MA Y M, MENENTI M, FEDDES R, 2010. Parameterization of heat fluxes at heterogeneous surfaces by integrating satellite measurements with surface layer and atmospheric boundary layer observations[J]. Adv

Atmos Sci, 27(2):328-336.

MA Y M,ZHONG L,WANG Y J,et al, 2012. Using NOAA/AVHRR data to determine regional net radiation and soil heat fluxes over the heterogeneous landscape of the Tibetan Plateau[J]. Int J Remote Sensing, 33(15):4784-4795.

MA Y M,ZHU Z K,ZHONG L,et al, 2014. Combining MODIS, AVHRR and in situ data for evapotranspiration estimation over heterogeneous landscape of the Tibetan Plateau[J]. Atmos Chem Phys, 14(3): 1507-1515.

MA Y M,MA W Q,ZHONG L,et al, 2017. Monitoring and modeling the Tibetan Plateau's climate system and its impact on East Asia[J]. Sci Rep, 7(1):44574.

MA Y M,WANG Y Y,HAN C B, 2018. Regionalization of land surface heat fluxes over the heterogeneous landscape: From the Tibetan Plateau to the Third Pole region[J]. Int J Remote Sensing, 39(18): 5872-5890.

MA Y M,HE Z Y,XIE Z P,et al, 2020. A long-term (2005—2016) dataset of hourly integrated land-atmosphere interaction observations on the Tibetan Plateau[J]. Earth Syst Sci Data, 12(4):2937-2957.

NITTA T, 1983. Observational study of heat sources over the eastern Tibetan Plateau during the summer monsoon[J]. J Meteorol Soc Jpn, 61(4): 590-605.

OKU Y,ISHIKAWA H,SU Z,2007. Estimation of land surface heat fluxes over the Tibetan Plateau using GMS data[J]. J Appl Meteorol Climatol, 46:183-195.

QIU J, 2008. China: The third pole[J]. Nature, 454(7203):393-396.

RAUPACH M R, 1998. Influence of local feedbacks on land-air exchange of energy and carbon[J]. Global Change Biol, 4(5):477-494.

SHI Q,LIANG S, 2014. Surface-sensible and latent heat fluxes over the Tibetan Plateau from ground measurements, reanalysis, and satellite data[J]. Atmos Chem Phys, 14(11):5659-5677.

SHIMIZU S,UENO K,FUJII H,et al, 2001. Mesoscale characteristics and structures of stratiform precipitation on the Tibetan Plateau[J]. J Meteorol Soc Jpn, 79(1B):435-461.

SUN G H,HU Z Y,WANG J M,et al, 2016. Upscaling analysis of aerodynamic roughness length based on in situ data at different spatial scales and remote sensing in north Tibetan Plateau[J]. Atmos Res, 176-177: 231-239.

SUN G H,HU Z Y, MA Y M,et al, 2020. Analysis of local land-atmosphere coupling in rainy season over a typical underlying surface in Tibetan Plateau based on field measurements and ERA5[J]. Atmos Res, 243: 105025.

TANAKA K,ISHIKAWA H,HAYASHI T,et al, 2001. Surface energy budget at Amdo on the Tibetan Plateau using GAME/Tibet IOP98 data[J]. J Meteorol Soc Jpn, 79(1B):505-517.

UEDA H,KAMAHORI H, YAMAZAKI N,2003. Seasonal contrasting features of heat and moisture budgets between the eastern and western Tibetan Plateau during the GAME IOP[J]. J Clim,16(14):2309-2324.

WANG B B,MA Y M,CHEN X L,et al, 2015. Observation and simulation of lake-air heat and water transfer processes in a high-altitude shallow lake on the Tibetan Plateau[J]. J Geophys Res:Atmos, 120(24):12327-12344.

WANG B B,MA Y M,WANG Y,et al,2019. Significant differences exist in lake-atmosphere interactions and the evaporation rates of high-elevation small and large lakes[J]. J Hydrol, 573:220-234.

WANG B B, MA Y M, SU Z B, et al, 2020. Quantifying the evaporation amounts of 75 high-elevation large dimictic lakes on the Tibetan Plateau[J]. Sci Adv, 6(26): eaay8558.

WANG G X, LIN S, HU Z Y, et al, 2020. Improving actual evapotranspiration estimation integrating energy consumption for ice phase change across the Tibetan Plateau[J]. J Geophys Res: Atmos, 125(3): e2019JD031799.

WANG J, ZHANG M J, WANG S J, et al, 2016. Decrease in snowfall/rainfall ratio in the Tibetan Plateau from 1961 to 2013[J]. J Geogr Sci, 26(9): 1277-1288.

WANG M D, HOU J Z, LEI Y B, 2014. Classification of Tibetan lakes based on variations in seasonal lake water temperature[J]. Chinese Sci Bull, 59(34): 4847-4855.

WANG M R, ZHOU S W, DUAN A M, et al, 2012. Trend in the atmospheric heat source over the central and eastern Tibetan Plateau during recent decades: Comparison of observations and reanalysis data[J]. Chinese Sci Bull, 57(5):548-557.

WANG S Z, MA Y M, 2019. On the simulation of sensible heat flux over the Tibetan Plateau using different thermal roughness length parameterization schemes[J]. Theor Appl Climatol, 137(3-4):1883-1893.

WU G X, ZHANG Y S, 1998. Tibetan Plateau forcing and the timing of the monsoon onset over South Asia and the South China Sea[J]. Mon Wea Rev, 126 (4):913-927.

XIE Z P, HU Z Y, XIE Z H, et al, 2018. Impact of the snow cover scheme on snow distribution and energy budget modeling over the Tibetan Plateau[J]. Theor Appl Climatol, 131(3-4):951-965.

XIE Z P, HU Z Y, MA Y M, et al, 2019. Modeling blowing snow over the Tibetan Plateau with the Community Land Model: Method and preliminary evaluation[J]. J Geophys Res: Atmos, 124(16):9332-9355.

XU X D, ZHANG R H, KOIKE T, et al, 2008. A new integrated observational system over the Tibetan Plateau [J]. B Am Meteorol Soc, 89(10): 1492-1496.

YANAI M, LI C F, 1992. Mechanism of heating and the boundary layer over the Tibetan Plateau[J]. Mon Wea Rev, 122(2):305-323.

YANG K, KOIKE T, ISHIKAWA H, et al, 2008. Turbulent flux transfer over bare-soil surfaces: Characteristics and parameterization[J]. J Appl Meteorol Climatol, 47(1):276-290.

YANG K, CHEN Y Y, QIN J, 2009. Some practical notes on the land surface modeling in the Tibetan Plateau [J]. Hydrol Earth Syst Sci, 13(5):687-701.

YANG K, GUO X F, HE J, et al, 2011. On the climatology and trend of the atmospheric heat source over the Tibetan Plateau: An experiments-supported revisit[J]. J Clim, 24(5):1525-1541.

YANG K, WU H, QIN J, et al, 2014. Recent climate changes over the Tibetan Plateau and their impacts on energy and water cycle: A review[J]. Global Planet Change, 112:79-91.

YU S M, LIU J S, XU J Q, et al, 2011. Evaporation and energy balance estimates over a large inland lake in the Tibet-Himalaya[J]. Environ Earth Sci, 64(4): 1169-1176.

ZHANG R H, KOIKE T, XU X D, et al, 2012. A China-Japan cooperative JICA atmospheric observing network over the Tibetan Plateau (JICA/Tibet Project): An overviews[J]. J Meteorol Soc Jpn, 90C:1-16.

ZHAO P, CHEN L X, 2000. Study on climatic features of surface turbulent heat exchange coefficients and surface thermal sources over the Qinghai-Xizang Plateau[J]. Acta Meteor Sinica, 14:13-29.

ZHAO P, CHEN L X, 2001. Interannual variability of atmospheric heat source/sink over the Qinghai-Xizang (Tibetan) Plateau and its relation to circulation[J]. Adv Atmos Sci, 18:106-116.

ZHAO P, ZHOU Z J, LIU J P, 2007. Variability of Tibetan spring snow and its associations with the hemispheric extratropical circulation and East Asian summer monsoon rainfall: An observational investigation [J]. J Clim, 20(15):3942-3955.

ZHAO P, YANG S, YU R C, 2010. Long-term changes in rainfall over eastern China and large-scale atmospheric circulation associated with recent global warming[J]. J Clim, 23(6):1544-1562.

ZHAO P, XU X D, CHEN F, et al, 2018. The third atmospheric scientific experiment for understanding the earth-atmosphere coupled system over the Tibetan Plateau and its effects[J]. B Am Meteorol Soc, 99(4): 757-776.

ZHONG L, MA Y M, SU Z B, et al, 2009. Land-atmosphere energy transfer and surface boundary layer characteristics in the Rongbu Valley on the northern slope of Mt. Everest[J]. Arct Antarct Alp Res, 41(3):396-405.

ZHONG L, MA Y M, HU Z Y, et al, 2019. Estimation of hourly land surface heat fluxes over the Tibetan Plateau by the combined use of geostationary and polar-orbiting satellites[J]. Atmos Chem Phys, 19(8): 5529-5541.

ZHONG L, HUANG Z Y, MA Y M, et al, 2021. Assessments of WRF land surface models in precipitation simulation over the Tibetan Plateau[J]. Earth Space Sci, 8(3):e2020EA001565.

ZHOU S Q, KANG S C, CHEN F, et al, 2013. Water balance observations reveal significant subsurface water seepage from Lake Nam Co, south-central Tibetan Plateau[J]. J Hydrol, 491:89-99.

ZHOU X, YANG K, WANG Y, 2018. Implementation of a turbulent orographic form drag scheme in WRF and its application to the Tibetan Plateau[J]. Clim Dyn, 50(7-8):2443-2455.

ZHOU X, YANG K, BELJAARS A, et al, 2019. Dynamical impact of parameterized turbulent orographic form drag on the simulation of winter precipitation over the western Tibetan Plateau[J]. Clim Dyn, 53(1-2):707-720.

ZHU L P, XIE M P, WU Y H, 2010. Quantitative analysis of lake area variations and the influence factors from 1971 to 2004 in the Nam Co basin of the Tibetan Plateau[J]. Chinese Sci Bull, 55(13):1294-1303.

ZOU H, MA S P, ZHOU L B, et al, 2009. Measured turbulent heat transfer on the northern slope of Mt. Everest and its relation to the south Asian summer monsoon[J]. Geophys Res Lett, 36: L09810.

ZOU M J, ZHONG L, MA Y M, et al, 2018. Comparison of two satellite-based evapotranspiration models of the Nagqu River Basin of the Tibetan Plateau[J]. J Geophys Res: Atmos, 123(8):3961-3975.

第 2 章 青藏高原地表水量平衡的分析与模拟

2.1 引言

降水是全球水文循环的主要分量之一，在调节地球能量平衡中起到关键作用。陆面过程受植被和土壤状况影响很大，而植被和土壤状况又在很大程度上由局地的降水和云等因素决定。青藏高原西部广泛分布着冰川、积雪等固态水资源，降水是这些固态水资源的重要来源，因而对降水量的空间分布及变化的正确认识对于理解区域水循环过程以及气候变化应对、干旱和自然灾害预防等都是至关重要的。在全球变暖背景下，青藏高原气候呈现出明显的区域差异，与青藏高原总体的暖湿化不同，在青藏高原南部自 20 世纪末出现暖干化，致使该地区大部分湖泊水量减少，冰川快速退缩。尽管近几十年来青藏高原的升温、增湿有利于地表的蒸发过程，但是风速和辐射的减小也同时对蒸发过程起着抑制作用。因此，在全球气候变化的背景下，青藏高原蒸发量的年代际变化也受到广泛关注。蒸发过程复杂、受众多因素控制，因此，是水循环过程中不确定性最大的部分。此外，青藏高原环境恶劣，地面观测困难，有限的地面观测站资料制约着对青藏高原特别是高原西部水量平衡的认识；再加之在复杂地形下莫宁-奥布霍夫相似理论在表层大气的适用性问题比较大（Fernando et al.，2015；Wulfmeyer et al.，2018），造成地表通量模拟的不确定性大。因此，综合利用地面观测、卫星遥感资料以及更完善的地-气相互作用过程的参数化方案重新认识青藏高原地表水量平衡十分必要。

2.2 降水的空间分布及其变化

2.2.1 降水的时空分布

在空间上，由于青藏高原东南部受季风气候影响比较湿润而高原西部属于温带大陆性气候相对干燥，降水格局通常被认为是“东多西少”；而在时间上，高原降水夏季降水最多，冬季降水最少。近年来随着对高原西部和南部降水研究的不断深入，对青藏高原的降水时空格局有了一些新认识。

最新研究利用观测数据、卫星产品、再分析数据和模拟数据，分析了 2001—2013 年青藏高原西部(WTP)高山区的降水特征。结果发现，在高原西部，最新卫星降水产品 GPM 的平均年降水值(336 mm)远低于其他资料(570～800 mm)；模式分辨率越粗，模拟的降水量越大(图 2.1a)。然而，在高海拔的冰川主要分布区(西喜马拉雅、喀喇昆仑、塔吉克斯坦和西昆仑)，高分

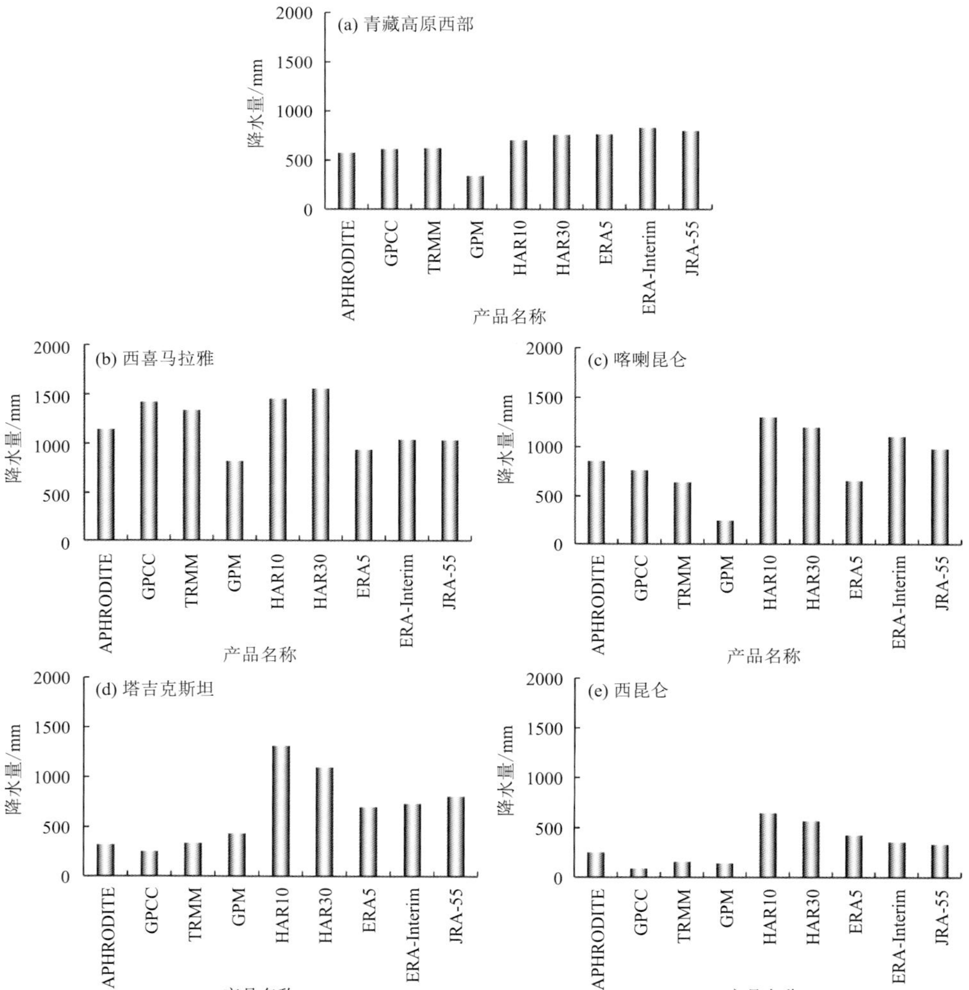

图 2.1 (a)大于站点插值的模拟降水量(从 HAR10 到 JRA-55)或与卫星融合的产品(从 APHRODITE 到 GPM)；模型分辨率越粗，其高原西部平均降水量越大。(b)—(e) 在 4 个主要冰川区，HAR 降水量均为最大值，且与其他数据的差异随海拔的升高而增加。APHRODITE 是高分辨率的逐日亚洲陆地降水数据，GPCC 是全球降水气候学中心月值数据，TRMM 是热带降雨测量任务卫星数据，GPM 是全球降水测量卫星数据，HAR10 和 HAR30 分别是亚洲高山区 10 km 和 30 km 大气模拟降水数据，ERA5 和 ERA-Interim 分别是欧洲中期天气预报中心第五代和过渡期大气再分析资料，JRA-55 是日本气象厅大气再分析资料(引自 Li D et al.，2020)

辨率模拟的高亚洲精细化数据 HAR10 和 HAR30 的降水量明显高于其他资料(图 2.1b—e)。通过与印度河上游 9 个冰川流域水量平衡反算的降水量、卫星反演地表反照率、积雪覆盖度、积雪日数以及降水海拔梯度观测等的比较发现,HAR 资料更能合理地表征出高海拔山区的降水,这也意味着此前的常用资料大大低估了高山区降水(Li D et al.,2020)。

HAR10 和 HAR30 资料均显示高原西部降水量远大于高原中部,与高原东部降水量相当(表 2.1)。因此,就整个青藏高原而言,降水呈现"东西多,中部少"的空间分布,并非以前所认识的"东多西少"。

表 2.1 基于 HAR10 和 HAR30 的青藏高原西部、中部及东部的年平均降水量。HAR10 和 HAR30 分别是亚洲高山区 10 km 和 30 km 大气模拟降水数据(引自 Li D et al., 2020)

单位:mm

资料类型	青藏高原西部(70°～80°E)	青藏高原中部(80.1°～95°E)	青藏高原东部(95.1°～105°E)
HAR10	828.0	507.7	832.6
HAR30	877.4	555.0	819.9

对于青藏高原南部的降水研究也有了新进展。喜马拉雅山脉位于青藏高原南缘,其高大地形对水汽输送过程产生了重要影响。相关研究利用金字塔计划建立在珠峰南坡的 5 个观测站(海拔 2600～5600 m)的气象资料,分析了季风对气象要素海拔依赖性的影响。结果表明:高海拔降水的日峰值出现得比低海拔早。这是因为白天地表加热,谷风往高海拔输送水汽,导致南坡的低海拔段风场辐散,高海拔段风场辐合 (Yang et al., 2018a)。进一步研究表明喜马拉雅中部高海拔地区具有独特的气候系统。相关研究选取喜马拉雅中段主要河谷之一的亚东河谷开展观测,在其高海拔区域(2800～4500 m)新建了包括 15 个站的降雨观测断面,分析降水的季节变化和日变化。研究发现该地区有两个独特的降水特征:第一,春季降水贡献了亚东河谷全年降水总量的 20%～40%(图 2.2),远高于这一区域北侧(青藏高原南部)和南侧(南亚地区)的春季降水比例,这与低空环流系统、水汽条件和由局地地形引起的山谷风水汽输送有关。第二,夏季的降水日变化随海拔变化明显。降水量在低海拔地区只存在夜间峰值,而在高海拔地区存在下午和夜间两个峰值(图 2.3)。这是因为夏季在季风环流驱动下,白天谷风往高海拔输送水汽,导致低海拔大气辐散,高海拔大气辐合,而夜间高原中心的辐散可能导致周边水汽辐合。此外,研究指出河谷是主要的水汽输送通道,复杂地形通过湍流拖曳大大减弱了水汽往高海拔的输送,从而大大增强了低海拔的降水量,削弱了高海拔的降水量(Ouyang et al., 2020)。

2.2.2 降水变化及其机理

自 20 世纪 80 年代以来,青藏高原经历了明显的气候变化,以升温、增湿、风速减弱和太阳辐射衰减为主要特征。在此背景下,高原降水也发生了显著变化,主要表现为高原总体上(羌塘高原和高原东北部)降水增加,而高原南部和东南部等边缘区域降水减少。降水的变化会影

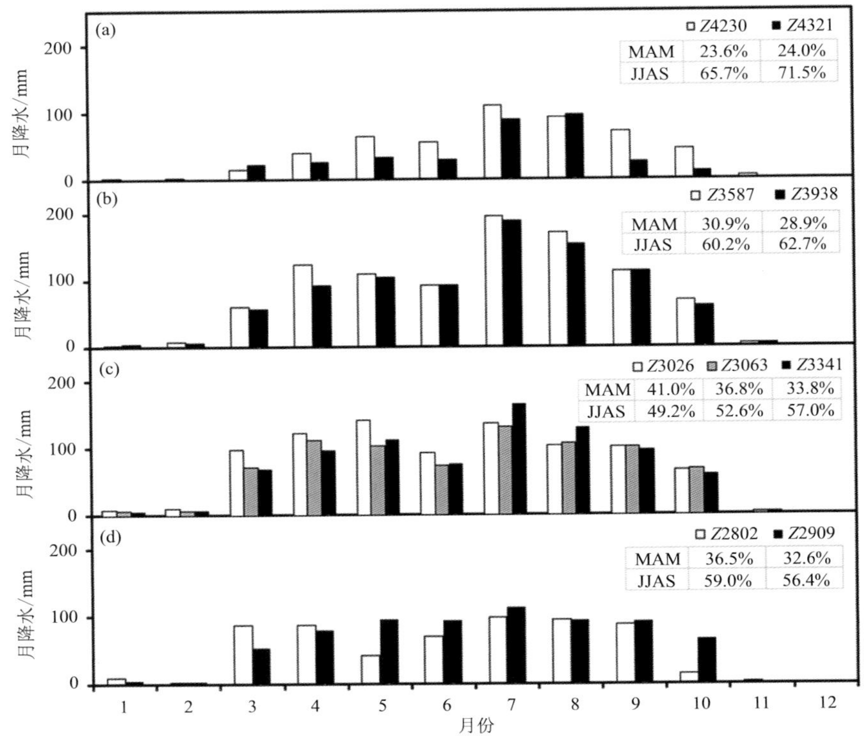

图 2.2 喜马拉雅中段亚东河谷不同海拔区间降水的季节变化。(a)海拔 4000～4500 m;(b)海拔 3500～4000 m;(c)海拔 3000～3500 m;(d)海拔 2500～3000 m。图中直方柱表示该海拔区间内对应的地面观测站降水,右上方表格代表季风前期(MAM, 3—5 月)和季风期(JJAS, 6—9 月)降水占年降水的百分比;Z 表示海拔,其后四位数字表示海拔高度(m)(引自 Ouyang et al., 2020)

响冰川消融的速度和湖泊的面积。20 世纪 90 年代以来,位于青藏高原中西部的羌塘高原上的湖泊面积发生了显著的扩张(Qiao et al.,2019; Zhang G Q et al.,2019),而高原南部地区的湖泊呈现收缩趋势,这些变化都与同期该地区降水的变化密切相关(Yang et al.,2011; Yao et al.,2012; Lei et al.,2013, 2014)。研究青藏高原的降水变化特征及其机理不仅可以增进这一地区的水汽传输和气候变化的认识,而且对提升区域水资源管理、冰川保护和农业生产等方面具有重要意义。

自 20 世纪 90 年代中期开始,以羌塘高原为主的中西部内流区降水显著增加。通过分析 1979—2018 年与羌塘高原变湿过程相关的大气环流及水汽变化特征,发现该地区湿润化与青藏高原西风带的减弱有关,而西风带在年代际尺度上又受北大西洋多年代际振荡(AMO)的调控。自 20 世纪 90 年代中期以来,AMO 一直处于暖位相(即北大西洋表面异常增暖),诱发了一系列沿欧亚大陆副热带西风急流传输的气旋和反气旋异常,导致青藏高原附近的副热带急流异常北移或减弱。如图 2.4 所示,在羌塘高原东侧存在一个异常反气旋,其西侧存在一个异常气旋。前者减弱西风,使得西风携带的水汽不能进一步向东输送,从而在羌塘高原上空聚集;后者则使得羌塘高原南侧的西南风增强,有利于来自阿拉伯海的水汽进入羌塘高原。因此,

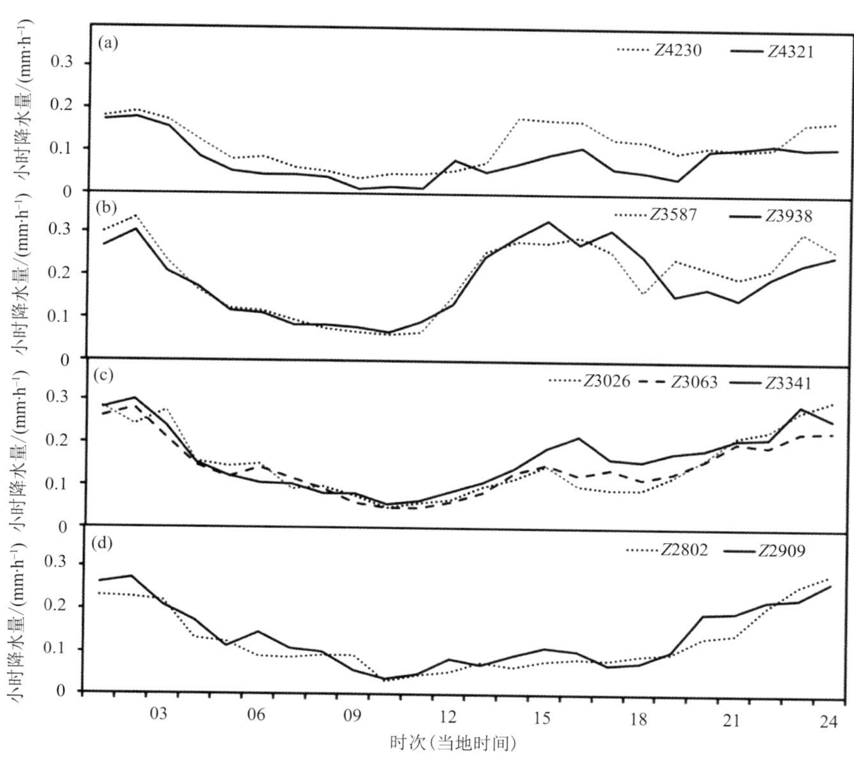

图 2.3　喜马拉雅中段亚东河谷不同海拔区间季风期(6—9 月)降水的日变化。(a)海拔 4000～4500 m;(b)海拔 3500～4000 m;(c)海拔 3000～3500 m;(d)海拔 2500～3000 m。图中实线和虚线表示该海拔区间内对应的不同地面观测站的降水日变化;Z 表示海拔,其后四位数字表示海拔高度(m)(引自 Ouyang et al.,2020)

图 2.4　AMO 影响羌塘高原夏季降水变化的示意图。图中"A"表示反气旋异常,"C"表示气旋异常。AMO 影响 200 hPa 副热带西风急流,引起高原内流区以东出现反气旋异常,而在其西侧出现气旋异常。前者减弱西风,使水汽滞留在高原内流区上空,而后者促进水汽从阿拉伯海侵入内流区(引自 Sun et al.,2021)

上述有利的动力和水汽条件共同增强了羌塘高原上空的水汽辐合，使得自 20 世纪 90 年代中期以来，羌塘高原夏季降水增加。考虑到未来 10 a AMO 可能仍处于正相位，预计羌塘高原近期夏季降水仍以偏多为主，有利于湖泊扩张（Sun et al.，2020）。

与青藏高原总体的暖湿化不同，在青藏高原南部自 20 世纪末出现暖干化，致使该地区大部分湖泊水量减少，冰川快速退缩。研究发现，这一变化并不是长期持续的，而是高原南部夏季降水年代际变化的一部分。观测数据和再分析数据都显示：1979—2018 年间高原南部的夏季降水存在以 10 a 为周期的年代际变化。具体表现为：1998 年前后降水由多转少，但在 2007 年后降水量逐步回升。而在整个 40 a 期间，降水没有明显的变化趋势。研究进一步指出，赤道地区的海温梯度以及降水异常偶极子在高原南部夏季降水甚至整个南亚季风降水的年代际变化中起着十分重要的作用。当赤道太平洋中西部海温异常偏冷而东印度洋海温异常偏暖时，由此产生的温度梯度会导致赤道东风增强，使得水汽在海洋大陆地区汇流，进而增加海洋大陆上空的降水。另一方面，在赤道异常东风气流的促进下，菲律宾海附近生成一个反气旋异常，抑制上升气流，减少了菲律宾海上空的季风降水。由于赤道地区的降水差异而形成的热源偶极子会进一步激发向西传播的罗斯贝波，有利于 10°～20°N 干燥条带的生成（图 2.5）。海洋的长时记忆和大气-海洋正反馈使得该干燥条带在季风期间能够持续存在，并通过经向环流影响高原南部的夏季降水（Yue et al.，2021a）。

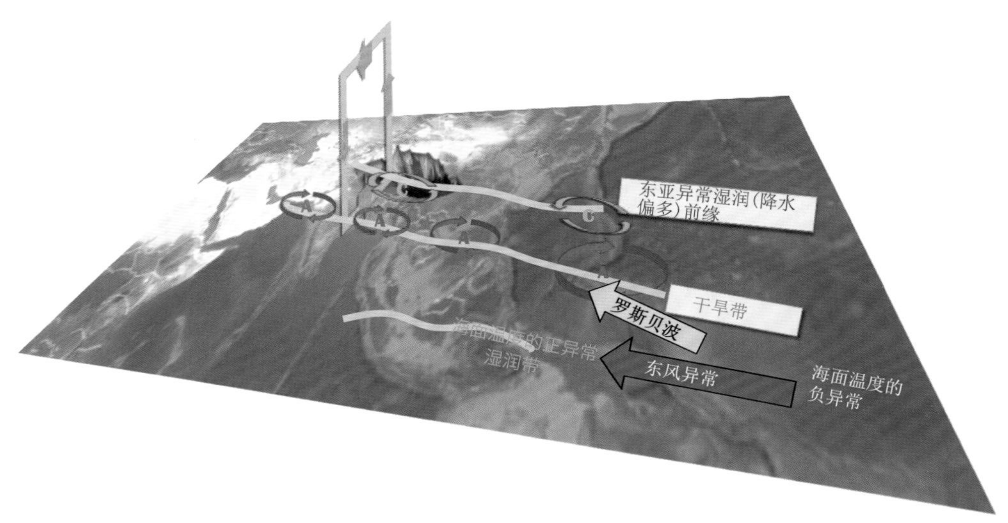

图 2.5　青藏高原南部夏季降水年代际变化的机理图（以夏季降水偏多时的大气环流特征为例）。图中“A”表示反气旋异常，“C”表示气旋异常。赤道太平洋中部海温异常冷而东印度洋海温异常暖时，赤道东风增强，西太平洋地区出现下沉运动和大面积的干燥异常，并在上空形成了一个反气旋异常，其脊从菲律宾海延伸至印度半岛。在这个干燥条带的南面和北面分别形成两条湿润带，南面的降水带与海洋大陆相连，北面的降水带从喜马拉雅山区向东延伸（引自 Yue et al.，2021a）

此外，气溶胶也会对青藏高原及周边大气水循环，尤其是对对流云和降水产生重要影响。首先，印度地区的污染使得本应该发生在印度地区的降水减少或者推迟，导致更多更强的对流性降水发生在青藏高原南坡。其次,青藏高原周边沙尘和黑碳气溶胶输送到高原近地面以后可能会增强高原的“热泵效应”,促进高原对流,形成更强的对流性云和降水。再次,高原周边污染性盐类气溶胶(尤其来自印度)和老化沙尘气溶胶输送到高原地区后通过作为云凝结核促进高原对流发展,形成更强对流及降水。最后,高原的对流及降水通过东向传输影响下游地区(如长江中下游等)的对流性强降水(Zhao et al., 2020)。相关机制如图 2.6 所示。

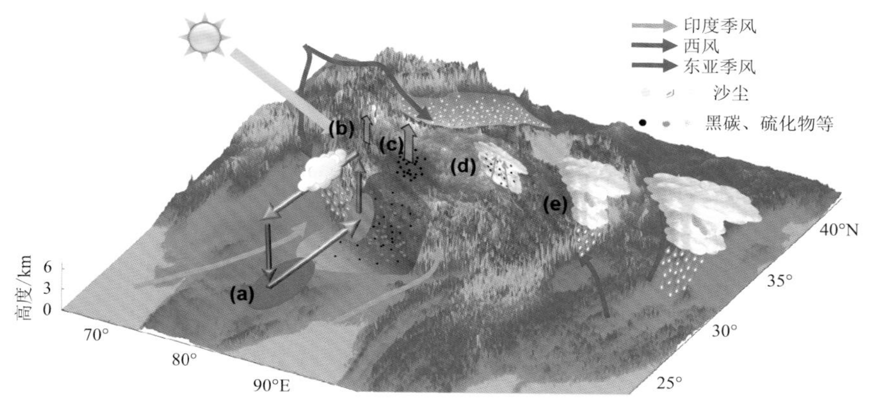

图 2.6　青藏高原周边气溶胶影响高原及周边大气水循环,尤其是对流云发展及其降水的结构示意图。五种机制分别为:(a)高原南部印度地区气溶胶对降水的延迟效应;(b)高原南坡地形对降水的抬升促进作用;(c)高原吸收性气溶胶对青藏高原热泵效应的增强作用;(d)吸湿性气溶胶作为凝结核和对高原对流性降水的促进增强作用;(e)高原对流性降水随西风带的下游输送作用(引自 Zhao et al., 2020)

2.3　蒸发的空间分布与变化

2.3.1　蒸发的时空分布

基于极轨卫星的遥感观测(MODIS、SPOT)和中国气象驱动数据 CMFD(He et al., 2020),使用 SEBS 模型估算了青藏高原 2001—2018 年 10 km 空间分辨率的地表蒸发(图 1.7a)。结果显示青藏高原蒸发整体呈现西北低、东南高的空间特征。冬季的空间差异较小,主要是由冬季高原整体可利用能量和降水量少导致的。就季节特征而言,蒸发在夏季最大,冬季最小(Han et al., 2021)。秋季的蒸发主要受到夏季土壤储水量的控制,因此,在季节尺度上蒸发对降水的依赖性有所降低(Yang et al., 2011)。此外,风云系列静止卫星的投入提供了认识青藏高原整体蒸发日变化特征的可能。通过结合静止卫星 FY-2C 和极轨卫星 SPOT 的观测,可以估算高时空分辨率的地表蒸发。从图 1.6b 所示的估算的 2008 年青藏高原逐小时的潜热通量(正比于蒸发)看到,青藏高原蒸发的空间分布在夜间差异小、日间差异大,基本能反映白天蒸发呈西北低、东南高的特点,且在午后蒸发量达到最大(Zhong et al., 2019)。

对于内流湖泊,蒸发是其水循环过程中最重要的组分。青藏高原上湖泊的年总蒸发量达(51.7±2.1) $\times 10^9$ m^3(Wang B et al., 2020)。以往研究认为潜在蒸发可以作为湖泊蒸发的代替,而通过对纳木错的蒸发研究发现湖泊实际的蒸发远小于潜在蒸发,且二者季节变化特征不同。模拟结果显示 1980—2014 年纳木错的多年平均蒸发量为(832±69) mm,小于潜在蒸发量(>1000 mm)。就季节变化而言,潜在蒸发在夏季最大,冬季最小。但是对于深湖,夏季湖泊吸收热量,逐步升温,蒸发和感热通量较小,进入秋冬季节,风速加大,气温迅速降低,导致很大的湖-气温差和湿度差,湖面蒸发在秋末冬初达到最大(Lazhu et al., 2016)。

湖面蒸发与湖泊大小和深度都有密切关系,因此,高原不同湖泊的蒸发也有一定差异。通过对比在纳木错大湖和小湖架设的涡动相关仪观测结果,可以发现大湖比小湖的湖面风速更大,月平均气温更高,湖温的季节变化峰值更迟,蒸发量也往往更大。大湖的蒸发量在 11 月达到最大而小湖最大值出现在 6 月(Wang et al., 2019)。基于遥感观测和气象驱动数据对高原 75 个面积较大的内流湖泊的蒸发量的估算表明,高纬度和高海拔的湖泊通常蒸发量更小(图 1.4)(Wang B et al., 2020)。

2.3.2 蒸发变化及其机理

通过 1984—2006 年 CMA 站点观测驱动陆面模式的模拟结果发现:除干旱区外,青藏高原陆地蒸发整体增加(图 2.7),其中半湿润区的增加趋势最为显著。高原中部的蒸发趋势(增加)与该地区的降水趋势(增加)相同,而藏东南地区的蒸发趋势(增加)与该地区的降水趋势(减少)则相反(Yang et al., 2011)。同时基于 1961—2010 年 86 个 CMA 站点观测资料计算的蒸发量显示,青藏高原总体年蒸发量以 1.01 mm · a^{-1} 的速度显著增加(Zhang et al., 2018),其中春季增加趋势最为显著,而夏季蒸发的增长速率较缓慢。

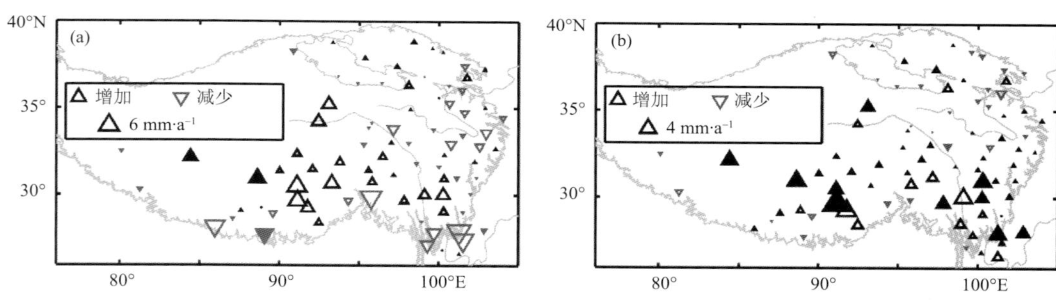

图 2.7 1984—2006 年 CMA 站点降水量(a)和蒸发量(b)年均值变化趋势。实心三角形表示趋势通过 t 检验(显著性检验指标 $p<0.05$)(引自 Yang et al., 2011)

对湖泊而言,模拟结果也显示自 20 世纪 90 年代以来,湖泊蒸发呈增加趋势(Lazhu et al., 2016)。近几十年来青藏高原水资源也发生了显著变化,包括降水增加、多年冻土退化以及冰川退缩等。这些变化使得来自冰冻圈的融水增加，影响径流和湖泊的水位、面积及蓄水量，而湖泊蒸发的增加能够抑制湖面抬升和湖泊扩张。

总的来说，青藏高原的蒸发无论对于陆地还是湖泊，总体呈增加趋势。降水总体增加与高原整体上暖湿化有关。在高原中西部，以干旱半干旱区为主，蒸发受水量控制，因此，蒸发随20世纪90年代中后期降水的增加而增加；在高原东南部，以湿润区为主，蒸发受能量控制，因此，蒸发随变暖加剧而增加（Yang et al.，2011）。

2.4 陆面-大气相互作用过程

陆地表面作为大气运动的重要下边界条件，通过改变地表-大气间的能量和水分交换作用于气候系统，加快或减缓气候变化。世界气候研究计划早在1984年就强调了陆地-大气相互作用对气候变化的重要性。目前，有关青藏高原地-气相互作用的研究主要集中于积雪、冻土、土壤湿度和温度等变化对地表热源及气候的影响，以及地表参数和能量水分循环的观测及参数化等。

2.4.1 冰冻圈与大气相互作用及其参数化

青藏高原冰冻圈状态异常会引发其热力作用异常，从而改变季风环流和周边地区的水分循环，其中尤以冬春季积雪和土壤冻融的影响最受关注。

（1）冰冻圈-大气相互作用

积雪因其反照率高、传热效率低，可以极大地改变地表的能量平衡并调节地-气相互作用。青藏高原是中国的三大积雪区之一，其冬春积雪具有显著的热力效应和水文效应：积雪增加将弱化高原热力作用，导致东亚夏季风爆发的延迟并减弱其强度。许多研究表明，高原冬春积雪与来年中国南部及长江中下游地区具有较好的正相关关系，而高原积雪与南亚夏季风呈现负相关关系，但最近几十年来，这种负相关有减弱的趋势。与此同时，青藏高原积雪存在较大的空间差异，Wang C等（2017）发现：当高原南部冬春积雪偏多时，中国东部夏季降水雨带偏南；当高原北部冬春积雪偏多时，中国东部夏季降水雨带偏北。积雪影响降水主要是通过其对西风带的调节，进而引起中国东部上空气旋和反气旋异常实现的，如图2.8所示。

青藏高原土壤冻融状况异常也可以影响地表非绝热加热（图2.9），进而显著影响局地和中国东部夏季降水（Wang W et al.，2020）。在次季节到季节尺度上，青藏高原春季土壤融冻过程对后期（约20 d）高原降水发生有促进作用。高原最大冻土深度与中国7月降水有3条显著的相关带，雨带的分布与中国夏季平均雨带相吻合，且南海季风建立日期与高原土壤冻结开始时间之间存在显著的负相关关系。高原冬季最大冻结深度或者季风前期冻土融化厚度则与

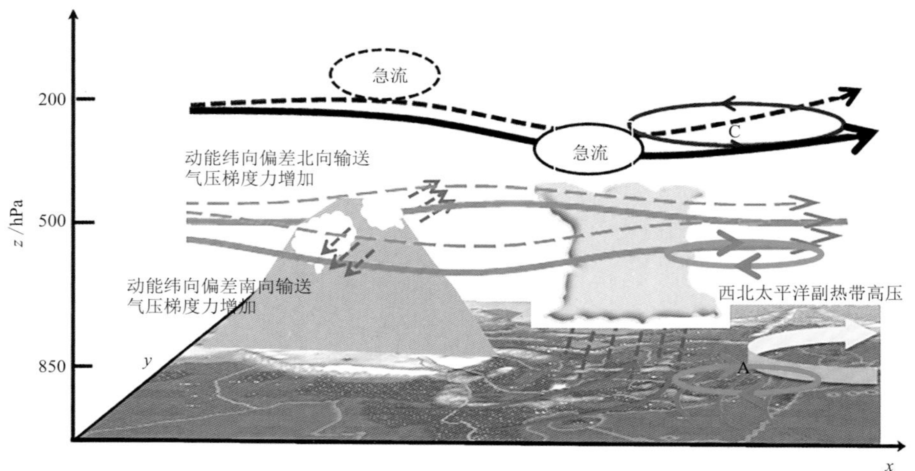

图 2.8 青藏高原不同区域积雪偏多影响中国东部夏季降水的原理图。黑线表示 200 hPa 西风急流，蓝线表示 500 hPa 上西风处于高原北侧和南侧的两个分支，实线和虚线分别对应高原南部和北部积雪偏多。“A”和“C”分别代表反气旋和气旋环流(引自 Wang C et al.，2017)

东亚 6—7 月降水存在关系。当冬季最大冻结深度减少(增加)时，长江中下游流域 6—7 月降水偏多(偏少)，而华南和华北降水偏少(偏多)。当季风前期冻土融化厚度异常偏大时，这条多雨带甚至可以从长江中下游流域延伸至日本南部(Li et al.，2021)。高原的土壤冻融过程可能提供了更长时间的土壤和地表的水热异常信号，可将气候预测时效延长 2 个季节，即前一年秋季的土壤湿度异常可以通过冻融过程的水分存储作用持续到春季，并影响中国东部夏季降水(Yang et al.，2019)。

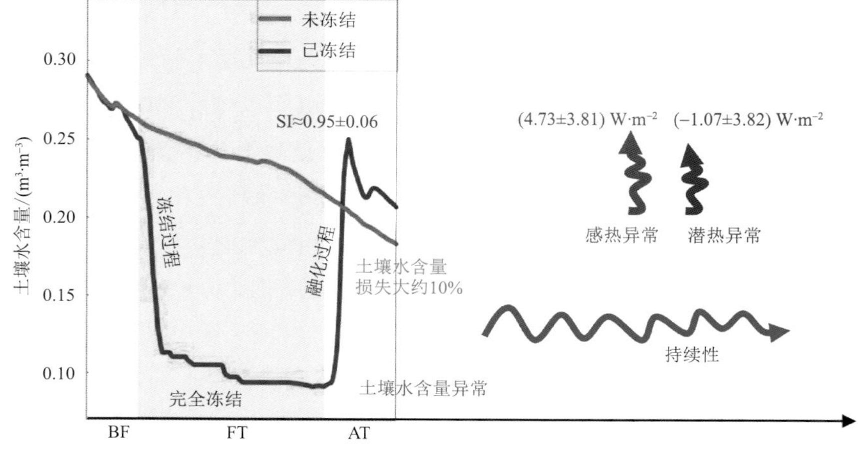

图 2.9 青藏高原土壤冻融过程影响地表非绝热加热的原理图。这张图阐明了冻结前(BF)、冻融过程中(FT)和融化后(AT)土壤水含量的变化。土壤冻融过程可以存储水分，存储指数(SI)在表层土可以达到 0.95±0.06。不考虑土壤冻结过程，融化后的土壤水含量将减小 10%，进而导致地表感热通量增加(4.73±3.81) W·m^{-2} 和潜热通量减小(1.07±3.82) W·m^{-2}(改自 Wang C et al.，2020)

(2)积雪覆盖率和反照率的参数化

青藏高原积雪的模拟一直是困扰陆面模式和气候模式的难点问题。Xie 等(2018)利用陆面模式 CLM4.5 发现,分别考虑积雪累积期与消融期差异的积雪覆盖率参数化方案对积雪覆盖率模拟的准确率为 81.8%,高于不考虑两个时期差异的积雪覆盖率参数化方案。此外,目前的气候模式严重高估了高原腹地的积雪厚度。Wang W 等(2020)基于观测数据发现,青藏高原腹地的积雪较薄,多为数厘米,而新雪反照率高度依赖于积雪厚度。根据积雪辐射传输模型发展新雪反照率参数化方案并引入陆面模型 Noah-MP 中,能真实地再现青藏高原的积雪和融雪过程,明显提高了模型对高原积雪的模拟精度。而模型中原采用的固定新雪反照率(0.82)会使得积雪厚度模拟值远远大于观测值。

2.4.2 岩石圈与大气的相互作用及其参数化

除了冰冻圈外,青藏高原的岩石圈也有着独特之处,如山区存在大量裸露的基岩和高原东部表层土壤中累积了丰富的有机质,这些特殊的下垫面由于水热特性的不同会影响感热和潜热通量的分配,造成不同的局部环流。

(1)藏南裸露基岩与大气的相互作用

高原南部雅鲁藏布江流域中上游的山区存在大量裸露基岩,而在天气研究和预报模式(Weather Research and Forecasting Model,WRF)中,这一区域的地表类型却被普遍设置为壤土。Yue 等(2021b)利用卫星观测的归一化植被指数和模式中的地形标准差数据识别了山区的裸露基岩比例,并修正了 WRF 模型中的地表类型。修改后的 WRF 模拟结果显示,在 12 个观测站点上显著改进了模式存在的湿冷偏差。相比于模式中原来的矿质土壤,裸露基岩表面降水难以入渗,因此,地表径流增多,而蒸发减少,导致大气中水汽不足,不利于降水的产生。同时,裸露基岩热容量较小(表面温度升高快)会导致感热增大,加强雅鲁藏布江中上游河谷的谷风,导致河谷上空的下沉运动加强,不利于河谷中降水的形成,而有利于气温上升(图 2.10)。

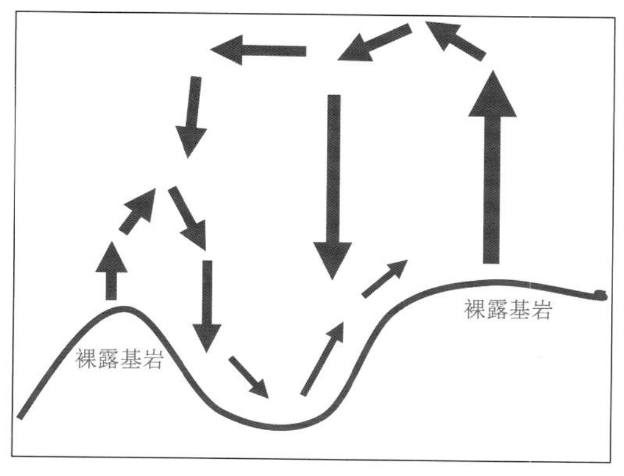

图 2.10 修正地表类型后增强的山谷风效应示意图

(引自 Yue et al., 2021b)

(2)有机质对土壤水热过程的影响及其参数化

青藏高原中东部表层土壤中累积了大量的有机质，导致其土壤具有与一般矿质土壤截然不同的水热性质，并且引起了明显的土壤垂直分层。Luo 等(2017)通过改进 CLM4.5 中土壤导热率和有机质参数化方案，减小了若尔盖站(玛多站)各层土壤温度模拟的冷(暖)偏差。Sun 等(2021)通过实地测量发现，那曲地区土壤有机质的持水能力远远高于以往文献中给出的数值，并且饱和导水率也比已有方案中使用值要小；在 Noah-MP 中引入了基于观测的土壤水热参数化方案，可以明显提高模型对表层土壤液态含水量的模拟能力。此外，高有机质含量虽然导致高土壤水分含量，但同时也具有大的孔隙度，结果土壤湿度反而减少，从而减小潜热通量，增加感热通量。

2.4.3 土壤湿度特征及对降水的影响

土壤湿度作为陆地表面状态的重要参数之一，对陆地气候的影响不亚于海温，在中高纬陆地上，甚至超过海温的作用。在全球变暖背景下，不少研究表明，青藏高原表层土壤湿度呈现明显变湿的趋势，这无疑会对高原的区域气候变化产生影响。

利用第三次青藏高原大气科学试验在西藏新建的地面土壤湿度观测系统，李蓉蓉等(2023)指出：受降水的影响，观测土壤湿度在 6 月迅速增加，并在 8 月达到最大值(0.10 $m^3 \cdot m^{-3}$)，随着 9 月降水减少，土壤湿度快速降至 0.05 $m^3 \cdot m^{-3}$；在高原东部，观测的降水明显比高原西部的大，4、5 月的月降水量超过 60 mm，6—9 月的月降水量超过 80 mm，而 10 月的月降水量下降至 28 mm，对应于东部降水的这种变化，观测土壤湿度从 4 月的 0.11 $m^3 \cdot m^{-3}$ 上升至 6 月的 0.16 $m^3 \cdot m^{-3}$，6—9 月降水量和土壤湿度均维持在高值，10 月土壤湿度下降至 0.14 $m^3 \cdot m^{-3}$(图 2.11)；因此，高原土壤湿度呈现西部偏干、东部偏湿的特征。就高原中部而言，各层土壤湿度呈现出显著的季节变化特征，其中 7 月和 9 月为峰值，10 月开始减小(图 2.12)；4 月，10 cm 以上土壤湿度有明显的日变化特征，其中 08—10 时(北京时)最低，19—20

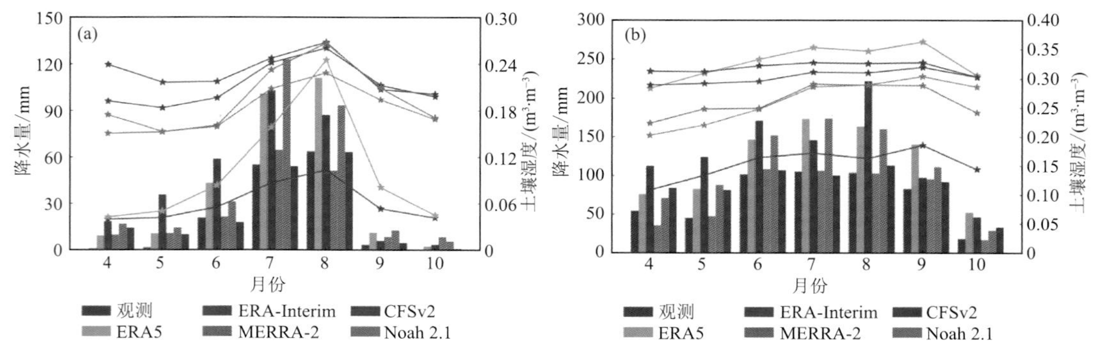

图 2.11 青藏高原非冻结期观测与模式的土壤湿度和降水的年变化特征

(柱状图：月累计降水量；折线：月平均土壤湿度)(引自李蓉蓉 等，2023)

(a)高原西部；(b)高原东部

时最大，而7月土壤湿度的日变化幅度较小(图2.13)；此外，土壤湿度与温度的关系比较复杂，夏季二者为负相关，1月、4月、10月二者为正相关；冬、春季20 cm以上的土壤湿度随深度增加而增加，而夏、秋季土壤湿度则随深度增加而减小(李博 等，2018)。

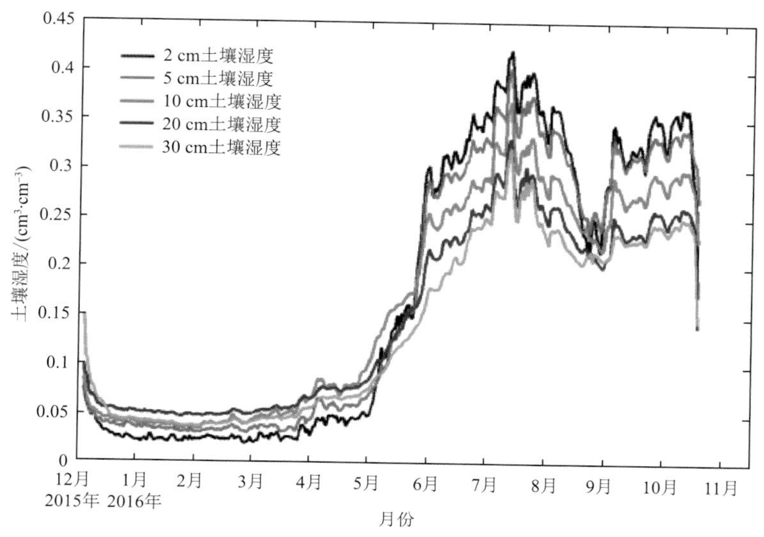

图2.12　多站点平均的土壤湿度随时间的演变(引自李博 等，2018)

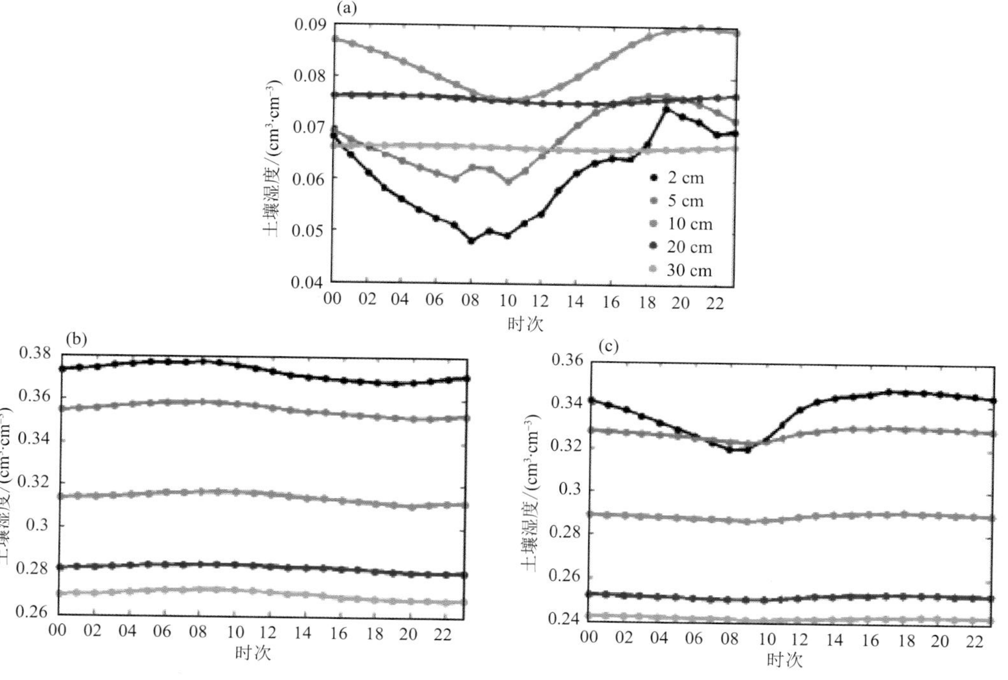

图2.13　不同月份多站平均的土壤湿度的日变化(引自李博 等，2018)

(a)4月；(b)7月；(c)10月

栾澜等(2018)利用 WRF 模拟数据对青藏高原土壤湿度影响对流降水的机制进行分析，结果显示，Findell 等(2003)发展的对流触发潜能(CTP)-大气低层湿度指数(HI_{low})框架能够较好地解释高原土壤湿度对午后对流触发的影响机理。该影响的负反馈机制是干土壤情况下较大的感热使大气边界层的加热作用更强，进而使边界层抬升更高，快速到达自由对流高度，从而触发对流降水发生。正反馈机制则是较湿的土壤产生较大的潜热通量，引起自由对流高度下降，从而触发午后对流降水。当青藏高原地区发生正反馈时，对应的 CTP 和 HI_{low} 阈值分别为 $0<CTP<255\ J \cdot kg^{-1}$ 和 $4\ K<HI_{low}<10\ K$；当发生负反馈时，阈值分别为 $CTP>255\ J \cdot kg^{-1}$ 和 $6\ K<HI_{low}<13\ K$(图 2.14)。此外，研究结果表明，青藏高原以大气控制为主，土壤湿度影响对流触发的正反馈机制约占 20.6%，负反馈机制约占 11%，而正负反馈共同作用占到了 8.8%。在那曲地区，土壤湿度对降水的影响主要以正反馈为主。

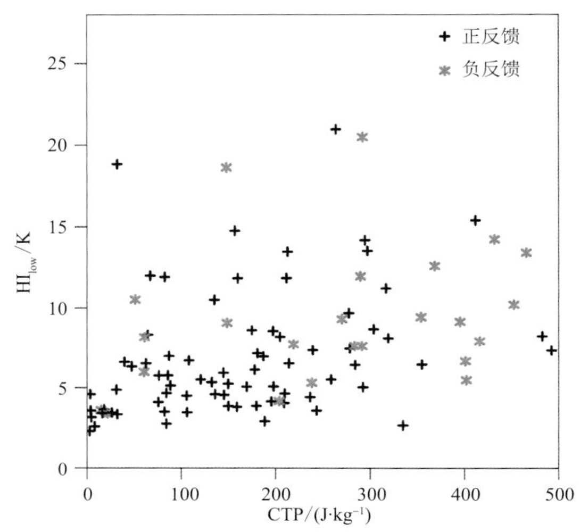

图 2.14 一维边界层模型结合那曲探空资料模拟显示的土壤湿度对降水影响正负反馈的 CTP-HI_{low} 分布图(引自栾澜，2017)

2.5 青藏高原地面热通量的参数化方案改进

莫宁-奥布霍夫相似理论被广泛应用于计算地表感热和潜热通量，但是最近的研究指出，在复杂地形和高大植被下以及早晚过渡时段，莫宁-奥布霍夫相似理论在表层大气的适用性存在问题，即该理论的基本假定可能不成立(Fernando et al., 2015; Wulfmeyer et al., 2018)。多种国际大气再分析资料的地面感热和潜热通量在青藏高原地区存在明显的偏差，特别是在青藏高原西部地区(赵平 等，2018)。Wang 等(2009)提出了最大熵增(maximum entropy production，简称 MEP)模型，并使用 MEP 模型计算地表热通量。与传统的陆面模型相比，MEP

模型是基于地表能量平衡，通过地表净辐射、地表温度和空气湿度或者土壤湿度作为模型输入量计算得到地面感热和潜热通量，而不需要使用近地层多层温度梯度、多层湿度梯度、地表粗糙度和湍流交换系数。

Li N 等(2019,2020)利用青藏高原中西部的安多站、班戈站、比如站、嘉黎站、那曲站以及狮泉河站的 TIPEX-Ⅲ的观测资料验证 MEP 模型在青藏高原上的适用性(图 2.15)。结果表明，利用 MEP 模型计算的感热和潜热通量与涡动相关具有很高的相关性，其中高原中部各个站点感热和潜热的相关系数分别在 0.88 和 0.73 以上，在高原西部狮泉河站，相关系数分别为 0.59 和 0.82，相关性可以随着观测数据的能量闭合率的提高而提高；MEP 模型计算的地面感热通量和潜热通量与观测的均方根误差(RMSE)在高原中部区域平均分别为 34.3 $W \cdot m^{-2}$ 和 55.5 $W \cdot m^{-2}$，在狮泉河站，它们的 RMSE 值分别为 11.1 $W \cdot m^{-2}$ 和 9.2 $W \cdot m^{-2}$。就全年平均而言，观测和 MEP 模型的地面感热通量占地表净辐射的比例在 30%左右，而观测的地面潜热通量占地表净辐射的比例较 MEP 的比例明显偏低；在暖季，观测和模拟的感热和潜热占净辐射的比例很接近，在冷季，观测和模拟的感热占净辐射的比例很接近，而潜热的差异较大。当观测资料的表面能量平衡闭合率接近 1 时，MEP 的感热和潜热分配比与观测的相当。与传统模型相比，MEP 模型由输入变量和模型参数化方案引起的计算感热和潜热通量的不确定性是有限的，且主要误差来源于地表净辐射。以上结论表明，MEP 模型可以在不使用物理耦合环境变量(如温度梯度和湿度梯度)的情况下，利用地表辐射、地表温度以及地表湿度数据

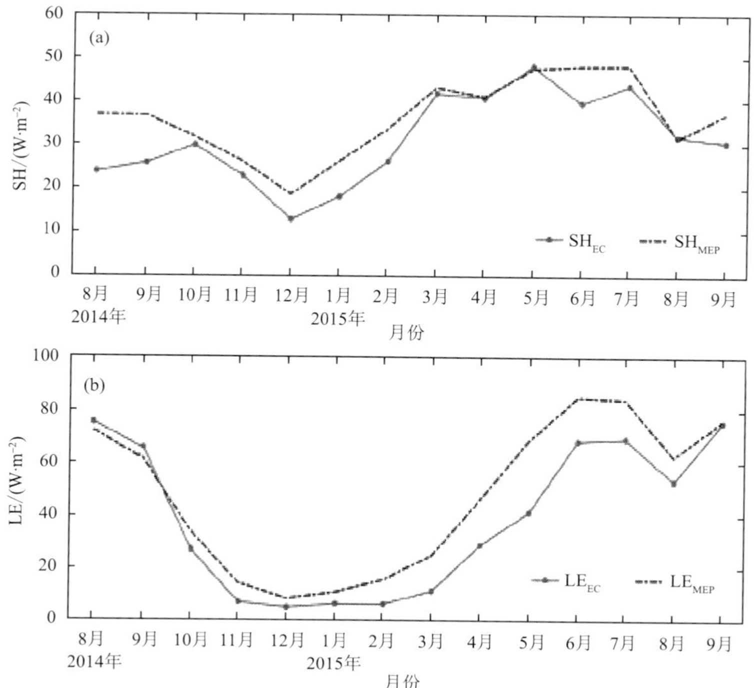

图 2.15 2014 年 8 月—2015 年 9 月安多站、班戈站、比如站、嘉黎站、那曲站五站平均的观测地面感热(SH_{EC})、潜热(LE_{EC})和 MEP 模型计算的感热(SH_{MEP})、潜热(LE_{MEP})(引自 Li N et al., 2019)

(a)感热；(b)潜热

在满足能量平衡的前提下模拟感热和潜热通量，这可以降低其计算的感热和潜热通量的不确定性。在此基础上，进一步使用 MEP 模型以及日尺度上的各种再分析资料的地表净辐射、地面温度和表层土壤湿度计算了高原西部狮泉河站的感热通量和潜热通量，并与再分析资料的热通量进行比较（Li N et al.，2019），发现：用 MEP 模型和再分析输入值计算的感热和潜热通量与观测的值在大小和季节变化上较为一致，且 MEP 模型 RMSE 均比再分析的感热和潜热通量有明显降低，其中地面潜热通量的相关系数总体上明显提高，RMSE 平均降低 62%，平均偏差从 33 W・m^{-2}减小到 0.19 W・m^{-2}（表 2.2），使大气再分析资料过高估计的地面蒸发潜热得到明显降低。这说明通过对已有再分析资料与 MEP 计算结果进一步融合可以降低再分析资料的地面感热和潜热通量的误差，减少不确定性。

表 2.2　2014 年 8 月—2016 年 8 月夏季青藏高原西部狮泉河站 6 种再分析产品驱动 MEP 模式计算(MR)的地面潜热通量和 6 种再分析资料(Reanalysis)的地面潜热通量的相关系数平方(R^2)、均方根误差(RMSE)和偏差(MBE)(引自 Li N et al.，2019)

再分析产品名称	LE	R^2	RMSE/(W・m^{-2})	MBE/(W・m^{-2})
ERA5	Reanalysis	0.07	46.8	31.0
	MR	0.43	11.2	−3.5
ERA-Interim	Reanalysis	0.14	33.7	28.8
	MR	0.15	12.8	−0.9
JRA-55	Reanalysis	0.13	42.3	36.1
	MR	0.34	19.1	5.6
MERRA-2	Reanalysis	0.38	15.8	8.4
	MR	0.54	10.1	−0.3
NCEP-Ⅰ	Reanalysis	0.01	52.1	49.3
	MR	0.14	12.8	0.1
NCEP-Ⅱ	Reanalysis	0.09	48.4	44.5
	MR	0.11	13.2	0.2

2.6　湖泊-大气相互作用过程

湖泊是青藏高原重要下垫面类型，其总面积达 5 万 km^2，占全国湖泊总面积的比例超过 50%。这些湖泊群面积、水量对高原降水变化的响应十分敏感，是高原气候变化的指示器；同时，因其具有与相邻陆地明显不同的物理特性：热容量大、反照率低、粗糙度小，它们会通过影响地-气间水分、能量交换进而引起局地和区域气候变化（Dai et al.，2020）。青藏高原湖-气相互作用及其气候效应已经成为高原水分和能量循环研究中的一个重要科学问题，在高原天气气候预测中的重要性受到广泛关注。

2.6.1 湖-气相互作用过程机理

湖泊与周围陆地相比具有明显不同的热力和动力特性，这些差异会使得陆面和大气间的能量、水分和动量交换在湖面和相邻陆地间产生水平梯度，改变区域的下垫面能量收支和物质循环，从而对温度、降水和大气环流产生强烈影响。

从热力学角度来讲，湖泊主要通过较大的蒸发量和较高的热容量对局地气候产生影响。Wu 等(2019)研究指出，青藏高原湖泊群对大气有显著影响的区域限于湖泊及附近地区。在夏季白天，湖泊吸收大量太阳辐射，湖表面温度低于周围陆地，湖泊的存在降低 2 m 气温，大幅抑制午后对流降水；而在夜间，湖泊释放大量热量，使得近地层大气增温进而激发边界层不定层结，从而促进对流降水的发生。总的来说，在夏季，高原湖泊的存在会降低 2 m 气温，增强降水（图 2.16）。

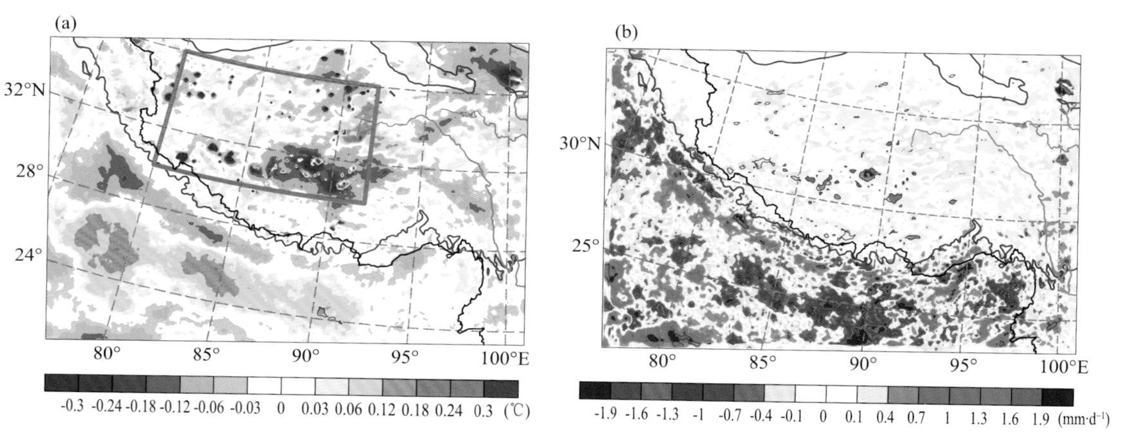

图 2.16　夏季青藏高原湖泊群对 2 m 气温(a)和降水(b)的影响(引自 Wu et al., 2019)

从动力学角度来讲，湖泊主要通过较小的表面粗糙度长度对局地气候产生影响。Yao 等(2021)从动力学角度揭示了一个新的湖泊影响局地降水的机制——阻塞效应（图 2.17）。湖面较小的动力粗糙度通过影响动量交互直接控制低空的大气流动，即风场。表面越是粗糙，摩擦力也就越大。以东风为例，如图 2.17 所示：当气流到达湖的东岸时，地表类型从陆地变成了水体，粗糙度也随之减小。湖面上的动量损失会比陆地上少，近地面的风场将在湖面上加速，导致湖泊东边界的空气辐散。而在湖泊西边界则情况相反，地表类型由水体变成了陆地，导致粗糙度增加，风速减弱产生气流阻塞，利于空气辐合，进而强化对流过程，有利于湖泊下风向产生更多降水。这个机制在高原色林错东、西岸夏季降水量存在巨大差异的典型事件中得到了很好的表现。

另一方面，高原湖-气相互作用会因为湖泊大小不同而存在显著差异。以纳木错及相邻“小湖”为例，Wang 等(2019)利用湖泊无冰期的涡动相关仪和气象要素观测数据，揭示了纳木错“大湖”和相邻“小湖”因其不同的物理特性在湖-气相互作用过程中存在的差异。与“小湖”

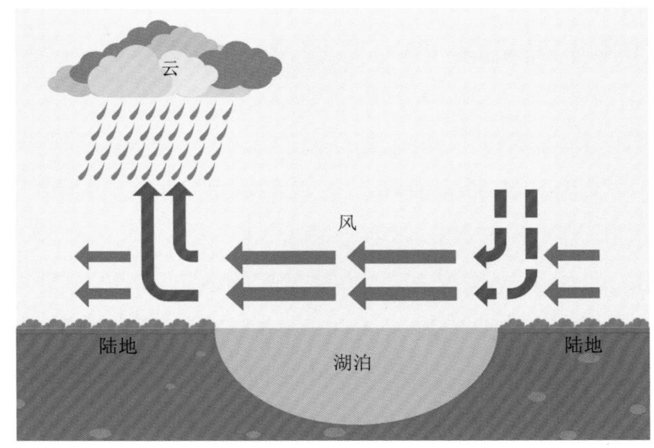

图 2.17　阻塞效应机理示意图。蓝色箭头表示低层风场，越长表示风速越大。灰色实线和虚线分别表示粗糙度变化引起的湖泊两侧的辐合和上升气流、辐散和下沉气流（引自 Yao et al.，2021）

相比，“大湖”表面具有更强的风速，更大的粗糙度长度，同时因其更大的深度和面积，“大湖”具有更大的热容量，因此，会推迟湖水表面温度、湖面气温和湍流通量季节变化的峰值：“小湖”的蒸发峰值出现在 6 月，而“大湖”的蒸发峰值出现在 11 月。基于高海拔大、小湖泊的湖-气相互作用过程观测数据，该工作提出了适用于高海拔湖泊的粗糙度长度方案，为湖泊模式在高原湖泊的应用提供了坚实的基础。

2.6.2　湖泊模式参数化方案的改进

在区域气候模式中耦合湖泊模式以包含湖-气相互作用的动态变化，既能反映湖泊对区域气候的影响，又能给出湖泊水热性质对气候变化的响应，为研究高原湖泊群的区域气候效应及作用机理提供了经济有效的工具。青藏高原湖泊以盐湖为主，在湖泊模式中需要考虑湖泊盐度对湖泊物理性质如热传导率、湖水密度以及湖水冻结温度等的影响。

近年来，多种湖泊模型在青藏高原湖泊的适用性得到了充分的验证与改进。半经验湖泊模型 Flake 在高原湖泊上的适用性得到初步验证，其可以较好地再现高原典型湖泊纳木错的湖表温度、湍流通量和湖冰物候（Lazhu et al.，2016）。之后利用野外和卫星观测数据评估并优化了三个典型湖泊模型（Flake、CoLM-Lake 以及 WRF-Lake）对青藏高原纳木错湖热力特征的模拟能力，并进一步指出了影响湖泊模型对高原湖泊水热性质刻画能力的关键参数，其包括湖面反照率、湍流混合系数、消光系数、湖面热力动力粗糙度以及湖水最大密度对应的温度（Huang et al.，2019）。值得注意的是，针对目前主流湖泊模型无法刻画青藏高原深湖的垂直混合过程的缺陷，Zhang Q 等（2019）将海洋模型中的垂直混合 K 廓线方案（KPP）耦合到 CLM-Lake 中，不需要人为调整湖泊扩散系数，而是以水体内边界层发展理论为基础，通过考虑水体内边界层的发展，结合外界动力与热力强迫，更加真实地反映湖泊水体分层和翻转过渡，从而有效合理地再现大风条件下湖面和深湖间的强烈混合。在纳木错的应用结果表明，耦合 KPP 方案显著提高了湖泊模型对深湖的湖表温度的模拟（图 2.18）。这些研究从湖泊模型的物理参数化方案角度出发，针对高原湖泊的特征改进了湖泊模型在青藏高原湖泊的适用性，为进一步建立湖-气耦合模式打下了基础。

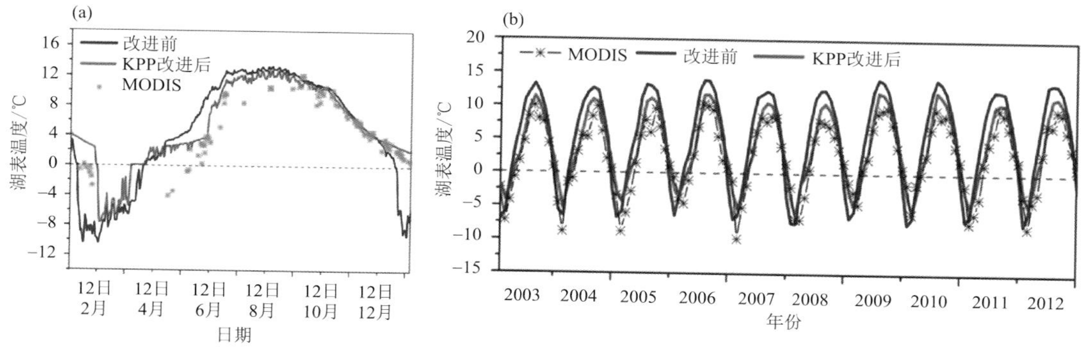

图 2.18 湖泊模式 CLM-Lake 对纳木错湖表温度的模拟。(a)2012 年模拟结果；(b)2003—2012 年模拟结果。其中 MODIS 表示卫星反演的湖表温度观测值(引自 Zhang Q et al.，2019)

之后，Wu 等(2020)的工作对湖-气耦合模式 WRF-Lake 在刻画高原典型湖泊纳木错的热力过程和区域气候能力进行了评估及优化。默认的湖-气耦合模式通常会高估湖表温度，夏季湖泊热力层结形成偏早，同时湖泊对周围大气的增温增湿效应偏强，湖区气温和下游地区降水偏多。针对青藏高原湖泊的特征，充分利用湖泊观测资料，通过对影响湖泊模型的关键参数化方案进行优化，显著改善了模式中夏季湖泊热力层结建立时间，很好地再现了湖表温度和垂直热力结构的逐日演变特征，从而有效减小了原模型对湖泊上方 2 m 气温和盛行风向下游地区降水的模拟正偏差(图 2.19)。可见，湖-气耦合模式中湖泊模型的能力对于刻画湖-气相互作用和区域气候模拟非常重要。

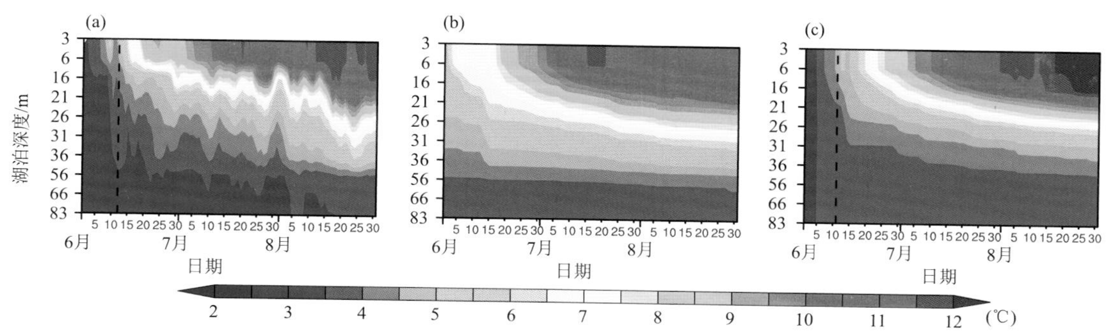

图 2.19 湖-气耦合模式 WRF-Lake 对夏季纳木错湖温廓线的模拟。(a)观测湖温廓线；(b)默认模式的湖温廓线；(c)参数化方案优化之后模拟的湖温廓线(引自 Wu et al.，2020)

值得注意的是，由于缺乏湖冰期观测资料，目前对高原湖泊冰期的湖泊热力过程知之甚少。基于多个湖泊的湖温廓线观测资料，Lazhu 等 (2021) 发现在融冰末期近冰层湖水温度普遍存在快速上升现象，有的咸水湖泊温度甚至上升至 7～8 ℃。在湖温达到湖水最大密度对应温度(称作"临界温度")前,升温缓慢;一旦超过临界温度,冰下湖温出现跃升,直至湖冰完全融化。这一典型特征可以用图 2.20 所示的湖泊热力过程发展三阶段概念模型进行解释:①湖面结冰后,冰下湖水通过热传导失去能量,导致湖泊冷却,湖冰加厚,此时整个湖水温度低于临界温度。②当春季来临,气温回升,湖冰开始融化;与此同时,太阳辐射增强和湖冰厚度减薄使得更多太阳辐射穿透湖冰并加热湖水,导致近冰层水温上升。此阶段湖水温度低于临界温度,湖水温度上升导致其密度增加,因此,表层湖水下沉,促进对流混合,使整个湖泊水温缓慢上升。③当湖水温度上升到临界温度后,太阳辐射进一步加热使得近表层湖水变暖,湖水密度减小,形成了稳定的热力分层;同时由于冰层隔离了风的影响,近表层湖水也无法与次表层混合。因此,太阳辐射的非均一加热导致了近表层的湖水快速升温。这一阶段湖水温度的跃升还存在一个正反馈,即:近表层水温升高→湖水稳定性加强,湖冰融化加速→太阳辐射更易穿透冰层→加热增强→近表层水温进一步升高。一旦湖冰消失,湖面上的风应力会引起表层和次表层之间的强烈湍流混合,导致表层水温突然下降。这一现象与青藏高原冬春季气温低、辐射强、湖泊区降雪少、湖泊冰面反照率低等独特气候和地理环境有关,也与湖水深度和盐度有关。湖水越深,热容量越大,湖冰下水温在春季越难到达临界点,不易出现快速升温。盐度越高,临界温度越低,春季冰下湖水升温到临界温度的时间越早,越容易出现快速升温。

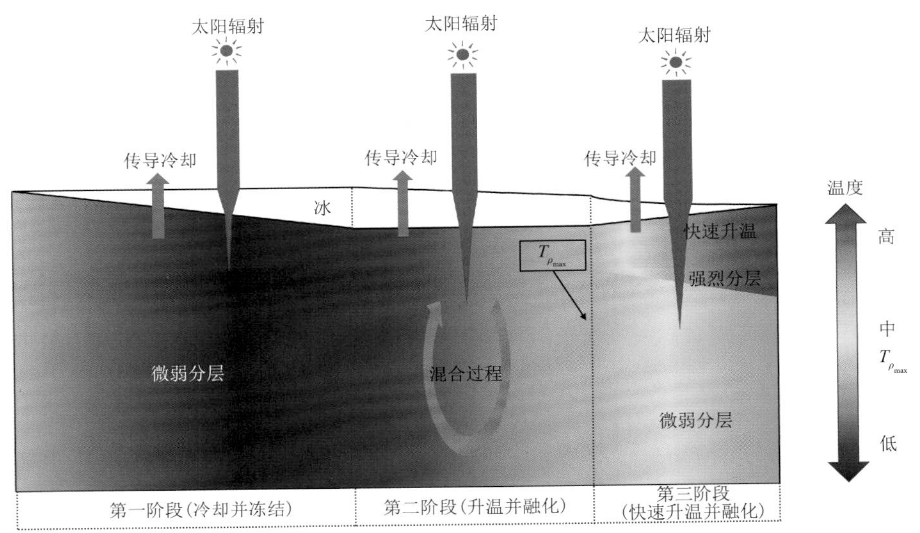

图 2.20 湖泊热力状态变化的三阶段概念模型。在湖冰融化第二阶段结束时,整个湖水密度(ρ)均一,湖水温度达到临界温度($T_{\rho_{max}}$)。图中红色箭头宽度表示太阳辐射强度(引自 Lazhu et al., 2021)

在目前的湖泊物理模型中很大程度上忽略了太阳辐射在湖冰中的传输过程以及湖泊盐度等关键参数。该研究以观测事实为基础,发现在青藏高原湖冰消融末期普遍存在湖温跃升现象,并强调了太阳辐射透过冰层加热湖水的重要性,为湖泊物理模型的发展提供了重要科学依据。

2.6.3 湖泊水量预估

自20世纪90年代中期以来，青藏高原湖泊大幅度扩张，引发了一系列的生态环境影响，对道路桥梁设施也造成了破坏，因此，未来青藏高原湖泊面积将如何变化引起了广泛关注。Yang等(2018b)指出，高原降水增加是湖泊扩张的主因，并通过发展的湖泊水量平衡模型反算了降水增加量。研究结果显示，自20世纪90年代中期以来，位于高原中西部的内流区降水增加量超过10%，甚至可能高达20%。进一步针对未来的湖泊水量变化进行了预测，结果表明：即使当前的降水量变化不大，高原中西部的湖泊仍将继续扩张，只是扩张速率将减小；如果考虑未来降水增加，则湖泊将会扩张更多(图2.21)。

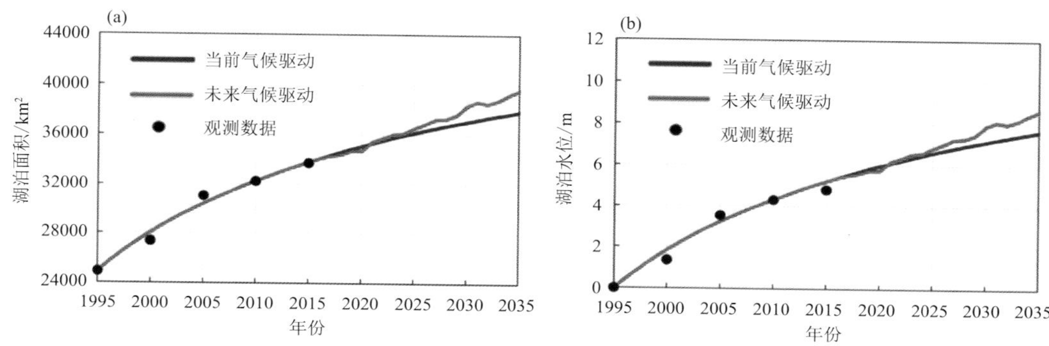

图2.21　利用湖泊水量平衡模型对高原内流区湖泊面积(a)和水位(b)变化的历史模拟及未来预测。其中蓝线表示使用1995年以后的平均年降水量的预估变化，红线表示使用ISIMIP的5个模型未来降水量的预估变化(引自Yang et al.，2018b)

高原中西部自20世纪90年代中期以来的降水增加与大西洋海温多年代际振荡(AMO)处于正相位关系密切。正相位诱发了一系列沿欧亚大陆副热带西风急流传输的气旋和反气旋异常，既减弱了输出高原中部的水汽，又增强了从阿拉伯海进入高原西部的水汽，使得高原中西部夏季降水增加(Sun et al.，2020)。考虑到未来10 a AMO可能仍处于正相位，预计高原中西部未来10 a夏季降水仍以偏多为主。这也预示着20世纪90年代中期以来的高原中西部湖泊扩张仍将继续。

2.7 青藏高原的水汽传输过程

2.7.1 青藏高原的区域水汽平衡与降水再循环率

区域水汽平衡和降水再循环率(即局地蒸发-降水反馈强度)常被用于描述水循环过程的

强弱。区域水汽平衡反映研究区域内降水、蒸发和水汽辐合等的比例，其大小与区域大小关系不大。降水再循环率衡量形成降水的水汽中有蒸发贡献的部分。这一概念不再将降水或蒸发作为一个整体考虑，而是考虑了降水的两种水汽来源（平流水汽、蒸发水汽）和蒸发的两种去向（形成研究区降水、流出研究区）（阳坤 等，2022）。

区域水汽平衡。利用高分辨率的模拟资料，Curio 等（2015）计算了青藏高原的水汽平衡，发现蒸发与降水之比（E/P）高达 63%。其他使用稳定同位素估计的 E/P 也很高。这些结果表明，青藏高原地面蒸发对区域水汽平衡的贡献率相当高。对羌塘高原而言，由于是封闭的流域，降水量与地表蒸发量大致平衡，长期平均的水汽辐合应该很小，因此，E/P 接近 100%。近 20 多年来，该区域湖泊快速扩张，湖泊水量的增量（相当于水汽辐合量）约为 10 $Gt \cdot a^{-1}$，仍然远小于年降水量（如果年降水量按 300 $mm \cdot a^{-1}$计算，那么区域年总降水量>200 Gt）。因此，E/P 应当不小于 95%。

降水再循环率。以青藏高原为研究对象，Zhang C 等（2019）使用数值模型 WAM 追踪水汽，结果显示高原的平均年降水再循环率高于 20%。Gao 等（2020）使用数值模型水汽追踪工具（WVT）追踪水汽，发现高原降水再循环率在夏季高于 30%，而在其他月份为 10%～20%。由于夏季降水占主导地位，以降水量加权的年平均降水再循环率在 20%～30%之间，远低于区域水汽平衡中蒸发与降水之比；夏季降水再循环率会高一些，但不大可能超过 40%。以羌塘高原为研究对象，Zhang 等（2017）发现年平均降水再循环率约为 18%，7、8 月的循环率显著大于其他月份。Li Y 等（2019）估计的年平均降水再循环率介于 17%～22% 之间，并发现降水再循环率的季节变化也显著，从冬季的 5%左右增加到 8 月达到最大（25%～30%）。这些结果是大致相同的，即羌塘高原的年降水再循环率在 20%左右，远低于区域水汽平衡中蒸发与降水的比值（>95%）；夏季降水再循环率最大，但可能不超过 30%。

2.7.2 青藏高原的外来水汽源

对青藏高原水汽源追踪的研究很多，但是不同研究对水汽源区的定义差异很大。如果以地表蒸发定义水汽源，则青藏高原水汽的蒸发来源包括欧亚大陆、南亚次大陆和南印度洋的广大范围（Yao et al.，2013；Zhang et al.，2017）。这一结论明显不同于 Chen 等（2019）的结果。后者认为青藏高原的外来水汽源局限于从索马里以东经过阿拉伯海到印度半岛的一个狭长区域。后者近似溯源到地表的净水汽交换量（E-P）而非地表蒸发；由于在印度次大陆和孟加拉湾等区域降水量很大，远超过蒸发量，使得这些区域在模型中成为水汽汇区而不是水汽源地。

就羌塘高原而言，其年降水量小，降水时段和非降水时段的地表蒸发水汽源差异很大。降水时段的水汽追踪显示水汽来自于西南气流、西风气流和孟加拉湾的气流（Zhang et al.，2017），其中 69%的降水水汽来自于欧亚大陆，21%以上的降水水汽来自海洋，且孟加拉湾是一个重要的水汽源。如果不区分降水时段，水汽追踪显示孟加拉湾对羌塘高原的水汽贡献很小。

图2.22总结了青藏高原及羌塘高原的区域水汽平衡、降水再循环率和外来水汽源（阳坤等，2022）。

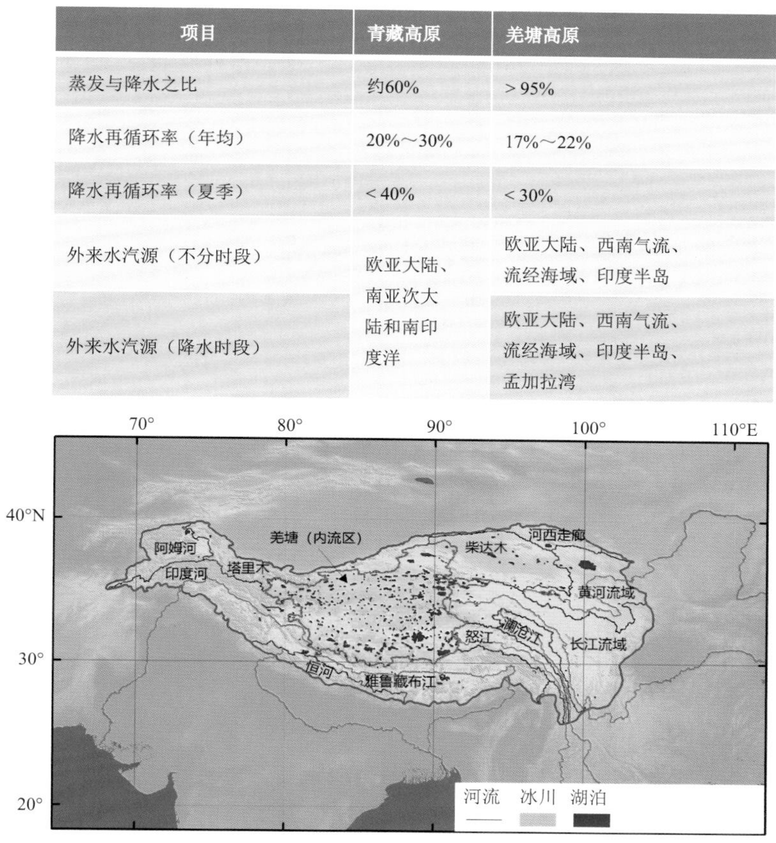

项目	青藏高原	羌塘高原
蒸发与降水之比	约60%	＞95%
降水再循环率（年均）	20%～30%	17%～22%
降水再循环率（夏季）	＜40%	＜30%
外来水汽源（不分时段）	欧亚大陆、南亚次大陆和南印度洋	欧亚大陆、西南气流、流经海域、印度半岛
外来水汽源（降水时段）		欧亚大陆、西南气流、流经海域、印度半岛、孟加拉湾

图2.22　对青藏高原（海拔大于2500 m范围）和羌塘高原（高原中西部红线范围）水汽平衡、降水再循环率和水汽源的认知。其中，外来水汽源以地表蒸发定义（引自阳坤 等，2022）

2.7.3　复杂地形湍流对水汽传输的影响

青藏高原的一个典型特征是其高大复杂的地形，这会强烈影响水热和动量传输。小尺度复杂地形会迫使空气绕流，产生湍流并在下风向形成尾涡，加大对空气的拖曳力（称为TOFD），从而减弱水汽输送。一般来讲，季风期喜马拉雅山脉高海拔（2500 m）区域的降水量随着海拔升高而减少（Yang et al.，2018a），但目前区域气候模拟在这一区域存在显著的降水湿偏差，且降水日变化峰值显著偏早（Zhou et al.，2021）（图2.23），在东缘和南缘的陡坡上这些误差更加明显（Wang Y et al.，2020）。这是由于低分辨率模拟不仅会扭曲地形，难以反映真实的地形地貌的影响，且对复杂地形拖曳力表达不足，导致模拟风速过大，输送到高原的水汽过多（Wang Y et al.，2017；Lin et al.，2018）。采用数千米格距，可以刻画出中尺度地形

(Lin et al., 2018),且可以直接解析深对流云,从而改进降水日变化模拟。但降低格距以表达小尺度地形的影响将使得计算代价大幅度增加,极难实现高原尺度的气候模拟。为了表达复杂地形的拖曳力,Zhou 等(2018)在 WRF 模式中引入了 Beljaars 等(2004)开发的 TOFD 方案。改进后的 WRF 模式大大地提高了高原的风速和降水量的模拟精度(Wang Y et al., 2020; Zhou et al., 2021),同时对高原中部和北部的降水日变化改进明显(图 2.23)。

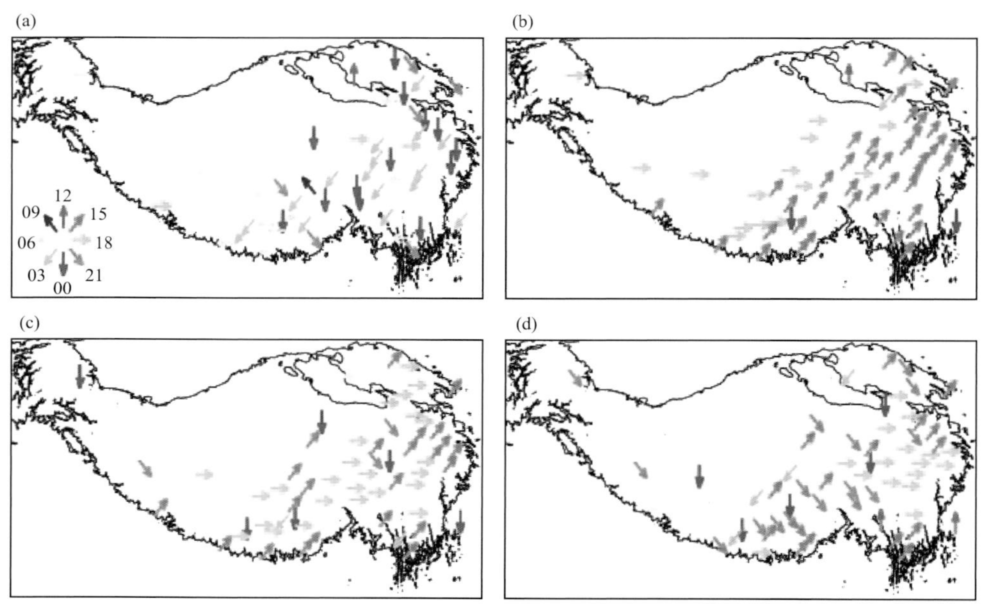

图 2.23 青藏高原夏季降水日变化峰值出现时刻的观测与模拟对比。观测值来自于站点在 2006—2008 年 7—9 月的统计,模拟值包括 ERA5 再分析、HAR v2 高分辨率模拟和 WRF 3 km 格距模拟。图例中的数字表示当地时间(引自 Zhou et al., 2021)

(a)OBS;(b)ERA5;(c)HAR v2;(d)WRF3

2.8 本章小结

青藏高原地形复杂,受季风和西风影响,地表水量平衡时空变化剧烈。在全球变暖背景下,青藏高原气候呈现出明显的区域差异,自 20 世纪末开始,青藏高原主体呈现暖湿化,但高原南部出现暖干化。然而,青藏高原气候环境恶劣,地面观测站稀少。本章对青藏高原地表水量平衡认识的近期研究进展进行了梳理。

(1)降水时空变化。青藏高原降水格局通常被认为是“东多西少”,但这一格局局限于中国境内的青藏高原。就整个青藏高原而言,降水呈现“东西多,中部少”的空间分布,即位于高原西部的喀喇昆仑山、西喜马拉雅山以及兴都库什山以冬春季降雪为主,年降水量相当可观。此外，喜马拉雅山中部和东部虽然属于典型的季风区，但其南坡的春季降水可达年降水的20%～40%，远高于其他南亚季风区的春季降水比例。

(2)青藏高原年代际干湿变化的机理。自20世纪末开始，高原西部到东北部降水增加，导致湖泊扩张；南部降水则呈现年代际振荡，导致湖泊面积波动变化，而高原东南部降水减少。高原西部降水变化与北大西洋海温的多年代际振荡有关，南部降水变化则与海洋性大陆附近海温的年代际振荡相关。蒸发受变暖和降水变化的影响，自20世纪80年代以来普遍呈现增加的趋势；未来10 a青藏高原的暖湿状态将持续，湖泊仍将继续扩张。

(3)冰冻圈的邻域气候效应。对积雪和气候的关系，以往研究发现，高原冬春积雪与来年中国南部及长江中下游地区具有较好的正相关关系，而与南亚夏季风呈现负相关关系。新的研究发现，当高原南部冬春积雪偏多时，中国东部夏季降水雨带偏南；当高原北部冬春积雪偏多时，中国东部夏季降水雨带偏北。对土壤冻融与气候的关系，研究发现高原冬季最大冻结深度或者季风前期冻土融化厚度与东亚6—7月降水存在关系。当冬季最大冻结深度减少(增加)时，长江中下游流域6—7月降水偏多(偏少)，而华南和华北降水偏少(偏多)。当季风前期冻土融化厚度异常偏大时，这条多雨带甚至可以从长江中下游流域延伸至日本南部。

(4)陆面过程参数化和地-气相互作用。第一，高原主体上风吹雪效应明显且下垫面降低薄雪反照率；目前的气候模式没有考虑到这两个过程，严重高估了高原腹地的积雪厚度和积雪时间。第二，高原南部雅鲁藏布江流域中上游的山区存在大量裸露基岩，有利于产流而不利于降水再循环；在大气模式中考虑裸露基岩的作用将明显减小高原南部的降水湿误差和气温冷偏差。第三，青藏高原中东部表层土壤中累积了大量的有机质，其导致土壤热传导系数减小，孔隙度增加，土壤水含量增加，而土壤湿度减小；在大气模式中考虑有机质的影响，将降低降水湿偏差和气温冷偏差。第四，土壤湿度与降水存在正反馈和负反馈，当对流触发潜能较小时，以正反馈为主；当对流触发潜能较大时，以负反馈为主。第五，引入了最大熵增方法取代传统的莫宁-奥布霍夫相似理论，可减小湍流通量估算的不确定性。

(5)湖泊-大气相互作用。青藏高原存在大量湖泊，对局地气候有明显影响，近年来在湖-气相互作用研究方面取得了重要进展。第一，从热力学上讲，高原湖泊的存在会降低夏季白天距湖面2 m高度处气温，增强夜间降水；从动力学上讲，湖泊较小的动力粗糙度会促使湖面风速增加，增强湖泊下风向的降水。第二，发现主流湖泊模型无法刻画青藏高原深湖的垂直混合过程，引入KPP方案有助于模拟湖泊内部温度廓线，在观测的基础上提出了新的湖泊粗糙度参数化方案；通过优化湖泊模型参数，可以很好地再现湖表温度和垂直热力结构的逐日演变特征。第三，发现在融冰末期近冰层湖水温度普遍存在快速上升现象，有的咸水湖泊温度甚至上升至7～8 ℃，并提出了湖泊冻结期热力过程发展的三阶段概念模型对这一独特而典型的现象进行了解释。

(6)水汽传输过程。青藏高原局地蒸发水汽对降水的贡献率(降水再循环率)为20%～30%，在夏季更高，但是应当不超过40%。青藏高原外来水汽源包括欧亚大陆、南亚次大陆和南印度洋的广大范围。外来水汽经过青藏高原周边的陡峭地形时，将因为地形湍流拖曳出现严重衰减。应考虑:这一过程对冬春季高原降水模拟至关重要;即使在以高原热力作用为主的夏季,这一过程对于高原边缘降水模拟也很关键。

参考文献

李博,张淼,唐世浩,等,2018. 基于组网观测的那曲土壤湿度不同时间尺度的变化特征[J]. 气象学报,76(6):1040-1052.

李蓉蓉,赵平,2023. 青藏高原非冻结期观测的土壤湿度和模式产品的对比分析[J]. 气象与环境科学,46(1):39-47.

栾澜,2017. 青藏高原夏季土壤湿度变化对局地对流性降水的影响[D]. 兰州:中国科学院西北生态环境资源研究院.

栾澜,孟宪红,吕世华,等,2018. 青藏高原土壤湿度触发午后对流降水模拟试验研究[J]. 高原气象,37(4):873-885.

阳坤,汤秋鸿,卢麾,2022. 青藏高原降水再循环率与水汽来源辨析[J]. 中国科学:地球科学,52(3):574-578.

赵平,李跃清,郭学良,等,2018. 青藏高原地气耦合系统及其天气气候效应:第三次青藏高原大气科学试验[J]. 气象学报,76(6):3-30.

BELJAARS A,BROWN A R,WOOD N,2004. A new parametrization of turbulent orographic form drag[J]. Q J Roy Meteor Soc,130(599):1327-1347.

CHEN B, ZHANG W, YANG S, et al, 2019. Identifying and contrasting the sources of the water vapor reaching the subregions of the Tibetan Plateau during the wet season[J]. Clim Dyn, 53: 6891-6907.

CURIO J, MAUSSION F, SCHERER D, 2015. A 12-year high-resolution climatology of atmospheric water transport over the Tibetan Plateau[J]. Earth Syst Dynam, 6: 109-124.

DAI Y, CHEN D, YAO T, et al, 2020. Large lakes over the Tibetan Plateau may boost snow downwind: Implications for snow disaster[J]. Sci Bull, 65(20): 1713-1717.

FERNANDO H J S, PARDYJAK E R, SABATINO S D, et al, 2015. The Materhorn: Unraveling the intricacies of mountain weather[J], B Am Meteorol Soc, 96(11): 1945-1967.

FINDELL K L, ELTAHIR E A B, 2003. Atmospheric controls on soil moisture-boundary layer interactions. Part I: Framework development[J]. J Hydrometeorol, 4(3): 552-569.

GAO Y, CHEN F, MIGUEZ-MACHO G, et al, 2020. Understanding precipitation recycling over the Tibetan Plateau using tracer analysis with WRF[J]. Clim Dyn, 55: 2921-2937.

HAN C,MA Y,WANG B,et al,2021. Long-term variations in actual evapotranspiration over the Tibetan Plateau[J]. Earth Syst Sci Data, 13(7): 3513-3524.

HE J ,YANG K, TANG W J,et al,2020. The first high-resolution meteorological forcing dataset for land process studies over China[J]. Scientific Data,7:25.

HUANG A, LAZHU, WANG J, et al, 2019. Evaluating and improving the performance of three 1-D lake models in a large deep lake of the central Tibetan Plateau[J]. J Geophys Res:Atmos, 124(6): 3143-3167.

LAZHU, YANG K, WANG J, et al, 2016. Quantifying evaporation and its decadal change for Lake Nam Co, central Tibetan Plateau[J]. J Geophys Res:Atmos, 121(13): 7578-7591.

LAZHU, YANG K, HOU J, et al, 2021. A new finding on the prevalence of rapid water warming during lake ice melting on the Tibetan Plateau[J]. Sci Bull, 66: 2358-2361.

LEI Y, YAO T, BIRD B, et al, 2013. Coherent lake growth on the central Tibetan Plateau since the 1970s: Characterization and attribution[J]. J Hydrol, 483: 61-67.

LEI Y, YANG K, WANG B, et al, 2014. Response of inland lake dynamics over the Tibetan Plateau to climate change[J]. Clim Change, 125: 281-290.

LI D, YANG K, TANG W, et al, 2020. Characterizing precipitation in high altitudes of the western Tibetan Plateau with a focus on major glacier areas[J]. Int J Climatol, 40(12): 5114-5127.

LI N, ZHAO P, WANG J, et al, 2019. Estimation of surface heat fluxes over the central Tibetan Plateau using the maximum entropy production model[J]. J Geophys Res: Atmos, 124: 6827-6840.

LI N, ZHAO P, WANG J, et al, 2020. The long-term change of latent heat flux over the western Tibetan Plateau[J]. Atmosphere, 11(3): 262.

LI Y, SU F, CHEN D, et al, 2019. Atmospheric water transport to the endorheic Tibetan Plateau and its effect on the hydrological status in the region[J]. J Geophys Res: Atmos, 124(23): 12864-12881.

LI Y, WANG T, YANG D, et al, 2021. Linkage between anomalies of pre-summer thawing of frozen soil over the Tibetan Plateau and summer precipitation in East Asia[J]. Environ Res Lett, 16(11): 114030.

LIN C, CHEN D, YANG K, et al, 2018. Impact of model resolution on simulating the water vapor transport through the central Himalayas: Implication for models' wet bias over the Tibetan Plateau[J]. Clim Dyn, 51: 3195-3207.

LUO S, FANG X, LYU S, et al, 2017. Improving CLM4.5 simulations of land-atmosphere exchange during freeze-thaw processes on the Tibetan Plateau[J]. J Meteorol Res, 31: 916-930.

OUYANG L, YANG K, LU H, et al, 2020. Ground-based observations reveal unique valley precipitation patterns in the central Himalaya[J]. J Geophys Res: Atmos, 125(5): e2019JD031502.

QIAO B, ZHU L, YANG R, 2019. Temporal-spatial differences in lake water storage changes and their links to climate change throughout the Tibetan Plateau[J]. Remote Sens Environ, 222: 232-243.

SUN J, YANG K, GUO W, et al, 2020. Why has the inner Tibetan Plateau become wetter since the mid-1990s? [J]. J Clim, 33: 8507-8522.

SUN J, CHEN Y, YANG K, et al, 2021. Influence of organic matter on soil hydrothermal processes in the Tibetan Plateau: Observation and parameterization[J]. J Hydrometeorol, 22(10): 2659-2674.

WANG B, MA Y, WANG Y, et al, 2019. Significant differences exist in lake-atmosphere interactions and the evaporation rates of high-elevation small and large lakes[J]. J Hydrol, 573: 220-234.

WANG B, MA Y, SU Z, et al, 2020. Quantifying the evaporation amounts of 75 high-elevation large dimictic lakes on the Tibetan Plateau[J]. Sci Adv, 6(26): eaay8558.

WANG C, YANG K, LI Y, et al, 2017. Impacts of spatiotemporal anomalies of Tibetan Plateau snow cover on summer precipitation in eastern China[J]. J Clim, 30(3): 885-903.

WANG C, YANG K, ZHANG F, 2020. Impacts of soil freeze-thaw process and snow melting over Tibetan Plateau on Asian summer monsoon system: A review and perspective[J]. Front Earth Sci, 8: 133.

WANG J, BRAS R L, 2009. A model of surface heat fluxes based on the theory of maximum entropy production[J]. Water Resources Res, 45(11): W11422.

WANG W, YANG K, ZHAO L, et al, 2020. Characterizing surface albedo of shallow fresh snow and its importance for snow ablation on the interior of the Tibetan Plateau[J]. J Hydrometeorol, 21(4): 815-827.

WANG Y, YANG K, PAN Z, et al, 2017. Evaluation of precipitable water vapor from four satellite products and four reanalysis datasets against GPS measurements on the southern Tibetan Plateau[J]. J Clim, 30: 5699-5713.

WANG Y, YANG K, ZHOU X, et al, 2020. Synergy of orographic drag parameterization and high resolution greatly reduces biases of WRF-simulated precipitation in central Himalaya[J]. Clim Dyn, 54: 1729-1740.

WU Y, HUANG A, YANG B, et al, 2019. Numerical study on the climatic effect of the lake clusters over Tibetan Plateau in summer[J]. Clim Dyn, 53: 5215-5236.

WU Y, HUANG A, LAZHU, et al, 2020. Improvements of the coupled WRF-Lake model over Lake Nam Co, central Tibetan Plateau[J]. Clim Dyn, 55: 2703-2724.

WULFMEYER V, TURNER D D, BAKER B, et al, 2018. A new research approach for observing and characterizing land-atmosphere feedback[J]. B Am Meteorol Soc, 99: 1639-1667.

XIE Z, HU Z, XIE Z, et al,2018. Impact of the snow cover scheme on snow distribution and energy budget modeling over the Tibetan Plateau[J]. Theor Appl Climatol, 131(3): 951-965.

YANG K, YE B, ZHOU D, et al, 2011. Response of hydrological cycle to recent climate changes in the Tibetan Plateau[J]. Clim Change, 109: 517-534.

YANG K, GUYENNON N, OUYANG L, et al, 2018a. Impact of summer monsoon on the elevation-dependence of meteorological variables in the south of central Himalaya[J]. Int J Climatol, 38: 1748-1759.

YANG K, LU H, YUE S, et al, 2018b. Quantifying recent precipitation change and predicting lake expansion in the inner Tibetan Plateau[J]. Clim Change, 147: 149-163.

YANG K, WANG C,2019. Seasonal persistence of soil moisture anomalies related to freeze-thaw over the Tibetan Plateau and prediction signal of summer precipitation in eastern China[J]. Clim Dyn, 53(3): 2411-2424.

YAO T, THOMPSON T, YANG W, et al, 2012. Different glacier status with atmospheric circulations in Tibetan Plateau and surroundings[J]. Nat Clim Chang, 2: 663-667.

YAO T, MASSON-DELMOTTE V, GAO J, et al, 2013. A review of climatic controls on $\delta^{18}O$ in precipitation over the Tibetan Plateau: Observations and simulations[J]. Rev Geophys, 51: 525-548.

YAO X, YANG K, ZHOU X, et al, 2021. Surface friction contrast between water body and land enhances precipitation downwind of a large lake in Tibet[J]. Clim Dyn, 56: 2113-2126.

YUE S, WANG B, YANG K, et al, 2021a. Mechanisms of the decadal variability of monsoon rainfall in the southern Tibetan Plateau[J]. Environ Res Lett, 16(1): 014011.

YUE S, YANG K, LU H, et al, 2021b. Representation of stony surface-atmosphere interactions in WRF reduces cold and wet biases for the southern Tibetan Plateau[J]. J Geophys Res: Atmos, 126: e2021JD035291.

ZHANG C, TANG Q, CHEN D, 2017. Recent changes in the moisture source of precipitation over the Tibetan Plateau[J]. J Clim, 30:1807-1819.

ZHANG C, TANG Q, CHEN D, et al, 2019. Moisture source changes contributed to different precipitation changes over the northern and southern Tibetan Plateau[J]. J Hydrometeorol, 20: 217-229.

ZHANG G, 2019. Dataset of river basins map over the TP (2016)[DS/OL]. (2022-04-18)[2023-03-21]. National Tibetan Plateau Data Center, 2020-01-01. https://data. tpdc. ac. cn/zh-hans/data/dff6b437-90a1-4729-8140-faafc544860f/? q=%E5%BC%A0%E5%9B%BD%E5%BA%86.

ZHANG G Q,YAO T D,CHEN W F, et al,2019. Regional differences of lake evolution across China during 1960s—2015 and its natural and anthropogenic causes[J]. Remote Sens Environ,221:386-404.

ZHANG Q, JIN J, WANG X, et al, 2019. Improving lake mixing process simulations in the Community Land Model by using K profile parameterization[J]. Hydrol Earth Syst Sci, 23: 4969-4982.

ZHANG T, GEBREMICHAEL M, MENG X, et al, 2018. Climate-related trends of actual evapotranspiration over the Tibetan Plateau (1961—2010) [J]. Int J Climatol, 38: e48-e56.

ZHAO C, YANG Y, FAN H, et al, 2020. Aerosol characteristics and impacts on weather and climate over Tibetan Plateau[J]. Natl Sci Rev, 7(3): 492-495.

ZHONG L, MA Y, HU Z, et al, 2019. Estimation of hourly land surface heat fluxes over the Tibetan Plateau by the combined use of geostationary and polar-orbiting satellites[J]. Atmos Chem Phys, 19(8): 5529-5541.

ZHOU X, YANG K,WANG Y, 2018. Implementation of a turbulent orographic form drag scheme in WRF and its application to the Tibetan Plateau[J]. Clim Dyn, 50: 2443-2455.

ZHOU X, YANG K, OUYANG L, et al,2021. Added value of kilometer-scale modeling over the Third Pole region: A CORDEX-CPTP pilot study[J]. Clim Dyn, 57(7): 1673-1687.

第3章 青藏高原边界层结构特征及形成机制

3.1 引言

大气边界层通常指大气底部直接受地球表面影响的一层，其高度为 1～1.5 km，响应时间尺度小于 1 h(Stull，1988)，是地球各个圈层相互作用的关键区域。大气边界层一般可分为对流、稳定和中性三类，它们的物理性质有着明显的差异(Clarke et al.，1971；Kaimal et al.，1976)。受地面热力与动力影响，大气边界层内的大气运动具有明显的湍流性质，并且湍流过程对热量、动量和水汽的垂直输送导致气象要素呈现显著的日变化。因此，多尺度大气边界层过程在中尺度气象模式、大气环流模式、天气预报模式、气候预测模式以及大气环境质量预报模式中都具有十分重要的作用，并受到国际科学界的高度重视(刘树华 等，2013)。

青藏高原作为全球最大的复杂地形，其边界层过程的独特性吸引着国内外学者的广泛关注(叶笃正 等，1958；Tao et al.，1981)。然而，由于青藏高原区域边界层观测资料比较缺乏，国内外科学家开展了一系列的青藏高原边界层观测试验，包括 1979 年夏季的第一次青藏高原气象科学试验和 1998 年第二次青藏高原大气科学试验，全球能量与水交换亚洲季风青藏高原试验(GAME/Tibet)，以及全球协同加强观测计划之亚澳季风青藏高原试验(CAMP/Tibet)等。通过探空、地面加密以及边界层观测，在高原及周边地区获得了大量的探测资料，并取得了丰富的研究成果，推动了青藏高原气象及其气候影响的理论研究(叶笃正 等，1979；赵鸣 等，1992；Xu et al.，2002；周明煜 等，2002；Zhang et al.，2003；左洪超 等，2004)。

尽管以往的边界层外场观测试验及理论研究取得了一系列具有国际影响的成果，但是青藏高原(特别是中西部)边界层观测资料缺乏的问题仍然没有被很好解决，制约着对高原边界层特征的认识，特别是关于青藏高原加热强度的估计至今仍然存在较大的不确定性，阻碍着正确理解青藏高原边界层的形成发展机制。因此，现有数值模式在反映青藏高原边界层耦合过程及其影响方面存在缺陷。为此，2013 年启动的"第三次青藏高原大气科学试验(TIPEX-Ⅲ)"加强了青藏高原边界层观测及理论研究，推进了青藏高原边界层气象学发展(赵平 等，2018)。

3.2 青藏高原大气边界层过程观测研究

叶笃正等(1979)早期在其研究中指出,青藏高原地区边界层高度在2000~3000 m之间。之后,徐祥德等(2001)根据“第二次青藏高原大气科学试验(TIPEX-Ⅱ)”所取得的资料对拉萨西北部的当雄站边界层高度进行研究,得到该地区的边界层高度为2250 m。李茂善等(2004,2006,2011)使用无线电探空观测资料对藏北高原那曲地区和珠峰大本营地区的边界层高度分别进行分析,认为藏北地区的大气边界层高度在干湿季节具有不同的特征,干季边界层高度高于湿季;而珠峰地区由于冰川风的影响,使该地区的边界层高度日变化显著,最高高度可达3888 m。Chen等(2013)利用2008年青藏高原西部改则地区三个加强观测期(冬季、季风前、季风期)的无线电探空资料,发现:在冬季晴朗天气条件下,白天混合层顶高度最高可以达到海拔9515 m(相当于地面以上5 km),高于之前揭示的青藏高原地区边界层高度。这些边界层高度的观测结果为青藏高原不同地区边界层高度的数值模拟研究提供了观测数据,并对评估多种参数化方案模拟对流边界层高度的优劣、改进数值模式的准确性有重要作用。

大气中温度、湿度等气象要素垂直分布的日变化特征会对湍流发展产生影响,也会影响到天气现象的形成。因此,通过各种探测手段分析大气位温、比湿垂直分布状态,对认识大气层结的物理结构、确定大气边界层高度极其重要。马伟强等(2005)利用CAMP/Tibet无线电探空试验观测到的温度、相对湿度、气压、风速和风向数据等,对藏北地区草甸下垫面边界层及其空间结构进行了初步分析,发现夏季藏北高原地区温度递减率为0.74 $K\cdot(100\ m)^{-1}$,大于平原地区的温度递减率;相对湿度随着高度的上升,先增大后减小。李茂善等(2011)研究了那曲地区2004年干季(4月)和雨季(8月)大气边界层温度和湿度特征,认为该地区边界层虚位温、比湿等日变化大,干季比湿明显小于湿季,且都存在逆湿现象。陈学龙等(2007)分析了珠峰地区雨季的对流层大气特征后发现,珠峰地区对流层平均温度递减率为0.685 $K\cdot(100\ m)^{-1}$,小于藏北地区的温度递减率,同时发现珠峰地区低层大气的相对湿度同样存在逆湿现象。此后,王树舟等(2008)对珠峰地区夏季大气边界层结构做进一步分析,发现在400~1000 m的高度范围内,上午水汽混合比随高度升高显著减小,比近地层要低许多,然而到下午和晚上这个高度范围的混合比有所增大,这可能是由于冰川风从南部带来较湿的空气使该地上空水汽增加所造成的。朱春玲等(2011)利用2008年JICA项目第一阶段的加密探空资料,分析了青藏高原西部及东南周边3个地点的大气边界层结构特征,结果表明,三地的位温廓线均有明显的日变化;且青藏高原上空水汽混合比在对流层随高度迅速减少,而随着稳定边界层的发展,三地近地面层在夜间和凌晨有明显的逆湿现象,日出后逐渐消失。

大气边界层风场特征包括风速、风向、局地环流等,是大气边界层结构研究的内容。边界层风场结构特征的改变,对天气和气候变化具有重要影响。此外,边界层内风廓线的分布对大气污染物扩散也起着重要作用。近些年,许多学者对青藏高原不同地区边界层风场和风廓线的结构特征进行了研究。李茂善等(2006)对珠峰地区大气边界层结构进行分析时发现,珠峰地区低层在盛行冰川风时,风速最大值随时间不同而达到的高度不同,但最大高度不超过 600 m。在对藏北高原地区干、雨季边界层风场结构进行对比分析时,李茂善等(2011)发现,该地干季水平风风向基本以偏西风为主,近地层水平风速较小,随高度增加风速迅速增大;而雨季低层 2500 m 以下基本以偏东风为主,上层以偏西风为主,整个边界层内的风速都较小。吕雅琼等(2008)分析了纳木错湖区大气边界层垂直结构,发现在晴天条件下,边界层内湖陆风日变化非常明显(白天湖风,夜间陆风),湖陆风的控制范围常常超过边界层高度,可达对流层中部。陈学龙等(2010)通过对 2008 年青藏高原西部改则地区季风前和季风爆发期的探空资料研究发现,西风急流在改则地区有明显的季节变化,冬季的西风急流最强,季风爆发期逐渐向高原北部移动,此时西风急流强度减弱。此后,Chen 等(2013)继续对改则地区冬季晴朗天气条件下的大气边界层风场进行了研究,发现在地面热源和对流层顶夹卷过程的共同作用下,湍流持续混合,边界层厚度不断增加,而风速在整个边界层高度之内几乎保持不变,直到边界层顶附近时,风速才迅速增大。由此可见,高原西部天气晴朗的白天边界层内湍流等气象要素充分混合,是深厚对流边界层形成的重要原因。

Chen 等(2016)研究发现,青藏高原西部冬季深厚的大气边界层高度最高可达海拔 9.2 km,接近高原地区对流层顶的高度(Chen et al.,2011),上层自由大气的稳定性对青藏高原上空深厚对流边界层的发展具有关键的影响,边界层上部弱的稳定性和平流层较高的潜位涡加强了边界层上部动量的下传,从而加快了边界层顶的夹卷过程,造成边界层增暖变厚。该地区大气边界层和上对流层与下平流层之间强烈的相互作用对高原地区深厚对流边界层的形成和发展有着非常重要的作用,高原深厚边界层的形成与中上层大气过程有紧密联系(Chen et al.,2013)。因此,高原地表的能量过程和整个对流层上部较弱的稳定度是驱动其冬季深厚边界层发展和维持的主要机制(Chen et al.,2016)。另外,大尺度环流的作用、地表的湍流加热、边界层顶上部向下的动量传输对边界层的增长也起了重要作用(Lai et al.,2021)。

近年来高原山地边界层研究逐渐受到重视,高大山地地形在大范围的时空尺度上影响着高原上空边界层大气的混合和传输,喜马拉雅山脉地区是研究山地表面和自由大气之间物质和能量交换的理想区域。特别是在冬季,西风急流中心位于喜马拉雅山脉上空(Schiemann et al., 2009),高层大气环流与山地地形相互作用对大气边界层发展的影响是非常值得研究的课题。Lai 等(2021)利用中国科学院珠穆朗玛峰大气与环境综合观测研究站的探空数据和地面站点观测数据、ERA5 再分析资料以及边界层模型,研究了大尺度西风环流强迫对喜马拉雅山中段北侧绒布河谷边界层垂直结构、大气稳定度、地面风场和地表能量通量的影响(图 3.1)。结果表明:冬季喜马拉雅山中段大气边界层的发展受到大尺度西风风向风速变化的强烈影响;西风动量向下传输到山谷产生更大的感热通量,并形成一个异常的局地热力驱动风;大尺度西风通过其对大气稳定性的影响,在夜间形成一个深厚的残余层,并在下午促进极端深厚大气边界层的形成。该研究结果证明了高原山地地形与西风大尺度环流的相互作用对大气边界层的增长起着关键作用，解释了冬季喜马拉雅山中段大气边界层发展的驱动机制，为深入理解青藏高原地表、边界层大气、对流层大气和西风环流的物质和成分的相互交换过程提供了重要参考。

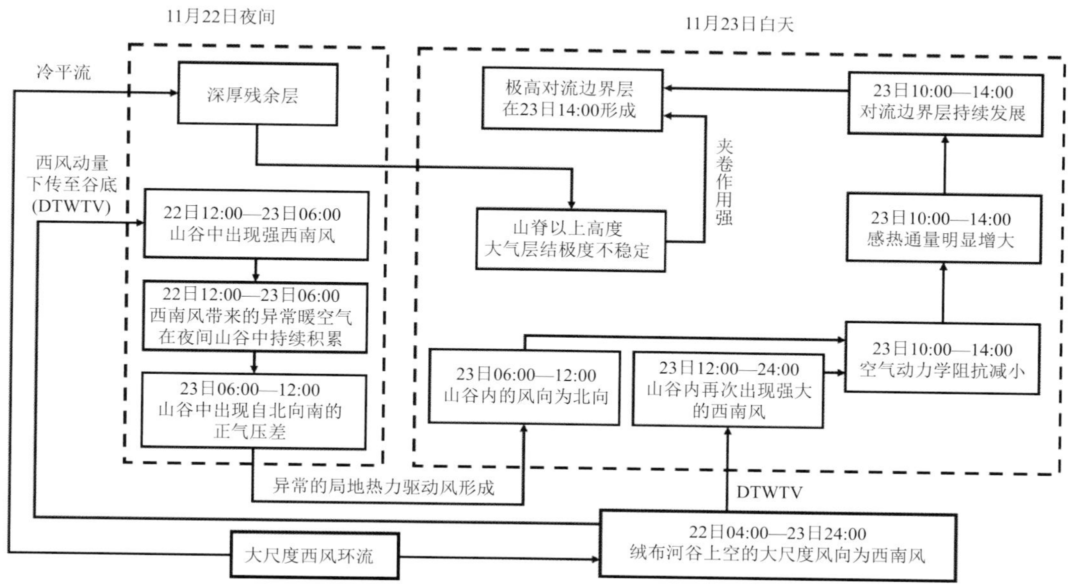

图 3.1　西风环流和山谷地形相互作用对地面风场、地表能量通量和大气边界层高度影响物理过程的构建(引自 Lai et al.，2021)

此外，也有学者使用风温廓线仪结合无线电探空，对边界层风场做了详细研究。孙方林等(2006)首次利用中国科学院珠穆朗玛峰大气与环境综合观测研究站(珠峰站)的 LAP-3000 维萨拉风温廓线仪观测资料，分析了珠峰地区 8 月 31 日—9 月 5 日大气边界层风廓线结构，结果表明，该地区 1500 m 以下大气边界层主要受山地地形及冰川环境的影响，冰川风可能是引起观测期间下午出现强南风天气的主要原因，而 1500 m 以上高空受西风气流的影响程度较大。这 6 d 的观测，为深入认识珠峰地区复杂高原山地上的边界层结构提供了宝贵经验。此后，Sun 等(2007)通过 LAP3000 的长期观测，对珠峰地区的大气风场结构进行了更为细致的研究，发现在季风前期，珠峰站上空有两个异常明显的风切变，一个风切变为冰川风，影响高度最高可达 700 m，另一个为冰川风上方方向相反的补偿气流，补偿气流的垂直高度可以达到 2000 m 左右。王树舟等(2008)同样在珠峰地区结合无线电探空和风温廓线仪，分析了夏季季风期的大气边界层风场结构，发现在北京时间下午 15 时以后，近地层的冰川风现象异常明显；而受大尺度大气环流的影响，下午高空 1800～2300 m 范围内的风速随高度先增大后减小，且多为偏西风和偏东风。可见，青藏高原地区风速、风向的分布特征与当地地形和大气环流有密切关系。针对珠峰地区风速风向随季节多变的特点，Sun 等(2017)利用自动气象站、风温廓线仪和无线电探空等观测数据，进一步分析了珠峰地区风速风向变化特征与当地地形和大气环流的关系，其研究结果表明，非季风期珠峰地区下午近地层出现的西南强风是因为高空西风急流向下的动量传输引起，而在季风期，由于大尺度西风环流北移，珠峰地区不再受到西风急流控制，局地地形和南亚季风的作用使得珠峰站在下午出现东南强风（图 3.2）。与此同时，WRF 数值模式的模拟结果也显示，在非季风期，珠峰站周围近地层出现的强烈西南风受到高空西风的影响，而季风期的东南风来自于珠峰东部穿越喜马拉雅山脉南北的河谷（Sun et al.，2017）。

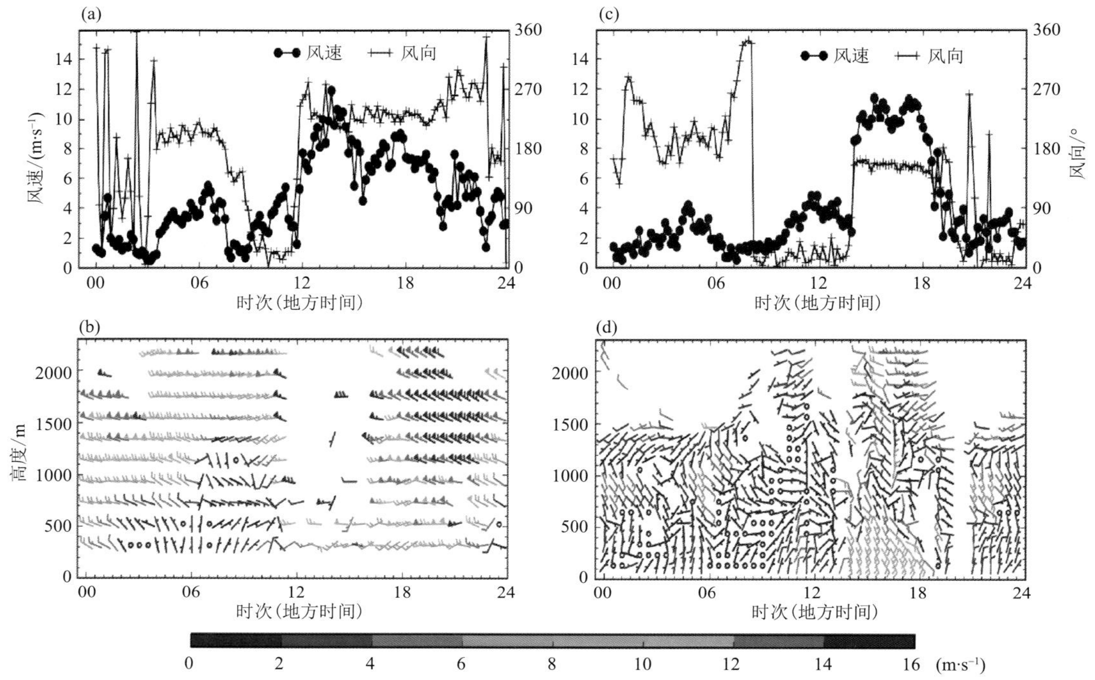

图 3.2　珠峰站非季风期（(a)、(b)）和季风期（(c)、(d)）大气边界层内平均风速风向的日变化（引自 Sun et al.，2017）

(a)2014 年 4 月 3 日近地层风；(b)2014 年 4 月 3 日风速；(c)与(a)一致，但为 2014 年 6 月 6 日；(d)与(b)一致，但为 2014 年 6 月 6 日

近年来青藏高原大气边界层观测研究主要在边界层高度、温湿度和风场结构特征等方面取得了进展，发现高原北部、中部和南部地区的边界层高度由于气候特征的不同，表现出不同的日变化和季节变化规律；此外，高原低层大气很容易形成逆湿现象，比湿随高度增加呈现减小趋势，并且该现象在干、湿季均会出现；青藏高原地形地貌多样，边界层风场分布特征与当地地形引起的局地环流，以及大尺度环流的影响有关。对于大气边界层增长研究，多数关注在高原中西部平坦下垫面，并且发现了深厚边界层的形成与中上层大气过程紧密相关。而山地大气边界层研究相比于平坦地区更为复杂，近年来随着高原山地边界层研究的逐渐深入开展，一些高原高大山地大气边界层的发展机理得到了揭示，但未来山地边界层更深层次的研究还需要获取更多的高时空分辨率数据来支撑。

3.3 青藏高原东西部边界层高度空间分布特征

3.3.1 大气边界层高度基本特征

大气边界层高度是刻画边界层特征的一个重要参数，其时空变化是非定常的，通常可以通过大气要素廓线观测数据(包括无线电探空、系留气球、边界层铁塔、飞机观测以及声雷达、激光雷达、多普勒天气雷达、边界层风廓线雷达、微波辐射计等)和参数化或模式计算得到(Seibert et al.，2000)。利用“第三次青藏高原大气科学试验”沿着30°N东—西向剖面的狮泉河、改则和申扎三站布设的秒级加密探空资料以及在青藏高原及其下游40°N以南地区的14:00 BJT(北京时)秒级加密探空观测，采用位温梯度方法计算每天三次边界层高度，即08:00、14:00、20:00 BJT(在高原中部90°E分别对应着06:00、12:00、18:00 LST(当地时间))。为了揭示青藏高原东—西部间大气边界层高度差异，将2013—2015年夏季青藏高原地区19个高空探测站以92.5°E为界分为高原西部(8个站，以下简称WTP)和高原东部(11个站，以下简称ETP)两组(图3.3)。

图3.4a—c分别显示08:00、14:00和20:00 BJT青藏高原地区平均边界层高度的空间分布。清晨08:00 BJT，高原大气边界层呈现夜间边界层特征，大气边界层高度较低(＜450 m)，空间分布相对均匀(图3.4a)。高原大气边界层高度表现为较窄的频率分布形态，频率峰值出现在300 m高度，发生频率达到35%(图3.4d)，低于500 m和1000 m的边界层高度出现频率分别为78.5%和99.6%(图3.4e)。图3.4f给出了青藏高原地区沿32°N纬度附近的大气边界层高度东—西向空间分布，可以看出，该纬线自西向东贯穿狮泉河(SQH)、改则(GZ)、申扎(SZ)、那曲(NQ)、昌都(CD)、甘孜(GanZ)和红原(HY)七个站，它们的大气边界层高度在433.9 m和218.4 m之间变化，东—西向分布相对均匀。

中午14:00 BJT，青藏高原大气边界层明显发展(图3.4b)，边界层高度整体较清晨显著增高，平均高度达到1887.7 m，并且呈现明显的东—西向差异。大气边界层高度呈现宽广的频率分布形态，高度分布在0～4000 m，900～2900 m区间是较平坦的峰值频率带，数值在4%左右(图3.4d)；低于1000 m和高于1900 m的大气边界层高度出现频率分别为17.8%和超过50%(图3.4e)。青藏高原西部和东部的区域平均边界层高度分别为2124.2 m和1693.5 m，区域平均差值为430.7 m。沿着高原32°N纬度附近，东—西向边界层高度差异显著增加，东部甘孜站为1379.4 m，西部狮泉河站则高达2504.2 m，两站边界层高度差异超过1200 m(图3.4f)。

傍晚20:00 BJT，高原大气边界层向夜间边界层过渡。在青藏高原东部，大气边界层高度开始降低，区域平均高度＜1000 m，而青藏高原西部大部分测站，边界层高度继续增加，区域

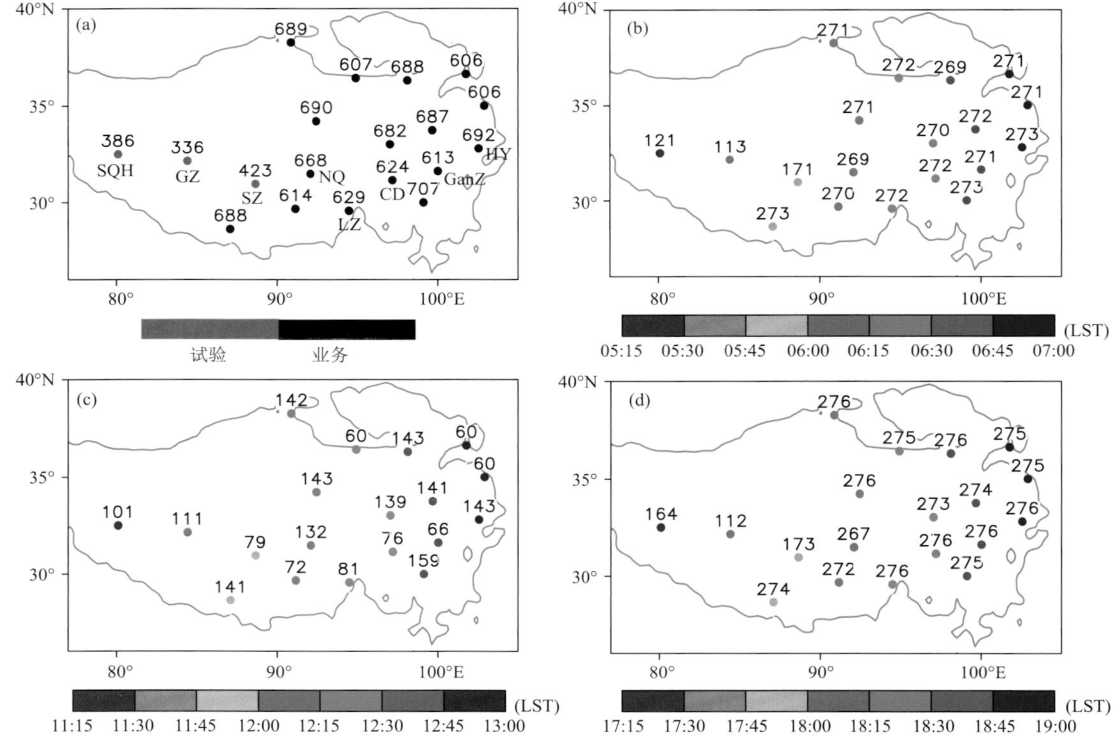

图 3.3 青藏高原观测时期内所有时次(a)、08:00(b)、14:00(c)和 20:00 BJT(d)探空样本数。图(a)中红(黑)色圆点代表试验(业务)站点,字母为文中出现测站的名称标识。图(b)、(c)和(d)中填色圆点表示测站观测时刻对应的地方时间。绿线代表 3 km 等高线,用于刻画青藏高原地区边界(引自 Che et al.,2021)

平均高度>2000 m(图 3.4c)。高原东—西部区域平均边界层高度差异进一步增大,达到 1054.2 m,尤其是沿 32°N 东—西方向,东部红原(HY)站大气边界层高度仅为 602 m,而西部狮泉河(SQH)站大气边界层高度达到 2920.6 m,两站之间的边界层高度差值超过 2000 m(图 3.4f)。此时,边界层高度峰值频率出现在 300 m,数值为 12.8%(图 3.4d),而 50%的大气边界层高度小于 1000 m,较高大气边界层高度发生频率降低(图 3.4e)。从中午到傍晚,青藏高原大气边界层高度的东—西差异明显增大。由于高原从西向东跨越了近 1.5 个时区,青藏高原西部(20:00 BJT 在最西端 SQH 站为 17:20 LST)地方时应早于青藏高原东部(20:00 BJT 在最东端 HY 站对应 18:50 LST),使得高原东部地区较高原西部更早进入昼夜边界层过渡阶段(Seidel et al.,2010,2012;Guo et al.,2016;Lee et al.,2017)。值得注意的是,与整个中国区域(Guo et al.,2016)和整个北美区域的时区跨度(Seidel et al.,2010,2012;Lee et al.,2017)相比,青藏高原区域的东—西向水平尺度内的时次差异较小。

图 3.5 给出了 08:00—14:00 和 14:00—20:00 BJT 两个时段内大气边界层高度的增长率。从图 3.5a 可以看出,自 08:00—14:00 BJT,青藏高原边界层高度大幅增加,平均增长率为 1500 m·(6 h)$^{-1}$。在此期间,边界层高度增长率的东—西向差异也明显,高原西部和东部的区域平均值分别为 1800 m·(6 h)$^{-1}$ 和 1300 m·(6 h)$^{-1}$。自 14:00—20:00 BJT(图

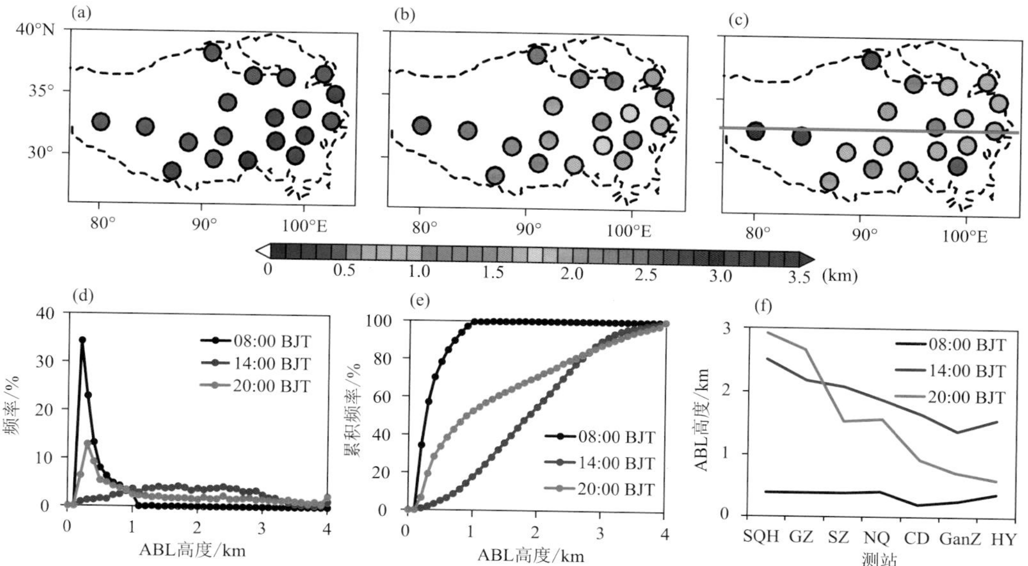

图 3.4　青藏高原 08:00(a)、14:00(b)和 20:00 BJT(c)平均大气边界层高度的空间分布;高原地区不同时刻大气边界层高度的频率分布(d)和累积频率分布(e);高原地区 32°N(见(c)中红线)附近相关测站不同时刻平均边界层高度的分布(f)(引自 Che et al.,2021)

3.5b),高原东部大气边界层高度增长率变为负值,与 08:00—14:00 BJT 时段的变化趋势相反,中午后该地区大气边界层高度显著下降(约−600 m·(6 h)$^{-1}$)。而在高原西部,大气边界层高度增长率则呈现出较弱的增长(约 400 m·(6 h)$^{-1}$)或微弱下降(约−140 m·(6 h)$^{-1}$)。很显然,与高原东部相比,高原西部边界层具有较大的日变化幅度和较长的发展时间。

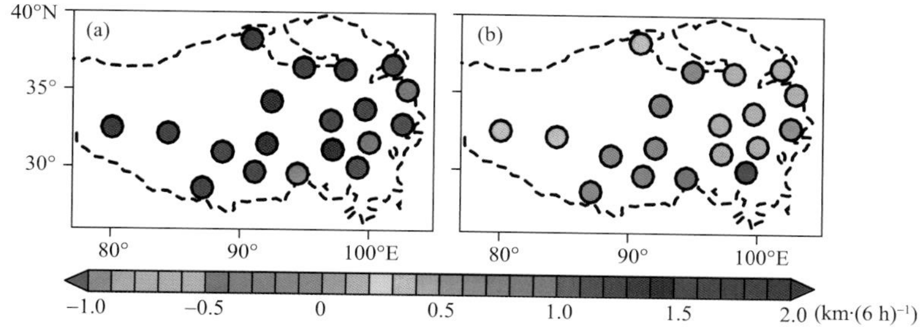

图 3.5　高原地区 08:00—14:00(a)和 14:00—20:00 BJT(b)时段内大气边界层高度增长率的空间分布(引自 Che et al.,2021)

3.3.2　对流边界层、稳定边界层和中性边界层高度水平分布特征

大气边界层按照稳定度类型分为稳定边界层(stable boundary layer,SBL)、中性边界层(neutral boundary layer,NBL)和对流边界层(convective boundary layer,CBL),它们的物理

性质有着十分明显的差异(Stull,1988)。白天,当充足的太阳辐射到达陆地表面时,CBL 通常在陆上占主导地位(Chen et al.,1997),其整体为不稳定层结,湍流运动旺盛;夜间地面辐射逐渐冷却,SBL 则占据对流层底部(Zhang Y et al.,2011;Miao et al.,2015),整体为逆温层结,湍流运动很弱;NBL 主要出现在有浓厚云层的大风天气及清晨和黄昏时的大气条件转换期,整体呈中性层结,各个方向湍流强度几乎相同(Blay-Carreras et al.,2014)。

图 3.6 给出了 08:00、14:00 和 20:00 BJT 稳定、中性和对流边界层发生频率的空间分布。从该图可以看到青藏高原地区不同类型大气边界层高度呈现明显的时空差异。在 08:00 BJT,SBL 和 CBL 的发生频率分别偏大和偏小(图 3.6a 和图 3.6g),它们的平均值分别为 84.9%和 8.5%;到 14:00 BJT,SBL 和 CBL 发生率则分别显著降低和升高,分别达到 3.1%和 76.9%(图 3.6b 和图 3.6h);在 20:00 BJT,SBL 和 CBL 分别主要出现在高原东部和西部(图 3.6c 和图 3.6i),它们的区域平均发生频率分别为 35.0%和 65.0%。NBL 发生频率的时次变化较小(图 3.6d—f),08:00、14:00 和 20:00 BJT 的平均发生频率分别为 6.4%、20.0%和 25.5%。上述结果与大气边界层结构的日变化一致,具体表现为清晨 SBL、中午 CBL 和傍晚不同类型 ABL 共存。另外,青藏高原地区存在较低频率的白天 SBL 和夜间 CBL 现象。

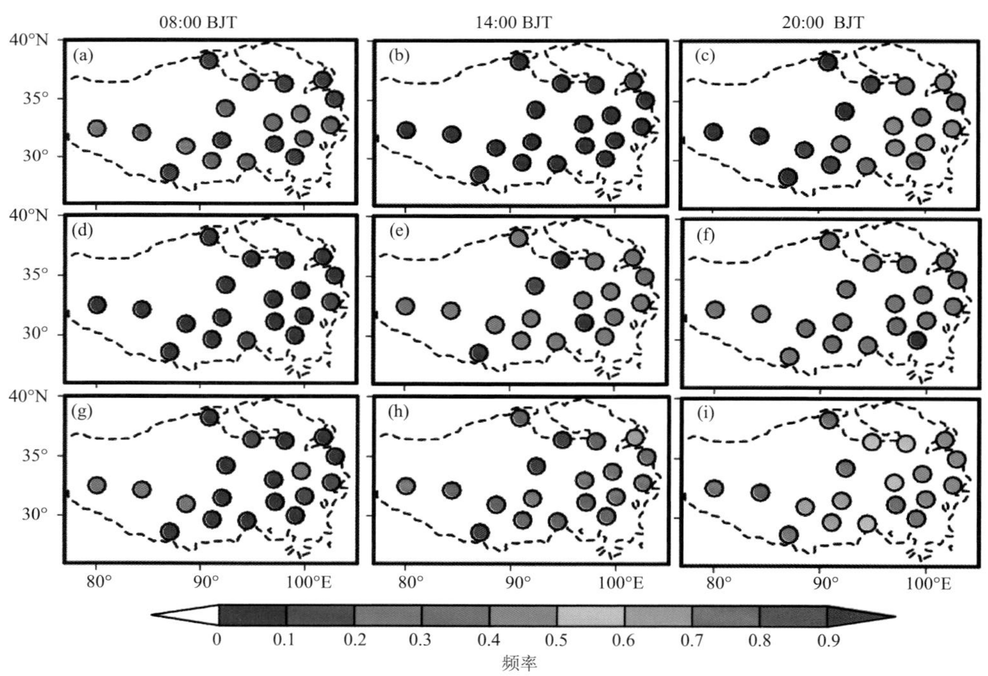

图 3.6 青藏高原地区不同时刻稳定边界层((a)—(c))、中性边界层((d)—(f))和对流边界层((g)—(i))出现频率的空间分布(引自 Che et al.,2021)

图 3.7a—f 给出了青藏高原地区 08:00、14:00 和 20:00 BJT 三个时刻 SBL、NBL 和 CBL 边界层高度频率分布图。对于 SBL,三个时刻边界层高度的频率分布基本相似(图 3.7a—c),均表现为较窄的单峰模式,在 08:00、14:00 和 20:00 BJT,边界层高度的频率峰值分别为

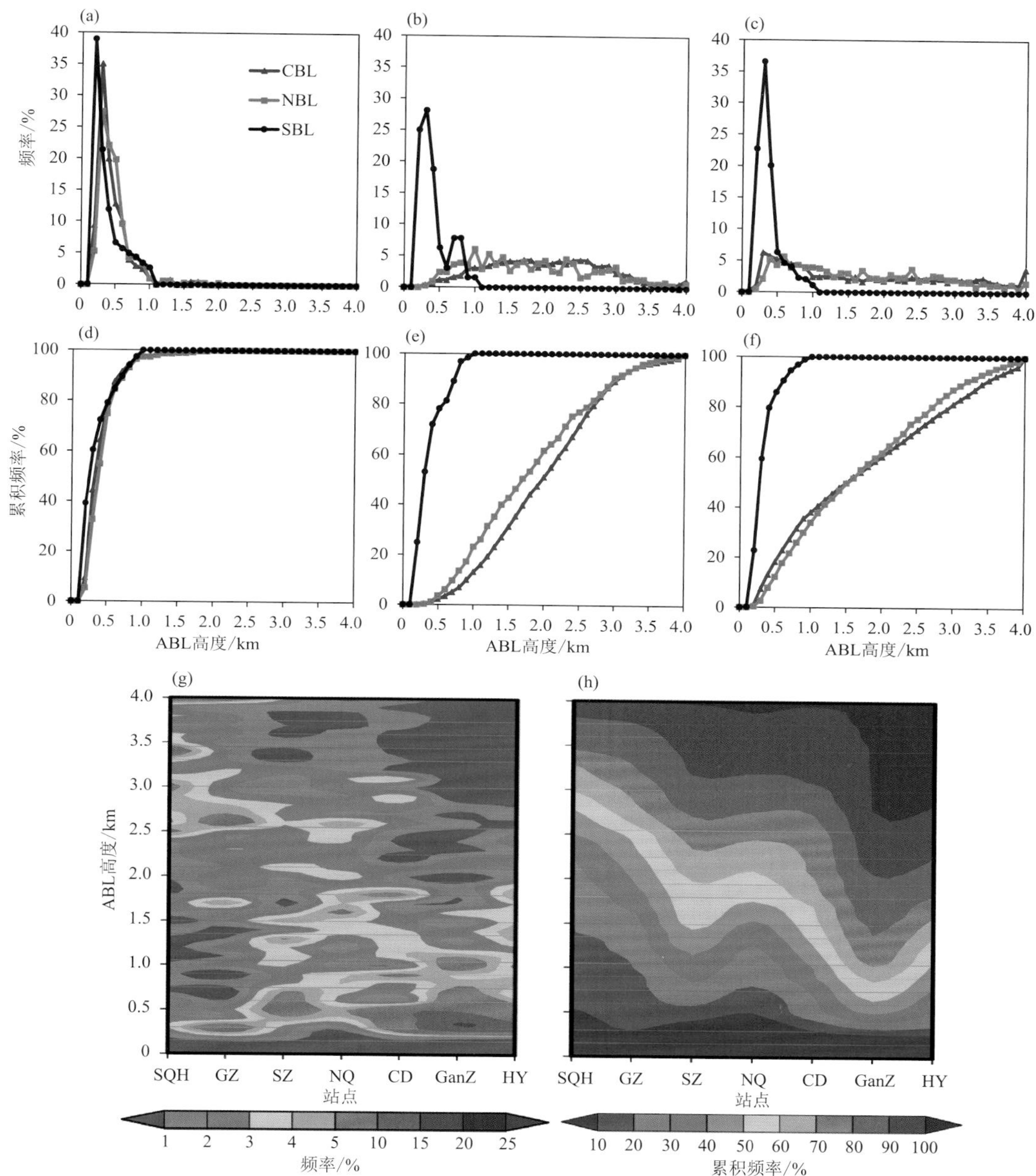

图 3.7 高原地区 08:00(a)、14:00(b)和 20:00 BJT(c)对流边界层(蓝色)、中性边界层(红色)和稳定边界层(黑色)高度的频率分布;(d)—(f)与(a)—(c)相同,但为累积频率分布;沿 32°N 附近 7 个站点对流边界层高度出现频率(g)和累积频率(h)分布合成图(引自 Che et al., 2021)

39.0%、28.1%和 36.6%,对应的高度分别为 200 m、300 m 和 300 m。由于湍流受到抑制,青藏高原 SBL 高度的时间变化较小。三个时刻 80%以上的 SBL 高度<600 m,超过 1000 m 的 SBL 发生频率均接近于零(图 3.7d—f)。然而,在白天地面加热驱动下,NBL 和 CBL 的高度随时间变化增大,具体表现为:在 08:00 BJT(图 3.7a),NBL 和 CBL 处于初始发展阶段,边界

层高度分布较窄，峰值频率分别为 27.5%和 35.1%，与 SBL 的分布形态基本相似；在 14:00 BJT，CBL 和 NBL 充分发展，边界层高度分布范围宽广，覆盖 0～4000 m 区间，在 1000 m 和 3000 m 之间有一个相对平坦的峰值带，这与 SBL 窄的单峰分布形态明显不同。NBL 在 500～3000 m 高度区间出现的频率总体上小于 5%(图 3.7b)，峰值频率在 1000 m 高度处，数值为 6.1%，超过 50%的 NBL 高度超过 1700 m(图 3.7e)；CBL 高度更高，峰值频率在 1500～2500 m 高度区间之间，数值接近 4.5%(图 3.7b)，超过 50%的 CBL 高度在 2000 m 以上(图 3.7e)。在 20:00 BJT，边界层进入昼夜过渡阶段(图 3.7c 和图 3.7f)，CBL 和 NBL 的高度分布仍然宽广，但是高边界层的发生频率明显降低，峰值频率对应的高度降至 500 m 以上。综上可见，CBL 和 NBL 呈现出基本相似的高度频率分布形态，这与 Zhang 等(2018)研究结果是一致的。Stull (1988)和 Blay-Carreras 等(2014)研究指出，NBL 经常出现在 CBL 和 SBL 之间的转换时期。由于转换在极短时间内完成，NBL 往往保持了与转换前 CBL 相同的状态特征。

图 3.8 给出了 08:00、14:00 和 20:00 BJT 三个时次青藏高原 SBL、NBL 和 CBL 平均高度的空间分布。从图中看到，高原地区 SBL 整体较低，边界层高度通常在 200 ～730 m 之间变化，08:00 BJT 平均高度为 336.0 m，14:00 BJT 平均高度为 356.0 m，20:00 BJT 平均高度为 321.9 m(图 3.8a—c)，并且在这三个时次高原 SBL 的边界层高度空间差异较小。对于 NBL 和 CBL，边界层高度在清晨时刻依然整体偏低(图 3.8d 和图 3.8g)，边界层高度小于450 m，并且空间差异也较小。但是到中午(图 3.8e 和图 3.8h)，NBL 和 CBL 高度迅速增加，尤其是高原西部增高最为明显，从而导致高原边界层高度出现显著的东—西向梯度，该时刻高原西部和东部区域

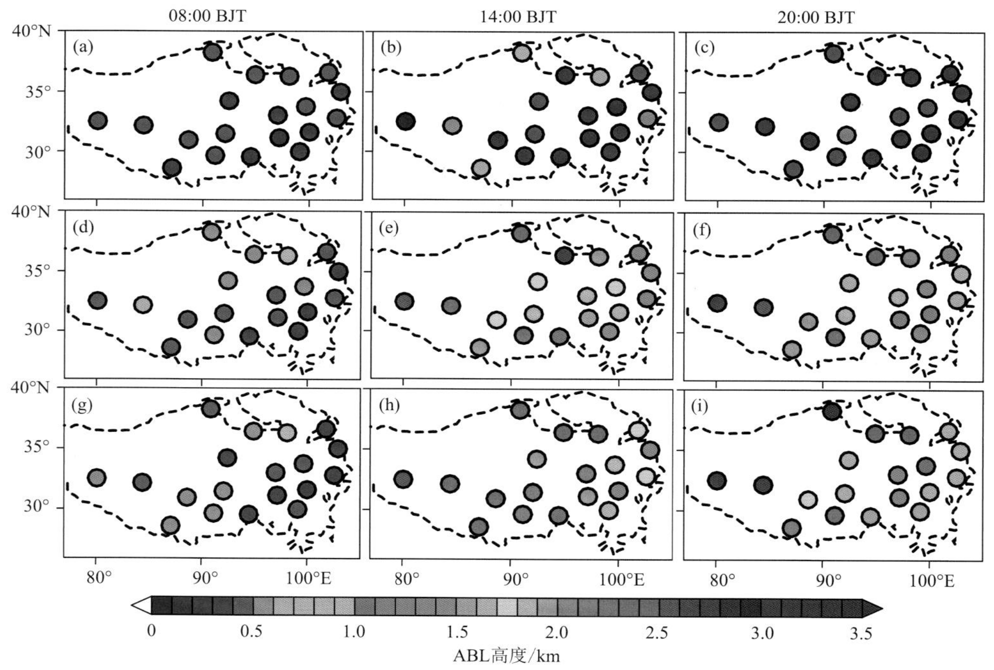

图 3.8 青藏高原地区不同时刻的稳定边界层((a)—(c))、中性边界层((d)—(f))和对流边界层((g)—(i))平均高度的空间分布(引自 Che et al.，2021)

平均的 NBL 高度分别为 2074.6 m 和 2191.4 m,CBL 高度分别为 1594.8 m 和 1788.0 m,NBL 和 CBL 的西部和东部之间的差值分别为 479.8 m 和 403.4 m。到傍晚时刻(图 3.8f 和图 3.8i),高原西部 NBL 和 CBL 高度继续增加,区域平均值分别为 2092.0 m 和 2192.2 m,而高原东部 NBL 和 CBL 高度开始下降,区域平均值分别为 1423.1 m 和 1237.2 m。高原西部和东部这种反向的变化特征造成两地 NBL 和 CBL 高度差异增大,分别达到 668.9 m 和 955.0 m。

白天高原东部和西部边界层高度的频率分布也存在显著差异(图 3.7g)。累积频率等值线对应的边界层高度从东向西逐渐增高(图 3.7h)。高原东部以低高度 CBL 为主,峰值频率为 14.4%,出现在 350 m 高度(图 3.7g),50%的 CBL 高度低于 1000 m,只有 5%的 CBL 高度高于 2500 m(图 3.7h)。而在高原西部,4%～10%的较高发生频率对应于 2500～3500 m 之间的高 CBL(图 3.7g),尤其在狮泉河站,近乎 50%的 CBL 高于 2500 m,近 10%的 CBL 达到 4000 m 或更高,仅有 15%的 CBL 低于 1000 m(图 3.7h)。

从图 3.3 中还可见,08:00 和 20:00 BJT 西部加密试验站观测的样本数明显小于业务站点。为了检验两类测站观测样本数差异对统计结果可能产生的影响,按西部加密试验站观测日期选取业务测站的观测样本,重复上述分析。为了方便,把这种数据集称为测试数据集。图 3.9a 和图 3.9b 分别给出了 08:00 和 20:00 BJT 基于原始数据集和测试数据集计算的 SBL、NBL 和 CBL 出现频率的散点图。两类数据集所计算的不同类型边界层发生频率的相关系数

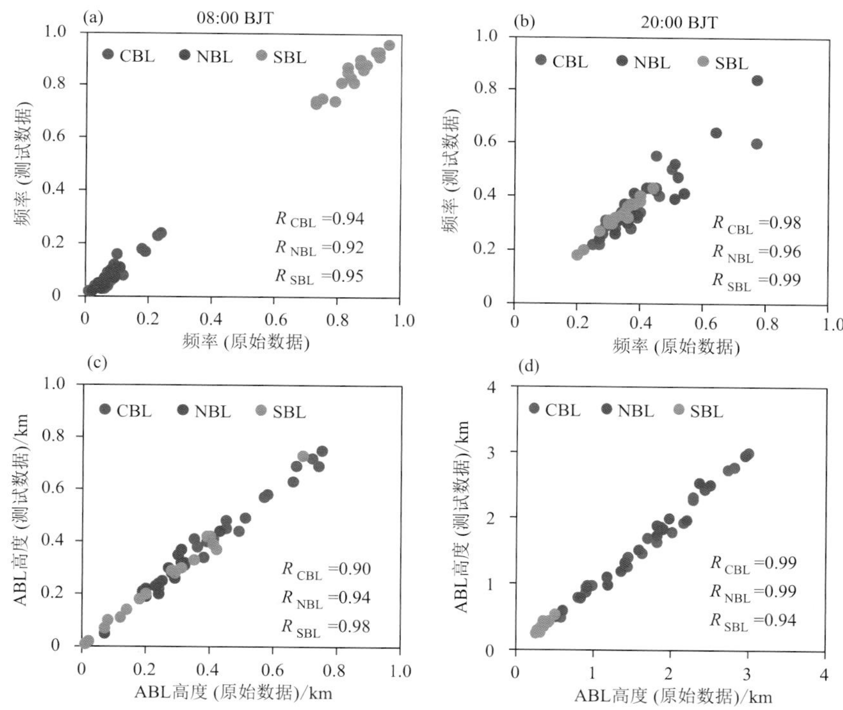

图 3.9 基于青藏高原地区 19 个测站的原始数据集和测试数据集计算的 08:00(a)和 20:00 BJT(b)不同类型边界层发生频率关系散点图(图中 R 是相关系数);(c)、(d)与(a)、(b)相同,但为不同类型大气边界层高度均值(引自 Che et al., 2021)

高达0.92～0.99,发生频率的均方根误差(RMSE)仅在1.1%～2.7%之间。同时,在08:00(图3.9c)和20:00 BJT(图3.9d),基于两类数据集所计算的不同类型边界层平均高度也表现出类似的结果,各类边界层高度的相关系数高达0.90～0.99,08:00和20:00 BJT稳定边界层高度的均方根误差分别为14 m和25 m,08:00 BJT对流边界层和中性边界层为54～59 m,20:00 BJT则为99～107 m。上述两类数据集计算结果间所呈现的高相关和低误差特征表明,各站参与统计的样本数目差异并没有明显影响。

3.3.3 超高对流边界层的结构特征

CBL高度通常低于3000 m(Garratt,1992)。然而,在一些极端气候和环境区域,CBL可以发展到4000 m以上的高度,通常称为超高对流边界层(SCBL)(Raman et al.,1990;张强等,2004;Cuesta et al.,2008;Chen et al.,2013;杨洋 等,2016)。这类边界层具有强的陆面至大气间动量、热量和物质交换,对干旱荒漠区诸如沙尘暴、干旱、空气污染和荒漠退化等气象环境灾害性过程有重要影响。青藏高原地区大气边界层高度可以达到2000～3000 m,高于东亚同纬度平原地区的大气边界层高度(1000～1500 m)(叶笃正 等,1979;赵鸣 等,1992;Zhang et al.,2003)。特别是在冬季,高原西部改则站的超高对流大气边界层高度可以超过5000 m(Chen et al.,2013,2016)。

图3.10显示了43 d观测试验期间(2014年7月20日—8月31日)狮泉河站08:00、14:00和20:00 BJT大气边界层高度的时间变化曲线。在此期间,清晨时刻(08:00 BJT)大气边界层高度一般低于500 m;中午时刻(14:00 BJT)大气边界层快速增长,平均高度达到2545 m;傍晚时刻(20:00 BJT),大气边界层高度发展至日最大值,平均高度为3073 m,这表明狮泉河地区大气边界层高度可以持续增长至20:00 BJT以后。在20:00 BJT,狮泉河地区大气边界层高度高于3000 m的日数为30 d,高于3500 m的日数为17 d,高于4000 m的日数为8 d(即SCBL),其中最大边界层高度达到4688 m,出现在8月26日,最低边界层高度为452 m,发生在7月30日。观测试验期间,狮泉河站3000 m和4000 m以上的大气边界层高度出现频率分

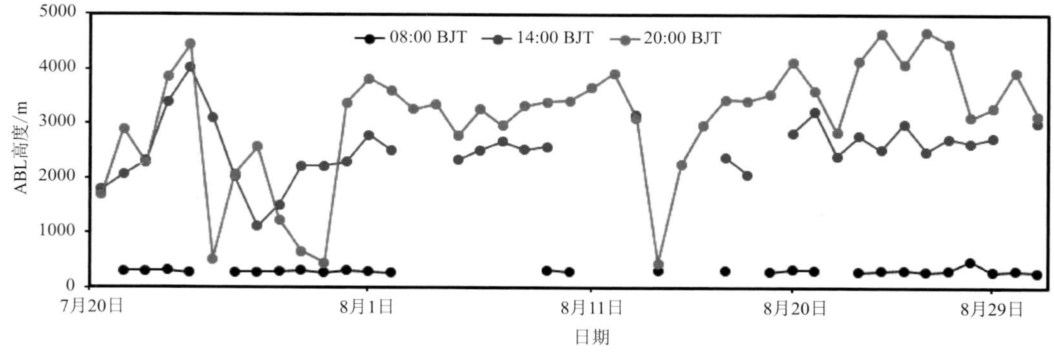

图3.10 2014年7月20日—8月31日青藏高原西部狮泉河站不同时刻大气边界层高度逐日变化曲线

别为 69.8%和 18.6%，明显高于中国西北平原干旱沙漠区的情况，后者也是超高大气边界层高度频繁发生的区域。例如，在中国西北的博斯腾湖盆地平原沙漠地区，2013 年 7 月和 8 月期间 3000 m 和 4000 m 以上的大气边界层高度出现频率分别为 49.1%和 1.8%（杨洋 等，2016）；在敦煌平原沙漠地区，2006 年 7 月期间 3000 m 和 4000 m 以上的大气边界层高度的发生频率分别为 47.4%和 10.5%（Zhang et al.，2019）。很明显，青藏高原西部地区超高大气边界层的发生频率明显高于西北平原干旱沙漠区。

从图 3.10 进一步看到，20:00 BJT 3000 m 以上的较高大气边界层主要出现在 7 月 21—24 日、7 月 31 日—8 月 13 日和 8 月 17—31 日三个持续发展时段，而 2500 m 以下的低高度大气边界层则出现在 7 月 20 日、7 月 25—30 日和 8 月 14—15 日三个时段。8 个超高对流边界层个例均发生在较高大气边界层持续发展时期内。例如，7 月 21 日超高对流边界层起始于 7 月 17 日一个较低大气边界层（1686 m），在 5 d 内持续增长发展所致。其他 7 个超高大气边界层均发生在 8 月 17—31 日这一较高大气边界层发展时段。自 8 月 15 日开始，一个 2258 m 的较低大气边界层在 5 d 内持续增长至 8 月 20 日，达到超高大气边界层高度。同时，狮泉河站超高对流边界层的出现往往与 20:00 BJT 大气边界层高度的持续增长有关。一些研究表明，超高对流大气边界层的发生与相关大气能量的持续积累有关，白天大气边界层高度通过吸收地表热量而增加，至夜间，虽然大气边界层高度降低，但其相当一部分白天所吸收的大气能量储存在其残余层内，至次日释放支撑大气边界层持续增长（Zhang et al.，2019）。

青藏高原西部超高对流边界层表现出典型的日变化特征。为了分析青藏高原西部狮泉河站的超高对流边界层垂直结构，分别选取 8 月 26 日最高超高对流边界层过程（最高 SCBL 过程）、8 月 23—27 日的 5 d 连续超高对流边界层过程（连续 SCBL 过程）和 7 月 26—30 日 5 d 持续低高度大气边界层过程（低高度 ABL 过程）。结果表明，对最高 SCBL 过程，08:00 BJT 地表大气温度较低（4.3 ℃）（图 3.11a），地表以上 275 m 存在逆温层，该层是偏冷的稳定边界层（SBL）（图 3.11b），在稳定边界层内，大气湿度自地表（3.1 $g \cdot kg^{-1}$）向上随高度增加至稳定边界层顶部（4.5 $g \cdot kg^{-1}$）（图 3.11c），风速及其高度差异均较小（图 3.11d）。从稳定边界层顶部到 2921 m 的高度之间（气层厚度为 2646 m），位温廓线呈现近中性层结（图 3.11b），比湿和风速也随高度分别表现出缓慢下降和缓慢上升的趋势，这种垂直结构呈现出残余层（RL）特征。该 RL 通常是白天混合层在夜间的残余部分（Stull，1988）。在日出后，狮泉河站的地面温度随太阳加热而升高，并驱动大气边界层高度增长，至 14:00 BJT 地表温度升到 15.2 ℃（图 3.11a），大气边界层高度发展至 2493 m（图 3.9b）。此时大气边界层在地表附近有一浅薄的不稳定层，其温度呈超绝热层结；在不稳定层之上是混合层（ML），并延伸至 1945 m，在整个 ML 内位温呈相对均匀的层结状态（一般在 56 ℃左右）；在 ML 之上位温随高度的增加而明显增大（即盖顶逆温层），呈现出稳定层结特征，并可以作为上升热泡的顶盖限制湍流的发展（Stull，1988）。ML 层也是边界层夹卷过程的发生区域，因此，也被称为夹卷层（EZ）。边界层内下层的水汽通过湍流向上输送，被夹卷的上层干燥空气向下输送，从而使得边界层内湿度充分混合，垂直分布均匀，约为 2.0 $g \cdot kg^{-1}$（图 3.11c），呈现典型的对流边界层垂直结构特征。至

20:00 BJT，地表温度继续上升到 19.6 ℃（图 3.11a），促使对流边界层持续发展。此时，对流边界层达到 4688 m 高度（图 3.9b），ML 达到 4050 m 高度，该层内位温和湿度充分混合（图 3.11b 和图 3.11c）。

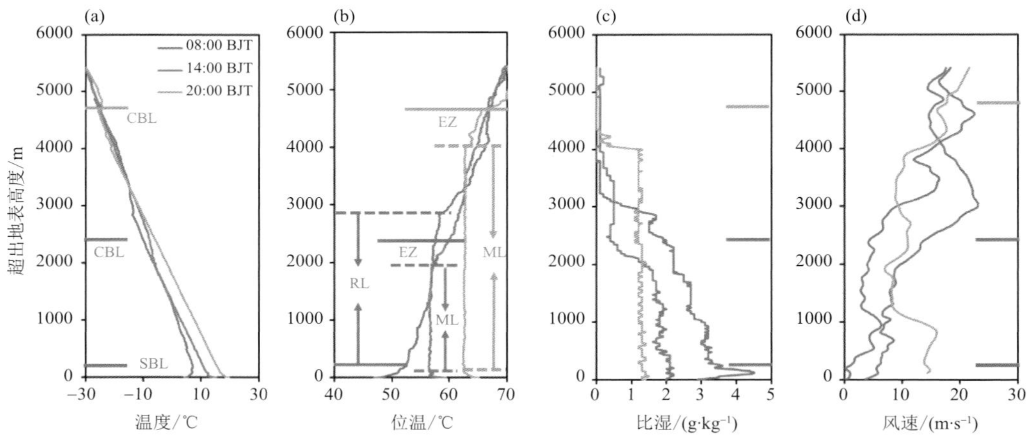

图 3.11 8 月 26 日青藏高原西部狮泉河站最高超高对流边界层（SCBL）过程不同时刻的温度（a）、位温（b）、比湿（c）和风速（d）廓线。水平粗实线表示大气边界层顶，ML 为混合层，RL 为残余层，CBL 为对流边界层，SBL 为稳定边界层，EZ 为夹卷层

为了验证 8 月 26 日最高 SCBL 过程的代表性，进一步分析了持续 SCBL 过程（8 月 23—27 日）和低高度 ABL 过程（7 月 26—30 日）的结构特征。在持续 SCBL 过程中的 5 个 SCBL 个例具有基本相似的位温廓线特征。基于这 5 个 SCBL 个例的平均廓线所计算的边界层日峰值高度为 4170 m，与 5 个 SCBL 的平均日峰值高度 4327 m 非常接近，说明 5 个 SCBL 的位温垂直廓线基本一致。在 08:00 BJT（图 3.12a），位温廓线显示了 SBL 的结构特征，在近地层有一个浅薄的 SBL（厚度约 200 m），其上是深厚的 RL（厚度为 2730 m）结构；在 14:00 BJT（图 3.12b），对流边界层已经充分发展，其混合层已经达到 1838 m 高度；到 20:00 BJT（图 3.12c），对流边界层持续发展达到 4170 m，而 ML 向上延伸至 3860 m。这些特征与最高 SCBL 个例的特征一致。与之对比，在低高度 ABL 个例中，08:00 BJT 位温廓线没有 RL 存在，从地面到 5000 m 高度为稳定层结，对流边界层在 14:00 和 20:00 BJT 发展高度较低（图 3.12e、f）。由此可见，狮泉河站的超高对流边界层是以深厚 RL 和深厚 ML 为典型特征。

3.4 青藏高原边界层高度东—西向差异的成因分析

大气边界层高度常常与地表感热通量（SHF）、地表向下太阳辐照度（DSR）、土壤体积含水量（VWC）以及云覆盖等因素密切相关。为了探讨青藏高原东、西部之间大气边界层高度空间

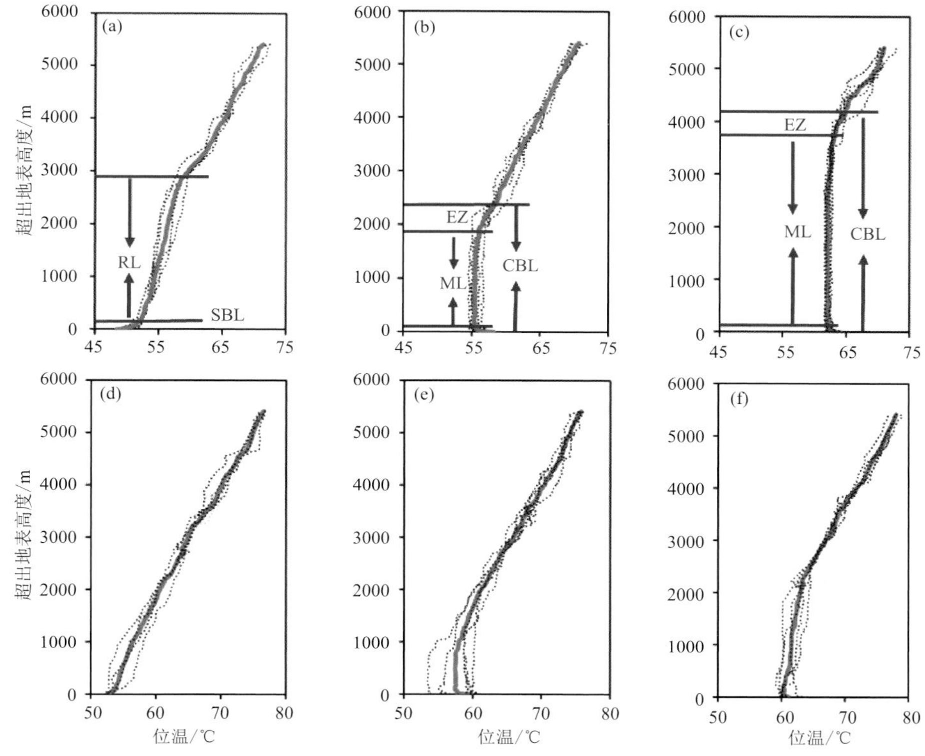

图 3.12 青藏高原西部狮泉河站持续 SCBL 过程(8 月 23—27 日)08:00(a)、14:00(b)和 20:00 BJT(c)位温(黑点线)及其均值(红实线)廓线;(d)—(f)与(a)—(c)相同,但为低高度 ABL 过程(7 月 25—30 日)

差异的可能原因,选取在 TIPEX-Ⅲ观测试验期间狮泉河、那曲和林芝三站观测的地表感热通量、地表向下太阳辐照度和土壤体积含水量资料以及同期地面气象站的总云量(CLD)业务观测资料,分析上述参量与大气边界层高度之间的联系。

大气边界层中湍流的驱动力来源于因地表和空气之间的温、湿度差异以及平均表层风所引起的地表浮力通量,并且地表感热通量和水汽通量是造成地表浮力通量的两个直接因子。由于水汽通量数值通常很小,因此,与地表感热通量有关的部分则成为地表浮力通量的主要部分。根据 Brooks 等(2000)的方法,计算了狮泉河、那曲和林芝三个站的地表水汽通量和地表感热通量,结果表明,这三个站的水汽通量对于当地地表浮力通量的贡献率均小于 18%。由于大气边界层高度主要受累积地表感热通量的影响(Zhang et al.,2019),因此,不考虑地表潜热的影响,而重点分析地表感热通量对高原大气边界层高度的影响。图 3.13a—c 给出了狮泉河、那曲和林芝站大气边界层高度与过去 6 h 平均地表感热通量的关系散点图,可以看到,这三个站的大气边界层高度与过去 6 h 平均地表感热通量的相关系数分别高达 0.80、0.81 和 0.71(通过置信度为 99%的显著性检验),反映了三个站大气边界层高度与过去 6 h 平均地表感热通量存在紧密联系。当地表感热通量愈强时,湍流运动愈强,大气边界层高度发展愈高。

研究表明，中国西北干旱地区大气边界层厚度与累积地表感热通量之间的相关系数为0.78（Zhang Q et al.，2011）。图3.14a和图3.14b分别给出了狮泉河、那曲和林芝站大气边界层高度和地表感热通量的空间分布特征，它们的地表感热通量平均值分别为85 W·m^{-2}、42 W·m^{-2}和33 W·m^{-2}，西部狮泉河站较东部那曲站偏大52 W·m^{-2}。显然，高原地区地表感热通量总体上呈现自西向东减小的趋势，这与大气边界层高度自西部狮泉河经那曲到东部林芝站逐步下降的趋势一致。此外，图3.15进一步给出了狮泉河、那曲和林芝三个站的地表感热通量和大气边界层高度的日变化特征，从图中可见，这三个站一日内正地表感热通量持续时间分别为14 h、12 h和11 h，其中西部狮泉河站较东部甘孜站偏长3 h左右，呈自西向东递减的趋势。在一个日变化周期中，狮泉河站的最大边界层高度出现在20:00 BJT（约17:20 LST），该时刻虽然滞后地表感热通量日正值峰值出现时间，但依然对应一个强的地表感热通量。然而，林芝站在20:00 BJT（18:20 LST）地表感热通量已变为负值，大气边界层高度已经历日极值时刻进入减弱时刻。过去的研究表明，ABL高度的发展通常滞后于地表感热通量的加强，甚至在地表感热通量达到最大值之后，ABL仍能继续增长并持续到傍晚才转换（Chen et al.，2016；Zhang et al.，2019）。由此可见，高原西部与高原东部之间ABL高度的差异与驱动高原大气边界层发展的直接热力因素地表感热通量的西—东差异密切相关。

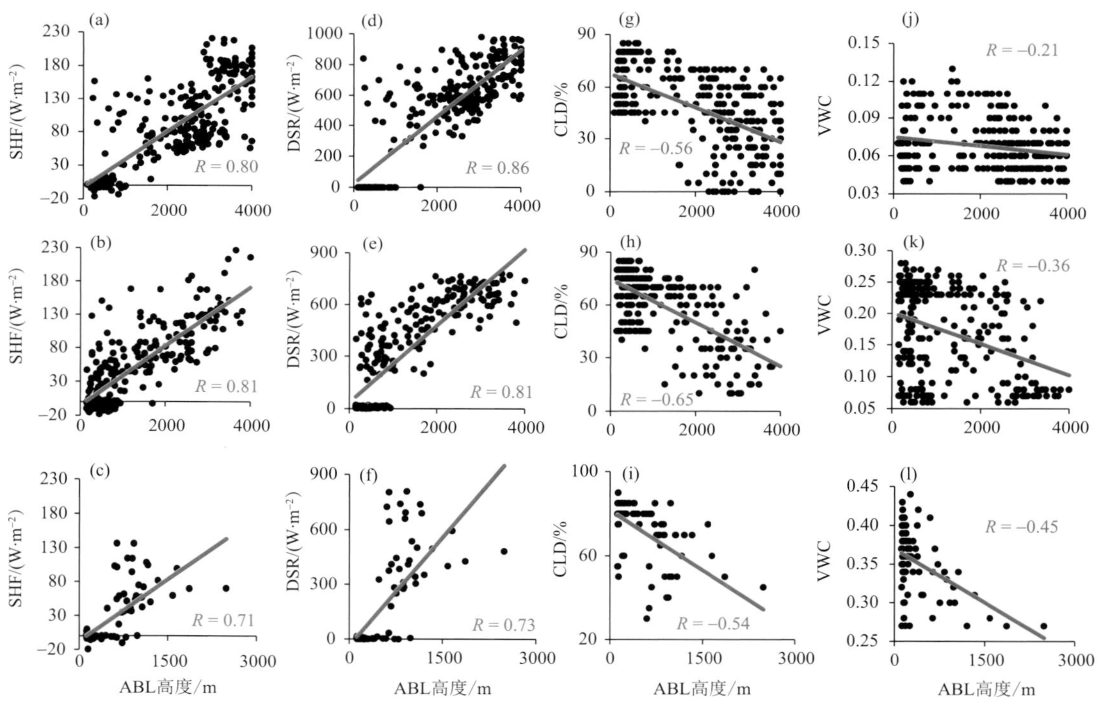

图3.13　青藏高原狮泉河站（顶部）、那曲站（中部）和林芝站（底部）大气边界层高度分别与6 h平均地表感热通量（SHF）（(a)—(c)）、地表向下太阳辐照度（DSR）（(d)—(f)）、总云量（CLD）（(g)—(i)）和地表土壤体积含水量（VWC）（(j)—(l)）的关系散点图，图中数值为它们的相关系数（R），红线为线性拟合曲线（引自Che et al.，2021）

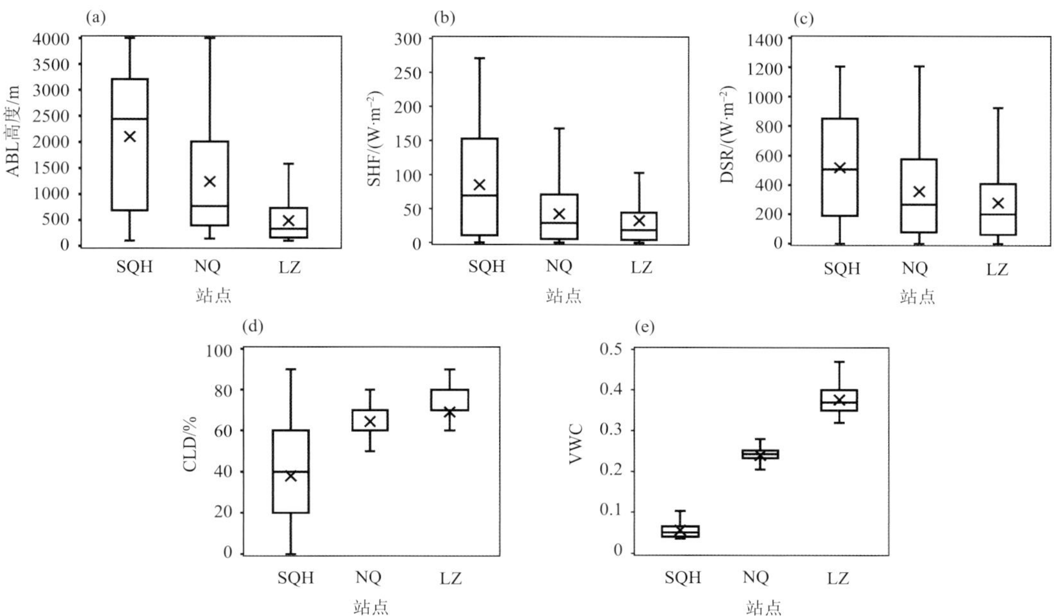

图 3.14　箱体图给出狮泉河(SQH)、那曲(NQ)和林芝(LZ)三站大气边界层高度(a)、地表感热通量(b)、地表向下太阳辐照度(c)、总云量(d)和地表土壤体积含水量(e)的分布情况,图中水平横线显示第 5、25、50、75 和 95 百分位值,×表示均值(引自 Che et al.,2021)

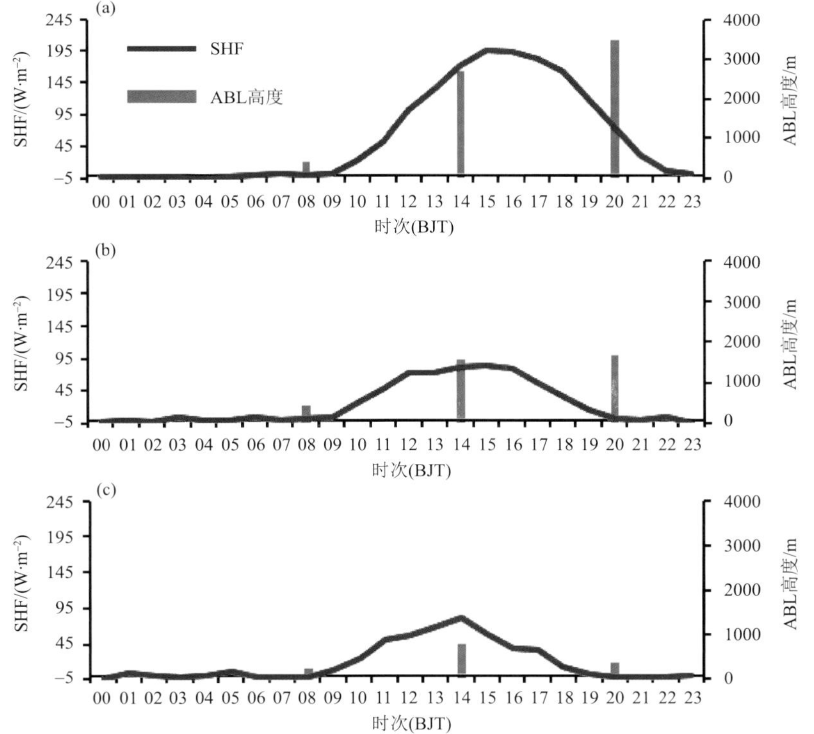

图 3.15　2014 年 7 月 21 日—8 月 31 日狮泉河站(SQH)(a)、那曲站(NQ)(b)和林芝站(LZ)(c)地表感热通量(蓝色)和大气边界层高度(红色)的平均日变化(引自 Che et al.,2021)

地表入射太阳辐射是地表能量收支的原始能量来源，对地表温度和地表感热通量强度有重要影响。图 3.13d—f 给出了狮泉河、那曲和林芝三站大气边界层高度与 6 h 平均地表向下太阳辐照度(DSR)的关系，从图中可以看出，三个站的大气边界层高度与 6 h 平均 DSR 高度相关，相关系数分别为 0.86、081 和 0.73，与地表感热通量基本相当。平均 DSR 自高原西部狮泉河站的 510 W·m^{-2}降低至高原东部林芝站的 200 W·m^{-2}，也表现出自西向东下降的空间分布特征。云可以改变到达地面的太阳辐射，进而改变地表热力效应并影响大气边界层的发展。由于地表入射太阳辐通量与局地云量呈负相关(Guo et al.,2016;Zhang et al.,2018)，因此，云量也成为调节大气边界层发展的重要因素。在图 3.13g—i 中，狮泉河、那曲和林芝三个站的大气边界层高度与 6 h 平均 CLD 呈现显著负相关性，相关系数分别为−0.56、−0.65 和−0.54。从空间分布状态看，自高原西部狮泉河站到高原东部林芝站平均边界层高度减小(图 3.14a)，对应着云量增加(图 3.14d)和 DSR 的降低(图 3.14c)。当云量在 0～20%时，在高原东部和西部的 NBL 和 CBL 平均高度分别为地面以上 2019 m 和 2732 m；当云量>80%时，它们的大气边界层高度分别降至地面以上 741 m 和 1626 m(图 3.16)。由此可见，云量的增加会抑制 NBL 和 CBL 的发展，高原西部和东部云量的差异能够引起 DSR 和 SHF 的东—西向差异，从而造成大气边界层高度发展的空间不一致。由于高原东部云量的增加，局地大气边界层与大气湿度过程的关系更加密切。

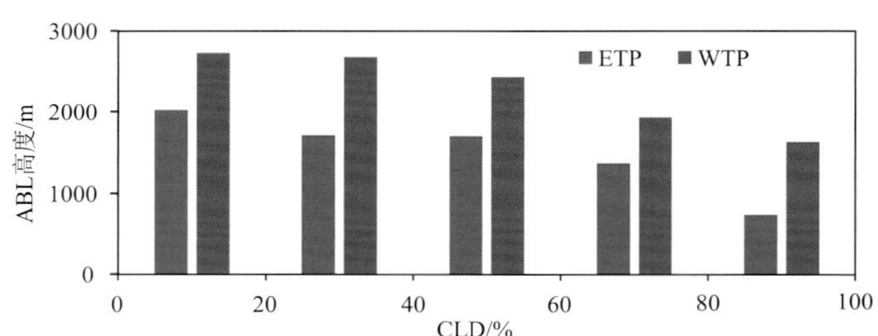

图 3.16　TIPEX-Ⅲ观测时段青藏高原西部(蓝色)和东部(深红色)白天(14:00 和 20:00 BJT)不同云量下平均大气边界层高度，云量间隔为 20%(引自 Che et al., 2021)

土壤水分可以影响地面能量收支，进而改变地面感热通量强度，因此，土壤湿度也是影响大气边界层发展的重要因素。研究表明，较低的土壤湿度通常有利于地表感热通量加强，从而有利于大气边界层发展。图 3.13j—l 给出了狮泉河、那曲和林芝站的大气边界层高度与 6 h 平均土壤体积含水量(VWC)的关系，从图中可以看到：青藏高原东部林芝站大气边界层高度与当地土壤含水量呈显著负相关，相关系数为−0.45，表明该站地表土壤湿度越大，大气边界层高度将越低。与林芝站相比，在青藏高原西部狮泉河站这种负相关较弱，相关系数仅为−0.21。高原西部与高原东部之间的这种差异可能与局地地表属性和土壤湿度的气候特征有关。高原地表属性从高原东部的含有少量灌木和树木的高寒草甸或高寒草原过渡到高原西部的裸露土壤(Wang et al.,2016)，与此相对应，高原表层土壤湿度总体呈现从东(林芝站平均土壤体积含水量高达到 0.38 m^3·m^{-3})向西(狮泉河站平均土壤体积含水量仅为 0.10 m^3·m^{-3})降低的特征(图 3.14e)。在高原西部地区，土壤水分含量偏少，对局地地表能量收支的调制作用相对较弱，可能造成当地大气边界层高度与土壤水分的相关性较弱。

综合上述分析，可以看出：在青藏高原地区大气边界层高度与 SHF、DSR 和云量显著相关，同时高原东部地区大气边界层高度还与土壤水分密切相关。图 3.17 总结了青藏高原大气边界层西高—东低分布的影响因子，在高原西部和东部，云量低和高时，地表向下的太阳辐射分别较大和较小，分别与西部的裸露土壤和东部的高寒草甸或草原相对应，分别存在干和湿的土壤条件。这些特征分别导致高原西部和东部高和低的感热通量，分别促进和抑制了局地大气边界层高度的发展。

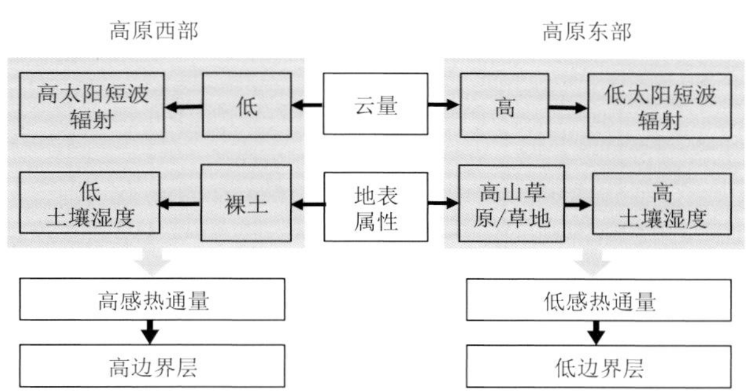

图 3.17　青藏高原东、西部大气边界层高度与影响因子的关系示意图(引自 Che et al.，2021)

3.5　青藏高原东南缘边界层对流与湍能结构特征

采用中日政府间科技合作 JICA 计划高原综合观测试验期间大理 GPS 探空加密观测、风廓线雷达和边界层通量综合观测系统等资料，从青藏高原边界层对流与湍能结构相关机制的视角，综合分析了高原东南缘边界层结构及其与湍流对流能量源特征以及边界层湍流-对流运动的相关机理(王寅钧 等，2015)。

3.5.1　湍能方程分量日变化特征及其与稳定度的关系

王寅钧等(2015)给出了大理站 2008 年春季和夏季湍流动能、切变项和浮力项的日变化(图 3.18)，并指出：近地层湍流动能、切变项和浮力项均呈显著日变化特征，其中湍流动能与切变项日变化谷值在 09:00 左右，峰值在 17:00 左右，浮力项与湍流动能、切变项日变化特征有所差异，尤其是浮力项峰值在中午 14:00 左右，这反映了浮力项对近地层热量通量变化十分敏感。另外，从图 3.18b、c 可发现，切变项总体明显大于浮力项。浮力项的大小主要取决于近地层热量通量的变化，具有明显的日变化特征，中午达到峰值，夜间出现数值较小的负值。夜间浮力项对湍能的变化只起到较弱的负贡献，夜间湍能的主要来源是切变项的贡献。

无论切变项、湍能还是浮力项，其夏季日较差相对于春季都有减弱的趋势。由于湍能的主要来源是浮力项和切变项的贡献，夏季两者的共同减弱使得湍流动能明显减弱。当近地层处于中性层结时，风速达到最大值，以剪切产生的机械湍流为主，近地层湍流动能较强，其主要贡献来源于切变项；在不稳定层结时，大气处于热力湍流为主的状态，故浮力项较强，切变项较弱，但浮力项仍然小于中性时的切变项；在稳定层结时，湍流为间歇性的，发展较弱，浮力项与切变项数值都较小，此时湍流动能小于中性和不稳定时的数值。此外，通过春季和夏季的比较发现，无论浮力项、切变项和湍流动能，春季都强于夏季。切变项、湍流动能春季较强与该地区风速密切相关，而浮力项的季节性变化更多取决于下垫面状态以及天气气候的影响。

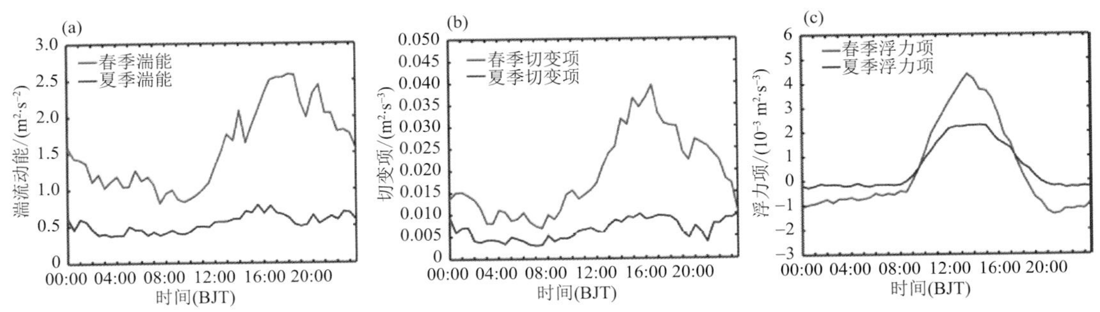

图 3.18　大理站 2008 年春季和夏季湍流动能(a)、切变项 (b)和浮力项(c)的日变化
(引自王寅钧 等,2015)

3.5.2　下垫面状态变化对空气动力学粗糙度的影响

王寅钧等(2015)通过计算不同时间段空气动力学粗糙度 z_0，讨论了下垫面状态变化对 z_0 的影响。计算 z_0 通常可采用近中性条件下多层风速拟合得到，这里采用利用超声风速仪观测的风速 V 以及由涡动相关法计算的摩擦速度 u^*、根据莫宁-奥布霍夫相似理论计算 z_0 的方法来计算。由于大理边界层观测站处于农田下垫面，在农作物生长、成熟、收割过程中，z_0 发生了明显的变化。表 3.1 给出了大理 2008 年 3—9 月水稻种植情况。这一时间段农作物种植情况还有：蚕豆鼓粒、成熟、收割的日期分别为 4 月 6 日、4 月 25 日及 5 月 1 日。根据下垫面植被类型的不同，大理 2008 年 3—8 月可分为 3 个阶段：①从 3 月 1 日—5 月 1 日为蚕豆下垫面；②从 5 月 2—23 日为裸土下垫面；③从 5 月 24 日—8 月 31 日为水稻下垫面。为保持样本数足够多，统计结果更加可信，只将风向粗分为 8 类，每类包括的范围为 45°，依据 10 m 风杯资料观测得到的风向风速玫瑰图，只对某一时间段内主导风向计算出的 z_0 样本进行统计，3—4 月主导风向以东风、东南风和南风为主，而 5—8 月主导风向以东风和西北风为主。从图 3.19 中可以看出，z_0 的变化与下垫面的状态密切相关，3—4 月上旬处于蚕豆生长成熟期，叶片茂密，z_0 多数情况下维持在 0.1～0.3 m，进入 4 月下旬后，随着叶片枯萎，z_0 有变小的趋势，到 5 月 1 日蚕豆收割后，下垫面为裸土，z_0 达到最小值，为 0.01～0.05 m，5 月 23 日—6 月 4 日资料缺测，5 月 23 日水稻移栽后，z_0 开始增大，随着水稻的生长 z_0 有逐渐增加的趋

势，在7月上旬 z_0 数值基本稳定，为0.1～0.2 m。由于观测站下垫面仍然存在一定的非均一性，使得不同风向计算得到的 z_0 有一定差异。

表 3.1　大理 2008 年 3—9 月水稻种植情况(引自王寅钧 等,2015)

过程	播种	出苗	三叶	移栽	返青	分蘖
日期	3月31日	4月9日	4月20—23日	5月24日	5月29日	6月6—10日
过程	拔节	孕穗	抽穗	乳熟	成熟	收割
日期	7月8—12日	7月18—22日	7月30日—8月3日	9月3日	9月22日	9月23日

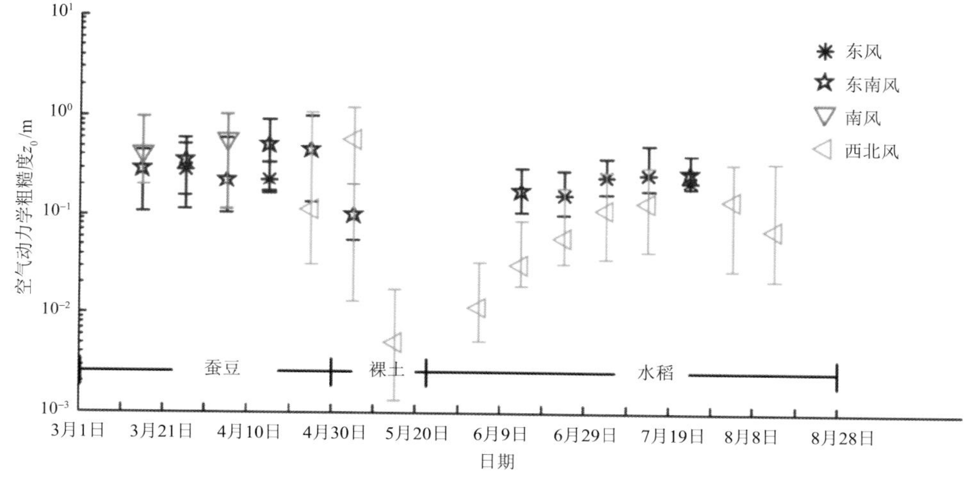

图 3.19　大理站不同风向条件下以及不同时间段空气动力学粗糙度 z_0 的变化。不同风向条件下相邻两日期内(10 d内) z_0 所有样本按从小到大排序的中值，上下限为25%和75%处的值；样本少于40个风向不做统计(引自王寅钧 等,2015)

3.5.3　高原东南缘与高原南坡地区湍能方程分量的特征对比分析

王寅钧等(2015)进一步分析了高原东南缘与高原南坡湍能的特征，指出：当风速和稳定度确定时，为满足近地层风速廓线规律，z_0 的增大必然引起摩擦速度(u^*)的增大，u^* 反映了近地层由切变作用产生的湍流的强弱，故 z_0 的增大会引起切变项和湍流动能的增强。春季大理观测站风速较强，下垫面生长茂密的蚕豆，z_0 较大，两者共同作用使得春季大理切变项、湍流动能较强；5月2日裸土下垫面后，切变项、湍流动能明显减弱，到5月中下旬进入湿季后，风速明显减小，使得切变项、湍流动能一直维持在相对较小的数值。在以上时间段，z_0 和风速的变化是引起切变项、湍流动能变化的重要原因。下垫面状态的变化对浮力项影响也是比较明显的，当大理站下垫面为裸土时，热量通量明显增强，浮力项有时可以达到较大的数值(如4月30日—5月10日)，林芝站下垫面为高原草甸，春季植被矮小并且较为稀疏，浮力项相对较大。另外，天气气候影响也是引起浮力项变化的因素，大理站3—4月夜间浮力项为负值较为明显，5—8 月浮力项夜间基本为 0；5 月下旬进入湿季后，阴雨天气增多，浮力项白天正值明显下降(林芝站表现更明显一些)。高原东南缘大理站湍流动能表现在季节性特征明显，干湿季分明。第二次青藏高原大气科学试验当雄站计算结果则无论是浮力项还是切变项都超过了以往的观测结果，而且浮力项与切变项大小相当。说明热力和动力的共同作用使高原地区成为对流活动非常活跃的地区，通过比较发现，高原东南缘大理地区的浮力项比青藏高原中部当雄地区偏弱，大理切变项的数值总体上大于当雄计算结果。对比分析高原东南缘大理站与高原南坡林芝站 2008 年 3—8 月湍流动能、切变项和浮力项的季节变化特征，可发现春季高原东南缘大理湍流动能、切变项均显著大于高原东南坡林芝，这反映了春季高原东南缘山谷起伏的复杂地形的机械湍流的贡献显著，且夏季大理切变项仍大于林芝，但两地区的湍流动能项贡献程度较为接近；夏季两地区浮力项贡献程度相近，总体上高原南坡林芝浮力项贡献高于高原东南缘大理。尤其春季青藏高原南坡林芝浮力项贡献显著高于青藏高原东南缘大理，这反映了青藏高原南坡热力湍流贡献及其强对流活动较高原东南缘更为显著。

3.5.4 湍能源各分量与对流运动的相关关系

夏季，由于青藏高原地-气系统是个强感热源，在高原主体上空可形成一支强大上升气流，其走向正好和哈得来(Hadley)环流相反。高原东南缘湍流结构是否与上述高原区域强大的上升气流存在相关机制？第二次青藏高原大气科学试验观测结果表明，中西部动量整体输送系数(C_d)显著低于东部，表明高原区域中西部感热、潜热湍流输送的效率受到限制，高原中东部感热、潜热及其湍流输送较强，这种近地层湍流输送特征有利于高原东部积云对流的发展与加强(王寅钧 等，2015)。

为探讨青藏高原东南缘复杂山谷地形的近地层湍流输送与对流活动及其垂直运动特征，王寅钧等(2015)采用 2008 年 3—8 月边界层通量铁塔综合观测系统资料，并使用了风廓线雷达 100～3000 m 高度探测数据(10 min 间隔)。图 3.20a 和图 3.20b 分别为大理站边界层通量综合观测获取的浮力项、切变项与风廓线雷达大样本 100～3000 m 高度垂直速度 w 的相关时间(1～24 h)剖面图。由图 3.20a 可发现，高原东南缘大理站 12:00—17:00(午后至傍晚)浮力项对该区域垂直运动呈显著相关，且浮力项热力湍流输送影响的高度可达 2500 m 以上；另外，由图 3.20b 可发现，该区域切变项机械湍流输送与垂直运动也呈显著相关，两者日变化相关时段并非持续在午后时段，而其峰值相关分别为 10:00—12:00、14:00—17:00 及 23:00—24:00，与浮力项相比，切变项产生机械湍流对该区域垂直运动贡献峰值区虽在 13:00—14:00 有所间断，但总体上发生在从午前至午后更长时段，这说明浮力项、切变项与垂直运动相关性特征反映了中午时段对流活动过程热力湍流与机械湍流能量的互反馈；同时由图 3.20b 可发现，近地层切变项机械湍流输送对垂直运动影响高度较浮力项更高，尤其在 10:00—12:00 时段，其对垂直运动贡献高度在 2500～3000 m 相关关系仍十分明显；另外值得注意的是，无论春季、夏季，上述浮力项、切变项分别与垂直运动相关峰值时段均对应如图 3.20c 所示的大气层结日变化曲线谷区(不稳定区)，春季层结不稳定谷区为11：00—12：00，夏季为13：00—15：00，显然，夏季大气层结不稳定较春季滞后，且谷区维持时段相对长，夏季层结不稳定背景与浮力项午后对垂直运动贡献相关更为显著。

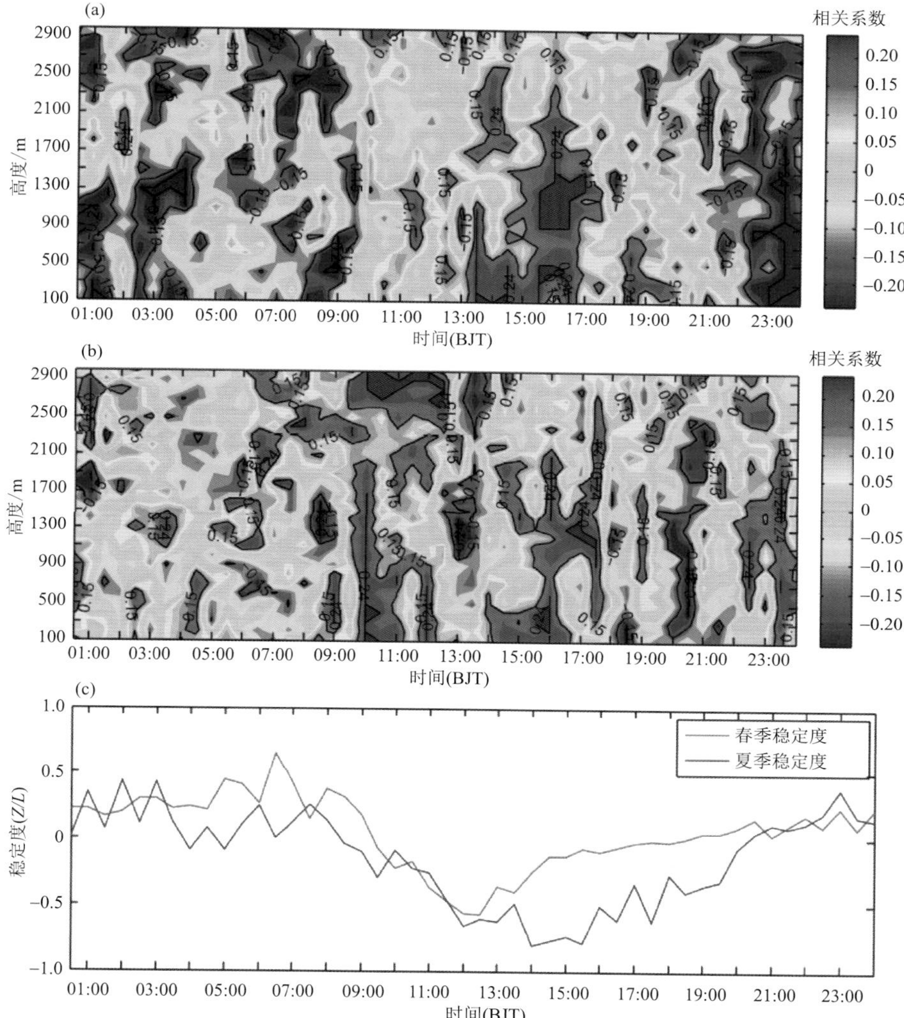

图3.20　2008年3—8月风廓线雷达观测垂直速度与各高度层浮力项(单位：$m^2 \cdot s^{-3}$)(a)、切变项(单位：$m^2 \cdot s^{-3}$)(b)相关的时间剖面图以及春季、夏季近地层稳定度的日变化(c)，垂直速度为30 min时间间隔。黑线包括的区域通过置信度为99%的显著性检验。Z是观测高度，L是莫宁-奥布霍夫长度(引自王寅钧 等，2015)

3.5.5　GPS探空边界层结构特征与风廓线雷达探测大气折射结构指数C_n^2分析

王寅钧等(2015)指出青藏高原存在深厚的热力混合层，在此层内低层中小尺度湍流结构形成或合并成大直径热泡对流单体，若干对流单体合并成对流云团，在云团内部发生充分的对流混合。因此，可观测到深厚的相当位温 θ_e 垂直缓变或不变的层次，这里称为对流混合层，强烈的湍流混合可构成深厚对流混合热力边界层。研究表明，高原湍流活动、湍流输送特征明显大于平原。高原强迫作用可驱动高原地区特殊的热对流输送，这表明高原地区存在深厚的埃克曼(Ekman)“抽吸泵”的动力机制。大理地处高原东南缘对流活跃区及水汽输送关键区，该地区对流混合热力边界层与湍流能量源分量是否存在相关特征？此问题是认识该地区区域边界层-对流层相互作用的关键问题之一。

王寅钧等(2015)采用温度梯度(TGRD)法分析了大理站虚位温和比湿廓线。图 3.21a 和图 3.21b 分别是大理 2008 年 3 月 11 日 14:00 虚位温廓线和比湿廓线，实线 A 是由 TGRD 法确定的边界层高度 h。从图中可以看到，200 m 以下虚位温随高度略有减小，比湿有一定的波动，可以认为是近地层；200～1500 m 虚位温随高度基本维持常量，比湿随高度略有减小，即为垂直混合较强的对流边界层(又称混合层)；1500～2200 m(图 3.21b 中 A 实线与 B 虚线之间)为夹卷层，此处为自由大气与边界层相互作用的层次，虚位温随高度迅速增加，比湿随高度迅速减小；2200 m 以上为自由大气，比湿减小到较小数值，且随高度基本保持不变。

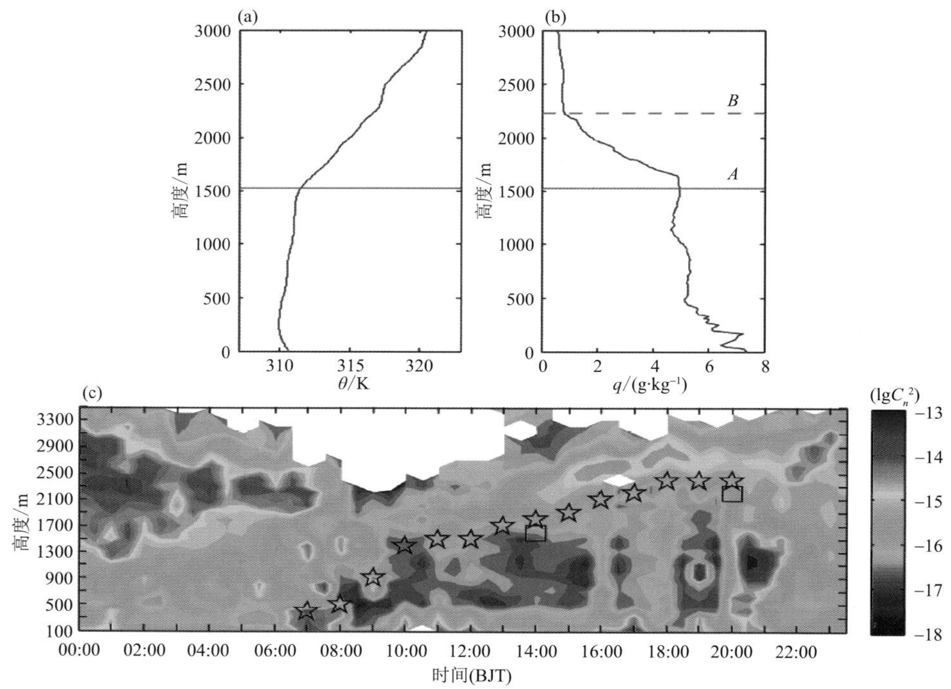

图 3.21　3 月 11 日 14:00 BJT 大理站 GPS 探空得到虚位温 θ(a)、比湿 q(b)廓线和风廓线雷达探测大气折射率结构常数 C_n^2(c)图(“☆”和“□”分别为由 C_n^2 和 TGRD 法确定的对流边界层顶高度)

(引自王寅钧 等，2015)

为互相验证 GPS 探空资料和风廓线雷达资料的准确性，王寅钧等(2015)给出了同时间 3 月 11 日大理风廓线雷达探测的大气折射率结构常数 C_n^2 时间剖面图。影响 C_n^2 观测值的因素有湍流强度、水汽分布、温度分布和气压分布等，其中湍流强度和水汽分布的影响最为明显，

C_n^2 的观测值主要表征了大气的湍流作用。从图 3.21c 中可以看到，从 07:00—17:00 混合层顶的高度在逐渐增高，在 10:00 以后，混合层发展逐渐成熟，混合层顶发展到 1000 m 以上的高度，混合层内风切变较弱，位温梯度较小，混合层内湍流相对之上夹卷层较弱，在混合层顶之下 C_n^2 值相对较小，在混合层顶之上夹卷层 C_n^2 值相对较大，在混合层顶附近 C_n^2 有较大的阶跃。14:00 和 20:00 混合层顶达到的高度分别为 1700 和 2300 m 左右，这一结果与 GPS 探空对应时刻得到结果较为吻合，略有偏高。在 20:00 以后，由于残余层的存在，湍流活动仍然明显，所以 C_n^2 的观测值较大，并且在低层 1000 m 左右还有一大值区出现。由图 3.21c 可发现，夹卷层（C_n^2 相对高值层区）位于混合层顶，两者存在相互依存的相关关系，采用风廓线雷达探测的大气折射率结构常数 C_n^2 出现较大的阶跃处识别的混合层顶高度与 GPS 探空获取的混合层顶高度在 14:00 和 20:00 都十分吻合（图 3.21c）。这进一步印证了混合层顶存在着自由大气与边界层相互作用的夹卷层特征结构。

王寅钧等（2015）采用第二次青藏高原大气科学试验期间加密探空资料，计算了 1998 年高原地区中部拉萨、西部改则、东部昌都 5 月和 6 月 θ_e 相当位温的垂直分布。分析结果表明，旱季阶段 5 月在高原地区中部存在着垂直方向充分发展的深厚混合层（高度约为 2500 m），6 月高原西部与中东部亦存在类似的深厚热力混合层，而通过计算平原地区 1998 年 6 月各旬 θ_e 相当位温垂直分布可发现，平原地区 θ_e 的垂直梯度相对弱，边界层厚度仅约 1000 m 高度。而高原以及高原东南缘地区相当位温混合层比平原地区要深厚得多，高于平原地区 1～2 倍。白天对流边界层 CBL 发展的高度跟地面感热通量一段时间内的累积贡献密切相关，温度越高，CBL 发展得越厚，通常需要近地层热通量累积贡献的热量多，图 3.22 中两者总体上走势呈现一定的一致性，并且 CBL 高度与感热通量两者走势并非完全同位相。

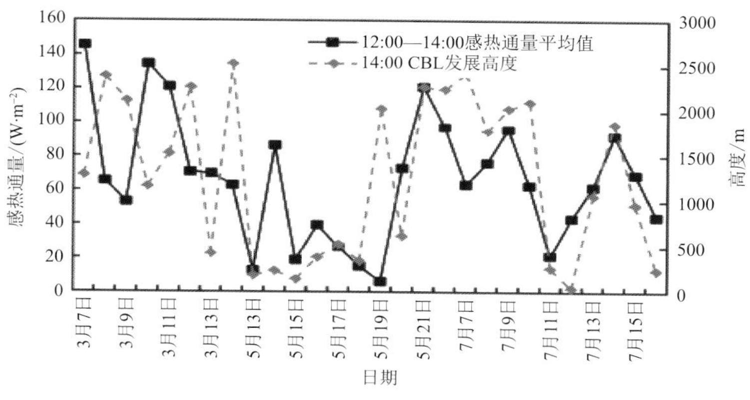

图 3.22　地面感热通量与 CBL 发展高度的关系（引自王寅钧 等，2015）

为了获取更多的样本，以较客观地探讨大气边界层高度与感热通量的相关特征，需进一步考查使用美国国家环境预报中心（NCEP）格点资料代替 GPS 探空数据的可行性。图 3.23 为 GPS 探空试验（28 d）获取的 CBL 顶高与 NCEP 再分析资料相比较结果。在干季（3 月）NCEP 资料结果有一个系统性偏大，湿季（5 和 7 月）未发现上述特征，误差的规律性不明显。两者位相基本一致，当然由于大理地区地形极其复杂，NCEP 资料格点代表的尺度与 GPS 探空有一定差异。由图 3.24a 和图 3.24b 可以看出，高原东南缘 3—8 月每天 14:00 NCEP 边界层高度与感热通量、浮力项都具有很好的相关性，样本数 $n=140$ 时，相关系数达到 $R=0.469$。在近地层，热力湍流作用对 CBL 发展高度有明显影响，而机械湍流的剪切作用的影响较小。以上现象揭示出浮力项产生垂直方向湍流贡献及其对 CBL 高度的影响效应。

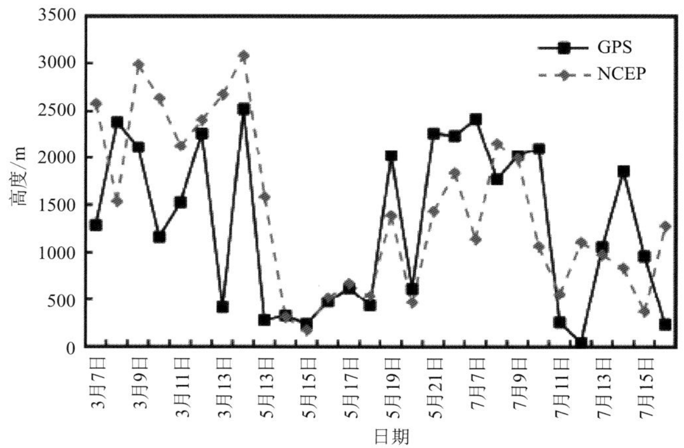

图 3.23　由 GPS 探空采用梯度法确定的 CBL 顶高度与 NCEP 1°×1°边界层高度格点资料中离 GPS 探空位置最近格点的大气边界层高度相互比较图(引自王寅钧 等，2015)

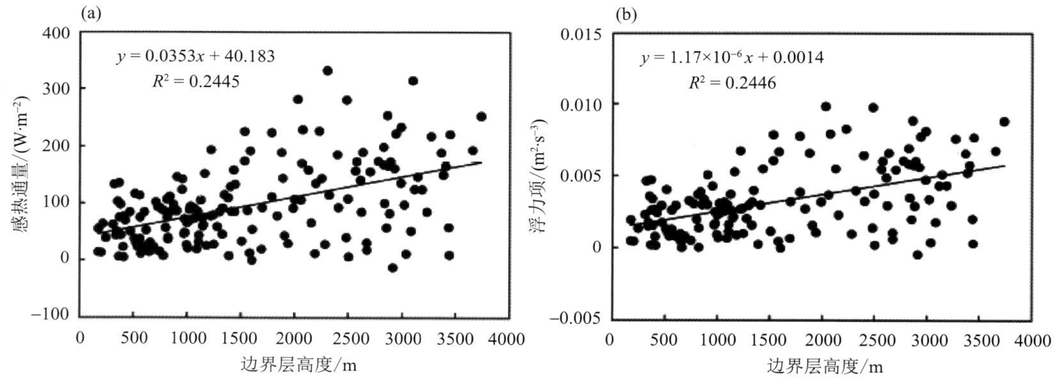

图 3.24　2008 年 3—8 月 14:00 BJT NCEP 大理地区边界层高度与感热通量(a)和浮力项(b)的相关散点图(引自王寅钧 等，2015)

3.6　青藏高原边界层参数化方案性能评估

大气边界层参数化方案主要用于描述地表-大气间的动量、热量和水汽交换的物理过程，对天气和气候模式的模拟具有重要影响。天气研究和预报模式(WRF)提供了多种大气边界层参数化方案，这些方案模拟的湍流混合强度不同，导致边界层内温度、风向风速模拟结果存在明显差异（Xie et al.，2012）。依据不同闭合方法和湍流混合机制，采用3种局地方案（MYJ、BouLac、UW）和5种非局地方案（YSU、MYNN3、GBM、ACM2、SHIN-HONG）分别进行分析，表3.2给出了不同大气边界层参数化方案的特征，其中不同边界层参数化方案闭合方法、湍流混合及边界层高度定义如下。

表3.2　不同大气边界层参数化方案的特征

方案	闭合类型	边界层高度定义
YSU（Hong et al.，2006）	1.0阶非局地	临界里查森数 R_{ib} 方法（0：稳定状态；0.25：非稳定状态）
MYJ（Janjic，2002）	1.5阶局地	TKE阈值（0.2 $m^2 \cdot s^{-2}$）
MYNN3（Nakanishi et al.，2004）	2阶局地	TKE阈值（5%最大值）
BouLac（Bougeault et al.，1989）	1.5阶局地	TKE阈值（0.1 $m^2 \cdot s^{-2}$）
GBM（Grenier et al.，2001）	1.5阶局地	根据三夹带闭合方案诊断
ACM2（Pleim，2007）	1.0阶非局地	R_{ib} 方法（0.25）
UW（Bretherton et al.，2009）	1.5阶局地	R_{ib} 方法（0.25）
SHIN-HONG（Shin et al.，2011）	1.0阶非局地	R_{ib} 方法（0）

（1）YSU方案（Hong et al.，2006）：由MRF方案改进的一阶非局地闭合的 K 理论方案，其湍流扩散方程为

$$\frac{\partial C}{\partial t}=\frac{\partial}{\partial z}\left[K_c\left(\frac{\partial C}{\partial z}-\gamma_c\right)-\overline{(w'c')_h}\left(\frac{z}{h}\right)^3\right] \tag{3.1}$$

式中，C 为诊断变量，t 为时间，z 为高度，K_c 为湍流扩散系数，γ_c 为局地梯度修正项（反梯度项），$\overline{(w'c')_h}$ 为逆温层湍流通量，h 为边界层高度。YSU方案中用反梯度输送（非局地通量）项表示由非局地梯度引起的湍流交换，并减小反梯度项量级，以此解决MRF方案中大气层结过于稳定的问题。YSU方案定义边界层高度为逆温层中湍流通量极小值所在层的高度，对稳定层结，取临界里查森数值为0.25的高度；对不稳定层结，取临界里查森数值为0的高度。

（2）MYJ方案（Janjic，2002）：梅勒-山田（Mellor-Yamada）2.5阶局地湍流动能方案，其湍流动能方程为

$$\frac{\partial e}{\partial t}=-\frac{1}{\rho}\frac{\partial}{\partial z}\rho\overline{w'e'}-\overline{u'w'}\frac{\partial u}{\partial z}-\overline{v'w'}\frac{\partial v}{\partial z}+\beta\overline{w'\theta'}-\varepsilon \tag{3.2}$$

式中，e 为湍流动能，ρ 为空气密度，u 为纬向风分量，v 为经向风分量，w 为垂直速度，z 为高度，β 为浮力系数，θ 为位温，ε 为耗散项，带“′”量为相应物理量的脉动量。MYJ方案通过计算湍流动能来确定湍流扩散系数，适用于稳定和弱不稳定大气边界层（张碧辉 等，2012）。由于MYJ方案考虑的物理过程较为复杂，当不满足其假设条件时，模拟结果存在一定偏差。在MYJ方案中，边界层高度被定义为湍流强度下降到临界值0.2 $m^2 \cdot s^{-2}$ 时的高度。

（3）MYNN3方案（Nakanishi et al.，2004）：2阶局地湍流动能方案，是在MY（Mellor et al.，1982）level 3的基础上融入了凝结物理过程，并改进了主长尺度和闭合数，其湍流动能方程为

$$\frac{\partial(q^2/2)}{\partial t}-\frac{\partial}{\partial z}\left[l_m q S_q\frac{\partial\left(\frac{q^2}{2}\right)}{\partial z}\right]=P_s+P_b+\varepsilon \tag{3.3}$$

式中，$q^2/2$ 为湍流动能，P_s 为切变项，P_b 为浮力产生项，ε 为耗散项，l_m 为主长尺度，S_q 为经验常数。在 MYNN3 方案中，边界层高度由湍流动能和虚温廓线决定。当某一层的虚温大于最小虚温 1.25 K 时，该层高度为 z_1；当某一层湍流动能小于湍流动能峰值的 5%时，该层高度为 z_2，则边界层高度 h 为

$$h = \alpha z_1 + (1-\alpha) z_2 \tag{3.4}$$

$$\alpha = \frac{1}{2}\tanh\left(\frac{z_1 - 400}{800}\right) + \frac{1}{2} \tag{3.5}$$

(4)BouLac 方案 (Bougeault et al.，1989)：1.5 阶局地湍流动能方案，其湍流动能方程同式(3.2)。与 MYJ 方案不同，BouLac 方案在湍流交换系数和混合长的计算中考虑了地形引起的湍流混合，能够较好地预报陡峭地形的晴空湍流强度和位置。对陡峭地形，该方案通过湍流动能廓线来确定边界层高度，边界层高度定义为湍流动能减至 0.01 $m^2 \cdot s^{-2}$时的高度。

(5)GBM 方案(Grenier et al.，2001)：1.5 阶局地湍流动能方案，在边界层顶采用卷夹闭合技术，有效地改进云顶长波辐射的散射，更准确合理地描述浮力廓线。GBM 方案能够在有限的垂直分辨率下提供较准确的云覆盖的边界层模拟，适用于模拟云顶边界层情况。在 GBM 方案中，根据热量诊断计算边界层高度。

(6)ACM2 方案(Pleim，2007)：一阶闭合方案，其在 ACM1 方案的基础上增加了局地湍流输送，可以模拟由浮力作用引起的非局地向上输送和局地的湍流交换。其湍流扩散方程为

$$\frac{\partial C_i}{\partial t} = f_{\mathrm{conv}} M_{\mathrm{u}} C_1 - f_{\mathrm{conv}} M_{\mathrm{d}_i} C_i + f_{\mathrm{conv}} M_{\mathrm{d}_{i+1}} C_{i+1} \frac{\Delta z_{i+1}}{\Delta z_i} + \frac{\partial}{\partial z}\left[K_{\mathrm{c}}(1 - f_{\mathrm{conv}})\frac{\partial C_i}{\partial z}\right] \tag{3.6}$$

式中，C_i 为标量 C 在模式第 i 层的混合率，f_{conv} 为调控局地混合和非局地混合的比例系数，M_{u} 为非局地向上对流混合率，M_{d_i} 为局地向下混合率，Δz_i 为模式第 i 层厚度。对稳定或中性层结，ACM2 关闭非局地而采用局地湍流输送，边界层内湍流交换系数由局地里查森数湍流交换公式和相似理论计算得到；对不稳定层结，湍流交换系数取两者间较大值，ACM2 方案采用里查森数方法计算边界层高度。稳定层结时取临界里查森数值为 0.25 的高度；不稳定层结时边界层高度则为自由对流层和夹卷层高度之和。

(7)UW 方案(Bretherton et al.，2009)：1.5 阶局地湍流动能方案，是从 CESM(Community Earth System Model)中提取出来的。该方案引入了水汽守恒变量，并在湍流动能传输中引入新方程，通过诊断湍流动能来计算湍流扩散，适用于干对流边界层的模拟。

(8)SHIN-HONG 方案(Shin et al.，2011)：一阶非局地闭合方案。Shin 等(2011)基于大涡模式理想试验确定了具有分辨率依赖性的函数，分别对 YSU 局地和非局地项进行了尺度依赖性的调整，能够较好地解析"灰色尺度"下对流边界层的湍流输送。边界层高度取临界里查森数值为 0 的高度。

采用中尺度天气研究和预报模式 WRF 对青藏高原那曲地区边界层特征进行数值模拟。模拟采用 4 层双向嵌套，从外层向内层的格点数分别为 145×160、289×169、229×142 和 550×523，分辨率依次为 27 km、9 km、3 km 和 1 km(图 3.25)。模式输入资料为 0.25°×0.25°的 ERA-Interim 再分析资料，逐 6 h 输入一次，地形资料为 MODIS(30″)格点资料。表 3.3 给出

了模式参数方案设置。利用2015年7月青藏高原那曲地区4个观测点(安多、班戈、那曲、聂荣)的常规气象观测资料,与8种边界层参数化方案模拟的近地面气温、地表温度和风速进行对比,以验证模式结果,并分析青藏高原那曲地区的气象要素特征。模拟结果的定量评估采用平均偏差(MB)、相关系数(R)和均方根误差(RMSE)。

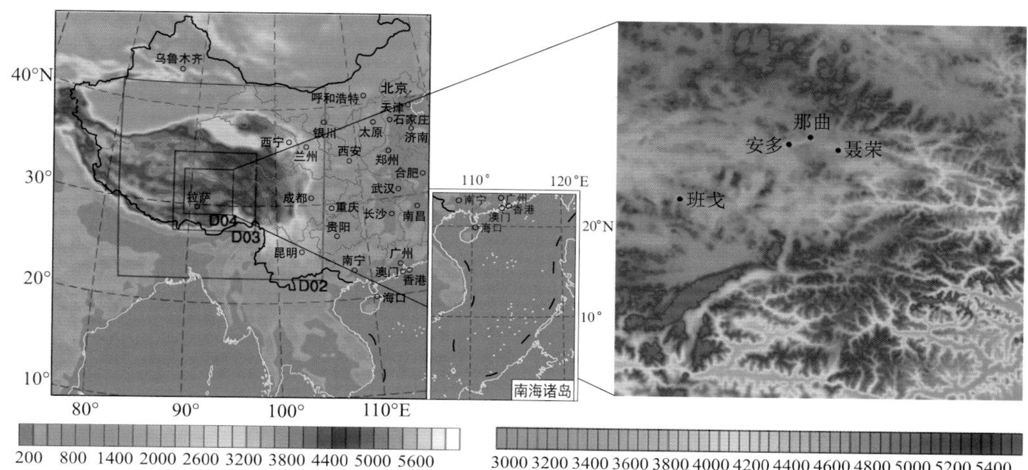

图3.25　WRF模拟区域及最内层区域的地形(单位:m)(引自Xu et al.,2019)

表3.3　模式参数方案配置

参数化方案	参数设置
微物理方案	Lin方案(Lin et al., 1995)
长波辐射方案	RRTM长波辐射方案(Mlawer et al., 1997)
短波辐射方案	Dudhia短波辐射方案(Dudhia, 1989)
陆面过程	Noah方案(Chen et al., 2001)
积云参数化方案	Grell-Devenyi方案(Grell et al., 2002)
边界层参数化方案	YSU、MYJ、MYNN3、BouLac、GBM、ACM2、UW和SHIN-HONG

3.6.1　近地面层气象变量的模拟

图3.26给出了不同边界层参数化方案模拟的距地面2 m高度处气温(简称2 m气温)平均日变化与观测值的对比,表3.4给出了不同方案的模拟性能统计分析,包括平均偏差(MB)、相关系数(R)和均方根误差(RMSE)。从该图和表可以看到,安多、班戈、那曲和聂荣站2015年7月平均气温分别为9.65 ℃、9.78 ℃、10.04 ℃和8.42 ℃;观测气温日变化范围为0.73~17.22 ℃,07:00 BJT达到谷值,17:00 BJT达到峰值;各方案模拟的气温与观测值变化趋势一致,谷值和峰值出现时间相同。在安多、班戈、那曲和聂荣站,各方案模拟的日平均气温明显偏低,在16:00 BJT冷偏差达到最大,这可能与模式地形高于实际地形,并且模式中次网格地形拖曳作用和近地层湍流混合较弱有关(Jiménez et al., 2013)。Jiang等(2005)的研究也指出了

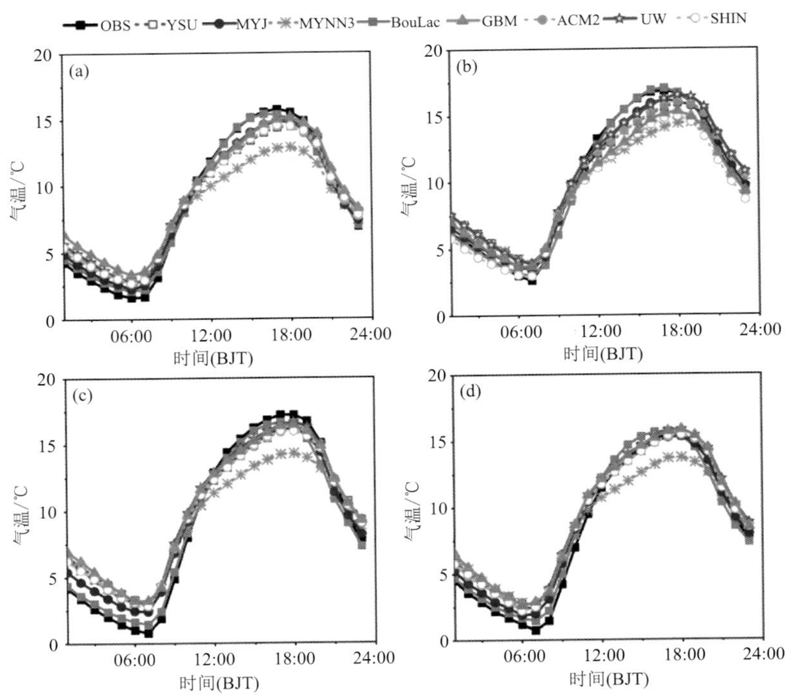

图 3.26 2 m 气温平均日变化观测值与不同边界层参数化方案模拟值对比(引自 Xu et al.,2019)
(a)安多;(b)班戈;(c)那曲;(d)聂荣

表 3.4 不同边界层参数化方案的 2 m 气温模拟性能统计(引自 Xu et al.,2019)

站名	统计量	YSU	MYJ	ACM2	BouLac	MYNN3	UW	SHIN	GBM
安多	MB	−0.32	−0.22	0.45	−0.20	−0.77	−0.40	−0.53	−0.57
	R	0.97	0.99	0.97	0.99	0.96	0.96	0.97	0.97
	RMSE	1.45	0.68	1.37	0.85	2.03	1.38	1.37	1.41
班戈	MB	−0.37	−0.23	−0.35	−0.17	−0.68	−0.47	−1.18	−0.66
	R	0.92	0.98	0.94	0.98	0.91	0.94	0.95	0.95
	RMSE	1.59	0.72	1.47	0.83	2.01	1.42	1.79	1.42
那曲	MB	−0.57	−0.19	−0.67	−0.32	−0.27	−0.89	−0.46	−0.78
	R	0.92	0.98	0.95	0.97	0.94	0.96	0.93	0.94
	RMSE	2.22	1.02	2.06	1.47	2.52	1.88	2.10	1.98
聂荣	MB	−0.77	−0.30	−0.86	−0.52	−0.44	−1.15	−0.76	−1.07
	R	0.95	0.97	0.96	0.98	0.96	0.96	0.96	0.96
	RMSE	1.60	0.99	1.54	1.02	1.78	1.61	1.46	1.59

青藏高原地表温度模拟冷偏差的问题;Zhuo 等(2016)的研究指出,地表与大气间的感热输送偏差可能是导致地表温度冷偏差的原因。相对于其他边界层参数化方案,BouLac 方案模拟的气温更接近于观测值。在安多、班戈、那曲和聂荣站,BouLac 方案模拟的气温平均偏差分别为

−0.2 ℃、−0.17 ℃、−0.32 ℃和−0.52 ℃，模拟气温与观测值的相关系数分别为0.99、0.98、0.97和0.98，均方根误差分别为0.85 ℃、0.83 ℃、1.47 ℃和1.02 ℃。BouLac方案在湍流扩散系数的计算中考虑了地形影响产生的湍流交换，模拟的温度冷偏差较小。在夜间，由于模式低估夜间辐射冷却，模拟气温偏高，最大暖偏差出现在07:00 BJT。

相对湿度与2 m气温的变化趋势相反，分别在07:00和17:00 BJT达到峰值和谷值(图3.27)。各边界层方案模拟的相对湿度白天为湿偏差，夜间为干偏差，这是由于模式对温度和水汽输送的模拟偏差导致的。BouLac方案对相对湿度的模拟偏差最小，MYNN3方案的模拟偏差最大。总体来看，各边界层方案能够模拟出2 m气温和相对湿度的日变化趋势，但模拟的大气边界层偏湿冷。

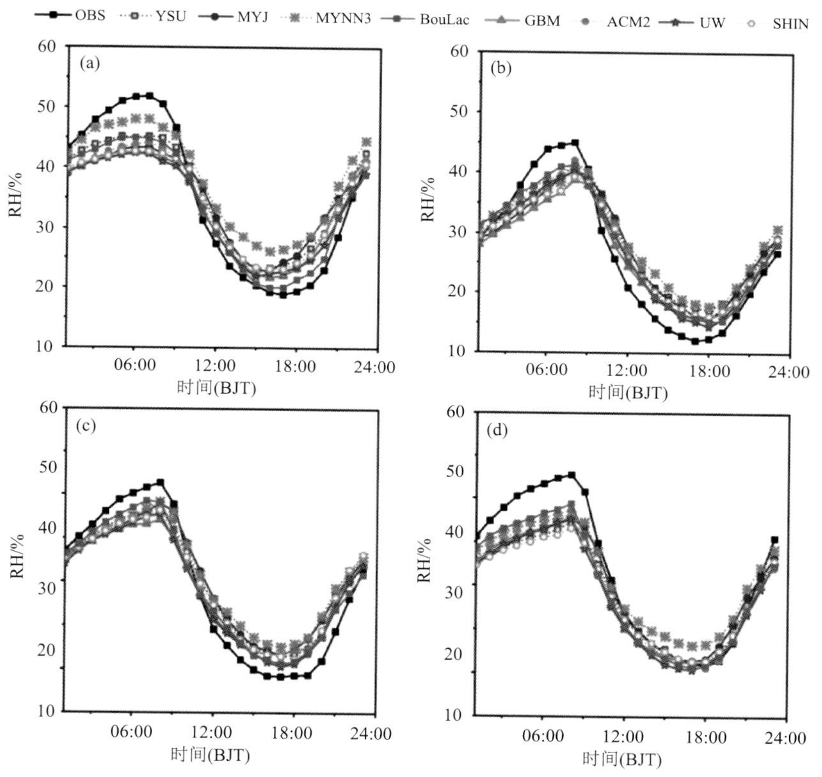

图3.27 相对湿度平均日变化观测值与不同边界层参数化方案模拟值对比(引自Xu et al.,2019)
(a)安多；(b)班戈；(c)那曲；(d)聂荣

3.6.2 能量交换特征的模拟

地-气间的能量交换对边界层气象要素的变化有很大影响，是大气边界层模拟湿、冷偏差形成的主要原因。图3.28给出了安多、班戈、那曲和聂荣站辐射平衡四分量的观测值与各方案模拟值，从图中可以看到：青藏高原平均海拔高度为4000 m以上，其太阳总辐射在正午的峰值为 1150 W·m^{-2}，明显高于平原地区（Guo et al.，2016）；向上短波辐射在正午的峰值为 250 W·m^{-2}。各边界层方案模拟的短波辐射偏差不大，但对长波辐射的模拟存在一定差异，在安多、班戈和聂荣站，向下长波辐射的变化范围为 200～300 W·m^{-2}，而那曲站的云量较高，其向下长波辐射变化范围为 260～410 W·m^{-2}，大于其他三站；各方案模拟的向下长波辐射变化范围为 200～270 W·m^{-2}，平均偏低 38 W·m^{-2}，模拟的云量和气溶胶光学厚度偏低，导致向下长波辐射的低估（Nezval et al.，2012；Zhu et al.，2017）；相对于其他方案，MYNN3 方案模拟的云量和向下长波辐射较高，更接近于观测值。在日尺度上，向上长波辐射的最小值和最大值分别出现在 07:00 和 16:00 BJT，分别为 276 W·m^{-2} 和 532 W·m^{-2}。由于在聂荣站模拟的地表温度更低，其向上长波辐射的模拟值比其他站平均偏低 38 W·m^{-2}，地表温度模拟低估 2.3 ℃大致会造成向上长波辐射偏低 24 W·m^{-2}。相对于其他方案，MYJ 方案模拟的向上长波辐射明显偏低，这是因为 MYJ 方案对不稳定层结下边界层混合过强，对云的模拟偏差较大。

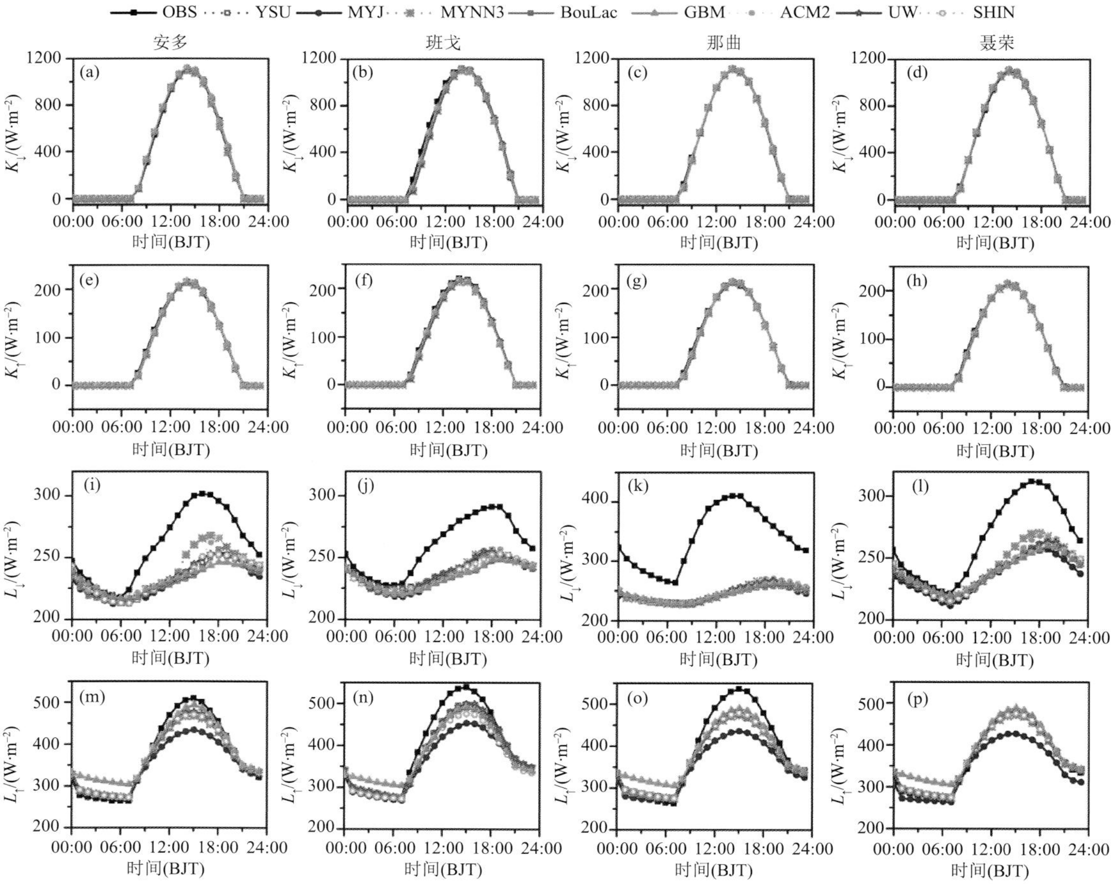

图 3.28　辐射平衡分量观测值与不同方案模拟值对比（引自 Xu et al.，2019）

（$K_{\downarrow}$ 为向下短波辐射；$K_{\uparrow}$ 为向上短波辐射；$L_{\downarrow}$ 为向下长波辐射；$L_{\uparrow}$ 为向上长波辐射）

在安多、班戈、那曲和聂荣站，地面能量平衡的闭合率分别为0.92、0.87、0.90和0.85。Wilson等(2000)的研究发现，涡动相关系统观测的能量平衡闭合率为0.53～0.99。造成这种能量不闭合的原因主要有：没有考虑复杂地形下平流的作用、涡动观测对感热和潜热通量的低估、通过热流板观测热通量间接计算土壤热通量的估算误差等(Feng et al.，2016)。图3.29给出了那曲站能量平衡各分量月均日变化特征，从图中看到，能量平衡各分量在日出后增大，午后达到最大值；净辐射变化范围为−30～790 W・m^{-2}，在14:00 BJT达到峰值；在安多、班戈和比如站，净辐射模拟值与观测基本一致；在那曲站，净辐射模拟值明显低于观测，平均偏差为−13 W・m^{-2}，这是因为在那曲站向下长波辐射模拟偏低；各方案模拟的净辐射差异不大。

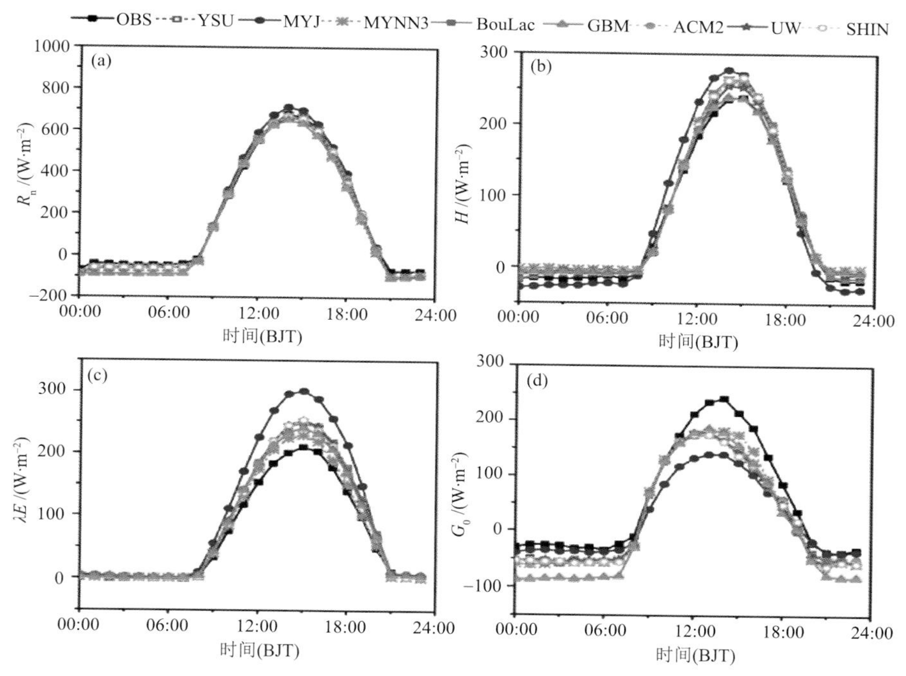

图3.29 那曲站能量平衡各分量观测值与不同边界层参数化方案模拟值对比(引自Xu et al.,2019)
(a)净辐射通量；(b)感热通量；(c)潜热通量；(d)土壤热通量

感热通量日变化范围为−15～238 W・m^{-2}，感热通量的观测值在05:00和14:00 BJT分别达到谷值和峰值；感热通量与地-气温差存在显著正相关(Liu et al.，2015)，日出后陆地升温，地-气间的温差逐渐增大，感热通量升高，在08:00 BJT左右由负值转为正值，日落后地面辐射冷却降温，地-气间温差减小，感热通量降低。各方案在正午对感热通量的模拟平均偏差为22 W・m^{-2}，这可能是因为复杂地形下模式地形过于平坦，次网格地形对环流的影响减小，风速偏大，地-气间热量交换偏大(Jiménez et al.，2013)。潜热通量的日变化范围为0～230 W・m^{-2}；各方案对潜热通量的模拟偏高，尤其是MYJ方案。MYJ方案近地层湍流交换强，模拟潜热通量正偏差大，模式中偏大的风速和过强的湍流混合导致感热通量和潜热通量的高估，这使得土壤中储存的能量偏少，地表偏冷。土壤热通量白天为正值，地面吸收热量升温，夜间为负值，地面释放热量加热大气；土壤热通量约在12:00 BJT达到峰值，比净辐射、感热通量和潜热通量提前约 2 h。白天，模式模拟的土壤含水量低于观测，模拟的土壤热通量偏低。

由于青藏高原海拔较高，吸收太阳辐射多，净辐射明显高于低海拔地区的 550 W·m^{-2} 左右（Xu et al.，2016）。青藏高原下垫面的感热通量比沙漠和湖泊的大，潜热通量比两者的小（李建刚 等，2012；许鲁君 等，2014）。有效能量（净辐射减去地面热通量）主要分配为感热通量。由能量交换特征分析可以发现，青藏高原气温模拟冷偏差主要来源于模式中感热通量和潜热通量的高估，以及向下长波辐射的低估。

3.6.3 大气垂直廓线特征模拟

利用那曲地区 2015 年 7 月 29 日 08:00 和 14:00 BJT 的探空资料，验证了 8 种边界层参数化方案模拟的边界层结构特征和气象要素垂直分布特征。图 3.30 给出了观测期间垂直方向位温廓线与不同方案模拟值的对比，从图中看到，在观测期间，青藏高原那曲地区日出时间在 07:00 BJT 左右，日落时间在 21:00 BJT 左右。观测的 08:00 BJT 平均位温廓线表现为典型的稳定边界层，边界层高度约为 300 m。夜间，地面辐射冷却降温，各方案模拟出夜间的稳定边界层，但模拟的边界层偏暖。BouLac 方案模拟的暖偏差较小，约为 3.1 K，而 SHINHONG 方案模拟的暖偏差较大，约为 4.6 K。

从图 3.30b 还可以看出，大气廓线表现为对流边界层，近地层为超绝热逆温层，大气边界层高度约为 2000 m，而模拟的大气边界层位温低于观测，最大负偏差为近地面的 5.2 K 左右；距地面高度 2200 m 左右为混合层顶部的卷夹层，各方案对卷夹层的模拟均存在偏差。李斐等

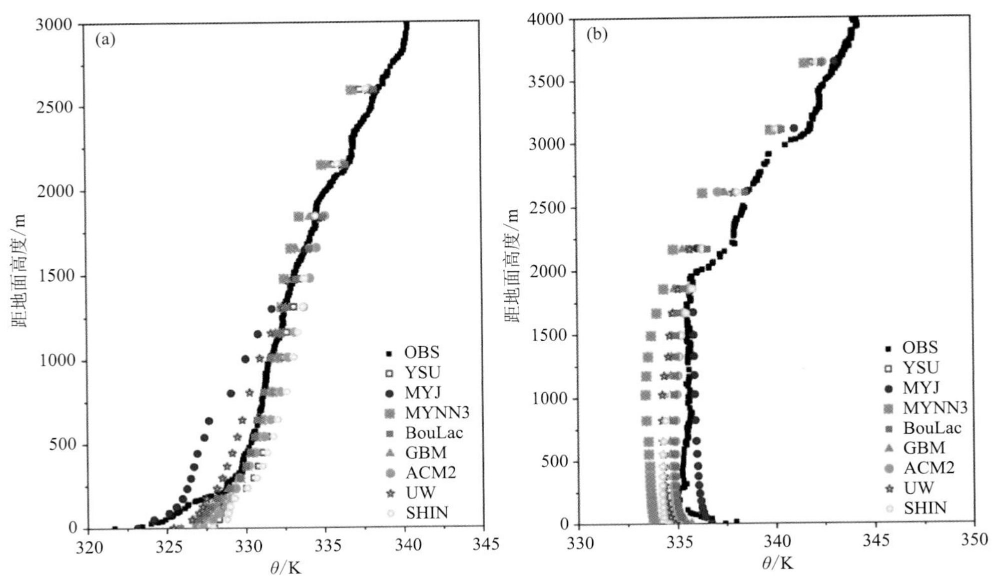

图 3.30 位温廓线观测值与不同方案模拟值对比（引自 Xu et al.，2019）

(a)08:00 BJT；(b)14:00 BJT

(2017)的研究指出，当边界层顶部逆温层弱时，模式对边界层位温分布模拟效果较好；距地面高度 2100 m 以下，BouLac 方案模拟的位温冷偏差最小，MYNN3 方案模拟的冷偏差最大，MYJ 方案模拟结果为暖偏差，随着高度升高，模拟偏差减小。

边界层内的水汽分布会直接影响云的形成，并对地表能量吸收产生影响。在 08:00 BJT，近地面相对湿度为 57%，随着高度的升高，相对湿度减小(图 3.31)。地面高度 450～1000 m，相对湿度随高度的升高基本不变；地面高度 1100～1500 m，相对湿度随高度的升高增加，之后随着高度的升高减小。不同方案模拟的相对湿度夜间差异约为 45%，白天差异约为 33%，其中 MYJ、MYNN3、ACM2、UW 和 SHIN-HONG 方案对相对湿度的模拟偏高；地面高度 700 m 以下，ACM2 方案模拟的相对湿度正偏差最大；地面高度 400 m 以下，BouLac 和 YSU 方案对相对湿度的模拟偏低，而地面高度 400 m 以上时，两方案对相对湿度的模拟偏高；地面高度 2000 m 以下，GBM 方案对相对湿度的模拟偏低。

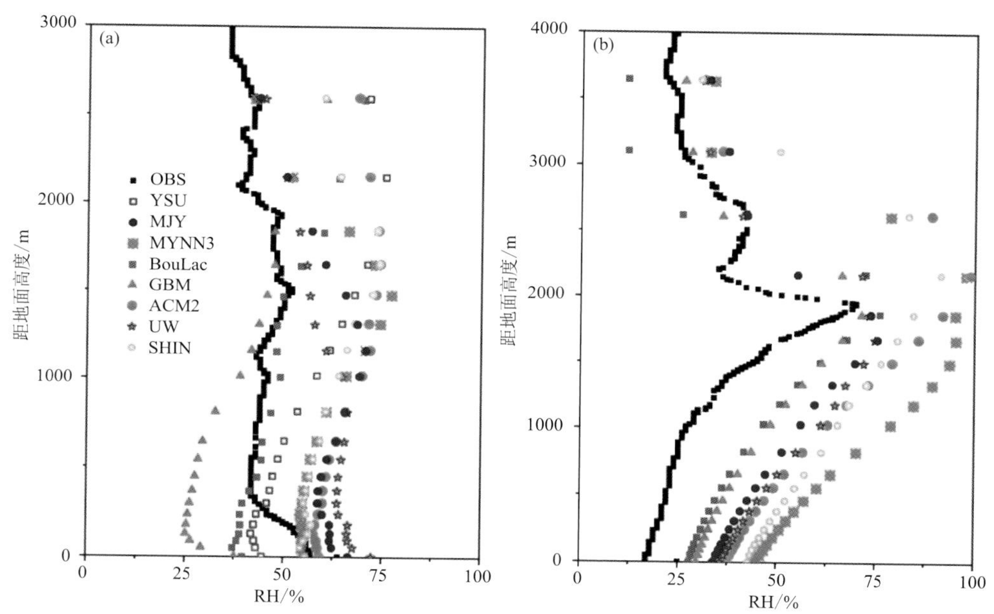

图 3.31 相对湿度(RH)廓线观测值与不同方案模拟值对比(引自 Xu et al.,2019)
(a)08:00 BJT;(b)14:00 BJT

白天，近地面相对湿度约为 20%。地面高度 1900 m 以下，相对湿度随高度的升高增大；在 1900 m 高度，相对湿度达到 72%；地面高度 1900～2200 m，相对湿度随高度的升高减小；地面高度 2200～2700 m，相对湿度随高度的升高增加，之后随着高度的升高减小。WRF 模式对大气边界层内相对湿度的模拟偏高 10%～25%，这可能是由于模式对青藏高原下垫面(如土壤含水量、植被覆盖率)描述失真所致(Yang et al.,2018)，地-气间较强的水汽输送也会导致边界层偏湿。BouLac 方案模拟的相对湿度正偏差较小，MYNN3 方案模拟的正偏差较大。整体来看，WRF 模式夜间模拟的大气边界层偏干暖，白天模拟的大气边界层偏湿冷。

3.6.4 改进大气边界层参数化方案

在日尺度上，WRF 模式低估了青藏高原那曲地区近地层温度，高估了湍流混合，从而造成偏湿、冷的大气边界层。一些研究指出，次网格地形重力波拖曳对大气边界层过程具有显著影响(Shin et al.，2015；Lorente-Plazas et al.，2016)。在高分辨率数值模式中，忽视次网格地形的拖曳作用会导致大气边界层气温、湿度、风场和热量交换的模拟误差(Jiménez et al.，2013；Lee et al.，2015；Zhou et al.，2017)。在数值天气预报模式中，通过对地形重力波拖曳、低层地形气流阻挡和湍流地形拖曳作用进行参数化，以反映被过滤掉的次网格地形阻力(Beljaars et al. 2004；Kim et al.，2005；Choi et al.，2015)。地形重力波拖曳和低层地形气流阻挡参数化可以提高对天气尺度风、压场的模拟能力，但对近地层温度有显著的模拟偏差(Holtslag et al.，2013)。湍流地形拖曳作用参数化增加了模式对近地层动量和热量交换的模拟能力，但对大气边界层的风廓线和温度层结模拟能力不足(Sandu et al.，2013)。为了更准确地表述次网格地形效应，Steeneveld 等(2008)提出了次网格尺度地形重力波拖曳方法。Tsiringakis 等(2017)在此基础上，将小尺度地形重力波的拖曳作用进行如下参数化。

$$\tau = \begin{cases} \dfrac{\rho_0 k_s H^2 NU}{2} & \dfrac{N}{U} \geqslant k_s \\ 0 & \dfrac{N}{U} < k_s \end{cases}$$

式中，ρ_0 为空气密度(kg・m^{-3})，U 为边界层顶风速(m・s^{-1})，H 为次网格地形的地形起伏，N 为布伦特-维赛拉(Brunt-Vaisala)频率，k_s 为地形波数(Tsiringakis et al.，2017)。

采用 Tsiringakis 等(2017)的方法，在 WRF 中引入次网格地形重力波拖曳作用，并设置对照试验，将采用和不采用次网格地形重力波拖曳的模拟结果进行对比，从而分析大气边界层过程中次网格地形重力波的拖曳作用的影响，其中大气边界层参数化方案采用 BouLac 方案。图 3.32 给出了模式改进前、后模拟的那曲站地表温度、2 m 风速、感热通量和潜热通量与观测值对比，从该图可以看到，那曲站地表温度变化范围为−2.6～29.5 ℃，平均地表温度为 18.6 ℃。在考虑了次网格地形重力波的拖曳作用后，模拟地表温度明显提升，平均地表温度偏差由−4.2 ℃减小至−0.8 ℃。Lapworth 等(2015)采用次网格地形重力波参数化后，同样发现温度模拟偏差减小。模式改进前，模拟风速平均值为 3.72 m・s^{-1}，改进后模拟平均风速减小至 3.21 m・s^{-1}。在 Jiménez 等(2012)的研究中，对次网格地形效应进行了参数化，模拟风速偏差明显减小。在增加次网格地形的拖曳作用后，近地层的湍流混合减弱，感热和潜热通量交换减小，感热通量的平均值由 87.23 W・m^{-2}减小至 71.03 W・m^{-2}，相应的 R^2 值由 0.91 提高至 0.95；潜热通量的平均值由 110.93 W・m^{-2}减小至 102.22 W・m^{-2}，相应的 R^2 值由 0.87 提高至 0.90。Xu 等 (2016)的研究同样发现，考虑复杂地形下的次网格地形效应能够显著减小潜热通量模拟正偏差。

图 3.33 给出了最内层模拟区域采用次网格地形重力波拖曳作用(改进后)减去不采用次

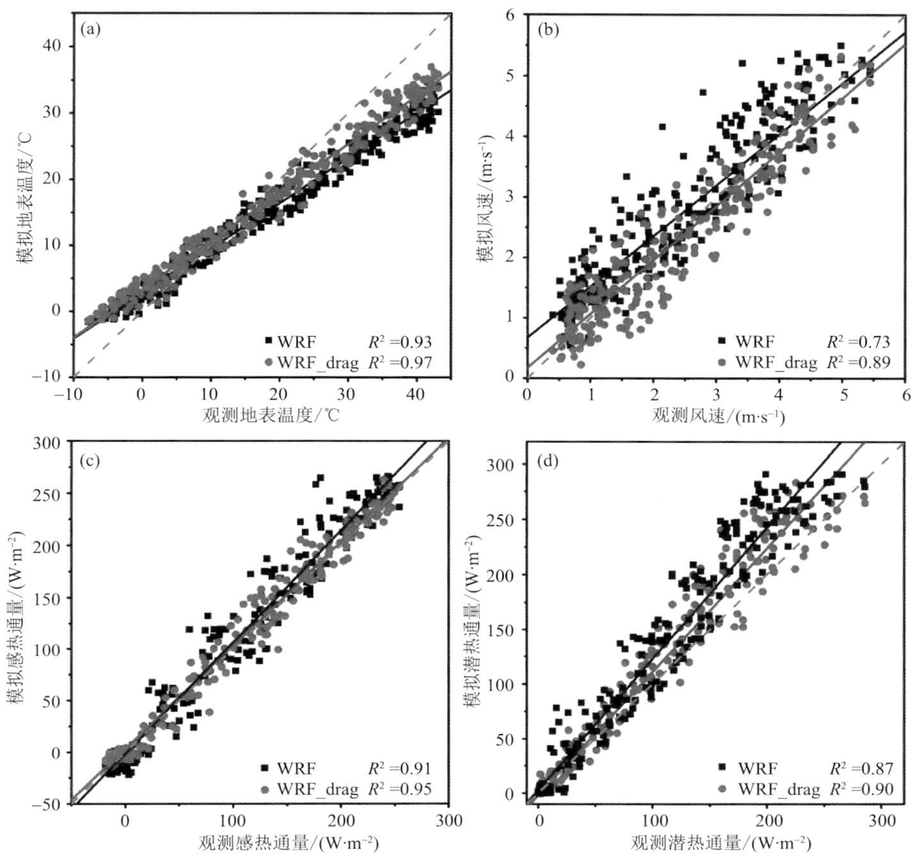

图 3.32 模式改进前后那曲站模拟值与观测值对比

(a)地表温度(单位:℃);(b)风速(单位:m·s⁻¹);(c)感热通量(单位:W·m⁻²);(d)潜热通量(单位:W·m⁻²)。红色(黑色)散点表示(不表示)采用次网格地形重力波的模拟值。红色和黑色实线为模拟值线性拟合线。灰色虚线为1∶1线

网格地形重力波拖曳作用(改进前)的合成结果,可以看到:模式改进后,青藏高原中部地区2 m气温平均升高0.48 ℃;在山顶处,2 m气温明显升高,由于地面吸收的热量减少,背风坡和山谷处的近地层气温降低;模拟区域的相对湿度平均降低10%;次网格地形重力波拖曳作用使近地层风速降低,潜热通量交换减少,相对湿度降低。

图3.34给出了那曲站风矢量、温度场和边界层高度的日变化的垂直廓线。模式改进后,边界层风速降低,在日出前后对边界层风的减弱作用尤为明显,这可能是因为次网格地形重力波增加了拖曳阻力,即所谓的长尾混合作用,减小了模式改进前过强的湍流混合和过多的向上辐射传输(Steeneveld et al., 2008)。模式改进后,近地层风的平流作用减弱,垂直方向上的湍流混合更加自由发展,边界层高度增加600 m左右。

尽管次网格地形重力波的拖曳作用会随着离地高度的增高而衰减,但其对垂直速度的影响会达到大气边界层顶(图3.35)。在夜间,尤其是06:00 BJT左右,垂直速度的减小尤为明

显，湍流混合更弱，大气层结更为稳定。在白天，尤其是正午，垂直速度同样减小，边界层内对流减弱，湿度降低。

因此可见，通过加入次网格的地形重力波拖曳物理过程，改善了青藏高原地区由于地形复杂导致的模拟偏差问题。在模式改进之后，对流层底部模拟温度的冷偏差减小，模拟的边界层水汽含量更低，同时模拟的边界层高度增加。改进后，模式的模拟结果与观测更为一致，更能反映大气边界层的真实情况。

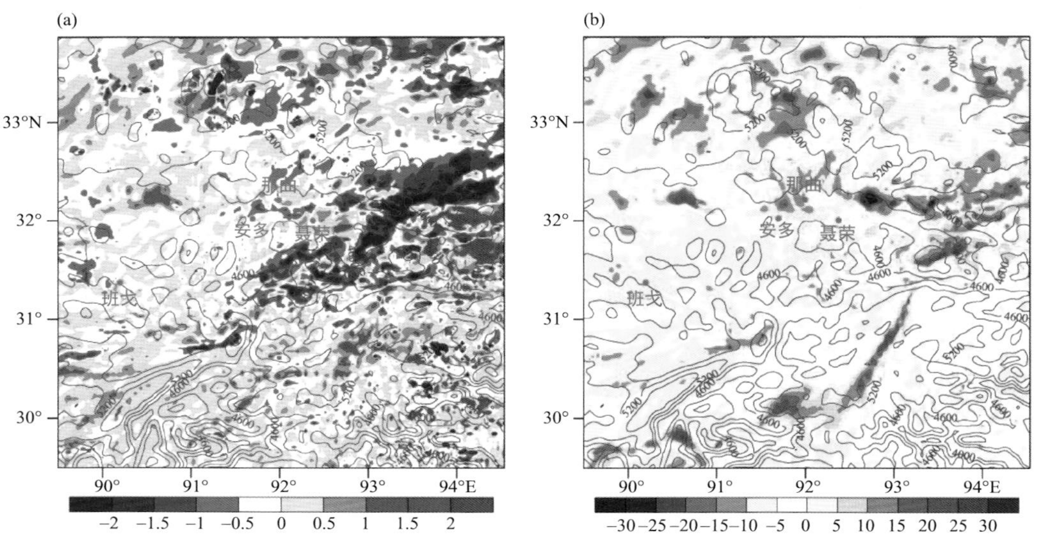

图 3.33　合成的 2 m 气温(单位：℃)(a)和相对湿度(%)(b)。其中黑色曲线为地形高度(单位：m)，绿色圆点表示观测站点位置

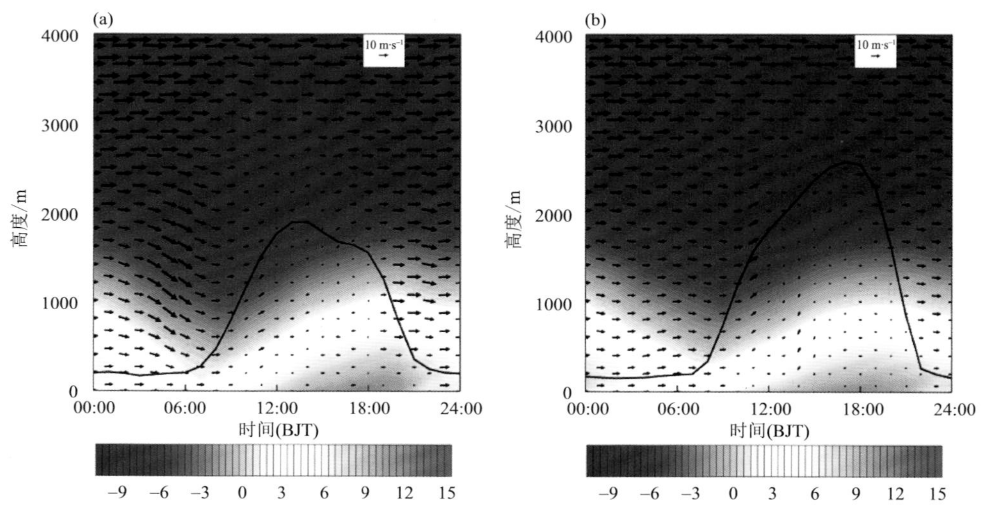

图 3.34　那曲站边界层高度(单位：m)、温度(单位：℃)和垂直风矢量(单位：m · s^{-1})日变化
(a)不采用次网格地形重力波；(b)采用次网格地形重力波

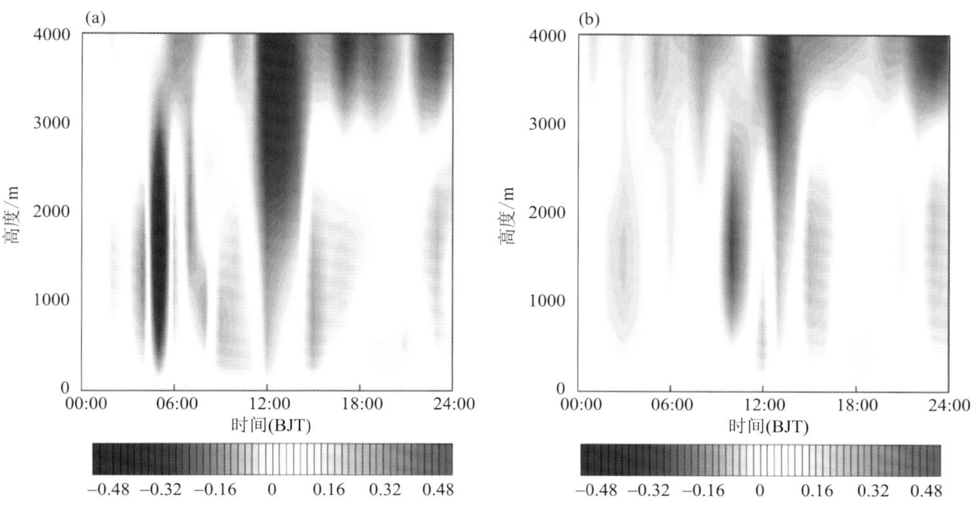

图 3.35 那曲站垂直速度(单位：m·s^{-1})日变化

(a)不采用次网格地形重力波；(b)采用次网格地形重力波

3.7 边界层方案对青藏高原对流降水模拟的影响

在 WRF 中，选择下面边界层参数化方案，即 YSU 方案(是非局地闭合方案)、MYJ 方案(为局地垂直混合的预报湍流动能方案)、BouLac 方案和 GBM 方案，模拟研究了青藏高原区域(图 3.36)边界层对 2003 年 8 月 12 日的一次对流降水过程的影响，其中分别采用 NCEP FNL 再分析数据集和 ERA-Interim 资料作为模式模拟的初边界场。模拟时间为 8 月 13 日 08:00(北京时)—8 月 14 日 20:00(前 6 h 为模式预热(spin up)时间)，模拟区域采用三重嵌套

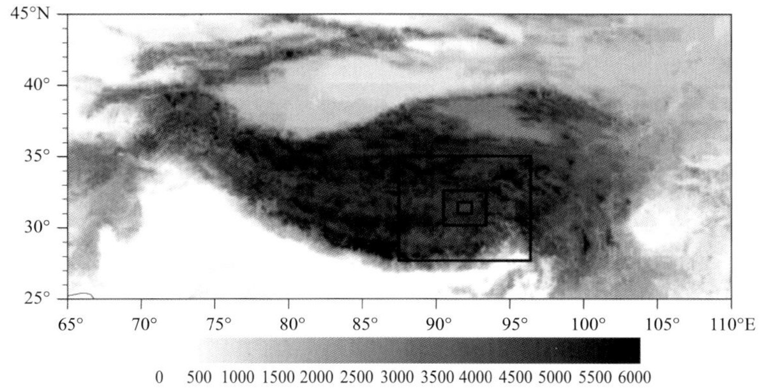

图 3.36 模拟区域设定(黑框)及海拔分布(单位：m)(引自栾澜 等，2017)

(图 3.36),中心经纬度为(91.93°E,31.38°N),每重嵌套格点数均为 91×91,水平分辨率分别为 9 km、3 km 和 1 km,垂直方向采用 Eta 坐标,为不等间距的 31 个层次,时间分辨率为 45 s、15 s 和 5 s,每 10 min 输出一次结果。下垫面土地利用类型采用美国地质勘探局(USGS)资料,包含 24 种土地利用类型以及 16 种土壤质地。模式选用 RRTM 长波辐射方案、Dudhia 短波辐射方案、Noah 陆面过程方案、Kain-Fritsch 积云参数化方案(最内层嵌套未使用积云参数化方案),对 Lin、WSM6 和 Eta 微物理方案与 YSU、MYJ、BouLac 和 GBM 边界层方案的组合进行对比(表 3.5)。

表 3.5　参数化方案组合

方案	微物理参数化方案	边界层参数化方案
1	Lin	YSU
2	Lin	MYJ
3	Lin	BouLac
4	Lin	GBM
5	WSM6	YSU
6	WSM6	MYJ
7	WSM6	BouLac
8	WSM6	GBM
9	Eta	YSU
10	Eta	MYJ
11	Eta	BouLac
12	Eta	GBM

图 3.37 为第三重区域内 TRMM 红外降水资料与 NCEP FNL 和 ERA-Interim 为初边界场时 12 个方案模拟结果的 13 日 20:00—14 日 20:00 BJT 降水平均值分布。TRMM 资料显示,在研究区西部和东北部各有一个降水高值中心(图 3.37a),而用 NCEP FNL 资料模拟出两个降水中心,一个位于东北部,与 TRMM 资料相比降水中心模拟的范围偏大,另一个位于西南角,没有刻画出 TRMM 资料西部的降水中心(图 3.37b),用 ERA-Interim 资料同样模拟出两个降水中心,一个位于西北部,另一个位于东南部,与 TRMM 资料相差较大(图 3.37c)。

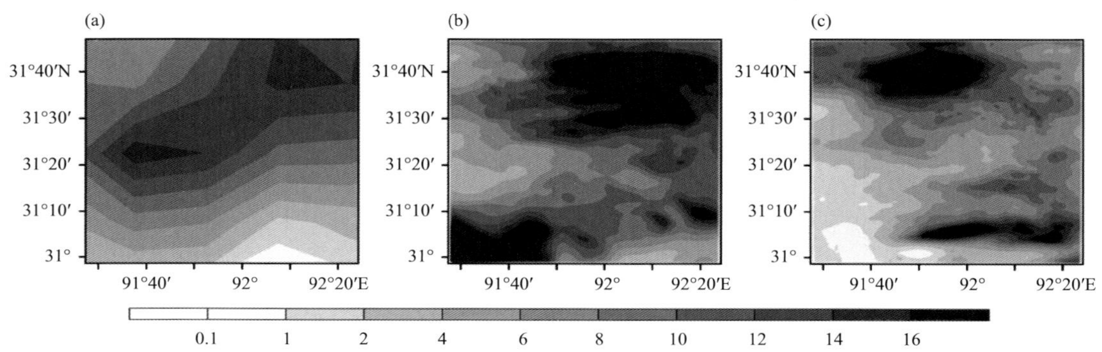

图 3.37　第三重区域 2003 年 8 月 13 日 20 时—14 日 20 时(BJT)降水分布(单位:mm)
(a)TRMM 资料;(b)NCEP FNL 资料为初边界场时 12 个方案模拟结果平均值;
(c)同(b)但为 ERA-Interim 资料(引自栾澜 等,2017)

在时间演变上，观测降水显示出两次过程，第一次发生在8月13日20时—8月14日01时，其中在13日23时降水有增大的趋势，第二次发生于8月14日17时，且强于第一次(图3.38a)。用NCEP FNL资料模拟出了两次降水过程，但在14日02:00—07:00模拟出了一次虚假降水，且第一次降水强度大于第二次(图3.38b)。用ERA-Interim资料同样模拟出了两次降水过程，第一次降水过程在23:00—00:00之间的降水高于该次其他时刻降水，这与TRMM的结果相符，且第二次降水强度略高于第一次(图3.38c)，但是与图3.38b类似，图3.38c在14日02:00—10:00也存在虚假降水。

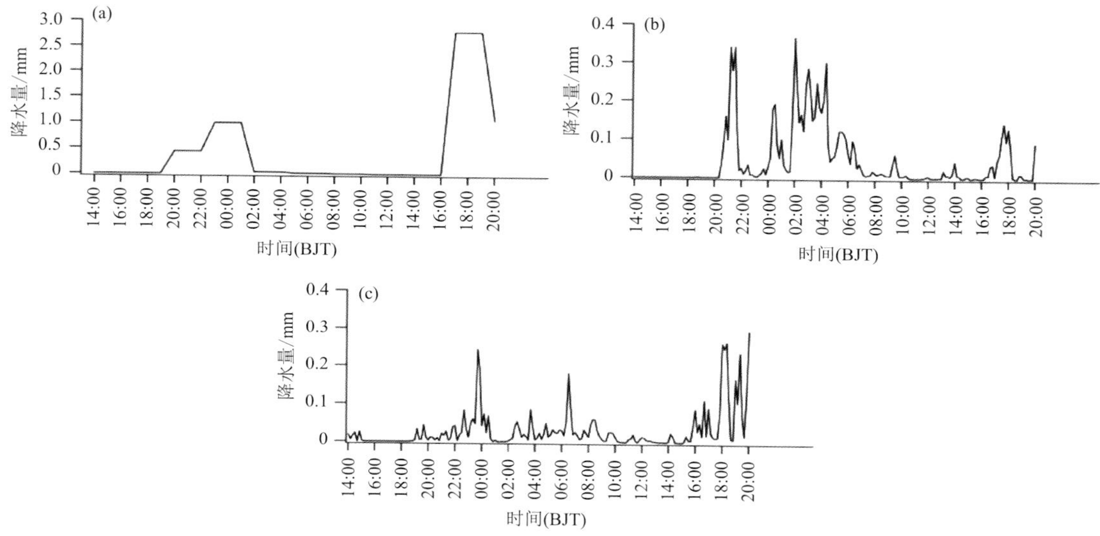

图3.38 降水时间序列图。(a)TRMM资料(每整时刻一个值，TRMM资料时间分辨率为3 h，故从8月13日14时起每3 h的值相同均为3个时刻中第一个时刻的值)；(b)NCEP FNL资料为初边界场时12个方案模拟结果平均值；(c)同(b)但为ERA-Interim资料(引自栾澜 等，2017)

通过比较不同边界层参数化方案与Lin微物理参数化方案组合的模拟结果可以看到：用MYJ边界层参数化方案模拟的区域中心及其西北部水汽辐合更明显，而用其他边界层参数化方案的模拟结果没有显示出明显的水汽辐合。从图3.39可以看出，在相同微物理参数化方案条件下，不同边界层参数化方案模拟出的垂直风速差异较大，其中以MYJ边界层参数化方案的组合模拟出了最强的对流活动，在这种状况下，不同微物理参数化方案均体现出了较强的对流，这说明相对于微物理参数化方案，对流发生对边界层参数化方案更敏感。图3.40给出了微物理参数化方案相同但边界层参数化方案不同的四个组合模拟的8月13日14:00第三重区域的边界层高度、感热通量、潜热通量和净辐射通量分布。可以看出：尽管图3.40a和图3.40d中边界层高度的分布较相似，但是相比于各组合模拟的感热通量(图3.40e—h)、潜热通量(图3.40i—l)和净辐射通量(图3.40m—p)分布情况，不同边界层参数化方案对边界层高度模拟的差异最为明显，反映了边界层参数化方案对边界层高度的模拟存在较大影响，其中MYJ边界层参数化方案模拟的边界层高度最高。在地表能量通量分布差别不大的情况下，造成这种差异的原因可能与不同边界层参数化方案对边界层发展的影响不同有关，同时与各方法中对边界层高度确定不同也有关，边界层高度是边界层最重要的物理参数之一，其强烈影响着云和对流的发展以及演变过程。

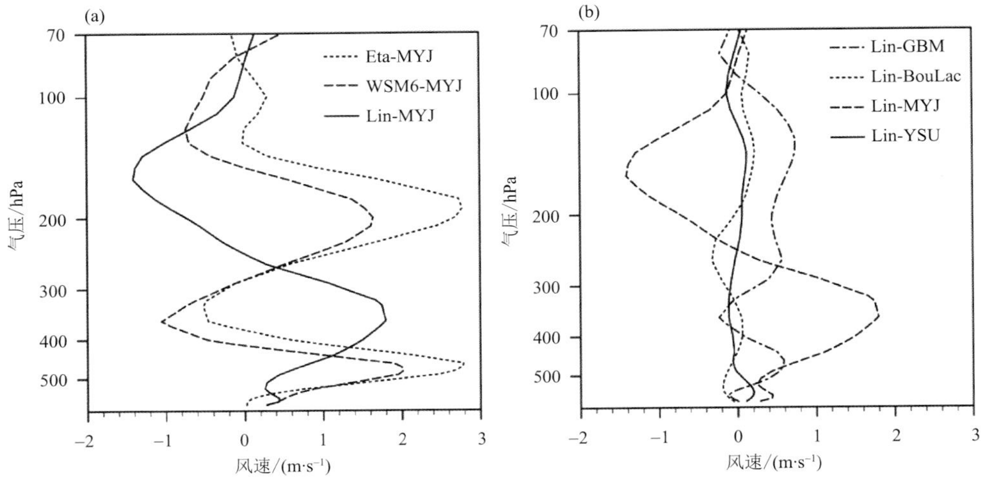

图 3.39　8 月 13 日 19:00 BJT 中心附近 4 点平均垂直风速度(引自栾澜 等,2017)

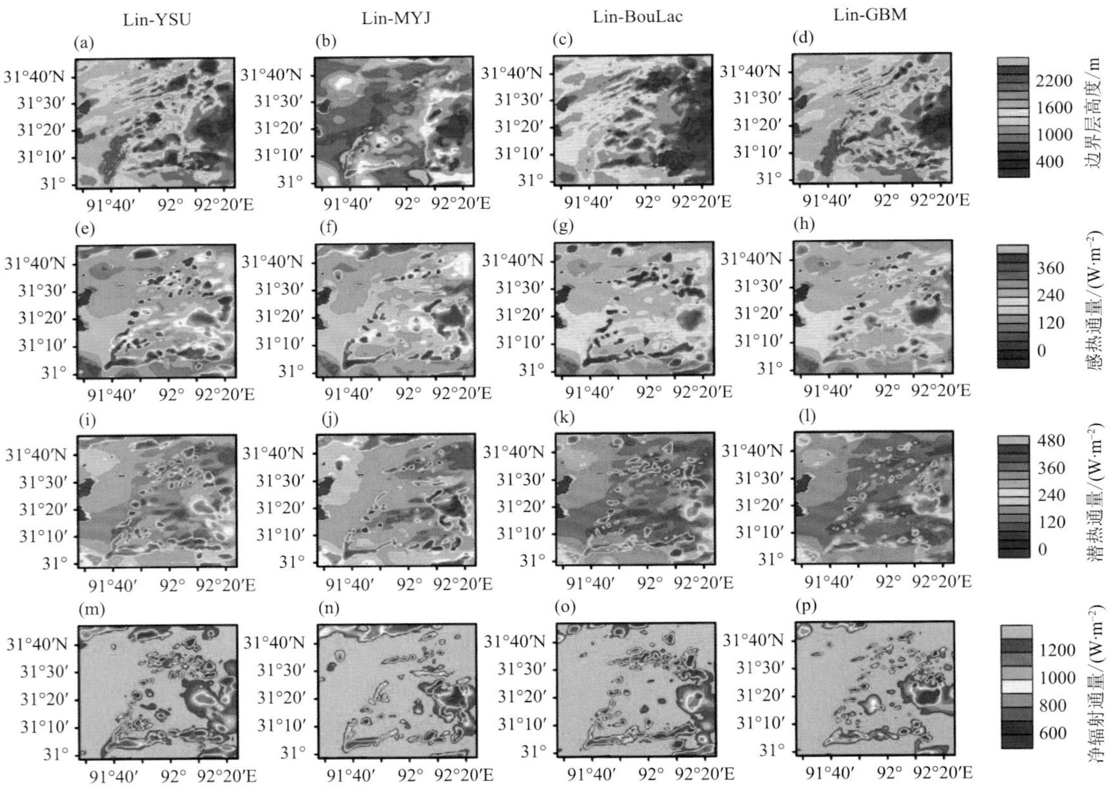

图 3.40　8 月 13 日 14:00 BJT 第三重区域物理量分布。(a)—(d)边界层高度;(e)—(h)感热通量;(i)—(l)潜热通量;(m)—(p)净辐射通量(引自栾澜 等,2017)

3.8 本章小结

在国家自然科学基金委员会重大研究计划“青藏高原地-气耦合系统变化及其全球气候效应”的支持下，青藏高原边界层结构特征及形成机制研究取得了重要进展。

(1)青藏高原大气边界层高度存在明显的区域和季节差异，青藏高原近地面层在夜间和凌晨有明显的逆湿现象，日出后逐渐消失；冬季青藏高原西部，地表能量过程和整个对流层上部较弱的稳定度是驱动深厚边界层发展和维持的主要机制，而大尺度环流的作用、地表湍流加热、边界层顶上部向下的动量传输对边界层的增长也起了重要作用；冬季喜马拉雅山中段，大气边界层发展受到大尺度西风风向风速变化的强烈影响，西风动量向下传输到山谷产生更大的感热通量，并形成一个异常的局地热力驱动风，且大尺度西风通过其对大气稳定性的影响，在夜间形成一个深厚的残余层，并在白天下午促进极端深厚大气边界层的形成。

(2)青藏高原东西部边界层高度特征呈现显著差异，高原东部以稳定边界层最多，而西部以不稳定边界层最多；白天高原边界层高度总体上呈现出西高、东低的特征，其中不稳定和中性边界层这种特征最为显著，而稳定边界层这种特征则不明显；自西向东，较低的不稳定边界层高度出现频率逐渐增加，而较高的边界层高度发生频率逐渐减少；傍晚时段，高原东—西部之间的边界层高度差值可达到 1000 m；青藏高原东、西部之间的大气边界层高度差异与当地气候环境特点显著相关，其中在高原西部和东部，云量低和高时，地表向下的太阳辐射分别较大和较小，分别与西部的裸露土壤和东部的高寒草甸或草原相对应，分别存在干和湿的土壤条件，从而导致高原西部和东部分别高和低的感热通量，促进和抑制了局地大气边界层高度的发展。

(3)青藏高原东南缘湍能分量强弱依赖于下垫面植被的变化状况，且与局地稳定度特征及其动力、热力条件存在显著关系。近地层处于中性层结时，机械湍流较强，湍流动能主要贡献来源于切变项；在不稳定层结时，浮力项较强，切变项较弱；在稳定层结时，湍流发展呈间歇性特征，其中浮力项与切变项亦较弱，且湍流动能显著小于中性和不稳定状态；从湍流-对流运动不同尺度相互作用视角可知，高原东南缘午时对流边界层顶高可达 1500～2500 m，边界层湍流动能、切变项、浮力项与对流边界层顶高、局地垂直运动均呈显著相关，且白天地面感热通量或浮力项的热力湍流作用对对流边界层发展高度亦有明显影响，而机械湍流的剪切作用影响却相对小，近地层切变项机械湍流输送对垂直运动影响显著；春、夏季浮力项、切变项与垂直运动相关的日变化峰值均为大气层结显著不稳定阶段，尤其在夏季层结不稳定背景下浮力项午后对垂直运动贡献显著。

(4)在数值预报模式中不同大气边界层参数化方案模拟的湍流混合强度不同，使边界层内温度、风向风速模拟存在差异。相对于其他边界层参数化方案，BouLac 边界层方案在湍流扩散系数的计算中考虑了地形影响产生的湍流交换，模拟的温度和相对湿度的偏差较小，而MYNN3边界层方案模拟的偏差最大；在云量和辐射模拟方面，MYNN3方案更接近于观测值，而MYJ方案对不稳定层结下边界层混合的过强模拟造成向上长波辐射明显偏低、云模拟偏差大。通过加入次网格的地形重力波拖曳物理过程，改善了青藏高原地区由于地形复杂导致的模拟偏差问题，使对流层底部温度冷偏差减小、边界层水汽含量更低以及边界层高度增加；不同边界层参数化方案模拟出的垂直风速差异较大，其中MYJ边界层参数化方案的组合模拟出了最强的对流活动。

参考文献

陈学龙，马耀明，孙方林，等，2007. 珠峰地区雨季对流层大气的特征分析[J]. 高原气象，26(6)：1280-1286.

陈学龙，马耀明，胡泽勇，等，2010. 季风爆发前后青藏高原西部改则地区大气结构的初步分析[J]. 大气科学，34(1)：83-94.

李斐，邹捍，周立波，等，2017. WRF模式中边界层参数化方案在藏东南复杂下垫面适用性研究[J]. 高原气象，36(2)：340-357.

李建刚，奥银焕，李照国，2012. 夏季不同天气条件下沙漠辐射和能量平衡的对比分析[J]. 地理科学进展，31(11)：1443-1451.

李茂善，马耀明，胡泽勇，等，2004. 藏北那曲地区大气边界层特征分析[J]. 高原气象，23(5)：728-733.

李茂善，戴有学，马耀明，等，2006. 珠峰地区大气边界层结构及近地层能量交换分析[J]. 高原气象，25(5)：807-813.

李茂善，马耀明，马伟强，等，2011. 藏北高原地区干、雨季大气边界层结构的不同特征[J]. 冰川冻土，33(1)：72-79.

刘树华，刘振鑫，郑辉，等，2013. 多尺度大气边界层与陆面物理过程模式的研究进展[J]. 中国科学：物理学 力学 天文学，43(10)：1332-1355.

吕雅琼，马耀明，李茂善，等，2008. 青藏高原纳木错湖区大气边界层结构分析[J]. 高原气象，27(6)：1205-1210.

栾澜，孟宪红，吕世华，等，2017. 青藏高原一次对流降水模拟中边界层参数化和云微物理的影响研究[J]. 高原气象，36(2)：283-293.

马伟强，戴有学，马耀明，等，2005. 利用无线电探空资料分析藏北高原地区边界层及其空间结构特征[J]. 干旱区资源与环境，19(3)：40-46.

孙方林，马耀明，马伟强，等，2006. 珠峰地区大气边界层结构的一次观测研究[J]. 高原气象，25(6)：1014-1019.

王树舟，马耀明，2008. 珠峰地区夏季大气边界层结构初步分析[J]. 冰川冻土，30(4)：681-687.

王寅钧，徐祥德，赵天良，等，2015. 青藏高原东南缘边界层对流与湍能结构特征[J]. 中国科学：地球科学，45(6)：843-855.

徐祥德，卞林根，张光智，等，2001. 青藏高原地-气过程动力、热力结构综合物理图像[J]. 中国科学D辑：地球科学，31(5)：428-440.

许鲁君，刘辉志，曹杰，2014. 大理苍山-洱海局地环流的数值模拟[J]. 大气科学，38(6)：1198-1210.

杨洋，刘晓阳，陆征辉，等，2016. 博斯腾湖流域戈壁地区大气边界层高度特征研究[J]. 北京大学学报(自然科学版)，52(5):829-836.

叶笃正，陶诗言，李麦村，1958. 在六月和十月大气环流的突变现象[J]. 气象学报，29(4):249-263.

叶笃正，高由禧，1979. 青藏高原气象学[M]. 北京:科学出版社.

张碧辉，刘树华，LIU H P，等，2012. MYJ 和 YSU 方案对 WRF 边界层气象要素模拟的影响[J]. 地球物理学报，55(7):2239-2248.

张强，卫国安，侯平，2004. 初夏敦煌荒漠戈壁大气边界结构特征的一次观测研究[J]. 高原气象，23(5):587-597.

赵鸣，苗曼倩，1992. 大气边界层[M]. 北京:气象出版社.

赵平，李跃清，郭学良，等，2018. 青藏高原地气耦合系统及其天气气候效应:第三次青藏高原大气科学试验[J]. 气象学报，76(1):3-30.

周明煜，钱粉兰，陈陟，等，2002. 西藏高原斜压对流边界层风、温、湿廓线特征[J]. 地球物理学报，45(6):773-783.

朱春玲，马耀明，陈学龙，2011. 青藏高原西部及东南周边地区季风前大气边界层结构分析[J]. 冰川冻土，33(2):325-333.

左洪超，胡隐樵，吕世华，等，2004. 青藏高原安多地区干、湿季的转换及其边界层特征[J]. 自然科学进展，14(5):535-540.

BELJAARS A C M，BROWN A R，WOOD N，2004. A new parametrization of turbulent orographic form drag[J]. Q J Roy Meteor Soc，130(599):1327-1347.

BLAY-CARRERAS E，PINO D，DE ARELLANO J V，et al，2014. Role of the residual layer and large-scale subsidence on the development and evolution of the convective boundary layer[J]. Atmos Chem Phys，14:4515-4530.

BOUGEAULT P，LACARRÈRE P，1989. Parameterization of orography-induced turbulence in a Mesobeta-Scale Model[J]. Mon Wea Rev，117(8):1872-1890.

BRETHERTON C S，PARK S，2009. A new moist turbulence parameterization in the Community Atmosphere Model[J]. J Clim，22(12):3422-3448.

BROOKS I M，ROGERS D P，2000. Aircraft observations of the mean and turbulent structure of a shallow boundary layer over the Persian Gulf[J]. Bound-Lay Meteorol，95:189-210.

CHE J H，ZHAO P，2021. Characteristics of the summer atmospheric boundary layer height over the Tibetan Plateau and influential factors[J]. Atmos Chem Phys，21:5253-5268.

CHEN F，DUDHIA J，2001. Coupling an advanced land surface-hydrology model with the Penn State-NCAR MM5 modeling system. Part I: Model implementation and sensitivity[J]. Mon Wea Rev，129(4):569-585.

CHEN S S，HOUZE R A，1997. Diurnal variation and lifecycle warm pool[J]. Q J Roy Meteor Soc，123:357-388.

CHEN X，MA Y，KELDER H，et al，2011. On the behaviour of the tropopause folding events over the Tibetan Plateau[J]. Atmos Chem Phys，11:5113-5122.

CHEN X，ŠKERLAK B，ROTACH M W，et al，2016. Reasons for the extremely high-ranging planetary boundary layer over the western Tibetan Plateau in winter[J]. J Atmos Sci，73:2021-2038.

CHEN X L，AÑEL J A，SU Z B，et al，2013. The deep atmospheric boundary layer and its significance to the stratosphere and troposphere exchange over the Tibetan Plateau[J]. PLoS One，8(2):e56909.

CHEN X L, ŠKERLAK B, ROTACH M W, et al, 2016. Reasons for the extremely high-ranging planetary boundary layer over the western Tibetan Plateau in winter[J]. J Atmos Sci, 73(5):2021-2038.

CHOI H J, HONG S Y, 2015. An updated subgrid orographic parameterization for global atmospheric forecast models[J]. J Geophys Res:Atmos, 120(24): 12445-12457.

CLARKE R H, DYER A J, BROOK R R, et al, 1971. The Wangara experiment: Boundary layer data[R]. Division of Meteorological Physics Technical Paper, 19.

CUESTA J, EDOUART D, MIMOUNI M, et al, 2008. Multi-platform observations of the seasonal evolution of the Saharan atmospheric boundary layer in Tamanrasset, Algeria, in the framework of the African Monsoon Multidisciplinary Analysis field campaign conducted in 2006[J]. J Geophys Res: Atmos, 113(D23): D00C07.

DUDHIA J, 1989. Numerical study of convection observed during the winter monsoon experiment using a mesoscale two-dimensional model[J]. J Atmos Sci, 46(20):3077-3107.

FENG J W, LIU H Z, SUN J H, et al, 2016. The surface energy budget and interannual variation of the annual total evaporation over a highland lake in southwest China[J]. Theor Appl Clim, 126(1):303-312.

GARRATT J R, 1992. The atmospheric boundary layer[J]. Earth Sci Rev, 37(1-2):89-134.

GRELL G A, DEVENYI D, 2002. A generalized approach to parameterizing convection combining ensemble and data assimilation techniques[J]. Geophys Res Lett, 29(6): 587-590.

GRENIER H, BRETHERTON C S, 2001. A moist PBL parameterization for large-scale models and its application to subtropical cloud-topped marine boundary layers[J]. Mon Wea Rev, 129(3):357-377.

GUO J P, MIAO Y C, ZHANG Y, et al, 2016. The climatology of planetary boundary layer height in China derived from radiosonde and reanalysis data[J]. Atmos Chem Phys, 16(20):13309-13319.

HOLTSLAG A, SVENSSON G, BAAS P, et al, 2013. Stable atmospheric boundary layers and diurnal cycles-challenges for weather and climate models[J]. B Am Meteorol Soc, 94(11): 1691-1706.

HONG S Y, NOH Y, DUDHIA J, 2006. A new vertical diffusion package with an explicit treatment of entrainment processes[J]. Mon Wea Rev, 134(9):2318-2341.

JANJIC Z I, 2002. Nonsingular implementation of the Mellor-Yamada Level 2. 5 scheme in the NCEP meso model[J]. NCEP Office Note, 436: 1-61.

JIANG D B, WANG H J, LANG X M, 2005. Evaluation of East Asian climatology as simulated by seven coupled models[J]. Adv Atmos Sci, 22(4): 479-495.

JIMÉNEZ P, DUDHIA J, 2012. Improving the representation of resolved and unresolved topographic effects on surface wind in the WRF model[J]. J Appl Meteorol Climatol, 51(2):300-316.

JIMÉNEZ P, DUDHIA J, GONZÁLEZ-ROUCO J, et al, 2013. An evaluation of WRF's ability to reproduce the surface wind over complex terrain based on typical circulation patterns[J]. J Geophys Res: Atmos, 118(14): 7651-7669.

KAIMAL J C, WYNGAARD J C, HAUGEN D A, et al, 1976. Turbulence structure in the convective boundary layer[J]. J Atmos Sci, 33(11): 2152-2169.

KIM Y J, DOYLE J D, 2005. Extension of an orographic-drag parametrization scheme to incorporate orographic anisotropy and flow blocking[J]. Q J Roy Meteor Soc, 131(609): 1893-1921.

LAI Y, CHEN X, MA Y, et al, 2021. Impacts of the westerlies on planetary boundary layer growth over a valley on the north side of the central Himalayas[J]. J Geophys Res:Atmos, 126:e2020JD033928.

LAPWORTH A,CLAXTON B M,MCGREGOR J R, 2015. The effect of gravity wave drag on near-surface winds and wind profiles in the nocturnal boundary layer over land[J]. Bound-Lay Meteorol, 156(2): 325-335.

LEE J, SHIN H H, HONG S Y, et al, 2015. Impacts of subgrid-scale orography parameterization on simulated surface layer wind and monsoonal precipitation in the high-resolution WRF model[J]. J Geophys Res: Atmos, 120(2): 644-653.

LEE T R,PAL S, 2017. On the potential of 25 years(1991—2015) of rawinsonde measurements for elucidating climatological and spatiotemporal patterns of afternoon boundary layer depths over the contiguous US[J]. Adv Meteorol, 2017:1-19.

LIN Y L, JAO I C, 1995. A numerical study of flow circulations in the central valley of california and formation mechanisms of the fresno eddy[J]. Mon Wea Rev, 123(11): 3227-3239.

LIU H Z,FENG J W,SUN J H,et al, 2015. Eddy covariance measurements of water vapor and CO_2 fluxes above the Erhai Lake[J]. Sci China: Earth Sci, 58(3): 317-328.

LORENTE-PLAZAS R,JIMENEZ P A,DUDHIA J,et al, 2016. Evaluating and improving the impact of the atmospheric stability and orography on surface winds in the WRF model[J]. Mon Wea Rev, 144(7): 2685-2693.

MELLOR G L,YAMADA T, 1982. Development of a turbulence closure model for geophysical fluid problems [J]. Rev Geophys Space Phys, 20: 851-875.

MIAO Y C, HU X M, LIU S H,et al, 2015. Seasonal variation of local atmospheric circulations and boundary layer structure in the Beijing-Tianjin-Hebei region and implications for air quality[J]. Journal of Advances in Modeling Earth Systems, 7:1602-1626.

MLAWER E J,TAUBMAN S J,BROWN P D,et al, 1997. Radiative transfer for inhomogeneous atmospheres: RRTM, a validated correlated-k model for the longwave[J]. J Geophys Res: Atmos, 102(D14): 16663-16682.

NAKANISHI M,NIINO H, 2004. An improved Mellor-Yamada Level-3 Model with condensation physics:Its design and verification[J]. Bound-Lay Meteorol, 112(1):1-31.

NEZVAL E I,CHUBAROVA N E,GRBNER J,et al, 2012. Influence of atmospheric parameters on downward longwave radiation and features of its regime in Moscow[J]. Izv Atmos Ocean Phys, 48(6):610-617.

PLEIM J E, 2007. A combined local and nonlocal closure model for the atmospheric boundary layer. Part I: Model description and testing[J]. J Appl Meteorol Climatol, 46(9):1383-1395.

RAMAN S,TEMPLEMAN B,TEMPLEMAN S,et al, 1990. Structure of the Indian southwesterly pre-monsoon and monsoon boundary layers:Observations and numerical simulation[J]. Atmospheric Environment Part A General Topics, 24(4): 723-734.

SANDU I,BELJAARS A,BECHTOLD P,et al, 2013. Why is it so difficult to represent stably stratified conditions in numerical weather prediction (NWP) models[J]. Journal of Advances in Modeling Earth Systems, 5:117-133.

SCHIEMANN R, LÜTHI D, SCHÄR C, 2009. Seasonality and interannual variability of the westerly jet in the Tibetan Plateau region [J]. J Clim, 22(11): 2940-2957.

SEIBERT P, BEYRICH F, GRYNING S E, et al, 2000. Review and intercomparison of operational methods for the determination of the mixing height[J]. Atmos Environ, 34(7):1001-1027.

SEIDEL D J, AO C O, LI K, 2010. Estimating climatological planetary boundary layer heights from radiosonde observations: Comparison of methods and uncertainty analysis[J]. J Geophys Res: Atmos, 115(D16): D16113.

SEIDEL D J, ZHANG Y H, BELJAARS A, et al, 2012. Climatology of the planetary boundary layer over the continental United States and Europe[J]. J Geophys Res: Atmos, 117(D17): D17106.

SHIN H H, HONG S Y, 2011. Intercomparison of planetary boundary-layer parametrizations in the WRF model for a single day from CASES-99[J]. Bound-Lay Meteorol, 139(2):261-281.

SHIN H H, HONG S Y, 2015. Representation of the subgrid-scale turbulent transport in convective boundary layers at gray-zone resolutions[J]. Mon Wea Rev, 143(1): 250-271.

STEENEVELD G J, HOLTSLAG A, NAPPO C J, et al, 2008. Exploring the possible role of small-scale terrain drag on stable boundary layers over land[J]. J Appl Meteorol Climatol, 47(10):2518-2530.

STULL R B, 1988. An Introduction to Boundary Layer Meteorology[M]. Netherlands: Springer: 666.

SUN F L, MA Y M, LI M S, 2007. Boundary layer effects above a Himalayan valley near Mount Everest[J]. Geophys Res Lett, 34: L08808.

SUN F L, MA Y M, HU Z Y, et al, 2017. Observation of strong winds on the northern slopes of mount everest in monsoon season[J]. Arctic Antarctic and Alpine Research, 49: 687-697.

TAO S Y, DING Y H, 1981. Observational evidence of the influence of the Qinghai-Xizang (Tibet) Plateau on the occurrence of heavy rain and severe convective storms in China[J]. B Am Meteorol Soc, 62(1):23-30.

TSIRINGAKIS A, STEENEVELD G J, HOLTSLAG A, 2017. Small-scale orographic gravity wave drag in stable boundary layers and its impact on synoptic systems and near-surface meteorology[J]. Q J Roy Meteor Soc, 143(704):1504-1516.

WANG Y J, XU X D, LIU H Z, et al, 2016. Analysis of land surface parameters and turbulence characteristics over the Tibetan Plateau and surrounding region[J]. J Geophys Res: Atmos, 121: 9540-9560.

WILSON K B, BALDOCCHI D D, 2000. Seasonal and interannual variability of energy fluxes over a broad-leaved temperate deciduous forest in North America[J]. Agr Forest Meteorol, 100(1):1-18.

XIE B, FUNG J C H, CHAN A, et al, 2012. Evaluation of nonlocal and local planetary boundary layer schemes in the WRF model[J]. J Geophys Res: Atmos, 117(D12):12103.

XU L J, LIU H Z, DU Q, et al, 2016. Evaluation of the WRF-lake model over a highland freshwater lake in southwest China: Evaluation of the WRF-lake model[J]. J Geophys Res: Atmos, 121(23):13989-14005.

XU L J, LIU H Z, DU Q, et al, 2019. The assessment of the planetary boundary layer schemes in WRF over the central Tibetan Plateau[J]. Atmos Res, 230: 104644.

XU X D, ZHOU M Y, CHEN J Y, et al, 2002. A comprehensive physical pattern of land-air dynamic and thermal structure on the Qinghai-Xizang Plateau[J]. Sci China Ser D, 45(7):577-594.

YANG J H, JI Z M, CHEN D L, et al, 2018. Improved land use and leaf area index enhances WRF-3DVAR Satellite radiance assimilation: A case study focusing on rainfall simulation in the Shule River basin during July 2013[J]. Adv Atmos Sci, 35(6): 628-644.

ZHANG G Z, XU X D, WANG J Z, 2003. A dynamic study of Ekman characteristics by using 1998 SCSMEX and TIPEX boundary layer data[J]. Adv Atmos Sci, 20(3):349-356.

ZHANG Q, ZHANG J, QIAO J, et al, 2011. Relationship of atmospheric boundary layer depth with thermodynamic processes at the land surface in arid regions of China[J]. Sci China: Earth Sci, 54:1586-1594.

ZHANG Q, QIAO L, YUE P, et al, 2019. The energy mechanism controlling the continuous development of a super-thick atmospheric convective boundary layer during continuous summer sunny periods in an arid area [J]. Chinese Sci Bull, 64(15):1637-1650.

ZHANG W, GUO J, MIAO Y, et al, 2018. On the summertime planetary boundary layer with different thermodynamic stability in China: A radiosonde perspective[J]. J Clim, 31:1451-1465.

ZHANG Y, SEIDEL D J, GOLAZ J C, et al, 2011. Climatological characteristics of Arctic and Antarctic surface-based inversions[J]. J Clim, 24(19):5167-5186.

ZHOU X Z, BELJAARS A B, WANG Y W, et al, 2017. Evaluation of WRF simulations with different selections of subgrid orographic drag over the Tibetan Plateau[J]. J Geophys Res: Atmos, 122(18):9759-9772.

ZHU M L, YAO T D, YANG W, et al, 2017. Evaluation of parameterizations of incoming longwave radiation in the high-mountain region of the Tibetan Plateau[J]. J Appl Meteorol Climatol, 56(4):833-848.

ZHUO H F, LIU Y M, JIN J M, 2016. Improvement of land surface temperature simulation over the Tibetan Plateau and the associated impact on circulation in East Asia[J]. Atmos Sci Lett, 17(2):162-168.

第4章 青藏高原云降水物理过程特征及大气水分循环

4.1 引言

云是影响气候的重要因子，青藏高原是中国最大、世界海拔最高的高原。由于山地对水汽的抬升作用，容易形成降雨，产生了所谓地形效应。而青藏高原的特殊地理和气候环境，使各类对流云发生十分频繁。大范围异常的高原热力、动力作用及其地-气物理过程对我国东部和南部以及亚洲地区乃至全球的气候变化和灾害性天气的形成均有重大影响。青藏高原上空云-降水物理过程不同于低海拔地区的情况，其地面加热强烈，因此，对流抑制因素在中午以后会迅速减小，积云对流更容易触发，出现频率比平原地区更高；而由于青藏高原水汽含量较低，因此，对流有效位能(CAPE)通常较小，导致青藏高原上的对流云顶和强回波顶都较低，对流系统的水平尺度也较小(刘黎平 等，2015)。一些卫星雷达观测资料进一步证实，高原夏季中尺度对流系统(MCSs)比海洋和其他陆地地区发生的频率更高，但强度更弱，尺度更小(Luo et al.，2011；Qie et al.，2014)。此外，青藏高原夏季的可降水量转化率明显大于华南和华东地区(约为其两倍)(蔡英 等，2004；Gao et al.，2018)。

加密外场试验可提供云-降水物理过程新的数据。第三次青藏高原大气科学试验(TIPEX-Ⅲ)首次在青藏高原上开展了水汽、云和降水的地基-空基-天基的综合观测，使用了先进的观测系统，如Ka波段毫米波云雷达、Ku波段微降水雷达、C波段连续波雷达、C波段双偏振雷达、激光雷达、微波辐射计、雨滴谱仪和飞机搭载仪器测量系统，对高原的云-降水过程进行了多设备、多角度、持续性的观测(Zhao et al.，2018)，获取了高时空分辨率的云-降水宏微观垂直结构特征数据(刘黎平 等，2015，2021；刘黎平，2021；郑佳锋 等，2021)。

云-降水观测拟解决的科学问题是：通过外场试验观测，提出利用多种雷达进行云和降水综合观测的方法、数据质量控制方法，发展基于多波长雷达数据的云降水微物理和动力参数反演方法，进一步认识青藏高原云和降水的微物理结构及时空变化特征。云和降水外场试验的目的是采用多波长主动遥感和被动遥感相结合的方式，获取青藏高原水汽、云和降水宏微观结构数据，发展云和降水微物理反演方法，揭示青藏高原地区云和降水的微物理特征，为卫星遥感反演云和降水参数的方法订正、建立云和降水物理过程模型及相关数值预报模式参数化方案提供数据。本部分系统归纳总结了TIPEX-Ⅲ云-降水观测研究进展，在云-降水的宏观特征、微物理特征、垂直结构特征、时间变化特征及其物理过程和机理研究五方面展开。

4.2 夏季青藏高原及周边对流活动的气候特征

4.2.1 青藏高原夏季气候平均的对流发生频率

李博等(2018)利用 2010—2014 年静止气象卫星 FY-2E 的黑体温度(TBB)资料,分析了夏季青藏高原(高原)及周围地区对流的气候特征,指出:5 月,相对于周围地区,整个高原都被亮温的低值区所覆盖,高原大部分地区亮温都低于−13 ℃,而高原南侧的孟加拉湾和印度地区 TBB 多高于 10 ℃;6 月,云顶亮温的低值区主要位于高原的中部和东部,多低于−10 ℃,而高原的西半部云顶亮温相对较高。随着亚洲夏季风的爆发和向北推进,孟加拉湾和中国南海地区被大片云团覆盖,亮温较低;7 月,亮温的低值区主要位于高原中南部,高原南侧的孟加拉湾地区 TBB 仍高于高原上的 TBB,孟加拉湾、中国南海和高原中南部被大片季风云系覆盖,云顶亮温多低于−10 ℃;8 月,TBB 的低值区分布与 7 月类似,但总体来说低值强度明显弱于 7 月。

李博等(2018)以−32 ℃为阈值,统计青藏高原地区夏季对流的发生频率,即 TBB<−32 ℃(约 241 K)的区域为对流活跃区,TBB<−52 ℃(约 221 K)的区域为强对流的活跃区。他们的结果表明,5 月(图 4.1a),高原对流活动主要受西风带影响,对流大值区主要有两个,分别位于高原西北边缘附近和高原的东部边缘,其中高原西北部和东部边缘的大值中心强度接近,对流的发生频率低于 12%,发生频率相对较低,低 TBB 与较高的云顶高度有关。总体来说,6 月,青藏高原上的对流发生频率的分布表现为自东南向西北递减的特征(图 4.1b)。随着气候态的西风带季节性北移和亚洲夏季风爆发,高原以南地区西南风加强。强劲的西南季风携带孟加拉湾输送来的部分水汽在高原南麓中东部的地形缺口处爬上高原,高原上最强的对流发生在高原的东南部,频率为 10%左右,对流发生最频繁的地区与 TBB 低值区吻合,而孟加拉湾地区由于亚洲夏季风的爆发,对流发生频率的大值区数值超过 20%。7—8 月,高原上对流发生频率总体上表现为由南向北递减分布,且与南亚地区的对流活动相对独立。7 月(图 4.1c),随着东亚夏季风强度的进一步加强,部分西南风在爬坡作用下,给高原中部带来水汽,高原的南部形成一条对流活跃带,对流发生频率在 12%以上,其中有两个对流活动中心,分别位于高原中南部和东南部,中南部以(31°N,90°E)为中心,对流发生频率可超过 20%,大于东南部中心的对流发生频率。另外,高原西南侧的孟加拉湾是对流最旺盛的区域,对流发生频率最高的区域由 6 月的 90°E 左右向西移至 80°E 附近。8 月(图 4.1d),随着亚洲夏季风减弱南撤,对流活动强度弱于 7 月。高原上主要的对流带仍位于中南部,但对流发生频率降低至 12%左右,孟加拉湾地区的对流活动也比 7 月有所减弱,大部分地区对流发生频率为 12%~

20%，对流活动中心与7月相比略向东移。

李博等(2018)以−52 ℃为阈值，统计青藏高原地区夏季强对流的发生频率。他们的结果如图4.2所示。对比图4.1和图4.2可知，强对流与对流在高原和周边地区的发生频率在分布形态上十分类似，即强对流在这一地区总是发生在对流频繁的区域。5月(图4.2a)，高原上基本没有强对流发生，只有较少的强对流发生在孟加拉湾、印度大陆北部和北部湾地区，发生频率多在6%以下。6月(图4.2b)，在高原东南部及其与四川、云南两省交界处出现部分强对流发生频率高于2%的区域。孟加拉湾、南亚大陆和北部湾的强对流已经相对旺盛，出现大范围强对流发生频率高于4%的区域，特别是在90°E附近的孟加拉和近海地区。7月(图4.2c)，高原的中南部和东南部与四川接壤处各形成一个强对流活动中心，二者对流发生频率强度相当，均在3%～6%。与图4.1类似，孟加拉湾和南亚大陆的强对流活动中心由90°E左右向西扩展到75°E，较大范围的强对流发生频率都高于6%。8月(图4.2d)，高原东南部的强对流发生频率降低(低于3%)，高原中南部地区的强对流发生频率在2.5%～6%。高原南侧的南亚大陆、孟加拉湾、北部湾强对流发生频率低于7月，与6月强度接近，多在4%以上。

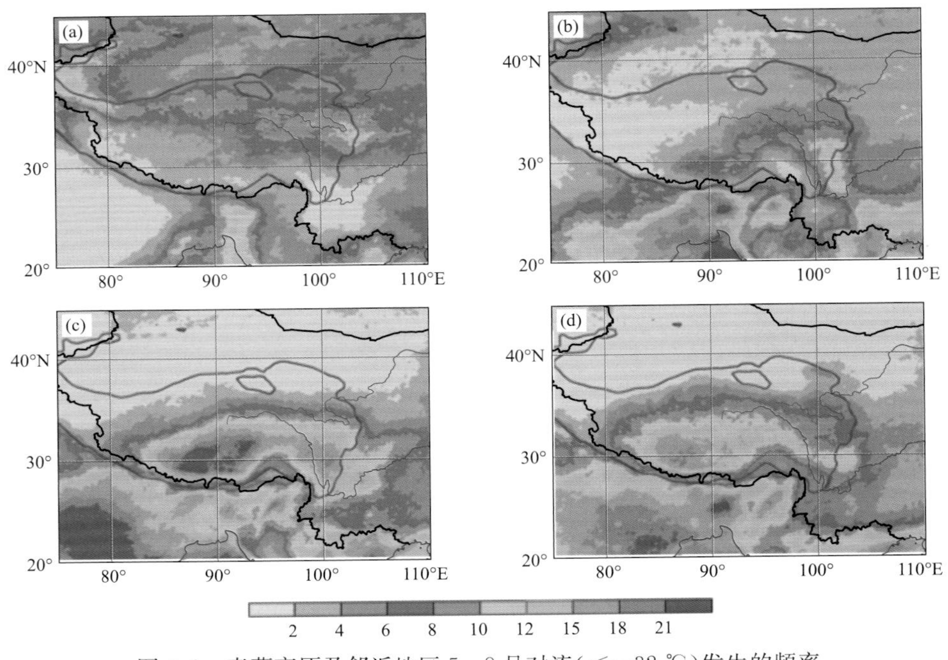

图4.1　青藏高原及邻近地区5—8月对流(<−32 ℃)发生的频率

(%，红色实线为3000 m地形高度等值线)(引自李博 等，2018)

(a)5月；(b)6月；(c)7月；(d)8月

4.2.2　对流的气候态季节内变率

李博等(2018)分析了青藏高原西部(75°～80°E)、中部(80°～95°E)和东部(95°～105°E)夏季云顶亮温的时间-纬度分布特征，发现：在高原西部(图4.3a)，青藏高原南边界平均位置约

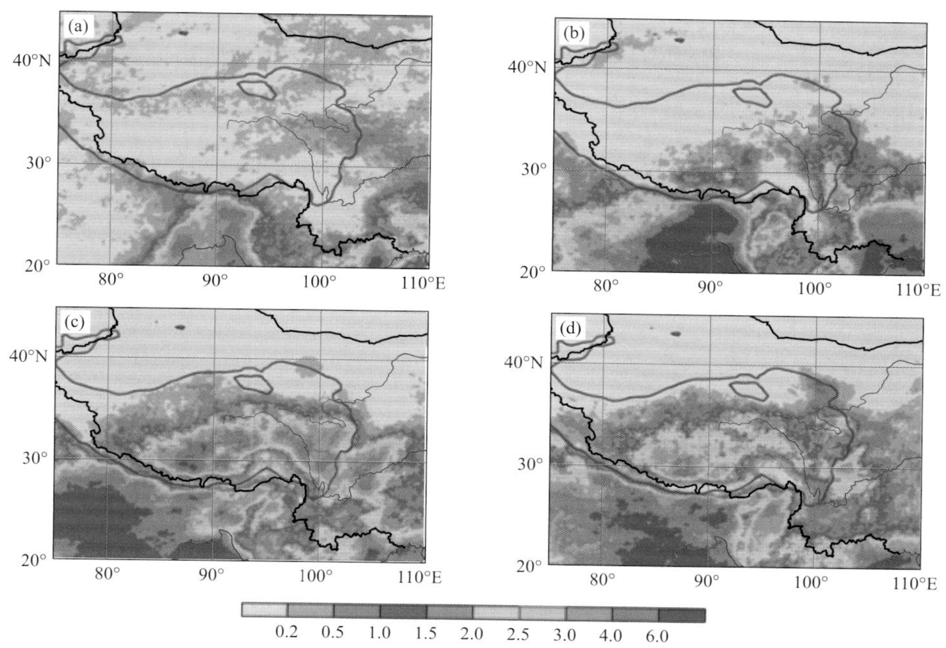

图 4.2 青藏高原及邻近地区 5—8 月对流(<−52 ℃)发生的频率
(%,红色实线为 3000 m 地形高度等值线)(引自李博 等,2018)
(a)5 月;(b)6 月;(c)7 月;(d)8 月

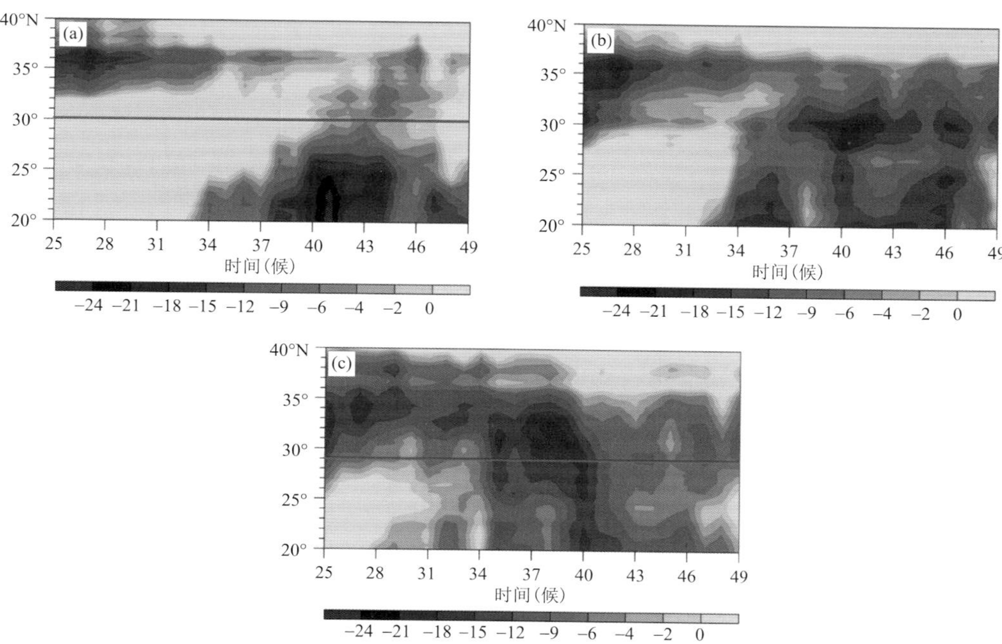

图 4.3 青藏高原西部(a)、中部(b)和东部(c)候平均 TBB(单位:℃)的时间-纬度剖面
(红色实线表示高原南麓的平均位置)(引自李博 等,2018)

为 30°N。夏季低于−2 ℃的 TBB 约在第 38 候出现，第 47 候退出高原西部，最北可达 38°N。另外，在高原的西部 34°～40°N，从第 25 候（5 月初）开始到夏季一直维持一条 TBB 的低值带。这条 TBB 低值带反映的是 5 月初到 6 月出现在高原北部以 36°N 为中心的多云区。在高原中部（图 4.3b），以 35°N 为中心的一条 TBB 低值区从 5 月初一直持续到 6 月中旬。而另一个低于−2 ℃的 TBB 低值区约在第 34 候（6 月中旬）也出现在高原中部，一直维持到 8 月底，最北达到 37°N，这条 TBB 的低值带以 30°N 为中心。以 33°N 为中心的 TBB 低值区在 5 月初已经出现在高原东部（图 4.3c），另一个低于−2 ℃的 TBB 低值区出现在高原东部的时间约为第 30 候（5 月底），这个低值区的中心位于 32°N 左右，一直维持到 8 月末，最北可接近 37°N。

然而，青藏高原西部、中部和东部的对流发生频率的变化具有截然不同的特征。高原西部，西北部在 5—6 月上旬存在一条对流的相对活跃区，对流发生频率以 36°～38°N 为中心，中心最高值可达 12%。在高原西部的中南部，对流相对较弱，对流发生频率大于 6% 的区域到达高原南部的时间约在第 37 候，第 48 候结束，最北可达 33°N 左右。而高原南部的大陆和印度洋在 7 月中旬—8 月上旬出现了中心发生频率高于 20%的对流活跃区。高原中部，北侧在 5—6 月初存在一个对流发生频率高于 4%的区域，在中南部地区，对流发生频率大于 6% 的开始时间略早于西部，但结束晚，维持整个盛夏，中心强度高于 15%。另外，高的对流发生频率在高原中部有 3 次向北传播的过程，分别发生在第 34～37 候、第 39～42 候和第 43～46 候，最北可达 34°N 左右。虽然高原南部印度季风区对流发生频率很高（15%以上），但由于高原南麓地形非常陡峭，季风水汽输送无法越过整个高原，在高原南麓（27°N 左右）形成一个对流频率的相对低值区，高原南麓两侧的对流分别独立发展，仅有部分水汽可沿高原山脉的缺口输送到高原上，使得高原的中部和东部地区的对流得以发展。高原东部地形相对平缓、海拔较低，对流开始时间较早，5 月初即存在对流活动，整个夏季对流都处于相对活跃的状态，第 36～38 候、第 40～41 候和第 43～46 候，对流的高频区分别向北推进，时间上略晚于高原中部，其中最活跃的对流发生在第 36～40 候，以 33°N 为中心，中心强度高于 20%（6 月下旬至 7 月中旬）。上述特征也表明，高原南麓的南北两侧由于地形的阻隔，对流具有不同的时间锁相特征。

4.3 云-降水的宏观特征

云宏观参数包括云底高度（cloud base height，CBH）、云顶高度（cloud top height，CTH）、云厚度（cloud thickness，CTK）和云层数（cloud layer number，CLN）等，这些参数与云辐射效应密切相关（Webster et al.，1984；Gao et al.，2004）。观测和研究高原云的宏观特征，有助于正确评估云对气候变化的影响，具有重要的科学意义和价值。青藏高原气象观测台站稀疏，目前对云的探测和研究还较为有限。过去一些研究主要基于气象卫星资料，且主要关注云的分布和时间变化等（Shou et al.，2019；Yan et al.，2019），而对云宏观参数的精细化探测和研究相对有限。从20世纪70年代开始，随着数次青藏高原大气科学试验的开展，研究者开始借助地面站点和地基遥感设备进行更多云降水特征的研究。1979年，在第一次青藏高原气象科学试验(QXPMEX-1979)中，科学家在西藏那曲和拉萨部署了X波段711雷达，观测了青藏高原的对流云降水，分析了夏季对流云的统计特征和大气静力能量的垂直分布及其与对流发展的关系(秦宏德，1983)。1998年，在第二次青藏高原大气科学试验(TIPEX-Ⅱ)中，科研人员在那曲放置了一部X波段多普勒雷达，并分析了青藏高原上空对流云降水的雷达回波特征和季风爆发前后对流过程的变化(Liu et al.，2002)。刘艳等(2000)利用国际卫星云气候计划ISCCP资料和地球辐射平衡试验(ERBE)资料统计了青藏高原上空总云量，研究了高原地区地-气系统出射长波辐射(OLR)云强迫与总云量、高云量的相关性，发现高云对OLR强迫的贡献大于低云，而在高原东南部，云的温室效应明显。刘瑞霞等(2002)同样利用ISCCP资料，分析了青藏高原总云量的空间分布及年际、月、日变化特征，并从高原水汽和动力、热力条件角度做出了分析。2014年，启动了第三次青藏高原大气科学试验(TIPEX-Ⅲ)，在那曲部署了多种雷达和其他新型探测设备，并联合地面观测网对云降水进行了综合观测，获得了云-降水宏观和微观垂直结构特征的高时空分辨率数据。根据这些丰富的资料，许多学者对高原云-降水的宏观特征进行了大量研究。

4.3.1 云-降水宏观特征的典型个例研究

阮悦(2017)对降水云进行聚类分析，并将其分为深厚对流云降水、浅薄对流云降水和层状云降水三种，通过分析典型降水个例，得到三类降水云的宏观结构特征。第一个典型个例(图4.4)为C波段连续波(C-FMCW)雷达探测的2014年7月4日17:30—18:45深对流过程出现的有组织的、线性排列的三个对流单体。线性排列对流带整体向东缓慢移动，移速小于10 km·h^{-1}，带上单体向偏北带状排列走向移动，移速约为30 km·h^{-1}，三个对流单体连续经过测站，单个对流单体通过雷达上空的持续时间为10～15 min，对流云顶高度可达12 km(16.5 km，海拔高度)，强回波区顶高达到8 km，对流发展旺盛。由此，进一步统计了9次深厚对流降水云体，以深入认识青藏高原地区深厚对流降水云体的宏观结构。深厚对流降水云体在傍晚入夜前的对流发展最为旺盛，上升气流主要出现在2.5～12 km，强上升气流集中在5～10 km，2.5 km以下基本无上升气流；云顶高度超过距地10 km，最大云顶高度达到12.4 km(16.9 km，海拔高度)。第二个典型个例(图4.5)为2014年8月26日11:30—12:15的浅薄对流降水云体过程。对流单体在浅薄水中，云顶高度为4.5 km，回波强度为35 dBZ的高度为3.5 km，整个云层随高度上升向两侧展开，对流单体持续时间为6 min，并在12:00的雷达回波图上呈现处在带状回波的前方中出现爆米花状的零星回波单体。在浅薄对流降水中，反射率因子(Z)的最大值出现在3.5 km以下的低空，$Z>35$ dBZ的强回波在低层以及中层2.5 km出现的概率最大，$Z>35$ dBZ的峰值概率出现在2.5 km，$Z>45$ dBZ的峰值概率集中出现在低空2.5 km以下。径向上升速度较小、下沉速度大值区集中在2.5 km以下，中低层有微弱的上升气流，在云体

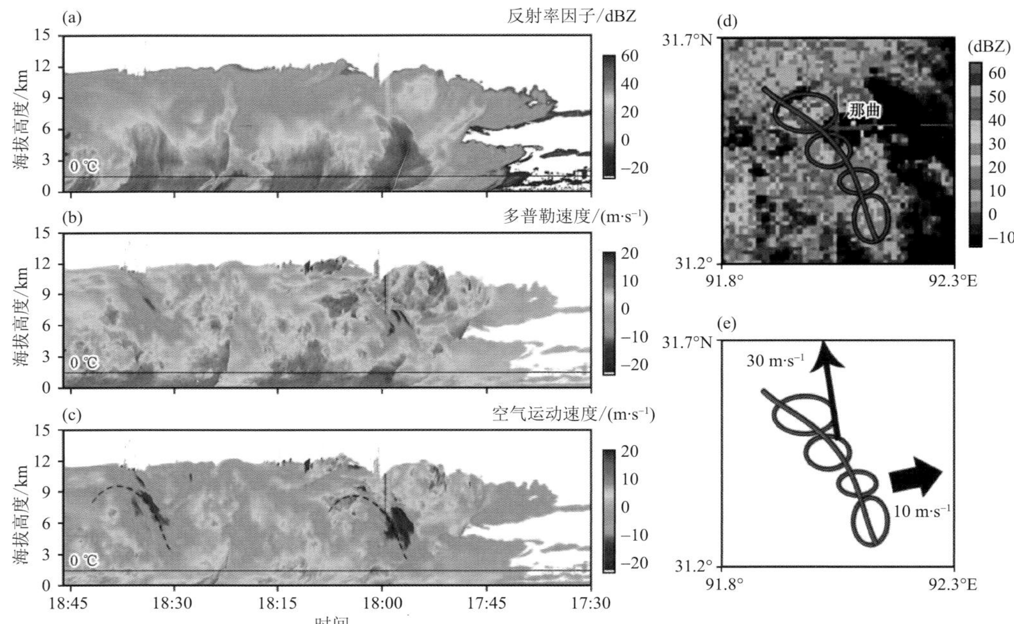

图 4.4　2014 年 7 月 4 日深对流过程垂直分布时序图及扫描雷达平面图(引自阮悦,2017)

(a)C-FMCW 回波强度;(b)C-FMCW 径向速度;(c) 大气垂直速度;

(d)CINRAD/CC 雷达回波强度 CR(17:48);(e)雨带与对流单体移动示意图

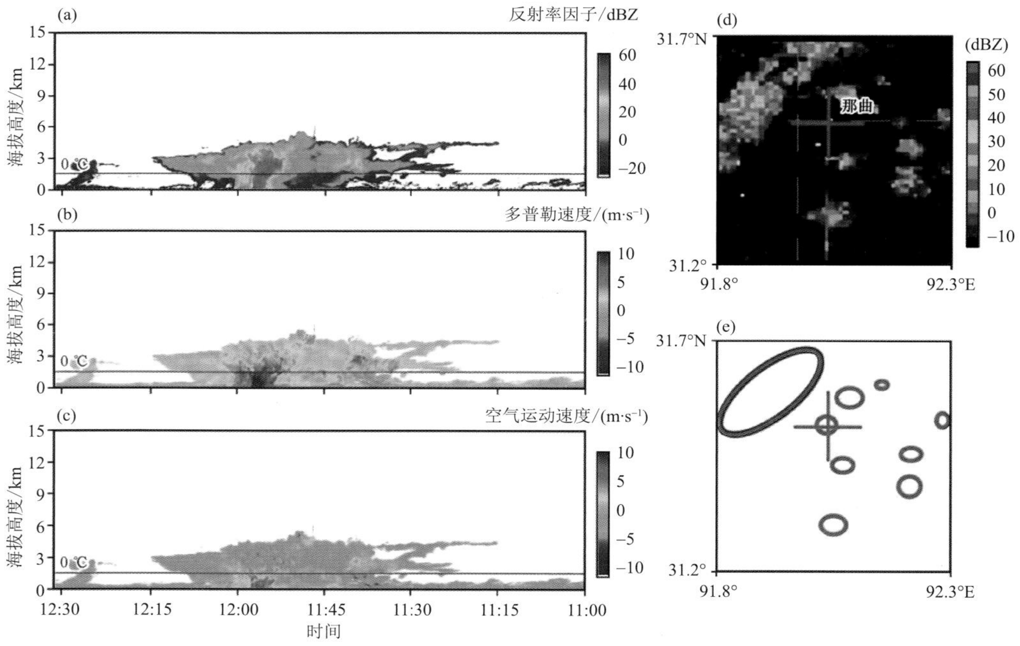

图 4.5　2014 年 8 月 26 日浅对流过程垂直分布时序图及扫描雷达平面图(引自阮悦,2017)

(a)C-FMCW 回波强度;(b)C-FMCW 径向速度;(c)大气垂直速度;

(d)CINRAD/CC 雷达回波强度 CR(12:00);(e)雨带前方爆米花状浅对流

上半部最强；下沉气流集中出现在云体下部，说明浅薄对流环流结构主要出现在低空，上升气流从地面触发、强度较弱，随高度增加而加强。统计发现，高原浅薄降水的回波顶高小于10 km，平均高度分布在5 km左右，强回波区都集中在3 km以下。第三个典型降水个例(图4.6)为2014年7月16日21:30—24:00的层云降水过程。回波顶高为9 km，持续时间最长为150 min，上升、下沉运动稳定，零度层以上存在弱的上升运动，下沉运动集中在零度层以下。通过统计44次那曲地区的层云过程，得到以下结论：$Z>35$ dBZ的强回波在低层以及中层2.5 km出现的概率较大，$Z>35$ dBZ的峰值概率出现在2.5 km高度处；$Z>45$ dBZ的峰值概率集中出现在低空2.5 km以下。中低层有微弱的上升气流，其在云体上半部最强，下沉气流集中出现在云体下部，表明浅薄对流环流结构主要出现在低空，上升气流从地面触发、强度较弱，随高度增加而加强。高原层状云通常出现在晚上，持续时间长，云顶高度通常在9 km左右。

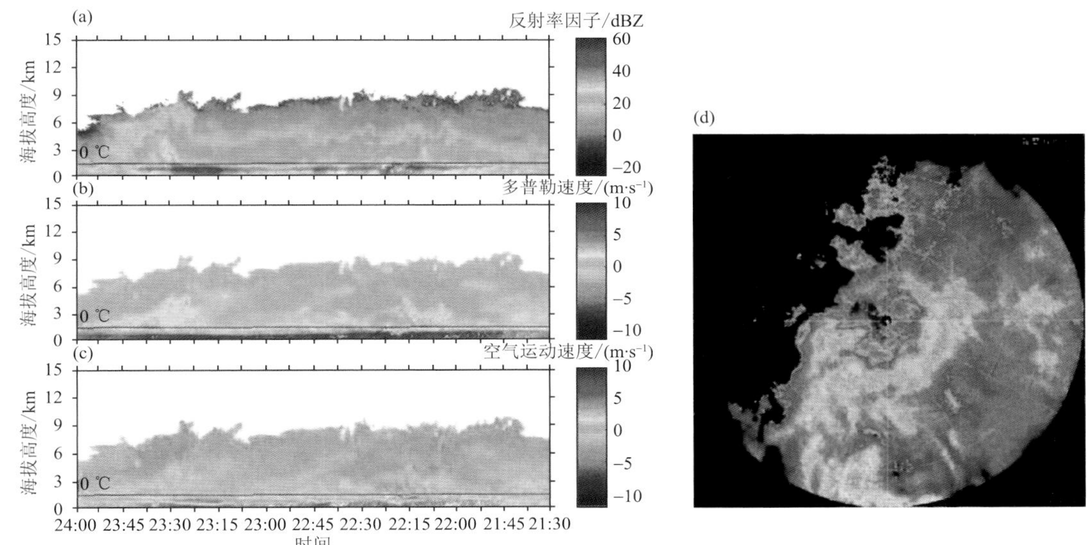

图4.6 2014年7月16日层状云过程垂直分布时序图及扫描雷达平面图(引自阮悦，2017)
(a)C-FMCW回波强度；(b)C-FMCW径向速度；(c)大气垂直速度；
(d)CINRAD/CC雷达回波强度CR(12:00)

赵平等(2017)利用Ka波段毫米波云雷达(Ka-MMCR)分析了2014年7月14日那曲地区高原低涡降水过程云-降水的平均云顶高度。结果表明，在高原低涡降水阶段，平均云顶高度约为8.6 km，最大可达11.2 km，其中在降水初期，对流活跃时段(14:55—15:01)的云顶高度相对较低，低于10 km，而在随后的层状云降水阶段，云顶高度超过10 km。

李筱杨等(2019)利用那曲地区的C波段新一代天气雷达资料，对那曲一次高原涡和切变线的宏观特征进行了分析。2015年8月5日00:24(图4.7)，雷达扫描范围内存在零散、稀疏、面积较小的对流单体，对应反射率达到35 dBZ，对流单体的云顶高度达到6 km左右，无明显合并或分散的趋势。在径向速度图(图4.8)中，与对流单体对应的地方存在零星分散的逆风区，无明显辐合辐散。此时地面出现小规模对流降水，降水强度不大，持续时间短。之后3 h，

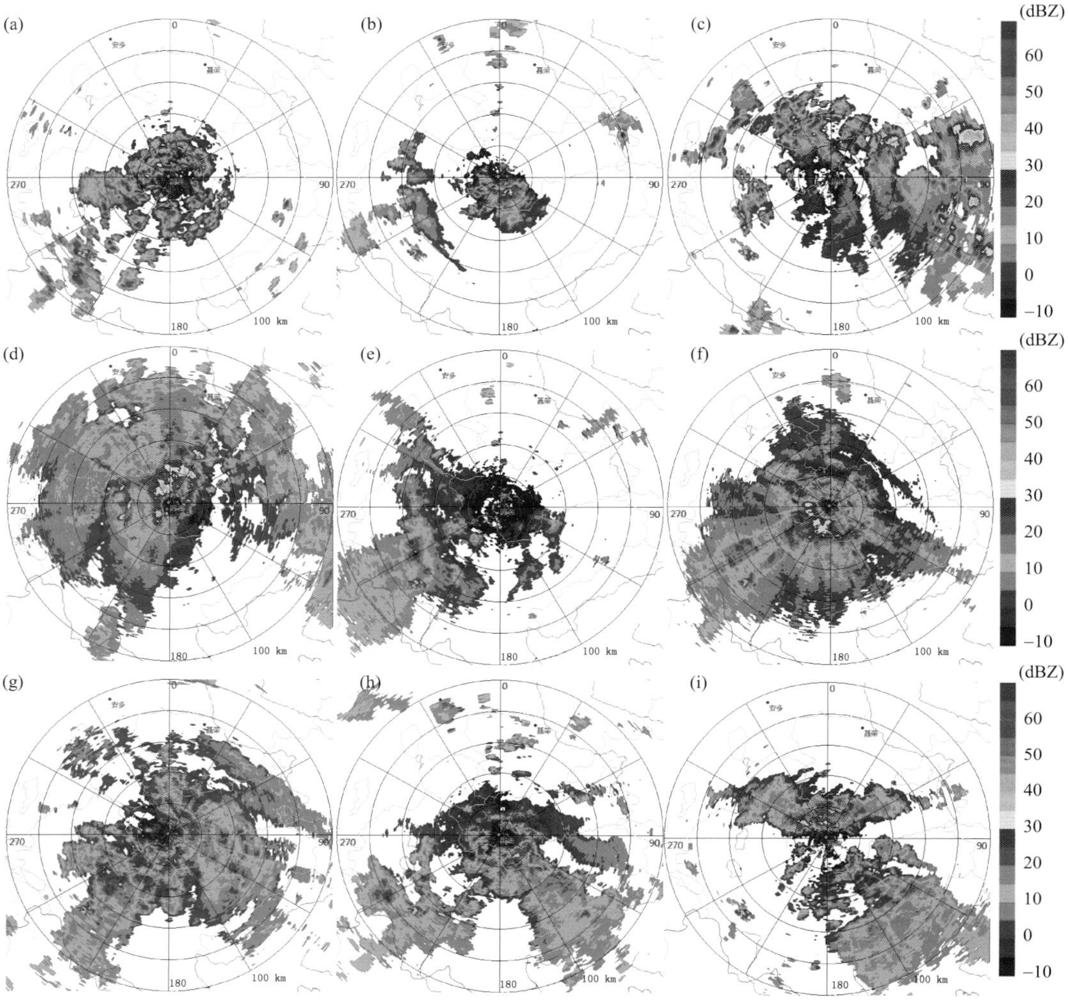

图 4.7　2015 年 8 月 5—6 日的组合反射率因子回波图(距离 100 km)(引自李筱杨 等,2019)
(a)8 月 5 日 00:24;(b)8 月 5 日 04:15;(c)8 月 5 日 18:00;(d)8 月 5 日 21:23;(e)8 月 6 日 08:51;
(f)8 月 6 日 11:20;(g)8 月 6 日 15:19;(h)8 月 6 日 17:59;(i)8 月 6 日 20:23

雷达回波无明显变化。至 04:15,在那曲站南侧(方位:157.38°,距离:10.26 km),新增一小对流云团,在径向速度图上对应有细带状逆风区,有利于降雨的产生。高原地区不稳定抑制能量(CIN)较弱,会在大范围内同时触发大量的对流云(泡),形成各种小尺度的涡旋,但这些对流云不像在内陆,会进一步发展形成深厚的对流系统,这也是高原与内陆地区对流云发生发展的明显区别。至 5 日中午,雷达回波无明显变化。15:30 左右,在那曲站南侧有零散分布的对流单体逐渐生成,至 18:00 汇聚成较明显的对流云团,向东北方向移动,最终明显的对流回波位于那曲东侧(方位:71.89°,距离:88.88 km),之后远离那曲站逐渐消散。此时,风向转为东北风,流入气流范围增大并强于流出气流,有零散逆风区出现。

结合此时 VWP 图(雷达通过 VAD 技术得到不同高度上每个体扫资料的平均风的风向风

速)(图 4.8),垂直风场表现为风向随高度顺转,说明有暖平流存在,有利于低涡的发展和对流降水的产生。20:00,若干对流云团向那曲站移动且加强、合并;至 21:23(图 4.7d)移动至距离那曲站北侧 15 km 附近,其周围生成大面积的层状云回波,云顶高度约为 8 km,对流有所加强。在这一阶段,雷达回波特征以大面积层状云回波为主,那曲北侧回波中心存在片状的对流云,对应径向速度图中,此时那曲北部有大片负速度区侵入正速度区,那曲北侧 30 km 附近(1.7 km 高度处)风场表现为明显的辐合,52 km 左右(3.2 km 高度位置)风场辐散,有利于对流的产生发展,另一方面,零速度线表现为明显的锯齿状特征,表明在锯齿状附近,容易出现气旋式速度对,易于对流产生。在此时 VWP 图(图 4.9)中,低层距近地面 1.8 km 以下高度处风速较大,表现出较强的乱流,中层风向随高度逆转,由偏北风逐渐转变为偏南风,有暖平流存在,有利于累积不稳定能量。

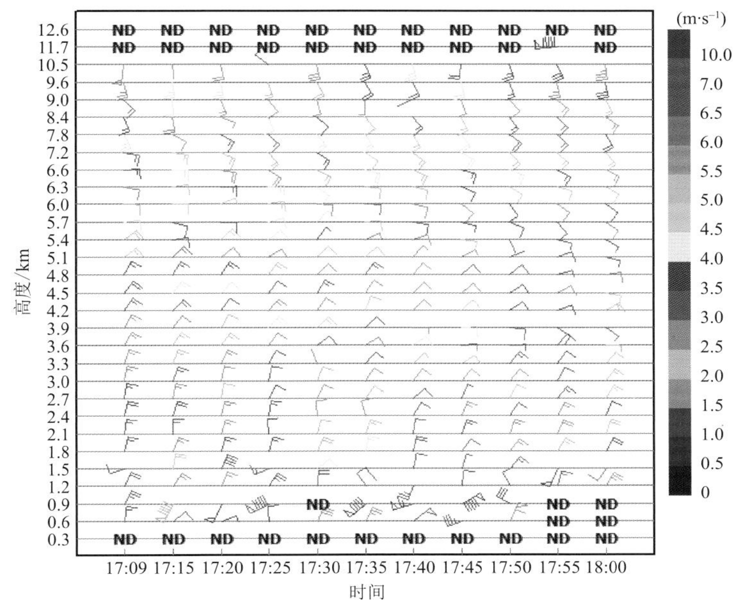

图 4.8 2015 年 8 月 5 日 17:09—18:00 的 VWP 图,图中 ND 指无数据(引自李筱杨 等,2019)

8 月 6 日,从 05:40 左右开始,雷达组合反射率因子回波图上大部分是层状云回波,径向速度图上以稳定的东北风为主。08:51(图 4.7e),在那曲站西南侧(方位角:241.97°,距离:58.94 km),发展形成一个对流云团,回波强度偏弱,其最大回波反射率仅为 34 dBZ,之后该对流云团逐渐向那曲方向移动,但回波强度仍然较低,对应的最大回波反射率不超过 40 dBZ;在径向速度图上,距离那曲站 66 km 左右的西南侧区域上生成一个大风速区,最大风速为 11.31 $m \cdot s^{-1}$(风速最大值对应方位角:239.48°,距离:65.84 km,高度:4.16 km),此处后方流入的气体小于流出的气体,几乎全为流出气体,对应气流辐散。高层辐散导致的"抽吸效应"使得低空气流辐合上升。11:20 左右(图 4.7f),对流云团移动到那曲站西南方向(方位:251.57°,距离:12.48 km),由于东北风的影响,不断向西南方向移动,此时的径向速度图中,那曲东南侧,

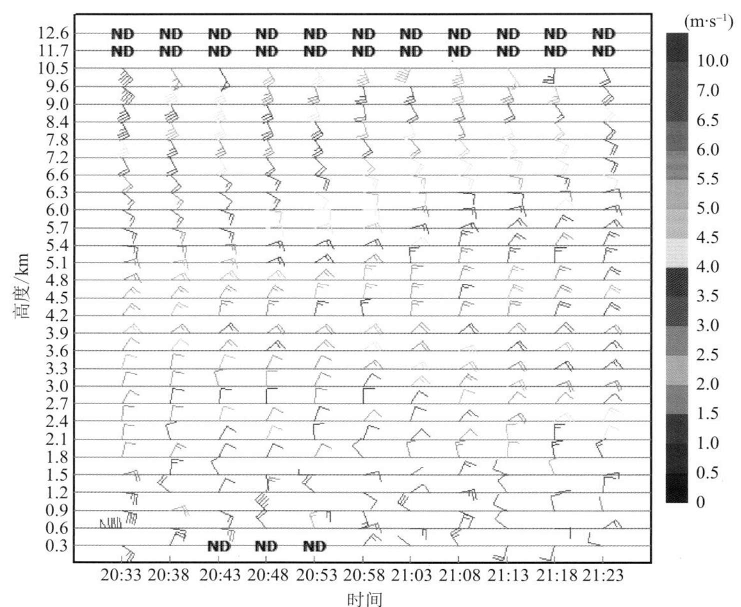

图 4.9　2015 年 8 月 5 日 20:33—21:23 的 VWP 图，图中 ND 指无数据(引自李筱杨 等，2019)

低层吹东北风，高层转为东东北风，风向随高度发生顺转，形成了较弱的暖平流。到 12:08，对流云团移动到那曲站东北方向(方位:28.00°，距离:15.00 km)，所对应的最大回波反射率为 40 dBZ，对流云回波顶高维持在 6 km 左右。15:19，径向速度图上，细带状的零速度线一直持续到 16:00 左右，此后便有分散趋势直至完全消失。在 VWP 图中(图 4.10)可以看到，距地面 1.5～3.5 km 高度有弱的暖平流，上部则有冷平流存在，这种下暖上冷的配置，有利于不稳定能量的累积，为对流发展提供必要的能量。

到 17:59(图 4.7h)，最大反射率回波仍表现为以层状云为主的混合云回波，云体所对应的最大回波反射率仍然较低，不超过 40 dBZ，但云顶高度有所升高，最高达到 10 km 左右，相较于上一阶段，对流有所发展。

到 20:23(图 4.7i)，云体以那曲为中心，分为南北两片，回波强度变化不大。在 20:23，大面积负速度区域中正速度逆风区与强回波中心对应，径向风速明显骤减；至 22:01，正、负速度区均远离那曲站。由此可见，这一时段云系发生分裂。

2015 年 8 月 26 日 17:45(图 4.11a)，那曲附近有对流回波出现，回波单体主要出现在那曲北侧，也是此时切变线对应的位置，其中西北侧回波强度较弱，最大不超过 35 dBZ，东北侧聂荣以北(方位角 15°左右，距离分别为 83 km、100 km 处)有两个较强的对流单体出现，强度均达到了 50 dBZ。径向速度图(图 4.14a)中，总体表现为以东风为主，那曲西北侧的对流单体分别对应有明显的逆风区和大风区(风速>15 $m \cdot s^{-1}$)，东北侧的对流单体则存在尺度较小的逆风区，并且有消散的趋势。

到 19:06(图 4.11b)，东北侧的对流单体逐渐东移消散，西北侧两块对流单体随着切变线

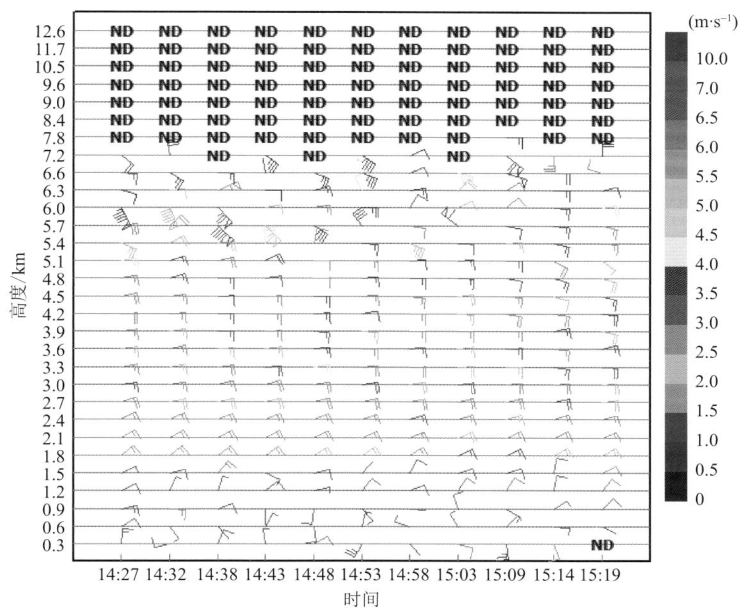

图 4.10　2015 年 8 月 6 日 14:27—15:19 的 VWP 图,图中 ND 指无数据(引自李筱杨 等,2019)

的东移发展逐渐合并并移动到那曲西侧 40 km 的位置,强度也有所增加,可达到 40 dBZ,整个云体连成一片、出现在那曲西北上空,表现出层状云的形式。径向速度图(图 4.14b)中云中逆风区的强度和范围均有所增加,那曲西侧有直径超过 20 km、强度大于 12 $m \cdot s^{-1}$ 的大范围逆风区存在,那曲西北侧 80 km 左右出现零星、分散、小面积、强度较弱的逆风区,在反射率因子回波中,该位置存在与之对应的小面积对流单体。

云体不断发展并随切变线往东南移动,到 20:27(图 4.11c),那曲周围 60 km 范围内均为大范围层状云,强对流单体移动到那曲上空,此时对流发展强烈,反射率因子可达到 50 dBZ。径向速度图(图 4.14c)上,对流云对应位置为负速度大值区,最大负速度可达到−18.57 $m \cdot s^{-1}$。那曲东部负速度区中有正速度的逆风区存在,负的径向速度大值区内有水汽、质量辐合或较强的上升运动,逆风区内有下沉运动,这种一侧辐合一侧辐散的流场配置,有利于对流云系的维持、发展。此时那曲西北地区仍有若干零星分散的小面积逆风区存在,但因强度较弱,在反射率因子图上,没有形成相应的对流。

22:50(图 4.11d),那曲周围仍维持有大面积层状云回波,那曲南侧的对流单体呈线形排列,但回波强度有所减弱,在 40 dBZ 之内,22:55,对流单体合并,并排列为线形,系统走向与切变线走向一致,整体较窄,系统合并的过程与切变线作用有关。在径向速度图(图 4.14d)中,有一正一负两个大速度区出现,最大风速可达到 18.57 $m \cdot s^{-1}$,且呈现出一种类似“牛眼”的结构。有研究证明,速度图上,“牛眼”表示风速在径向上随高度先增大后减小,风速的最大值与“牛眼”的中心对应,表示中尺度急流的存在。如图 4.14d 所示,负速度大值区(入流)在 0.82～1.50 km 高度处,正速度大值区(出流)在 1.62～3.5 km 高度处,说明低层以辐合为主,

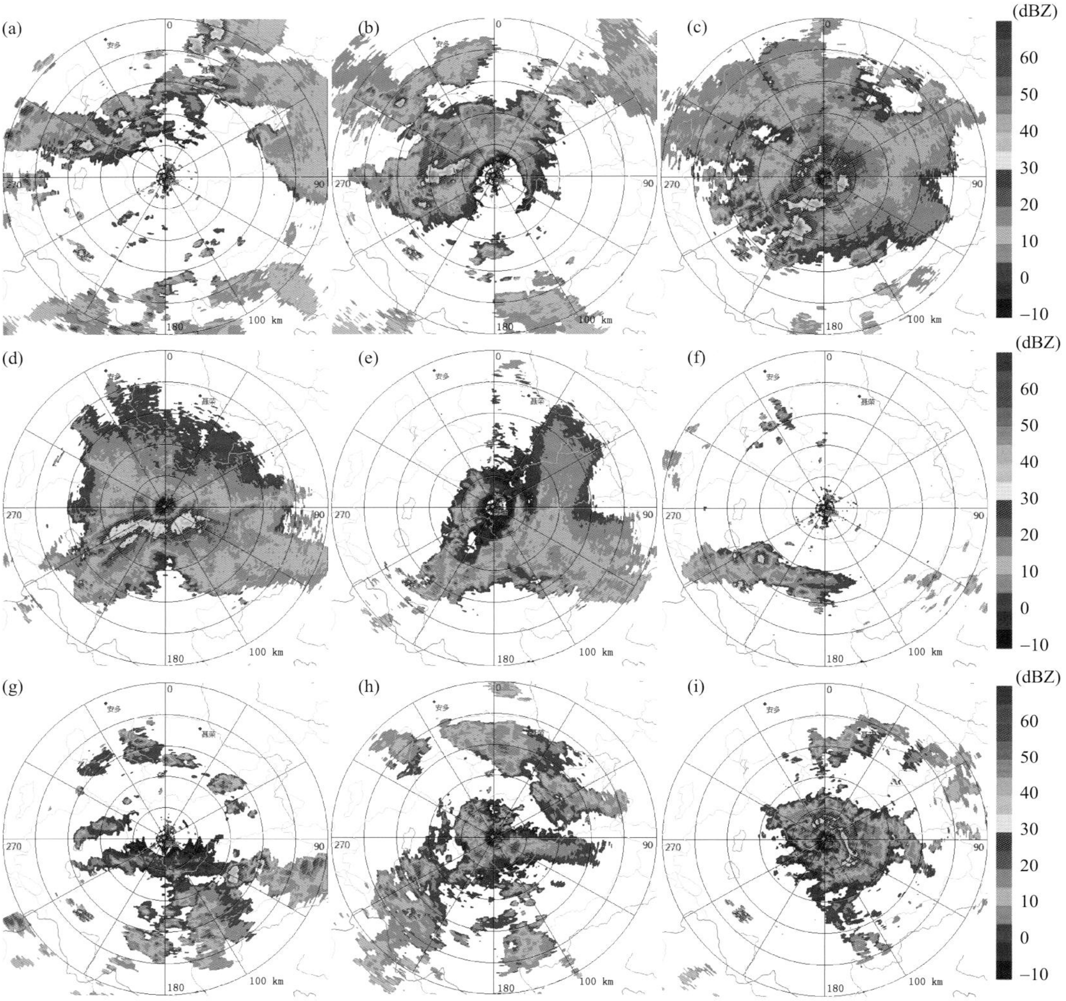

图 4.11　2015 年 8 月 26—28 日的组合反射率因子(引自李筱杨 等,2019)

(a)8 月 26 日 17:45;(b)8 月 26 日 19:06;(c)8 月 26 日 20:27;(d)8 月 26 日 22:50;(e)8 月 27 日 00:48;(f)8 月 27 日 16:18;(g)8 月 27 日 18:12;(h)8 月 28 日 03:28;(i)8 月 28 日 06:22

高层以辐散为主,对垂直气流的上升运动和对流的发展有促进作用。正速度区内,有若干逆风区出现,但强度较弱。随后,大风区逐渐减弱缩小,到 23:40(图略)之后,层状云中对流单体消失。

27 日 00:48,反射率因子回波图(图 4.11e)中,层状云逐渐移动到那曲东南地区,回波强度在 30 dBZ 之内。此时的径向速度图(图 4.14e)中,那曲东南侧气流表现出强的辐散形式,负速度最强达到了 12.38 $m \cdot s^{-1}$,正速度较弱,在 9.29 $m \cdot s^{-1}$之内,表示此时对流减弱,云系进一步消散。此时那曲东北侧虽有弱的气流辐合区,但由于风速较弱,作用不大。与此相对应,在此时 VWP 图(图 4.12)中,从低空到高空均表现风向随高度逆转的冷平流,有利于下沉气流的产生,带来相对稳定的天气。至早晨 08:00 左右,层状云彻底消散,此时水汽输送较弱,不利于云系生成。

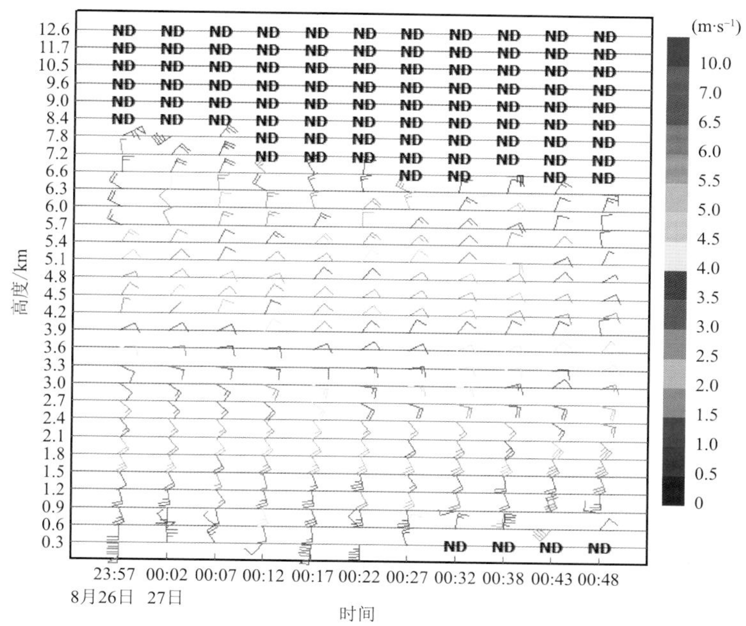

图 4.12　2015 年 8 月 26 日 23:57—27 日 00:48 的 VWP 图，图中 ND 指无数据(引自李筱杨 等，2019)

中午 15:00 左右(图略)，那曲西南侧 70 km 处开始有若干零星分散的对流云产生，且不断发展东移。至 16:18(图 4.11f)，带有对流单体的积层混合云移动到那曲西南 40 km 左右，对流回波强度最大达到 40 dBZ。在此时的径向速度图(图 4.14f)中，与对流单体对应的位置有逆风区的存在，风速不大，在 9.29 $m \cdot s^{-1}$ 范围内。云系向东北移动的过程中，弱的逆风区消失，对流单体减弱消散。

18:00 左右(图略)，由于充足的水汽输送和大气不稳定能量的存在，那曲东南部(距离：45 km，方位角：120°)开始有对流单体形成，且与切变线位置相对应。18:12，反射率因子图(图 4.11g)中，对流单体有所发展，质心强度可以达到 40 dBZ。径向速度图(图 4.14g)上，那曲南侧有较多弱的逆风区存在，与对流单体对应。此时风速仍维持在 9.29 $m \cdot s^{-1}$ 左右。19:43(图略)，那曲东北 40 km 左右，有西北—东南向线形排列的对流单体存在，与此时的切变线走向一致。径向速度图上明显有与对流单体对应的逆风区存在。到 21:00(图略)左右，对流消失，云系东移消散。

03:00 左右，那曲附近开始出现稳定层状云回波。03:38，如组合反射率因子图(图 4.11h)所示，反射率因子不大，维持在 30 dBZ 之内。径向速度图(图 4.14h)上，距那曲 10 km 左右的距离处，有正速度区侵入负速度区范围内，形成逆风区，此时 VWP 图(图 4.13)中，在 1.8～5.4 km 高度处，表现出气流方向随高度顺时针旋转的形势，表示此时有暖平流存在，有利于上升运动的产生，促进对流的发展。

06:22，在反射率因子图(图 4.11i)中，那曲东北侧 20 km 左右，1.2 km 高度处，有若干对流系统出现，呈细带状排列，回波强度在 35 dBZ 左右。对应的径向速度图(图 4.14i)上，正负

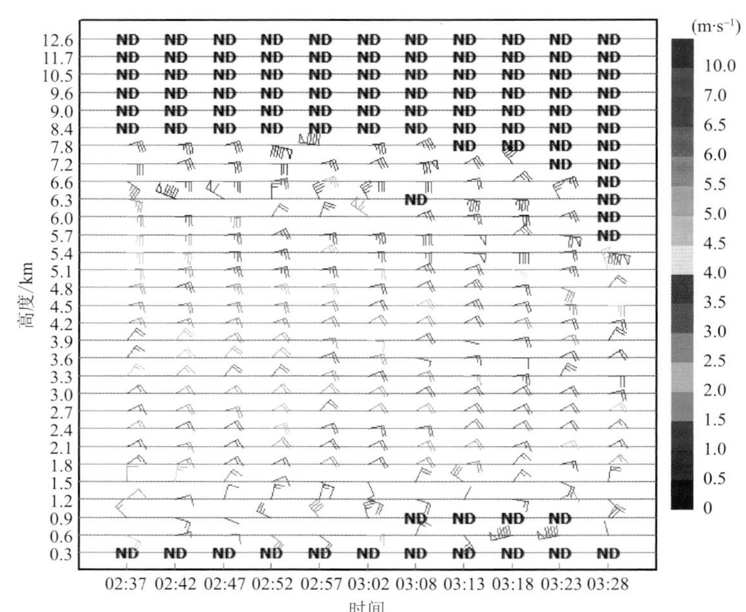

图 4.13　2015 年 8 月 28 日 02:37—03:28 的 VWP 图，图中 ND 指无数据(引自李筱杨 等，2019)

速度区表现出弱的“牛眼”结构，正负速度的最大值位置与对流单体位置相对应，在距地面 1.1～1.2 km 高度处，表示此处有急流区存在，急流附近往往伴随有较强的风切变，为对流降水的产生提供有力的水汽和动量条件。对流单体维持到 28 日早晨 07:00 左右，而后云系不断减弱，在 09:00 左右消散。

张涛等(2019)利用 2015 年 7 月 16 日 08:00—20:30 Ka-MMCR 数据，分析了一次发生在那曲地区的降水过程，研究表明此次天气过程云体以单层云为主，回波顶均在 4 km 以下，对流单体生命史小于 1 h。Chang 等(2019)使用两台垂直指向雷达观测了那曲站上空的垂直云结构。通过分析 C 波段雷达获得的 2 个云垂直结构实例(7 月 20 日和 21 日)，发现这 2 个实例包含了观测期间的所有云类型。7 月 20 日，9 km 以上残余对流云团被覆盖，在当地标准时间 10 时左右开始形成单一对流单体。7 月 21 日，那曲站上空的云层呈两层结构；10 时前，那曲站附近云团为分布在 7～10 km 的弱积云，应是由天气系统形成的。在 09:45 左右，由于太阳辐射的加热作用，弱对流单体逐渐发展而来。

4.3.2　云-降水宏观特征的统计分析

郑佳锋等(2021)使用在 TIPEX-Ⅲ期间安装于西藏那曲地区(4507 m ASL，92.04°E，31.29°N)的 Ka 波段毫米波雷达(Ka-MMCR)资料，统计分析了 2014 年和 2015 年 7—8 月降水云的宏观结构(图 4.15a—c)。结果表明：高原地区 95%的降水云的云底高度(CBH)、云顶高度(CTH)和云厚度(CTK)分别分布在 1～8.5 km、2.5～11 km 和 0.5～6.5 km。CBH 和

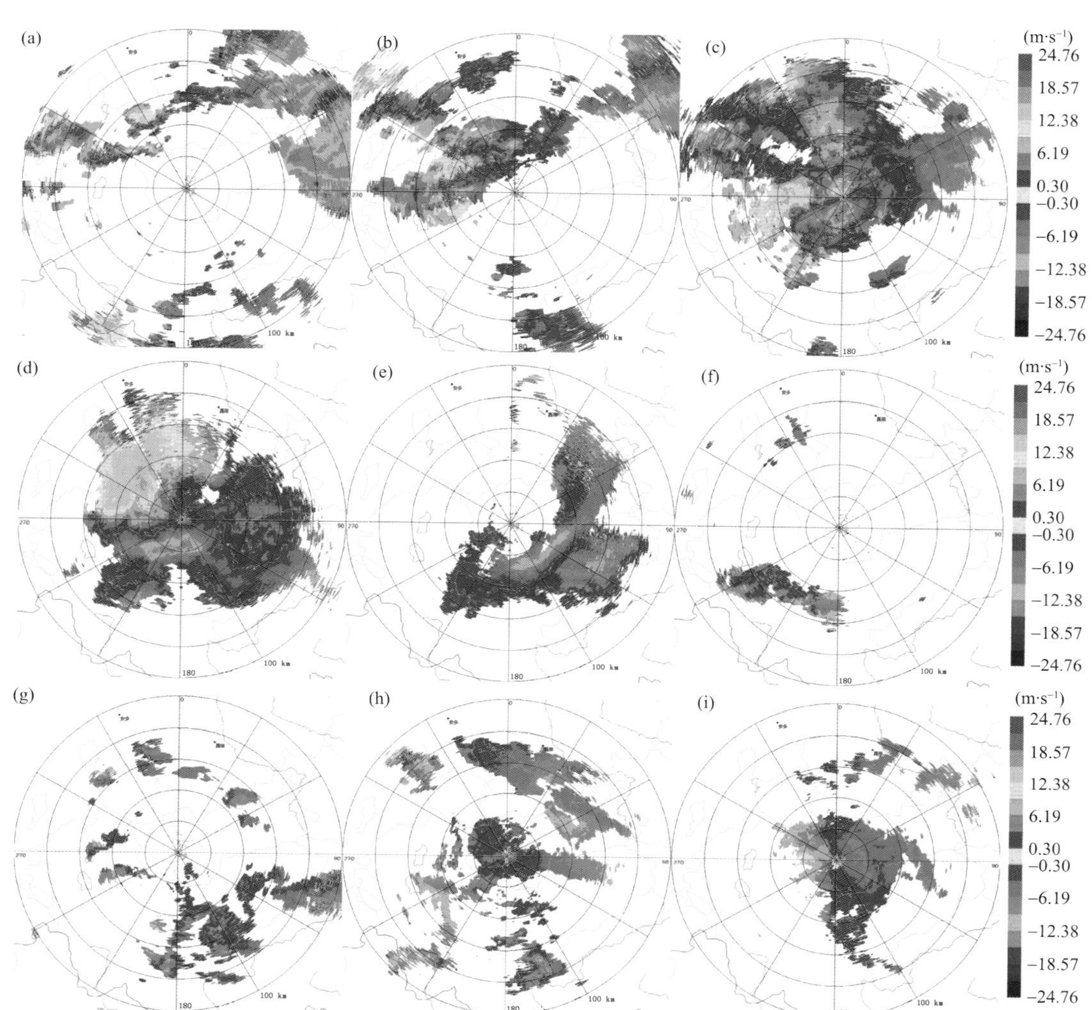

图 4.14　2015 年 8 月 26—28 日径向速度回波(仰角 3.4°,距离 100 km)(引自李筱杨 等,2019)
(a)8 月 26 日 17:45;(b)8 月 26 日 19:06;(c)8 月 26 日 20:27;(d)8 月 26 日 22:50;(e)8 月 27 日 00:48;
(f)8 月 27 日 16:18;(g)8 月 27 日 18:12;(h)8 月 28 日 03:28;(i)8 月 28 日 06:22

CTH 的分布规律都表现为随高度的增加先增大后减小、再增大后又减小的双峰分布;CBH 的两个峰值中心出现在 2.5 km 和 6.5 km,CTH 的两个峰值中心出现在 3.5 km 和 8.5 km。云层主要为低云和高云,中云出现比例相对较小,且大部分云层较为浅薄,70%云层厚度不超过 2.5 km。郑佳锋等(2021)进一步对比了 Ka 波段毫米波云雷达(MMCR)、激光云高仪(CL31)和 Himawari-8 卫星(HW8)对云垂直结构探测的差别,如图 4.15d—f 所示,给出了云层数 CLN(MMCR/CL31)、CBH(MMCR/CL31)和 CTH(MMCR/HW8)的对比结果。对于 CLN,那曲上空主要为单层云,MMCR 对单层云的探测概率比 CL31 少,反之对多层云的探测概率则要高。因为激光穿越云层受到的衰减较大,因此,CL31 探测不到三层云。MMCR 与 CL31 反演的 CBH 随高度分布整体是非常一致的,但在 1 km 和 2.5 km 二者差异较大。对比

MMCR 与 HW8 反演的 CTH 垂直分布，两种结果都反映出其分布有两个峰值区。MMCR 反演的 CTH 整体比 HW8 高，在 4.5～7.5 km 之间，二者的一致性较好，但在 4.5 km 以下，HW8 反演的 CTH 的概率明显要大，而在 7.7 km 以上则 MMCR 的概率更大。

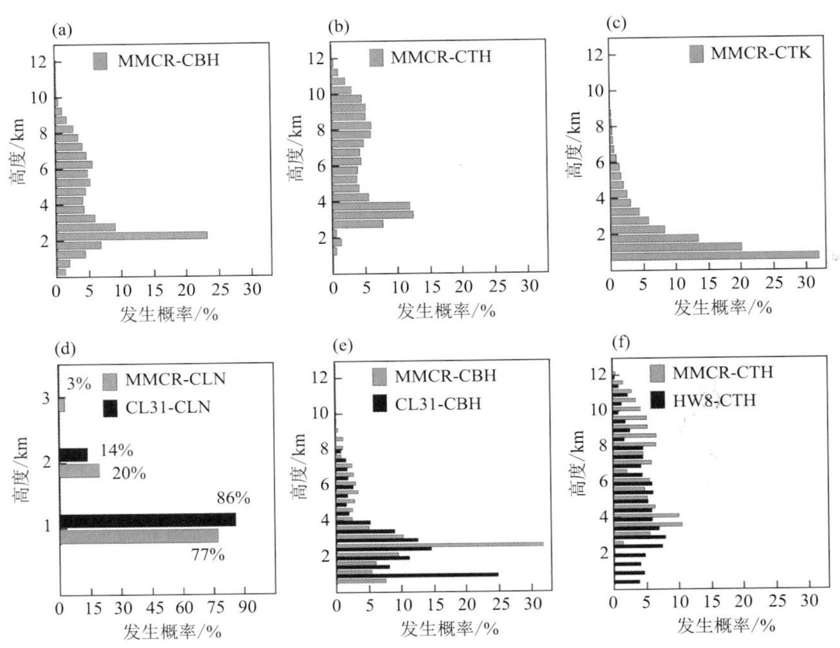

图 4.15　观测期间云底高度(CBH)、云顶高度(CTH)、云厚度(CTK)和云层数(CLN)的高度概率分布，(a)—(c)为 2014 年和 2015 年 7—8 月雷达(MMCR)的反演结果，(d)和(e)为 2014 年 7—8 月 MMCR、激光云高仪(CL31)反演的 CLN 和 CBH 对比，(f)为 2015 年 7—8 月 MMCR、Himawari-8 卫星(HW8)反演的 CTH 对比(引自郑佳锋 等，2021)

常祎等(2016)联合 C-FMCW 雷达和 Ka-MMCR 的回波顶高表征的云顶高度和 FY-2E 卫星的相当黑体亮温(TBB)数据计算的当地云顶高度，并通过几种设备共同获得的云顶高度来探究高原地区降水云的宏观特征。结果表明，由 FY-2E 卫星计算得到的云顶高度最低，平均云顶高度只有 9.18 km，其分布特征与两部雷达类似，但高度要低 2～3 km；而 C-FMCW 雷达和 Ka-MMCR 的观测结果比较接近，二者的平均云顶高度与云顶高度的中位值都处在 11～12 km 之间，但 C-FMCW 雷达观测到的最大云顶高度可超过 19 km，而 Ka-MMCR 只有 17.53 km。并且，常祎等(2016)为了讨论观测期间青藏高原那曲地区云底的高度情况，还分析了激光云高仪数据，其包含三层云底高的数据。经过统计分析发现，低层(C1)、中层(C2)和高层(C3)的平均海拔高度分别为 6.88 km、7.25 km 和 7.46 km，即距离地面分别为 2.38 km、2.74 km 和 2.96 km，三层云在同一时间点的相差并不大，而且 C2 出现的频率远小于 C1，而 C3 则远小于 C2。

刘黎平等(2015)利用 Ka-MMCR 获取了 2014 年 7 月 5 日—8 月 4 日连续变化的云垂直结构数据，统计分析了该时段云底、云厚和云层数的变化特征，发现高原的云顶大致分为 6 km

以上的云(高云)和 4 km 以下的云(中低云),5 km 左右的云的数量比较少;云主要分布在 10 km 高度以下,10 km 以上云频率小于 10%;云的分布有明显的分层现象,5 km 高度层的云比较少,2～4 km 和 6～9 km 高度为主要的云分布高度。青藏高原上超过 5 km 厚度的云的发生频率小于 15%,最大的频次集中在 2 km 以下。在总云量中,单层云基本占了总量的 50%,两层及以上云的发生频次所占比例越来越小。

Song 等(2017)使用 TIPEX-Ⅲ部署在那曲地区的激光云高仪(CL31)与中国海洋大学研制的水汽、云和气溶胶激光雷达(WACAL)对云-降水进行了密集观测,重点研究了降水云的宏观特征和垂直分布。如图 4.16a 所示,由 CBH 差值的频率分布可以发现,约 46%的差值在 ±200 m 以内,约 80%的差值在±1000 m 以内。偏差呈明显的左偏分布,即 WACAL CBH 小于 CL31 的情况比 CL31 CBH 小于 WACAL 的情况出现得多。图 4.16b、c 显示了 WACAL

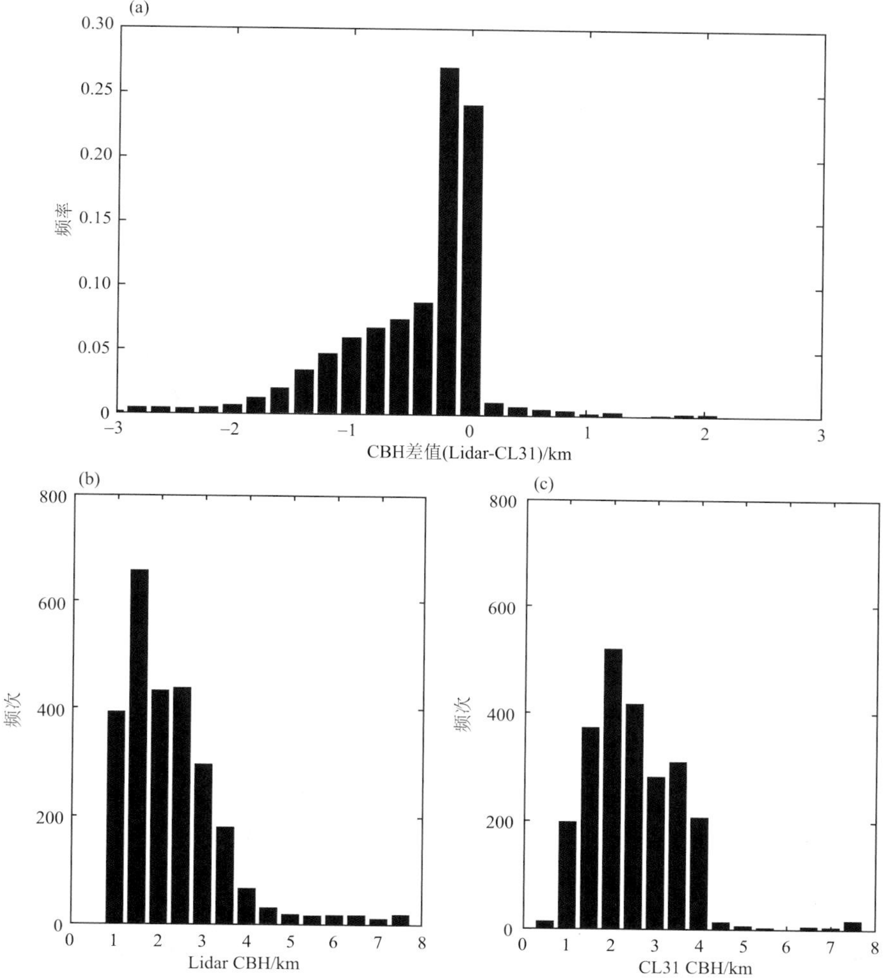

图 4.16 (a)WACAL 与 CL31 的 CBH 差值的频率分布;测量期间 WACAL(b)和 CL31(c)的 CBH 的频次分布(引自 Song et al.,2017)

(Lidar CBH 为水汽、云和气溶胶激光雷达测量的云底高度;CL31 CBH 为激光云高仪测量的云底高度)

和 CL31 资料统计的 CBH 的频次分布。所有 CBH 的直方图在 1000～2000 m 处均达到最大值，并且在 WACAL 和 CL31 检测到最大值时频率呈递减趋势。可以看出，在 1000～2000 m 范围内，WACAL 探测到的云层远多于 CL31。

Qiu 等(2019)基于西藏那曲地区地面 Ka-MMCR 和飞机观测数据，探讨了暖云、冷云和混合云的发生概率。统计得到，降水云在 00:00—06:00(T_1)、06:00—12:00(T_2)、12:00—18:00(T_3)和 18:00—24:00(T_4)的总云概率分别为 82.7%、56.2%、55.3%和 65.4%。受地面热力学条件的影响，四个时段云层的最大高度(MHs)有较大差异。在多云的条件下，T_1、T_2、T_3 和 T_4 的最大高度分别为 10.9 km、12.5 km、12.4 km 和 12.4 km；在毛毛雨的条件下，T_1、T_2、T_3 和 T_4 的最大高度分别为 8.5 km、12.1 km、11.9 km 和 11.5 km。

He 等(2021)利用 Ka-MMCR、K-MRR 和粒子直径-速度 Parsivel 雨滴谱仪对华南低海拔地区(龙门站，86 m)和高海拔地区(那曲站，4507 m)层状降水的垂直特征、亮带结构进行了研究和比较。图 4.17 给出了两地的亮带中心、上界和下界高度以及亮带的厚度、上部厚度和下部厚度的概率分布(PDF)。这些亮带的高度和厚度的 5～95 百分位数(5th、25th、50th、75th、95th)、平均值(AV)、标准差(STD)和偏度(SK)见表 4.1。结果表明，由于两地海拔和气象条件的差异较大，亮带的高度差异也非常显著。龙门亮带中心集中在 4.47～5.19 km，AV 为

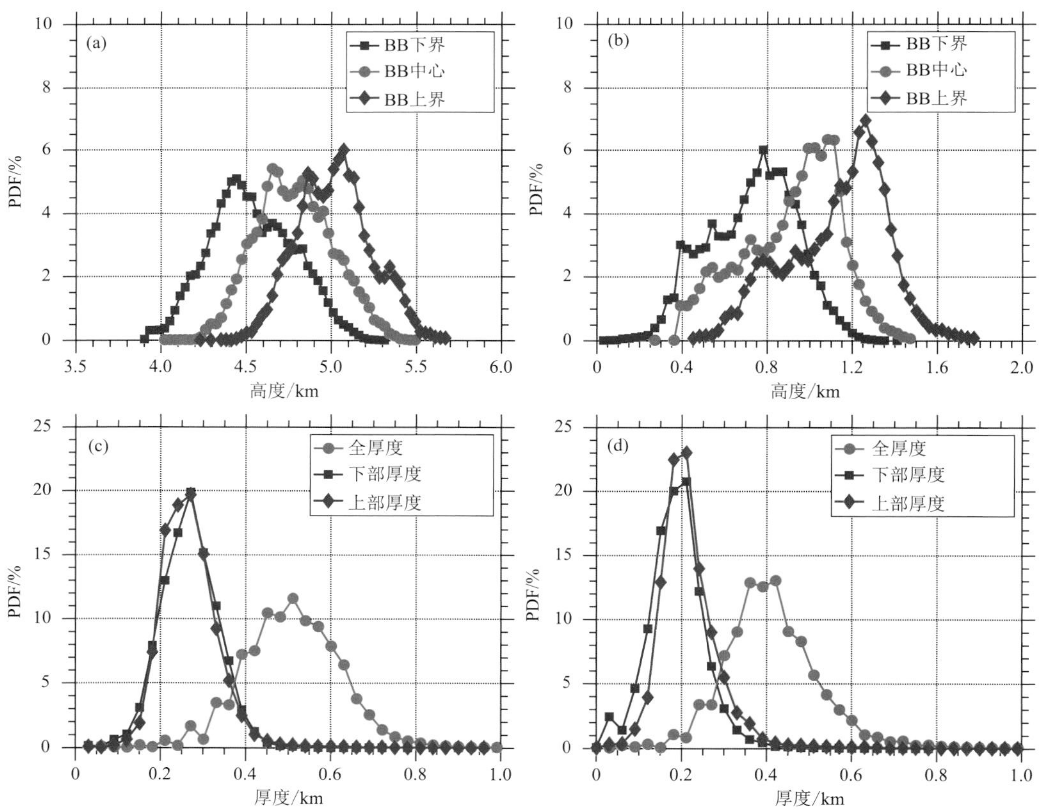

图 4.17　亮带(BB)中心、上界和下界高度的概率分布(PDF)，以及 BB 全厚度、上部厚度、下部厚度的概率分布((a)、(c)为龙门，(b)、(d)为那曲)(引自 He et al.，2021)

4.81 km，其中4.65 km概率达到最大，为5.41%；亮带下界和上界高度分布与中心类似，但整体减小或增加了0.2～0.3 km，主要集中在4.17～4.98 km、4.71～5.43 km，平均高度分别为4.56 km和5.05 km。相较而言，那曲亮带的高度远比龙门低，亮带中心主要集中在0.51～1.26 km，AV为0.94 km，其中1.08 km的概率达到最大，为6.32%；那曲亮带下界和上界高度分布也与中心类似，同时减少或增加了0.2～0.3 km，主要集中在0.42～1.08 km、0.75～1.47 km，平均高度分别为0.74 km、1.16 km。两地亮带高度的STD相近，集中在0.22～0.25 km。龙门的亮带高度的偏度为正值，而那曲则为负值。龙门的亮带厚度略大于那曲，两地亮带厚度大部分分别分布在0.33～0.69 km、0.27～0.63 km，AV分别为0.51 km、0.44 km。此外，龙门亮带下半部和上半部厚度除了SK外，其他统计参数都很接近，说明龙门的亮带是近乎对称的。但在那曲地区，上半部分厚度略大于下半部分厚度。两地的亮带厚度的STD都接近于0，表明亮带厚度的变化是比较稳定的。

表4.1 龙门和那曲亮带(BB)高度和厚度的统计参数(引自He et al.,2021)
(5～95分位数、平均值AV、标准差STD、偏度SK)

BB参数			统计参数/km							
			5th	25th	50th	75th	95th	AV	STD	SK
高度	龙门	下界	4.17	4.38	4.53	4.74	4.98	4.56	0.25	0.13
		中心	4.47	4.65	4.80	4.98	5.19	4.81	0.22	0.14
		上界	4.71	4.89	5.04	5.19	5.43	5.05	0.22	0.15
	那曲	下界	0.42	0.57	0.75	0.90	1.08	0.74	0.22	−0.10
		中心	0.51	0.78	0.99	1.11	1.26	0.94	0.23	−0.42
		上界	0.75	0.99	1.20	1.32	1.47	1.16	0.23	−0.41
厚度	龙门	全厚度	0.33	0.45	0.51	0.57	0.69	0.51	0.11	0.15
		下部厚度	0.18	0.21	0.27	0.30	0.36	0.27	0.07	0.34
		上部厚度	0.18	0.21	0.27	0.30	0.39	0.27	0.07	1.32
	那曲	全厚度	0.27	0.36	0.42	0.51	0.63	0.44	0.11	0.85
		下部厚度	0.12	0.18	0.21	0.24	0.33	0.22	0.07	0.53
		上部厚度	0.15	0.21	0.24	0.27	0.36	0.24	0.08	2.48

云特性尤其是降水云的特性对青藏高原的降水研究是极其重要的一部分。CloudSat卫星的毫米波雷达CPR虽然对冰云和水云的探测能力能分别达到90%和80%，但探测较小云滴不具有优势，可以选择结合CALIPSO的激光雷达CALIOP资料，其波长比CPR短，能探测到小云滴和光学厚度较薄的冰云云顶，如此可以对云进行准确识别。青藏高原夏季总云量以卷云Ci最多，其次为积云Cu和层积云Sc，雨层云Ns最少；在四川盆地和高原盆地过渡区则以高积云Ac和卷云Ci为主。高原区低云总量最多，是我国低云量最大的区域。青藏高原夏季降水云主要为低层积云Cu和高层卷云Ci，占降水云的54%，总体低云在降水云中的比例占43%，高于中高云(图4.18)。如图4.19所示，比较高原夏季总云的云层数平均比例可知，单层云要高于双层云和多层云，这表明云体连续的单层云降水能力更高。夏季高原区的总云

云底和云顶均比盆地和高原盆地过渡区高，但其云厚度却最小。同时青藏高原上冰云占了总云的 48%，混合相云所占总云比例最小，只有 19%，但在降水云中却仅次于冰云；水云占降水云的比例只有 16%，可见在高原上的降水中冷云降水占据了主导地位(陈玲 等，2015)。

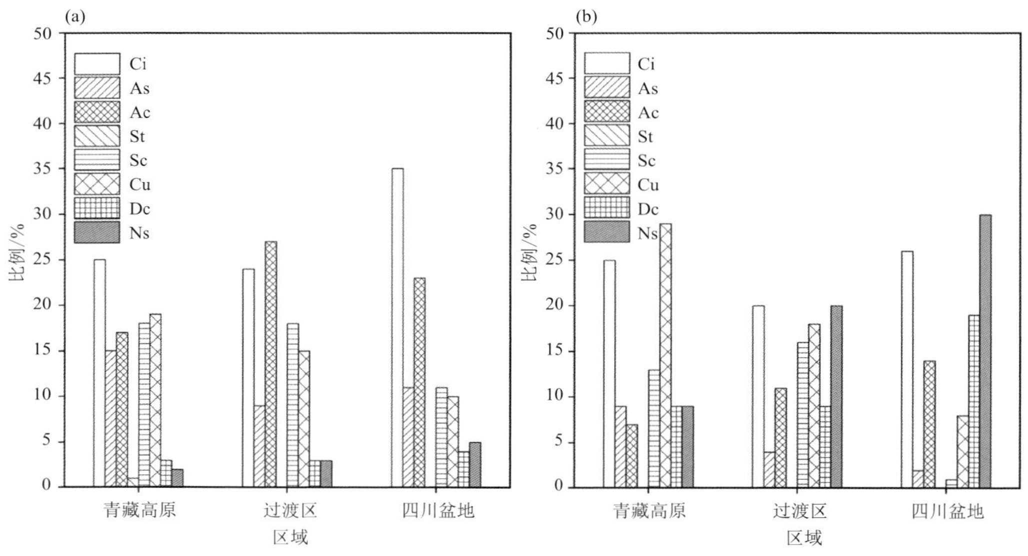

图 4.18　高原区、过渡区、盆地区总云(a)和降水云(b)的各种云类型所占比例(引自陈玲 等，2015)
(其中 As、St、Dc 分别为高层云、层云、深对流云)

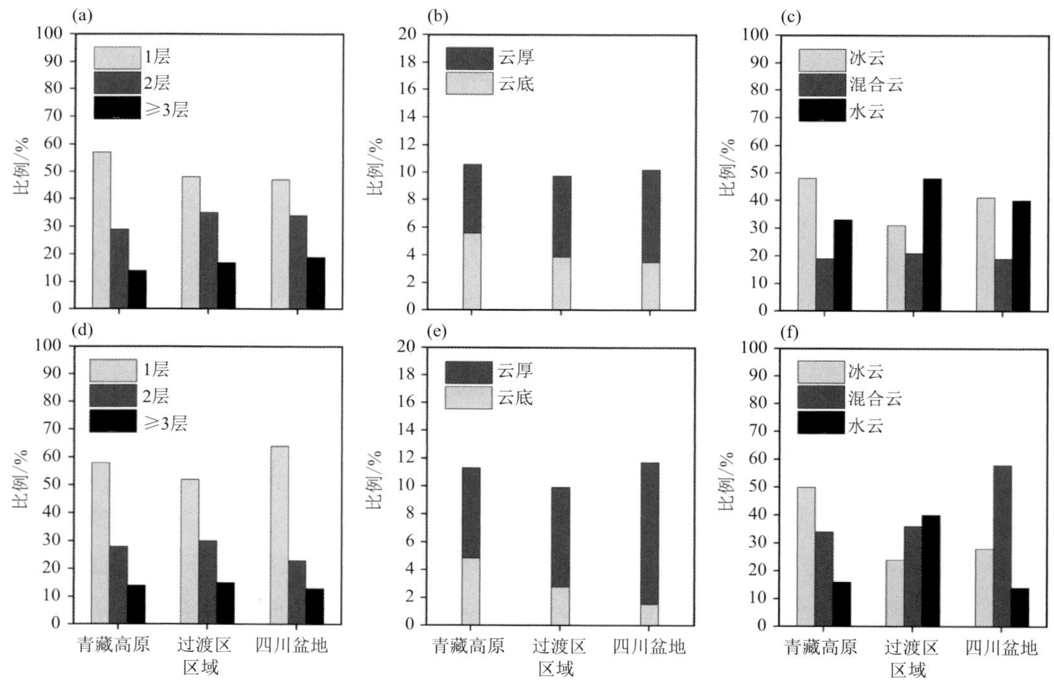

图 4.19　高原区、过渡区、盆地区总云((a)—(c))和降水云((d)—(f))的云层数((a)、(d))、云高度((b)、(e))和云相态((c)、(f))所占比例(引自陈玲 等，2015)

2000—2016 年青藏高原年平均水云和冰云面积分数的出现频率如图 4.20 所示。冰云和水云的出现频率是揭示冰云和水云对降水贡献的重要参考指标。当某一网格的云面积分数大于 0.1%时，可以认为该网格出现了云，云出现频率增加 1。青藏高原上冰云和水云主要发生在青藏高原边缘，频率从边缘到青藏高原中心逐渐减少，两者空间分布特征极其相似，说明高原地区大部分云同时存在冰相和液相两种状态。在高原的边缘地区，水云和冰云的出现频率明显高于青藏高原的主要地区，最高频率甚至可以达到 100%。与水云（图 4.20a）相比，冰云（图 4.20b）出现频率更高，特别是在北部和西部斜坡上空（Hua et al.，2020）。

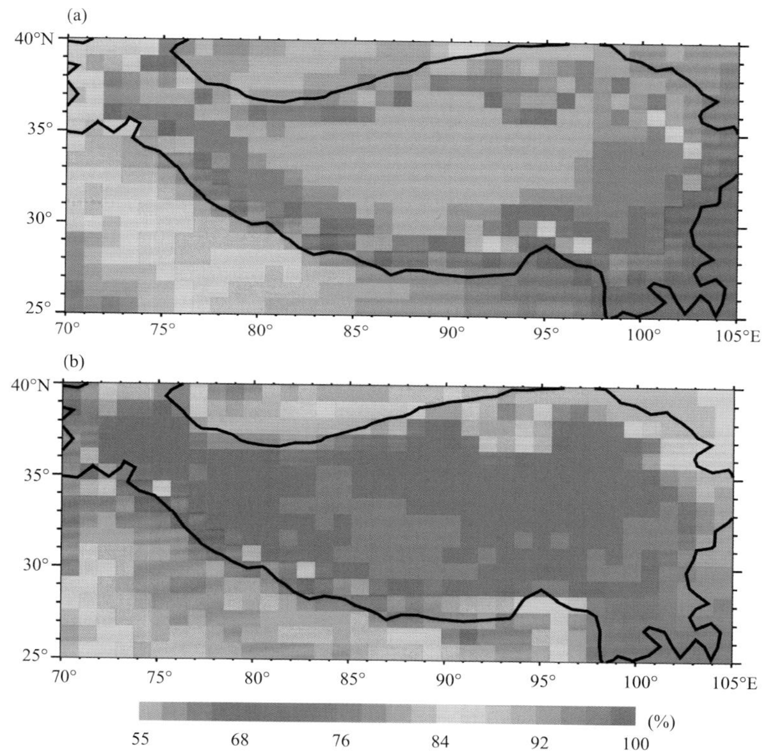

图 4.20　2000—2016 年 TP 年平均水云(a)和冰云(b)面积分数的发生频率。黑色粗实线包围区域表示 TP 主体（引自 Hua et al.，2020）

地形对基于模式的气候模拟结果具有显著的影响。而青藏高原是目前气候模式中降水偏差最大的地区之一。过去认为，这种偏差主要是由于粗分辨率气候模式不能反映高原周围复杂的地形。复杂地形可产生不同尺度的地形阻力：重力波阻力、低水平流阻塞阻力和湍流尺度阻力。有研究表明，青藏高原的降水模拟通常被高估。除了模式分辨率和初始边界条件等，Xu 等（2020）认为微物理参数化假设也是一大原因，并利用莫里森（Morrison）双参数方案对高原上典型夏季降水进行了模拟。结果表明，当采用 CP2k 积聚方案时，雨水超预测得到了有效抑制；在长达 1 个月的模拟中，逐日降水率的时间序列表明 CP2k 积聚方案对降水偏差的减小是普遍有效的。栾澜等（2017）利用 WRF 模拟了青藏高原那曲地区一次对流降水过程，结果显示 WRF 模式对高原降水有一定模拟能力，但总体呈现较大的湿偏差；模式集合模拟效果优于单个模式模拟。利用 CRM 云解析模式模拟青藏高原夏季降水日变化的能力，发现降水模拟结果总体偏高，降水量由南向北呈下降趋势；高原中部的最大降水主要发生在下午晚些时候，南部边缘地区则通常在夜间；由于受复杂地形限制，高原北部模拟降水太小而不可测（Xu et al.，2012）。针对高原地区两次暴雨过程，田畅（2019）利用 TS 评分评估了 6 种不同的云微物理参数化方案对降水模拟效果的影响，认为不同方案模拟的雨带分布形式相似，但降水强度有一定差异；双参数方案评分优于单参数方案，云中固态水凝物分布能较好地对应降水落区，液态水凝物较少，暴雨过程主要受固态水凝物的影响。

4.4 云-降水的微物理特征

有关青藏高原上降水粒子滴谱分布的研究较少。李仑格等（2001）分析了高原东部春季降水云的微物理特征，结果表明高原东部春季的云滴谱尺度宽，数浓度小，具有“海洋性”云的微结构特征；汪会等（2011）发现高原等高度上云滴粒子滴谱较宽；Porcù 等（2013，2014）通过对不同高度观测的多普勒雨雷达数据进行分析发现，由于降水类型、强度的不同，雨滴谱的分布也不同，随着降水强度的增加，有时雨滴会由于破碎而产生双峰形状，而高原上的雨滴谱由于破碎而导致临界直径减小、临界速度增大，雨滴破碎也会影响滴谱的分布，此外，他们还认为高原上的雨滴谱更符合伽玛（Γ）分布；李典等（2012）通过分析 TRMM 卫星资料发现，高原地区可降冰粒子在各个高度的密度都要高于可降液态水粒子、云水粒子和云冰粒子，并且均集中在近地面层，这也表明高原地区降水具有冰粒子较多、夏季多冰雹的特征。

4.4.1 云-降水的微物理特征

Zhao 等（2017）研究了 TIPEX-Ⅲ历时 8～10 a 的研究背景、科学目标、试验设计和初步成果，从新的观测结果发现，高原上空的雨滴大小分布（RSD）白天比晚上更宽，最宽的 RSD 在下午晚些时候。此外，与下游平原的强降水相比，TP 上空的 RSD 更宽，且云滴的浓度比海洋低。降水粒子半径＜1 mm 时，TP 上的 RSD 在 10^2 $mm^{-1}\cdot m^{-3}$ 和 10^3 $mm^{-1}\cdot m^{-3}$ 之间变化；当降水粒子半径＜2 mm 时，RSD 呈 Γ 分布。较大的雨滴（尺寸为 10 μm）的浓度相对较低，可能会增强碰并过程，从而产生小雨，这与中国平原地区的小雨受到气溶胶抑制的现象有很大的不同。

阮悦（2017）对比了深厚强对流、浅薄对流和层状降水三类云的雨滴谱分布及其最小二乘法伽玛（gamma）拟合结果（图 4.21），发现对流性降水存在 3.5 mm 以上的粒子，对其自身而言，1.5～3 mm 的雨滴个数偏多，使得其在小粒子端直径-浓度的拟合曲线与观测值更加符合。层状云降水粒径基本在 3.5 mm 以下，对流降水比层云降雨谱型更平，没有明显的谱峰。从雨滴谱分布的伽玛拟合结果来看，深厚对流及层状云降水的伽玛分布的三个参数中浓度参数

(N_0)比浅薄对流大,形状参数 μ(无量纲)和斜率参数 Λ(mm^{-1})差别不大,相关系数在 0.98 以上,且对流性降水的平均雨滴粒径(深厚强对流降水为 1.51 mm,浅薄对流降水为 1.37 mm)都要大于层状云的平均粒径(1.04 mm),这也是层状云降水的回波强度要小于对流性降水的原因。

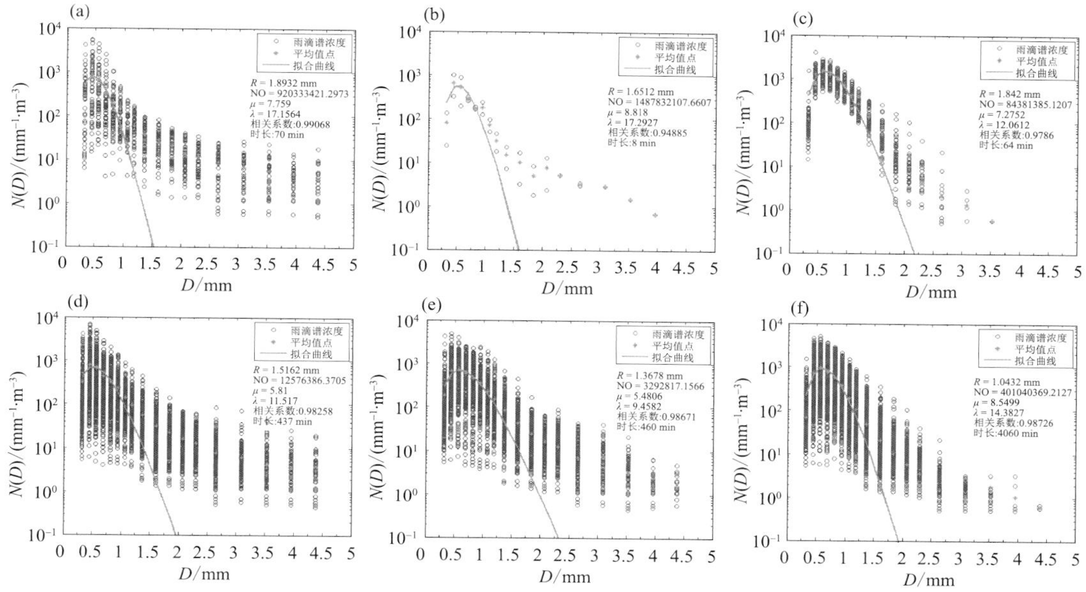

图 4.21　雨滴谱分布及最小二乘法伽玛拟合。(a)2014 年 7 月 4 日深厚对流降水(DC);(b)2014 年 8 月 26 日浅对流降水(SC);(c)2014 年 7 月 16 日层状云降水(CC);(d)7、8 月两个月 DC;(e)7、8 月两个月 SC;(f)7、8 月两个月 CC(引自阮悦,2017)

赵平等(2017)结合 C 波段双线偏振雷达、Ka 波段毫米波云雷达(Ka-MMCR)、C 波段调频连续波雷达(C-FMCW)和两部雨滴谱仪资料,分析了 2014 年 7 月 14 日发生在那曲地区的高原低涡降水过程的三个阶段云和降水微物理特征的异同(图 4.22)。总体上看,在第一阶段降水中,高原低涡前部的上升运动强且深厚,雨滴得以增长,有利于较大雨滴的形成,因而雨滴谱分布较宽(0.3～4.9 mm),小雨滴(<1 mm)占总雨滴数浓度的 87%,大雨滴(>2 mm)占总雨滴数浓度的 0.35%,其数浓度为 65.27 $mm^{-1}\cdot m^{-3}$。更细致的分析表明,在该阶段降水的初期,14:30—15:00 在 3 km 以下有回波强度大于 35 dBZ 的柱状回波存在,反映出对流降水特征,在 3～11 km 存在明显的上升气流。最大降水强度出现在第一次降水阶段的初期(14:55—15:01),该时段的雨滴谱宽度最大,其最大值为 4.3 mm,大粒子数浓度也最大,达到 $10^{2.7}$ $mm^{-1}\cdot m^{-3}$。第一阶段降水后期(15:10—17:30),可以明显地看到零度层亮带出现在地面以上 1.1 km 左右的高度,亮带以上降水的云体以冰相为主,亮带以下则以液相为主,此时雨滴谱宽也变窄(<2.6 mm)。在第 2、第 3 阶段降水中,上升运动较弱,不利于雨滴的充分增长,因而所形成的雨滴偏小,雨滴最大直径为 2.1 mm,雨滴谱分布较窄,小雨滴占总雨滴数浓度比例很大,为 92%,而大雨滴占总雨滴的比例几乎为 0,其数浓度也很低,仅为 0.69 $mm^{-1}\cdot m^{-3}$。类似特征也出现在第三阶段。高原低涡降水过程中的雨滴谱与雨滴直径的关系与常祎等(2016)的统计结果相

似，说明高原低涡降水的雨滴谱特征可能在高原上有普遍性，即高原上7月、8月的雨滴谱宽度要宽于同纬度的海拔较低地区，尤其是平原地区，也说明他们的统计结果可能更大程度反映了高原低涡降水的特征。

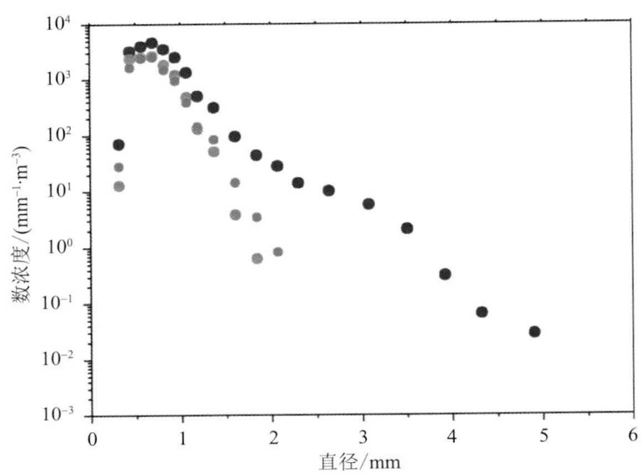

图 4.22　2014 年 7 月 14 日雨滴谱仪观测的第 1 阶段(14:47—17:21，蓝色)、第 2 阶段(20:03—20:53，绿色)和第 3 阶段(22:39—23:52，紫粉色)降水的平均雨滴谱分布(引自赵平 等，2017)

马若赟(2018)利用 C 波段可移式双线偏振(C-POL)雷达的平面位置显示图(PPI)分析了那曲地区三次代表性降水个例的水平形态和演变过程，并结合 C-FMCW 雷达垂直指向雷达的反射率、径向速度和速度谱宽的时间-高度分布图来揭示降水系统内部的垂直结构、特征及演变，同时给出相应的雨滴谱仪观测的地面降水强度、最大雨滴直径和雨滴数浓度随时间的变化。对于 2014 年 7 月 14 日的降水个例，在大约 12:40，强回波(等效反射率因子 Z_e>35 dBZ)从地面伸展到大约 3 km 附近，地面附近 1 km 以下观测到了 Z_e>45 dBZ 的强回波。之后雨带内部的对流活动迅速减弱并很快变为层状云，在该层状降水区内有一定强度的对流元素不断快速减弱。大片的层状降水区一直存在至晚上 23:00 左右。相应地，C-FMCW 雷达在其上方观测到了连续的层状降水，中间偶尔出现弱对流降水。Z_e>45 dBZ 的强回波在 12:45—13:00之间出现，位于地面到 1 km 之间，这时地面雨滴谱仪观测到了大雨滴，最大直径达 5 mm 左右。层状降水时，径向速度在融化层底部有明显的变化，这反映了融化层下面液态雨滴的下落末速比融化层上面固态水物质的下落末速要大。在 13:03 左右，降水迅速从强对流降水转变为层状降水，并且伴随着降水强度的明显减弱，同时地面观测到的雨滴直径变小，数浓度增多。

在 2014 年 8 月 8 日个例中，一个 β 中尺度对流雨带(长度大约 20 km)于 12:15 在 C-FMCW 雷达的西侧生成，在 12:30—12:50 之间观测到了垂直方向上伸展到 12 km 高度的深对流云，然而大的 Z_e 值(35～40 dBZ)的回波却基本位于 3.5 km 以下。在 C-FMCW 雷达观测到该深对流云之前的半小时和之后的 2 h 内，大多是弱对流降水，其反射率值较小，云顶较低，而且没有亮带存在。

与 8 月 8 日的雷达回波类似，8 月 19 日的回波大多是分散的对流降水元素，而且它们很快减弱，转变为层状云。在8月19日晚上，C-FMCW雷达观测到了本次观测试验期间最强的对流活动。在16:50—17:00之间，很强的回波值(Z_e>45 dBZ)伸展至4.5 km高度，强回波(35～40 dBZ)伸展至11 km，云顶高度在13 km左右。在随后的10 min内，很强的回波仍然从地面伸展到4.5 km高度处，但是强回波顶高下降至5～7 km高度处，尽管直至云顶的强上升气流仍然存在，并且一直存在至18:00。对应的雷达径向速度场可以看出，在16:40—18:00之间，从地面直至云顶有强上升运动和下沉运动。之后，对流活动强度明显减弱，在18:00变为弱对流降水。随后一条亮带出现，于18:48消亡，它在大约20:10时又重新出现，然后一直维持稳定至22:30，其间偶尔会出现弱对流降水。地面雨滴谱仪观测到的降水强度和雨滴最大直径的时间演变表明，在强对流降水时段内，降水强度很大，雨滴直径也很大。

常祎等(2016)为获得观测试验期间的地面雨滴谱分布特征，在处理雨滴谱数据时，首先对112个降水过程的雨滴谱进行平均，得到每个降水过程的平均滴谱数据和降水强度，再对这112个平均谱再进行平均，最终得到总的平均谱和平均降水强度，最后计算得到的平均小时降水强度为1.16 mm·h^{-1}，而直接通过对所有降水时刻计算得到的平均降水强度则为1.22 mm·h^{-1}，两者略有差异。图4.21为每次降水过程的平均雨滴谱以及总的平均雨滴谱，对比Porcù等(2014)统计的拉萨、林芝2009年10月—2010年9月的雨滴谱可以发现，青藏高原夏季的雨滴谱分布相对于高原其他季节要宽。对比陈磊等(2013)统计的2009与2010年梅雨期间淮南和南京地区的暴雨的雨滴谱、陈聪等(2015)统计的6月黄山地区雨滴谱，以及Chen等(2013)统计的南京地区2009与2011年梅雨期间的平均雨滴谱可以发现，高原上7、8月的雨滴谱宽度要宽于同纬度的海拔较低尤其是平原的地区。根据Beard(1976)的经验公式，高原上的空气密度相对于同纬度平原地区要小，因此，相同半径的粒子在高原上降落的末速度更大。根据重力碰并理论，高原上由于液滴降落的末速度较大，因此，其生长率也较快，最终导致高原上雨滴谱的宽度要大于同纬度平原地区，并且极易产生降水。

图4.23b包括图4.21a中的总平均雨滴谱以及由平均降水强度1.16 mm·h^{-1}确定的*M-P*分布和通过拟合得到的Γ分布雨滴谱，其中*M-P*分布的参数N_0=8000 mm^{-1}·m^{-3}，R=1.16 mm·h^{-1}，Γ分布的参数为N_0=17349.34 m^{-3}，μ=4.03，Λ=6.95 mm^{-1}，相对Chen等(2013)梅雨期间雨滴谱拟合的3个参数均偏小，说明高原地区的雨滴谱分布有其特殊性。从结果来看，两种分布在降水粒子半径超过2 mm的大粒子模拟效果都不是很好，*M-P*分布在小于1 mm部分也与观测有着较大的差异，但Γ分布在此部分则对观测的雨滴谱模拟效果较好，整体而言，Γ分布的雨滴谱型更适合用于青藏高原上雨滴谱的拟合。

Chang等(2019)利用飞机观测数据，初步分析了不同温度下、不同高度那曲地区降水云的特征，并对C波段雷达发现的2个云实例进行了分析，结果表明：在飞机观测期间，7月10日在对流单体6300 m(−2.5 ℃)处观测到的最大云滴浓度为1.1×10^{2} cm^{-3}，云滴浓度为数量级10^{1} cm^{-3}。大颗粒由二维立体最优阵列光谱仪(2D-S)和高体积降水光谱仪(HVPS)测量，由于HVPS探头在观测期间稳定可靠，我们使用HVPS测量大颗粒浓度。7月13日在7850 m(−12.9 ℃)处观测到的最大颗粒浓度为2.9×10^{-2} cm^{-3}，大颗粒浓度的数量级为10^{-3}～10^{-2}

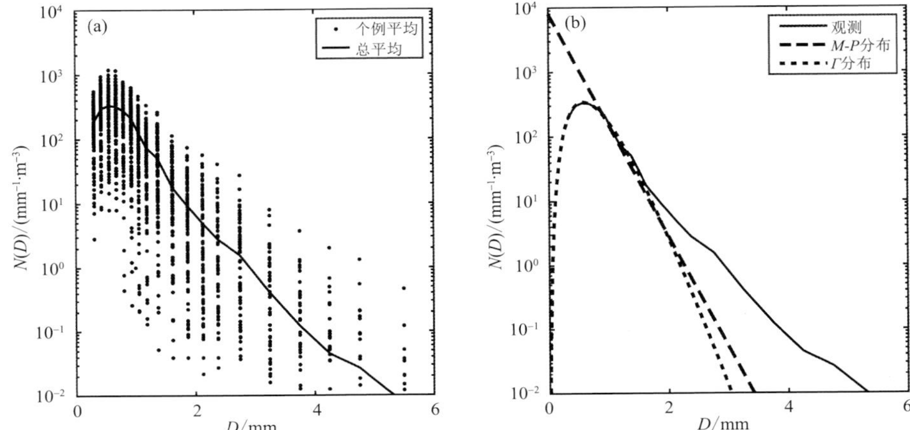

图 4.23 雨滴谱分布。(a)112 次降水的平均雨滴谱和总平均雨滴谱;(b)平均雨滴谱、M-P 分布雨滴谱以及拟合的 Γ 分布雨滴谱。D 和 N(D)分别为直径和数浓度(引自 Chang et al.,2019)

cm^{-3}。通过对三维云粒子图像 3V-CPI(Three-View Cloud Particle Imager)影像分析发现,毛毛雨对应的量级为 10^{-3} cm^{-3},冰粒子对应的量级为 10^{-2} cm^{-3},但由于数据集不足,无法完全验证这种对应关系。

从 TP 和中国北部地区微物理参数垂向分布对比可以清楚地看到,在相同的温度水平下,TP 地区的最大和平均云滴浓度比中国北方地区小 1~2 个数量级。而 TP 上的液态水含量(LWC)与华北地区具有相同的数量级。7 月 20 日 6953 m(−5.5 ℃)处最大 LWC 为 0.25 g·m^{-3},较同温度下中国北方地区要大。另外,大陆上空云中云滴的浓度一般比海洋上空的云滴浓度大,但高原上空的云滴浓度远小于海洋上空的云滴浓度。高原上空的云滴浓度远小于其他地区,且在粒径分布上表现出不同的特征(图 4.24)。青藏高原上的雨滴谱(RSD)在不同的高度(温度)处具有相似的谱形状,其中峰值都是 6.3 μm(平均值在 3.2 μm 和 9.4 μm 之间),在大直径范围(20~50 μm)具有多种模态形状;且相比于其他地区,高原地区的 RSD 更宽,也有更多的峰值。在所有海拔(温度),甚至在近 9000 m(−17 ℃)处观测到的云-降水都小于 50 μm。在较低海拔(−10~0 ℃)观测到更多大云滴。在−5~0 ℃中也观察到雨滴(直径大于 200 μm)。这种现象表明,高原上空云团内部存在更多的过冷云滴。冰相粒子分布有两个明显的特征,一是在−20~−10 ℃,云中冻结凇附过程较为活跃,为粒子的形成提供了有利条件;二是在−10~0 ℃,云中凇附和聚并过程都很重要。青藏高原上较大粒子的 RSD 呈指数形状。高原地区的冰粒子是不透明且潮湿的,通过吸收云滴导致其发生更活跃的聚并过程。高原上空的云中很少观测到规则形状的粒子,冰粒子的形成主要依赖于云滴的冻结过程。在−17 ℃以下,冰晶呈现子弹状,并伴有少量花瓣状;在−10 ℃以下,冰晶呈现六角形状;在−10~−5 ℃,冰晶呈现柱状;在较高海拔地区,也存在针状冰晶。固态冰晶多出现在温度低于−15 ℃的海拔高度,这主要是因为海拔较高的地区液态水含量相对较低,聚集过程减少。青藏高原云系中冰晶作用过程频繁,尤其是小于 50 μm 的冰晶。

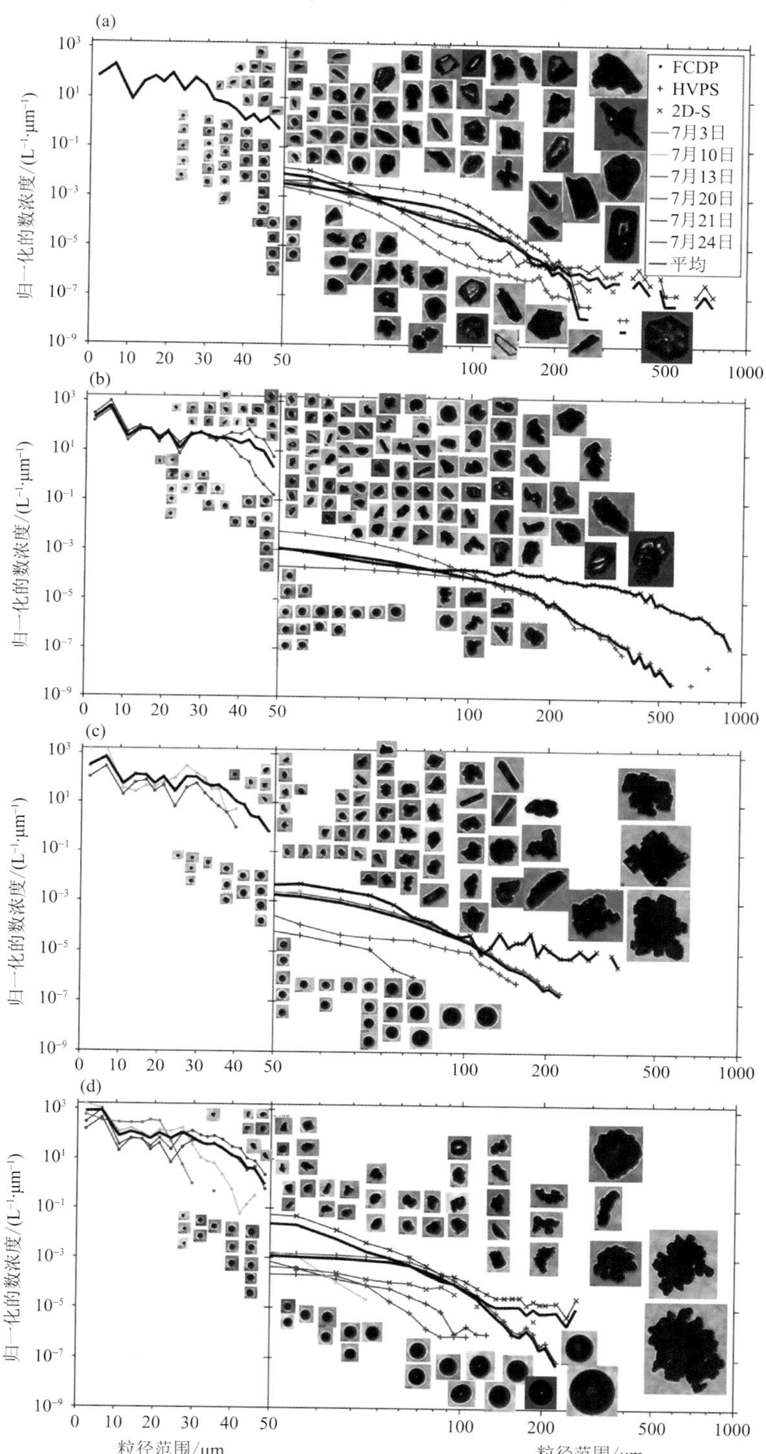

图 4.24 粒子尺寸分布和部分采样图像(FCDP 为快速云滴谱探头)(引自 Chang et al.,2019)

(a)－20～－15 ℃;(b)－15～－10 ℃;(c) －10～－5 ℃;(d) －5～0 ℃

Zhao 等(2016)利用 2014 年 7 月 6—31 日青藏高原那曲地区的 Ka-MMCR 观测数据，描述了高冰云(云底 5 km 以上)的微物理特征。结果表明，那曲地区高冰云的有效半径(r_e)和冰水含量(IWC)分别主要分布在 30～60 mm 和 0～0.05 g·m^{-3}之间，频率最高的 r_e、IWC 和冰水路径(IWP)的数值分别约为 36 mm、0.001 g·m^{-3}和 1 g·m^{-2}。Zhao 等(2016)还对 2014 年 7 月 6—31 日青藏高原那曲地区低液云的微物理特征进行了分析，结果表明：低液云的 r_e 和 LWC 分别主要分布在 3～10 μm、0.01～0.5 g·m^{-3}之间，偶尔也可能分别大于 10 μm(10～18 μm)和 0.5 g·m^{-3}(0.5～2.0 g·m^{-3})，平均 r_e 和 LWC 分别在 5～7 μm 和 0.02～0.15 g·m^{-3}之间；据统计，2014 年 7 月的月平均云滴 r_e 和 LWC 分别约为 5.7 μm 和 0.07 g·m^{-3}。云滴 r_e 和 LWC 随高度增加的增加趋势可以用绝热理论来解释：当气团上升时膨胀，失去能量后变冷，水汽凝结为液态水，使云滴 r_e 和 LWC 都增加。在接近 200 m 的低海拔液态云滴 r_e 和 LWC 分别为 4～6 μm 和 0.02～0.05 g·m^{-3}，在 1 km 以上的高海拔则分别为 8～12 μm 和 0.2～1 g·m^{-3}。在云内，云滴 r_e 和 LWC 随低空高度升高略有升高，在高空随高度升高略有降低。下部的增加趋势可能与绝热冷却导致的凝结增加有关，而上部的下降趋势可能与云顶附近的夹带作用有关。云顶附近的夹带作用可能导致饱和云内干空气混合，导致粒径变小，LWC 减小，但是，云滴 r_e 和 LWC 随高度的变化非常弱。

Qiu 等(2019)基于青藏高原那曲地区 2014 年 7 月 6—31 日 Ka-MMCR 和飞机观测数据，探讨了暖云、冷云和混合云在本地标准时间 00:00—06:00(T_1)、06:00—12:00(T_2)、12:00—18:00(T_3)和 18:00—24:00(T_4)的液水含量。研究表明，随着气团膨胀、失去能量且逐渐变冷，水汽充分凝结成液态水，这使得云滴尺寸和 LWC 随着气团的上升而增加，LWC 从 0.12 km 的 80.1 mg·m^{-3}增加到 1.2 km 的 85.5 mg·m^{-3}。上层 LWC 线性斜率的急剧变化可能是由高空云内外的相对强空气交换引起的，LWC 从高到低的时间依次为 T_3、T_2、T_4 和 T_1。LWC(IWC)随高度的增加而降低(升高)，这与对应的温度有关。特别指出，LWC 在 1.2 km 急剧下降，这是由于最终的 LWC 是将 LWC 和液态水与冰水的混合比相乘得到的，而液态水与冰水的混合比随高度减小是根据温度的指数函数变化的，LWC 从高到低的时间依次为 T_3、T_2、T_4 和 T_1。冰层中的 IWC 随高度增加而减少幅度较小，从 5.0 km 的 9.5 mg·m^{-3}减少到 11 km 的 4.8 mg·m^{-3}，且 T_1 的 IWC 值最小。

Wang 等(2020)研究了夏季青藏高原东坡不同雨强和不同种类降水的 RSD 特征。Wang 等(2020)将雨强分为五个区间：$R\leqslant0.1$ mm·h^{-1}(R_1)、0.1 mm·h$^{-1}<R\leqslant1$ mm·h^{-1}(R_2)、1 mm·h$^{-1}<R\leqslant5$ mm·h^{-1}(R_3)、5 mm·h$^{-1}<R\leqslant10$ mm·h^{-1}(R_4)和 $R>10$ mm·h^{-1}(R_5)。较小雨强占总降水事件的一半以上，由 R_1 和 R_2 产生的降水占总持续时间的 65.15%，但是它们的降水量仅占总降雨量的 12.51%。R_3 对总雨量的贡献最大，占总降雨量的 49.67%，占总持续时间的 31.14%。对于雨强较大的降水，R_4 和 R_5 仅占总降水持续时间的 3.71%，但是它们的降水量占总降水量的 37.82%。图 4.25 显示了 5 个雨强下不同粒径的数浓度。由图可以看出，雨滴谱随雨强的变化存在明显的差异，随着雨强的增加，雨滴谱逐渐变宽、变平，大雨滴的贡献率较大；R_1—R_5 的最大测量直径分别为 1.38 mm、2.75 mm、3.75 mm、

4.25 mm 和 7.5 mm。各雨滴粒径的数浓度也随着雨强的增加而增加，五类雨强的谱型均为单峰型，且基本都服从伽玛分布。中位数的峰值均出现在第 5 个粒径区间，平均直径为 0.56 mm。每种雨滴粒径的数浓度可以在三个或更多的数量级内变化，其中 25%～75%雨滴基本上集中在一个数量级内。为了方便比较不同雨强下的 RSD 特征，图 4.26 将 R_1—R_5 的平均雨滴谱叠加在同一图上。结果表明，总浓度 N_T、反射率 Z、雨水含量 W 和质量加权平均直径 D_m 随雨强的增大而增大。最大的广义截距参数 N_w 在 R_3 中；伽玛参数 N_0、μ 和 Λ 随雨强的增加而减小，对应于雨滴谱变宽变平。

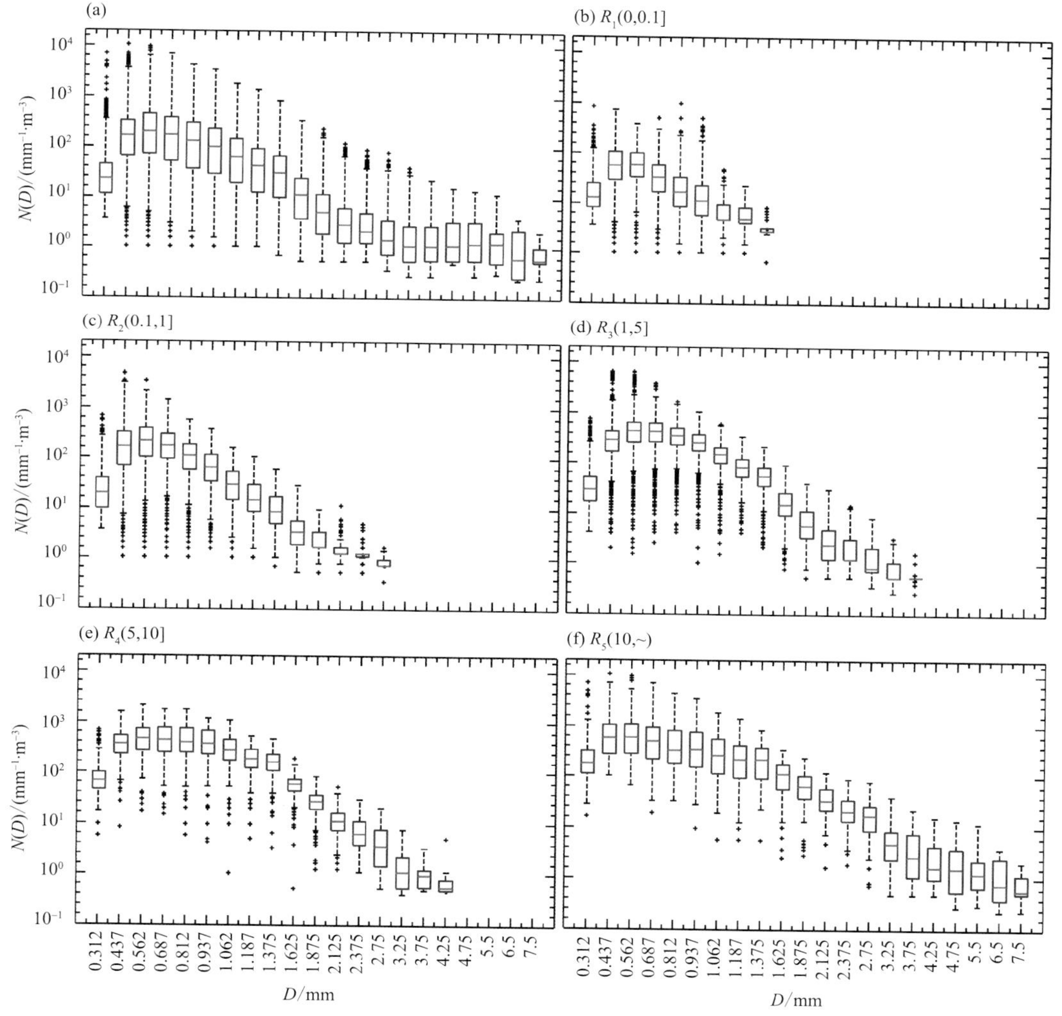

图 4.25　所有数据(a)和 5 类雨强数据((b)—(f))雨滴谱分布的盒须图。D 和 $N(D)$分别为粒径和数浓度。对于每个盒须图，蓝框的下边缘和上边缘分别表示第 25 和 75 百分位数；中间的红色横线代表中位数；黑色虚线的边界代表该数据集的最大值和最小值，“+”号为离群值(引自 Wang et al.，2020)

Wang 等(2020)对层状降水和对流降水的 RSD 特征进行了分析和比较。通过统计观测期间共发生的 98 次降水事件，共获得 RSD 样本 4599 个，其中层状样本 4217 个(91.69%)，对

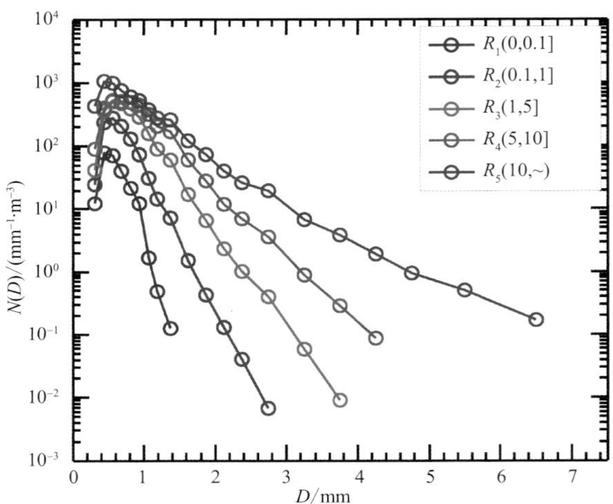

图 4.26　5 类雨强的平均雨滴谱(R_1—R_5)(引自 Wang et al.,2020)

流样本 382 个(8.31%)。层状和对流样本的累计雨量分别为 66.37 mm 和 47.45 mm,平均雨强分别为 0.94 mm·h^{-1}和 7.45 mm·h^{-1},表明稻城的降水多为轻度层状降水。与此同时,虽然强对流降水相对较少且短暂,但也可产生类似的降雨量。对两组盒须图(图 4.27)的结果进行比较表明,对流降水谱比层状降水谱更宽、更平坦,主要是由于较大雨滴的贡献;对流降水和层状降水的最大雨滴直径分别为 5.5 mm 和 3.75 mm。两种降水类型中值的峰值均为第 5 类粒径,平均直径为 0.56 mm。雨强较小和较大的雨滴谱特征在这两种降水类型的比较结果非常相似。与对流降水相比,层状降水的 R、Z、W、N_T 和 D_m 值较小,而 N_0、μ 和 Λ 值较大,两种降水类型的 N_w 非常接近。

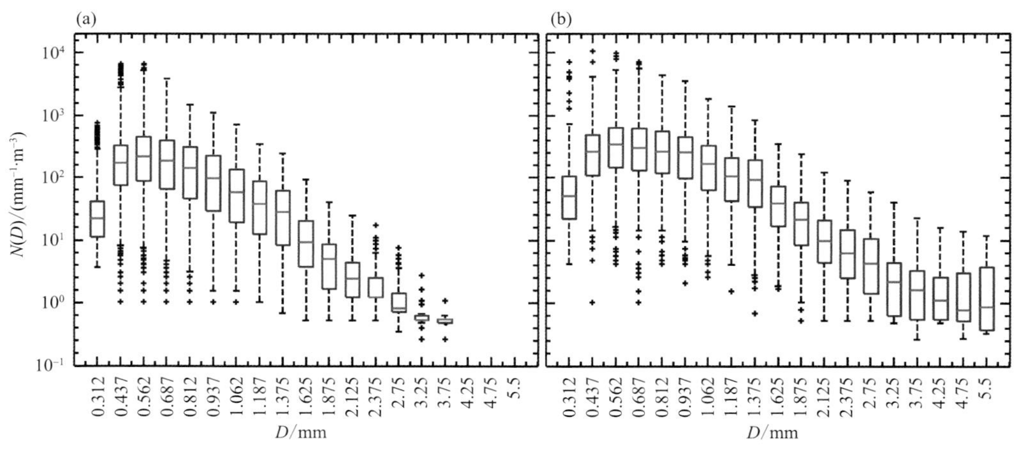

图 4.27　层状(a)和对流(b)样本的 RSD 盒须图(引自 Wang et al.,2020)

关于 μ 和 Λ 的关系:伽玛参数不是相互独立的。μ 和 N_0/Λ 的关系可以提供反映雨滴谱的有用信息,并促进其在其他地区的应用。Ulbrich 等(1998)发现 μ-N_0 关系可以用指数方程

表示。Brandes 等(2003)提出了二阶多项式 μ-Λ 关系，可写成

$$\Lambda = 0.0365\mu^2 + 0.735\mu + 1.935$$

μ-N_0 及 μ-Λ 之间的关系也在本研究中得到了证实。结果表明，μ 和 Λ 之间有很好的相关性，具有明确的二次关系，而 μ 和 N_0 之间的关系不明显。图 4.28 为 μ 和 Λ 的散点图，灰点代表整个数据，黑点为 Chen 等(2017)提出的雨滴总数阈值选取后的样本。黑点能更集中地分布样本，比整体数据更具有代表性。黑点的拟合结果显示出 μ 和 Λ 的关系，观测值与拟合值之间 Λ 的相关系数为 0.9522，拟合结果可以通过 KS 检验，且 p 值较高，为 0.9911。μ-Λ 关系可写成：

$$\Lambda = 0.0302\mu^2 + 1.139\mu + 0.724$$

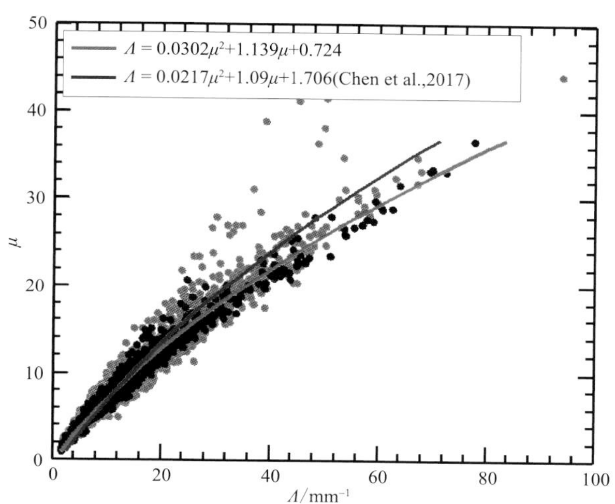

图 4.28　伽玛分布的 μ 和 Λ 的散点图。灰点和黑点分别为整体数据和雨滴数大于 300 过滤后的数据（引自 Wang et al.,2020）

关于 D_m-R 和 N_w-R 的关系：D_m 和 N_w 是相互独立的量，可以综合表征雨滴的大小和浓度。图 4.29 为两种降水类型的 R 与 D_m/N_w 的散点图和拟合曲线。D_m 和 N_w 均随 R 的增加而增加，但两种降水类型表现出不同的增加特征。特别地，当降水强度较小时，层状降水的 D_m 和 N_w 增加较大；随着 R 的增加，层状降水的 D_m 和 N_w 比对流降水更容易趋于稳定。这种差异可以说明，对于层状降水来说，雨强较小对雨滴的形成和增长更有效。相反，随着 R 的增加，物理过程可以逐渐趋于平衡，粒径和数浓度存在小幅度的增加。对流降水能够持续产生较大的雨滴，且伴随着雨强增加，这说明对流降水中水汽丰富，上升气流强，雨滴增长过程可以保持高效。通过使用 KS 检验验证了 D_m-R 和 N_w-R 的关系。结果表明，D_m-R 和 N_w-R 的关系基本是可信的，但是 N_w 和 R 的相关性不显著。两种降水类型的 D_m-R 拟合关系为：

$$D_m = 1.038R^{0.1389} \quad \text{层状降水}$$

$$D_m = 1.133R^{0.2098} \quad \text{对流降水}$$

关于 Z-R 关系：图 4.30 显示了 Z 与 R 的统计结果和拟合关系。样本散点图表明，Z 和 R 在两种降水类型中均服从幂律关系。层状云和对流雨的拟合结果与观测结果的相关系数分别

为 0.8729 和 0.968。Z-R 的拟合关系可以通过 KS 检验，可以表示为：

$$Z = 149R^{1.489} \quad 层状降水$$

$$Z = 107.7R^{1.79} \quad 对流降水$$

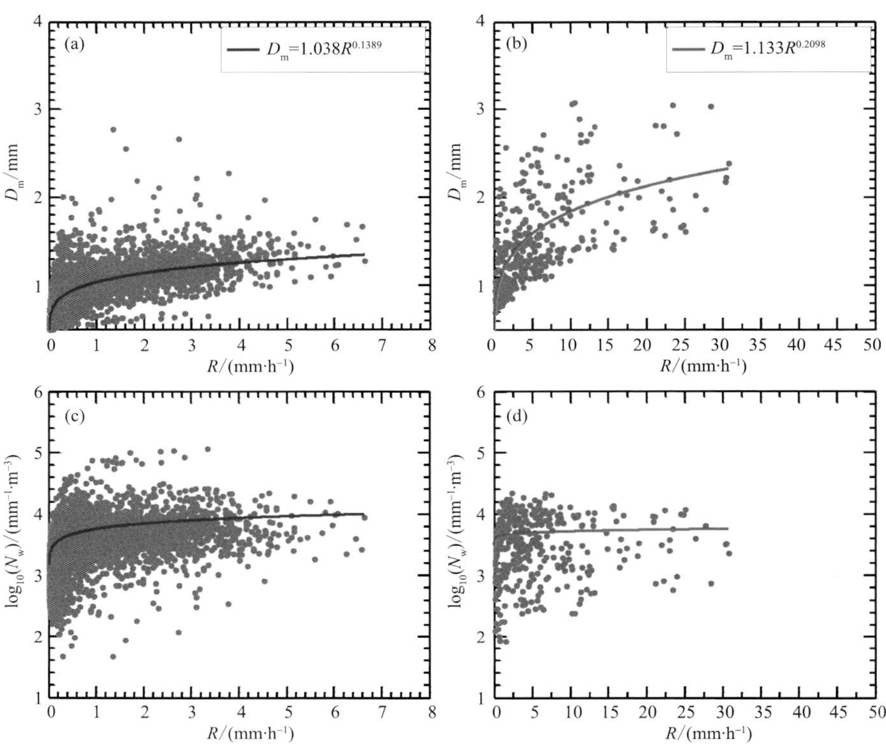

图 4.29　质量加权平均直径 D_m 和广义截距参数 N_w 与雨强 R 的散点图。(a)层状降水的 D_m-R 关系；(b)对流降水的 D_m-R 关系；(c)层状降水的 N_w-R 关系；(d)对流降水的 N_w-R 关系。蓝线和红线分别是采用最小二乘法拟合的层状降水和对流降水的结果(引自 Wang et al.,2020)

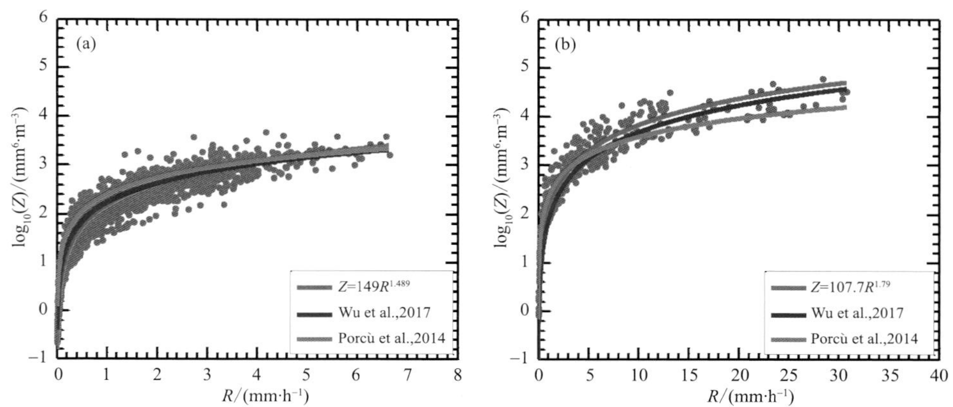

图 4.30　层状降水(a)和对流降水(b)Z-R 的散点图。红线为拟合关系，蓝色和绿色曲线分别是 Wu 等(2017)和 Porcù 等(2014)的结果

He 等(2021)利用 K-MRR 对华南和青藏高原雨滴谱的垂直变化进行了研究和比较。He 等(2021)指出，华南各高度的 D_m 普遍大于那曲，但 N_w 较小，D_m 分别主要分布在 1.2～1.4 mm 和 0.7～1.0 mm 之间，N_w 分别主要分布在 2.6～3.2 $mm^{-1} \cdot m^{-3}$ 和 3.8～4.6 $mm^{-1} \cdot m^{-3}$ 之间。

Chen 等(2017)使用 3 a 雨滴谱数据研究了青藏高原那曲地区两种降水类型的 RSD 特征，将 600 个(3.8%)降水样本归类为对流降水，将 13904 个(87%)降水样本归类为层状降水。对于层状降水，D_m 和 N_w 的分布和统计量(如平均值、标准差和偏度)几乎没有差异。其中层状降水的粒径都集中在 0.91～0.95 mm，数浓度集中在 3.54～3.65 $mm^{-1} \cdot m^{-3}$。对流降水存在三个较为集中的区域，第一个区域的粒径集中在 1.43～1.52 mm，数浓度集中在 3.78～3.83 $mm^{-1} \cdot m^{-3}$，第二个区域的粒径集中在 1.83～1.95 mm，数浓度集中在 3.35～3.49 $mm^{-1} \cdot m^{-3}$，第三个区域的粒径集中在 1.63～1.70 mm，数浓度集中在 3.56～3.67 $mm^{-1} \cdot m^{-3}$。

Wu 等(2017)利用雨滴谱仪数据揭示了 2014 年青藏高原和华南地区降水的 RSD 特征。其将雨强分为 6 个等级：0.1 $mm \cdot h^{-1} < R \leqslant 1$ $mm \cdot h^{-1}$(第 1 类)、1 $mm \cdot h^{-1} < R \leqslant 2$ $mm \cdot h^{-1}$(第 2 类)、2 $mm \cdot h^{-1} < R \leqslant 5$ $mm \cdot h^{-1}$(第 3 类)、5 $mm \cdot h^{-1} < R \leqslant 10$ $mm \cdot h^{-1}$(第 4 类)、10 $mm \cdot h^{-1} < R \leqslant 20$ $mm \cdot h^{-1}$(第 5 类)和 $R > 20$ $mm \cdot h^{-1}$(第 6 类)。结果表明，青藏高原和中国华南地区的降水事件主要集中在第 1 类的层状降水中，并且随着雨强增强层云降水的 RSD 普遍增加，特别是青藏高原；对于对流降水，随着雨强增强，华南地区的 RSD 呈现先减小后增大的趋势。将所有 1 min RSD 资料平均后，得到青藏高原及华南地区层状降水和对流降水的平均 RSD，如图 4.31 所示。可以看出，平均雨滴谱呈单峰曲线；对于层状降水，随着直径的增加，青藏高原的数浓度下降幅度更大；对于对流降水，华南地区雨滴数浓度远高于青藏高原，且粒径不同；层状降水中总雨滴数浓度的波动更为频繁。此外，对比青藏高原和中国华南地区层状降水和对流降水的平均雨滴谱在各类雨强下的变化趋势可以看出，对流降水中，大雨滴的数量减少，特别是在青藏高原。

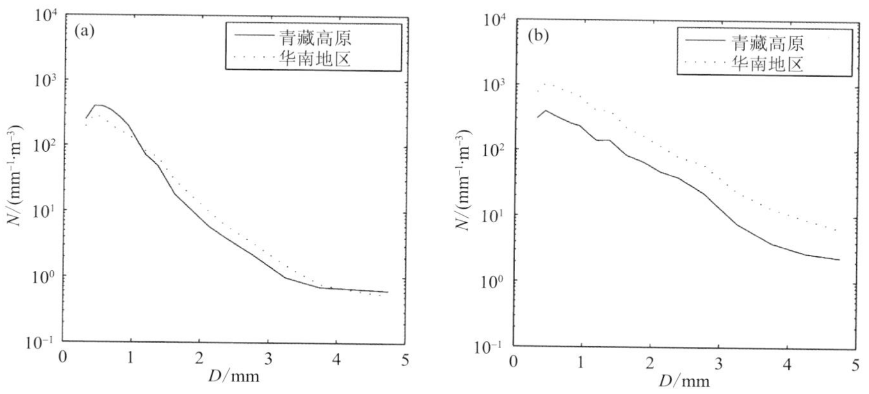

图 4.31 青藏高原和华南地区层状(a)及对流(b)降水的平均雨滴谱分布(引自 Wu et al.,2017)

为了进一步研究雨滴谱参数与雨强的关系，统计了青藏高原和华南地区 6 个雨强等级下层状降水和对流降水雨强与 N_w、μ 和 D_m 的平均值。结果表明：青藏高原层状降水的 N_w 和

D_m 随雨强的增加而增加，但 μ 值呈现相反的变化；华南地区层状降水的 N_w 随雨强的增加而减小，μ 值随雨强的增加先减小后增大，D_m 随雨强的增加而增加。同时，对于同一雨强，青藏高原层状降水的 3 个伽玛参数都要高得多。青藏高原对流降水的 N_w 和 μ 值随雨强的增加而减小，但 D_m 值随雨强的增加而增大；华南地区对流降水的 N_w 和 μ 随雨强的增加先增大后减小，而 D_m 随雨强的增加先减小后增大。青藏高原对流降水的 μ 值较小，而 D_m 值较大。青藏高原和华南地区 Z-R 关系的散点图和基于最小二乘法拟合的曲线如图 4.32 所示。结果表明：青藏高原的系数 a 小于华南地区，而系数 b 大于华南地区，特别是对流降水。当降水类型由层状转变为对流时，青藏高原上空的系数 a 随雨强的增大而减小，而系数 b 则增大。同时，华南地区的系数 a 和 b 随雨强的增加而增加。

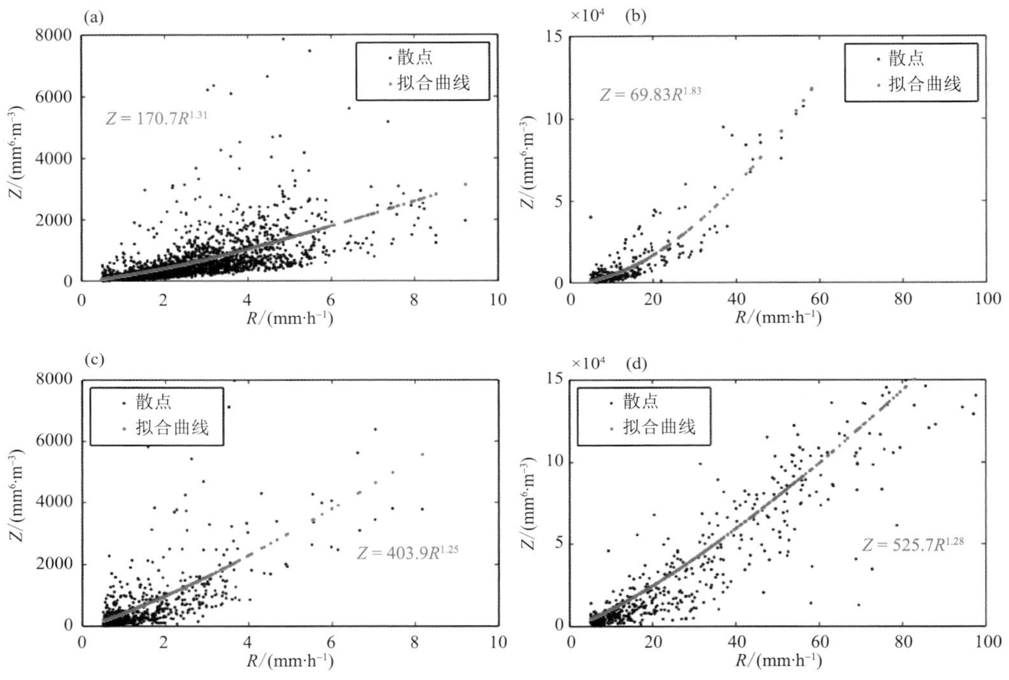

图 4.32　青藏高原((a)、(b))和华南地区((c)、(d))层状((a)、(c))及对流((b)、(d))降水的雷达反射率因子-雨强(Z-R)散点图(引自 Wu et al.，2017)

4.4.2　云-降水微物理过程模拟研究

夏季青藏高原的云和降水过程是独特的，午后高原加热促发了其对流活动，午夜后对流降水转化为层状云降水，日变化特征显著。在青藏高原那曲地区夏季不同强度的云和降水过程中，过冷云水含量均较高，主要分布在−20～0 ℃层之间，冰晶主要分布在−20 ℃以上，雪和霰粒子含量高，云中冰相过程活跃，雨水分布集中在融化层以下，主要依赖于冰相粒子的融化(唐洁，2018)。WRF 模式中 Lin 方案模拟的各相态粒子分布在不同高度层且位置随高度无明显变化，其极值中心与地面降水最大值相对应(阴蜀城，2020)。青藏高原海拔高，具有浅薄暖层特征，液态水含量通常在650 hPa以上才出现。强降水过程中随着强上升气流增强，零度层以上常形成过冷云水并向高处伸展，继而生成冰晶、雪晶和霰等固态水凝物，霰粒比含量远大于冰晶和雪晶，低层雨水比含量与其大值中心对应，霰粒含量增大可能进一步影响降水(马恩点 等，2018)。

模式中选取不同云微物理和积云对流参数化方案组合的模拟效果不同，但总体来说各组合基本能模拟出高原上雨带的分布特征。同样对于2014年那曲地区一次对流降水，其分布特征表现为自西向东零散块状分布，且降水量在午后出现峰值，但Grell-Devenyi和SUB_YLIN参数化方案组合模拟能力最好；冰相过程在此次降水中占主导地位，霰、雪和云水粒子的变化均能与降水量较好对应(侯文轩 等，2020)。

对青藏高原强降水过程的模拟结果在降水区域和强度方面都与实测资料存在差异。Gao等(2018)模拟研究了青藏高原一次对流降水，较好地再现了24 h累计降水由南向北逐渐减少的空间分布特征；模式雷达反射率再现了与Ka波段云雷达观测相似的低层水云、高层冰云等云结构，只是在对流期反射率稍强、较深(图4.33)；以1 mm • h^{-1}的降雨率为间隔区分层状降水和对流降水，并将CAMS微物理方案中的RSD假设为马歇尔-帕尔默(Marshall-Palmer)指数分布，可以看到实测雨滴谱呈单峰曲线，雨滴数浓度随着直径的增加迅速下降(图4.34)。

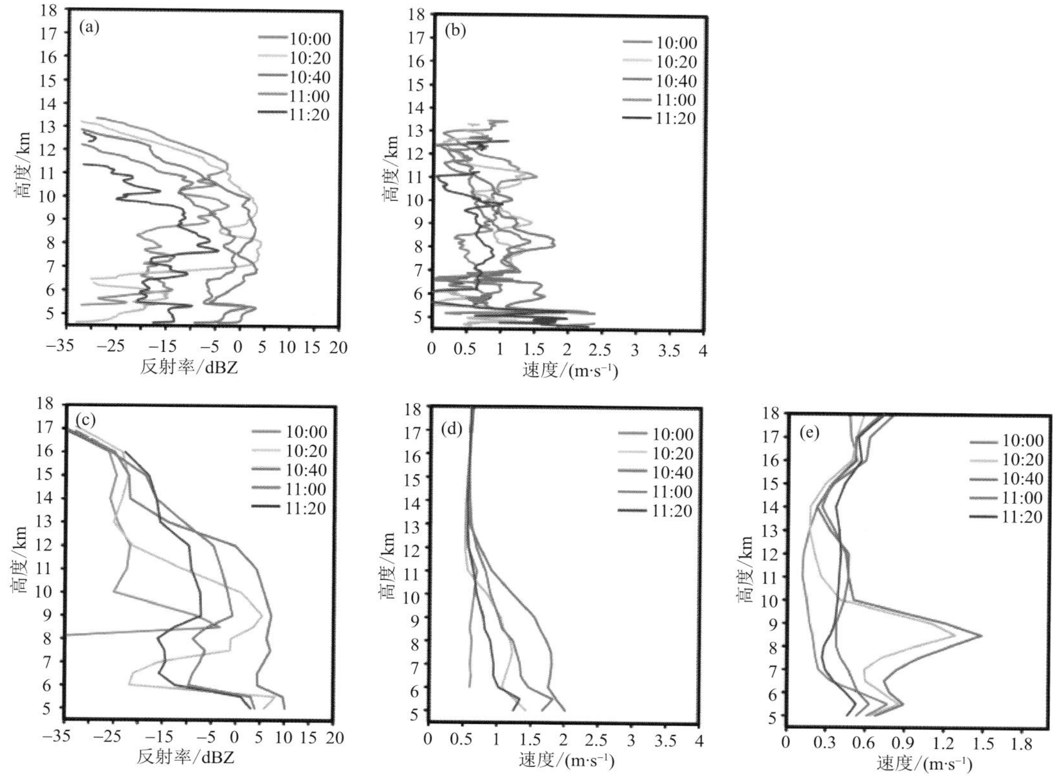

图4.33　2014年7月24日10:00—11:20(UTC)之间的平均垂直剖面上20 min间隔的毫米云雷达观测反射率(a)、毫米云雷达反演粒子下降速度(b)、模型反射率(c)、模型粒子下降速度(d)、模型>0空气上升速度(e)的时间演变模拟(引自Gao et al.，2018)

与层状降水相比，对流降水的 RSD 峰值从约 0.7 mm 移动到约 1.0 mm，其数浓度增加了约 5 倍。层状降水的尺度分布较窄，对流降水则较宽；降雨率大于 1 mm·h^{-1}时，对流降水中雨滴粒径分布在 2.5～4 mm 之间有明显的向下凹度，表明对流即将发生时发生了破碎过程。模式模拟 RSD 与观测值基本一致，这表明，随着对流的发展，小尺度和大尺度雨滴都在增多；但指数分布的内在缺陷导致弱降水时对小尺度雨滴浓度的估计明显偏高，强降水时对中等尺度雨滴浓度的估计明显偏低。

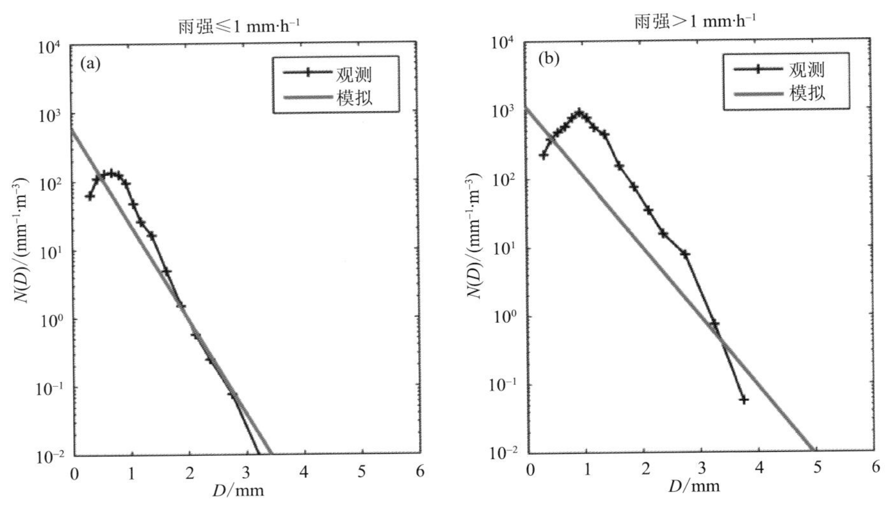

图 4.34　2014 年 7 月 24 日 10:00—11:30 UTC 之间地基视差仪观测以及模拟的层状(a)和对流(b)降水的平均雨滴大小分布(引自 Gao et al.,2018)

不同微物理参数化方案下各种水凝物的垂直廓线特征也不同，云水和雨水绝大部分只存在于 300 hPa 以下，且模拟高度越低，混合比越大。冰粒子廓线在 Eta 方案中的模拟值远远高于其他两种方案，最大混合比约为 2.8×10^{-4} kg·kg^{-1}；雪廓线的模拟值则是 WSM 方案高于 Lin 方案，但其模拟高度稍低于 Lin 方案；对于霰廓线，其高度和模拟值的分布差异较小。冰粒子模拟综合结果在三种方案中差异较明显，霰粒子变化不明显(毛智 等,2022)。

遥感的高原降水具有明显的不确定性，TRMM 可以很好地捕捉弱降水事件，但过高估计了强降水事件的频率。而 GPM 通常可以捕捉到不同强度事件的频率变化，但频率值比测量结果低。与实测降水相比，GPM 数据明显低估了青藏高原的累计降水量，低估率为 77.4%(图 4.35)，而 TRMM 的低估率只有 10.1%。但 GPM 和 TRMM 均低估了降水的空间变异性，明显小于观测结果(RSD 分别为 0.32 和 0.43)。二者的模式相关系数(PCC)分别为 0.30 和 0.34，说明两者降水的空间格局都不能很好地被捕捉(图 4.35、图 4.36a、b)。各 WRF 模拟与观测的 PCC 值在 0.37～0.64 之间变化(图 4.35)，总体上比 TRMM 和 GPM 遥感数据能更好地再现降水的空间格局。不同于 GPM 和 TRMM，WRF 模拟明显高估了夏季降水，这与以往 WRF 降水普遍高估的研究一致。同时 WRF 也放大了空间变异性，RSD 值在 1.14～2.59 之间。WRF 一般可以再现降水的频率分布，特别是小于 2 mm·h^{-1}的降水(图 4.37)，但在所有模拟中都高估了降水频率。在不同的物理方案中，微物理方案对降水频率起着最重要的作用，特别是对强降水（Lv et al.，2020）。

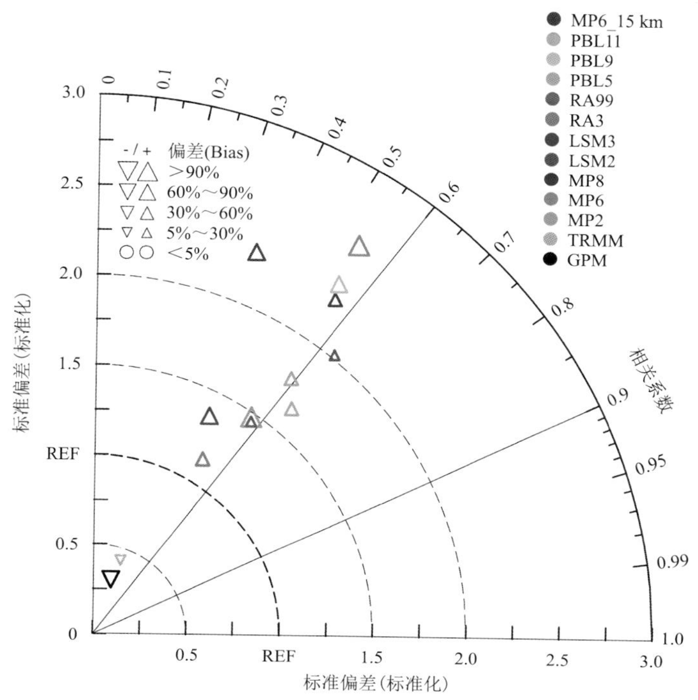

图 4.35　2015 年 7—8 月与 17 个雨量计观测数据对比的模式统计数据泰勒图，REF 为观测值（引自 Lv et al.，2020）

4.5　云-降水的垂直结构

平均海拔约 4000 m 的青藏高原是世界上地形最复杂的高原，其大地形的热力和动力强迫作用对北半球大气环流平均状况、亚洲季风和水循环有重要影响，也是影响我国极端天气和气候事件的关键区之一（Wu et al.，1998）。研究表明，青藏高原的云和降水对高原水汽输送以及高原的加热作用有重要影响；对大气热力垂直廓线结构有影响；同时也会造成高原尺度上升运动的改变（刘黎平 等，2015）。众多因素，使得青藏高原上空云和降水微物理过程不同于其他地区，但是由于稀疏的气象站观测和相对缺乏的观测试验，对青藏高原云垂直结构和降水物理的认识还处于初期阶段（刘屹岷 等，2018）。

随着第三次青藏高原大气科学试验（TIPEX-Ⅲ）的开展，在青藏高原地区开始广泛布置仪器，如：Ka 波段毫米波云雷达（Ka-MMCR）、K 波段微雨雷达（K-MRR）、C 波段连续波（C-FM-

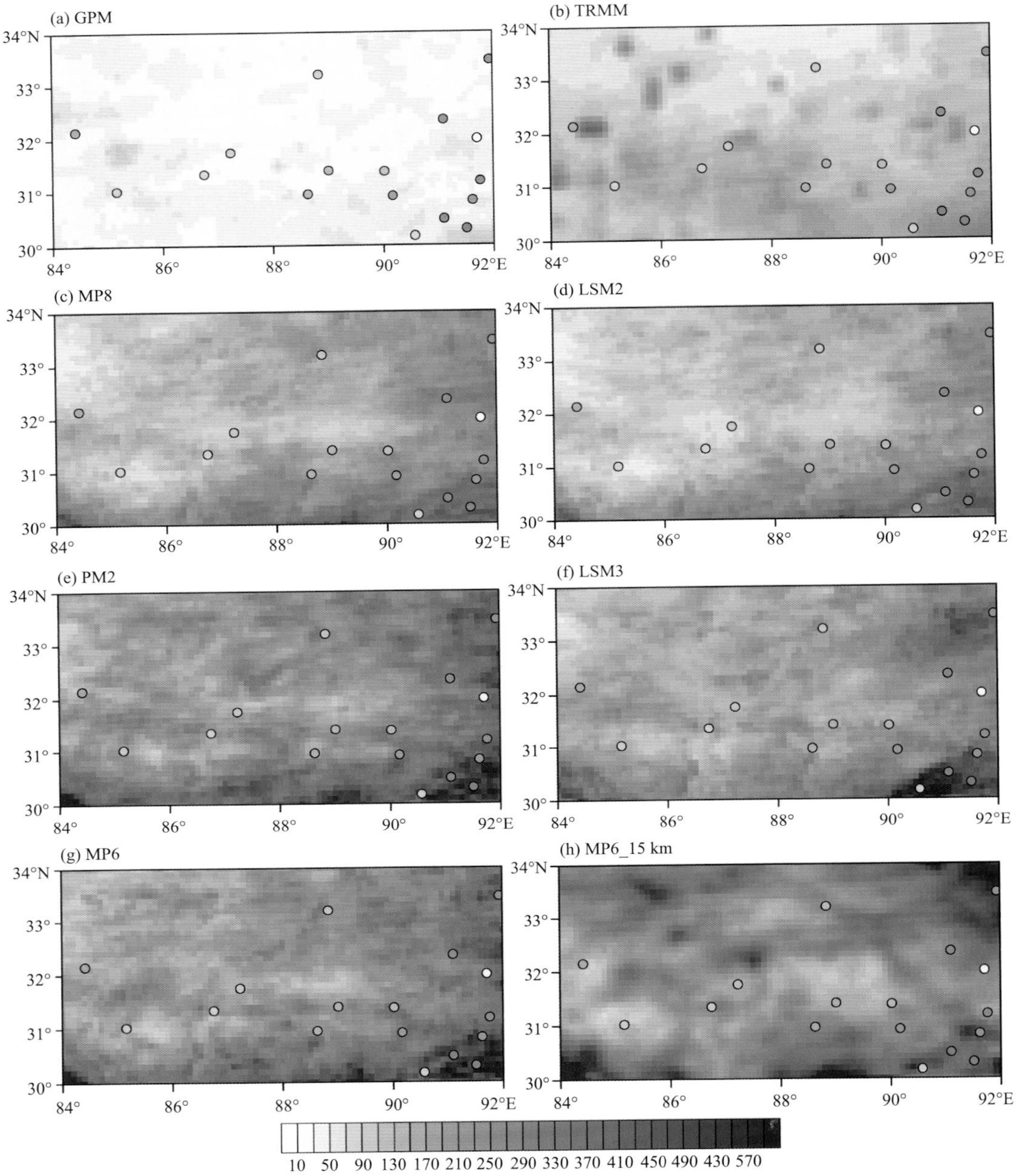

图 4.36　2015 年 7—8 月累计降水(mm)空间格局(圆圈代表降水站)(引自 Lv et al.,2020)

CW)雷达、多普勒天气雷达、微波辐射计、雨滴谱仪等(常祎 等,2021)。利用 TIPEX-Ⅲ期间的观测数据,许多专家学者对青藏高原地区的云-降水的垂直结构进行了广泛的研究。而对于青藏高原地区云-降水的垂直结构的研究主要可以分为对对流云、层状云、冰云等几类的研究。

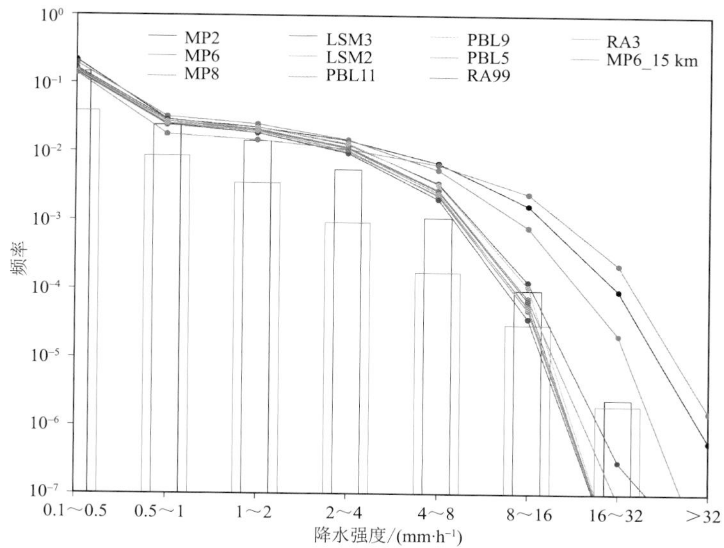

图 4.37 青藏高原中部不同强度夏季降水的频率(引自 Lv et al.,2020)

4.5.1 高原地区对流性云体的垂直结构

研究表明,高原上大部分的对流云总云量为 60%,中东部及沿江流域甚至达到 90%(王艺 等,2016),某些对流云具有尺度小和突发性强等特征,可在有利的天气背景下移出高原,给下游地区带来严重的灾害性天气(艾永智 等,2015);因此,对高原对流云的研究已成为气象领域的热点和重点之一。而对流性云体的垂直结构演变反映了对流降水生消的内在物理过程,因此,对流性云体的垂直结构的研究与分析是研究高原对流云降水物理过程的重要手段。

利用 TIPEX-Ⅲ的观测资料,有关对流性云-降水的垂直结构的研究成果颇丰。

阮悦等(2018)利用 C-FMCW 雷达在西藏那曲地区 2014 年 7—8 月的数据,对获取的降水云廓线进行处理分析得到 37 个对流云体,提取了对流强度 CI(大气上升运动与下沉运动差)、云顶高度 H_{ctop}、35 dBZ 回波区顶高 H_{Z35}、最大回波强度 Z_{max} 等 13 个特征参数,并运用模糊聚类分析方法对对流降水云体特征参数进行深厚和浅薄对流云分类,分析了深厚和浅薄对流云的垂直结构。

图 4.4 为 2014 年 7 月 4 日一次典型深对流过程的垂直分布时序图及扫描雷达平面图,图 4.38 为 2014 年 7 月 4 日深厚对流降水云体 A-CFAD 分布图。从图 4.4 和图 4.38 上可以发现,在回波强度时序图上三个对流单体连成一个整体,单个对流体通过雷达上空的持续时间为 10～15 min,对流发展旺盛,对流云顶高度达 12 km,Z_{max} 达到 55 dBZ,强回波区顶高达到 8 km。而在大气垂直速度廓线时序图中,与图 4.4c 中每个对流单体都对应有一个由上升区和下沉区构成的小气流环流,图 4.4c 黑色虚线给出了第一个、第三个环流轨迹。第一个对流单体的气流环流结构中的上升运动区位于该对流单体的南偏东位置,垂直环流中心位于 6 km

高度，最大上升速度和最大下沉速度分别为－17 m・s^{-1}（负代表上升）和 13 m・s^{-1}（正代表下沉），上升、下沉运动强烈。第二个环流的上升下沉活动低于第一个、第三个环流，这与降水云中上升气流中心与强对流单体位置略有偏离及测站位置有关。对于三个特征参数不同等级的累积概率分布图见图 4.38。图 4.38a 中 Z_{max} 的 A-CFAD 垂直廓线几乎呈线性随高度下降而增加，平原地区观测到深厚对流中最大回波强度廓线则是在空中表现为最强，出现在环境大气温度零摄氏度附近，这可能与高原地区零摄氏度温度高度低、距地仅 1.5 km 有关；图 4.38a 中回波强度大于 40 dBZ 在 5 km 以上，A-CFAD 低于 10%，高度下降到 1.5 km 处则增加到 22%，到 0.8 km 附近迅速增加到 60%。图 4.38b 中径向速度 A-CFAD 在 0.8 km 附近出现极值。图 4.38c 中上升气流主要出现在 2.5～12 km 的高度，强上升气流集中在 5～10 km 区间，超过 12 m・s^{-1}的上升速度 A-CFAD 达到 10%，2.5 km 以下基本无上升气流。下沉气流随高度分布与上升气流垂直分布有明显差异，所有高度上均有出现，在 2.5 km 以下的 A-CFAD 较大，总体上，下沉运动速度低于上升运动；其中高层 6～8 km 大气速度大值出现概率较大区间，与图 4.38c 中深厚对流环流结构多出现在 6～8 km 高度层相对应。5 km 高度之下的下沉运动中速度小于 6 m・s^{-1}的下降速度占主体。

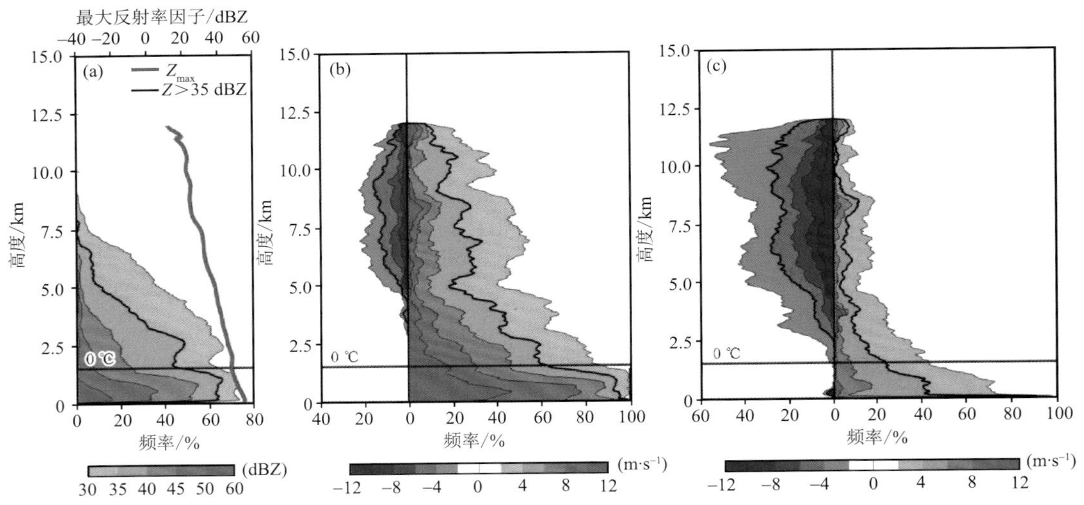

图 4.38　2014 年 7 月 4 日深厚对流降水云体 A-CFAD 分布图(样本数:1200)(引自阮悦 等,2018)

(a)回波强度(黑粗实线:$Z>35$ dBZ,红线:Z_{max});(b)径向速度(正:下沉,负:上升,黑粗实线:径向速度大于 4 m・s^{-1}的上升(下沉)速度概率);(c)大气垂直速度(正:下沉,负:上升,黑粗实线:大气垂直速度大于 4 m・s^{-1}的上升(下沉)速度概率)

而对于浅薄对流性云的垂直结构分析如图 4.5 和图 4.39 所示。图 4.5 和图 4.39 分别为 2014 年 8 月 26 日一次典型的浅对流过程垂直分布时序图及扫描雷达平面图和 2014 年 8 月 26 日浅对流云体垂直结构统计特征。

从图 4.5 和图 4.39 可以发现，本对流单体中 Z_{max} 为 48 dBZ、H_{ctop} 为 4.5 km、H_{Z35} 为 3.5 km，整个云层随高度上升向两侧展开，对流单体持续时间为 6 min，没有出现回波强度、下降速度突然加强的现象。由图 4.5c 的大气垂直运动可看出，浅薄对流云中的上升、下沉运动较弱，最大上升气流速度为$-7\ m \cdot s^{-1}$、最大下沉气流速度为$10\ m \cdot s^{-1}$；在降水云体移动方向的前部低层和对流单体上部是上升气流区，对流单体下部、后部为下沉气流，与深厚对流降水相比速度不大。图 4.39 为 Z、V、W 的 A-CFAD 图在各个高度上的概率分布，可见云体中 Z_{max} 垂直廓线不似深对流那样线性下降，但最大值仍出现在 3.5 km 以下的低空。图 4.39a 的 A-CFAD 中 $Z>35$ dBZ 的强回波在低层以及中层 2.5 km 出现概率较大，$Z>35$ dBZ 的峰值概率出现在 2.5 km 高度处；$Z>45$ dBZ 集中出现在低空 2.5 km 以下。图 4.39b 中径向上升速度较小、下沉速度大值区集中在 2.5 km 以下。图 4.39c 中低层有微弱上升气流，在云体上半部最强，下沉气流集中出现在云体下部，表明浅薄对流环流结构主要出现在低空，上升气流从地面触发、强度较弱，随高度增加而加强。

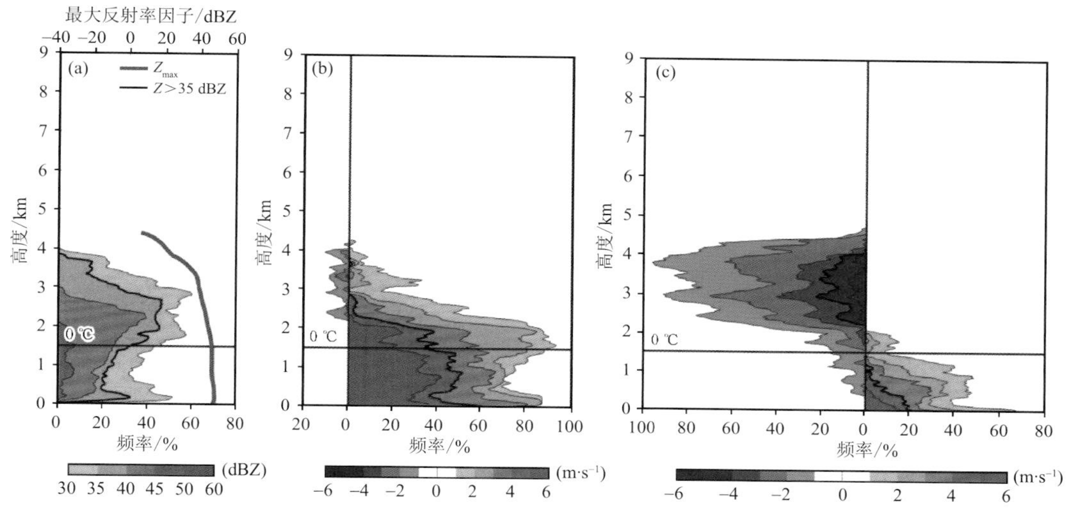

图 4.39　2014 年 8 月 26 日浅对流云体垂直结构统计特征（样本数：200）（引自阮悦 等，2018）
(a)回波强度（黑粗实线：$Z>35$ dBZ，红线：Z_{max}）；(b)径向速度（正：下沉，负：上升，黑粗实线：径向速度大于 $4\ m \cdot s^{-1}$ 的上升（下沉）速度概率）；(c)大气垂直速度（正：下沉，负：上升，黑粗实线：大气垂直速度大于 $4\ m \cdot s^{-1}$ 的上升（下沉）速度概率）

常祎等(2016)分析了 2014 年 7 月 1 日—8 月 31 日期间在西藏那曲的观测数据（主要观测设备有 C-FMCW 雷达、Ka-MMCR、地面雨滴谱仪、激光云高仪等），并结合 FY-2E 卫星的相当黑体亮温（TBB）资料，研究了青藏高原夏季（7—8 月）对流云及其降水过程。其中对于对流活动的垂直分布和日变化特征的研究如图 4.40 所示。图 4.40 为 C-FMCW 雷达回波随高度的频次变化（CFAD，单位：次；对一天 24 个时次（每个时次统计了前后 0.5 h）进行了雷达回波随高度出现频次的统计分析）。

从图 4.40 可以发现：局地对流 11:00（LST，本段余同）在低层发展（100 次）的强回波（>0 dBZ）开始出现，随着时间推移不断升高和增强，在 15:00 高度达到最大；而 15:00 以后，随着时间推移高度并没有明显变化，但强回波的频数明显增大，表明对流在垂直高度上虽然达到最高，但强度还在增强并持续至凌晨以后，在此期间，高层出现了一个频次超过300次、中心位于－15 dBZ附近的高频回波中心，这表明从15:00到凌晨(03:00)以后在那曲上空高层频繁出现云系，这与那曲地区夜间降雨较多的特征是相吻合的；在20:00—22:00期间，在低层(6～9 km)15 dBZ附近出现了另外一个高频回波中心，这个中心的出现是强降水过程的发生在雷达回波上的体现；午夜以后随着对流减弱，整体的回波频次逐渐减小，直至上午09:00，较强回波(＞－15 dBZ)出现的频次达到最小，表明上午云降水活动最少。在分析过程中还发现，那曲地区的雷达回波频数很多时候在9 km附近频数分布有着明显的减小，也就是说9 km高度附近云出现的概率较小。通过对比探空数据，我们发现那曲上空在9 km附近(400～300 hPa)经常会存在逆湿现象，正是由于逆湿层的存在使得这个高度的云相对较少，进而使得对流活动受到一定的抑制，因此，高原上的对流活动常为弱对流。

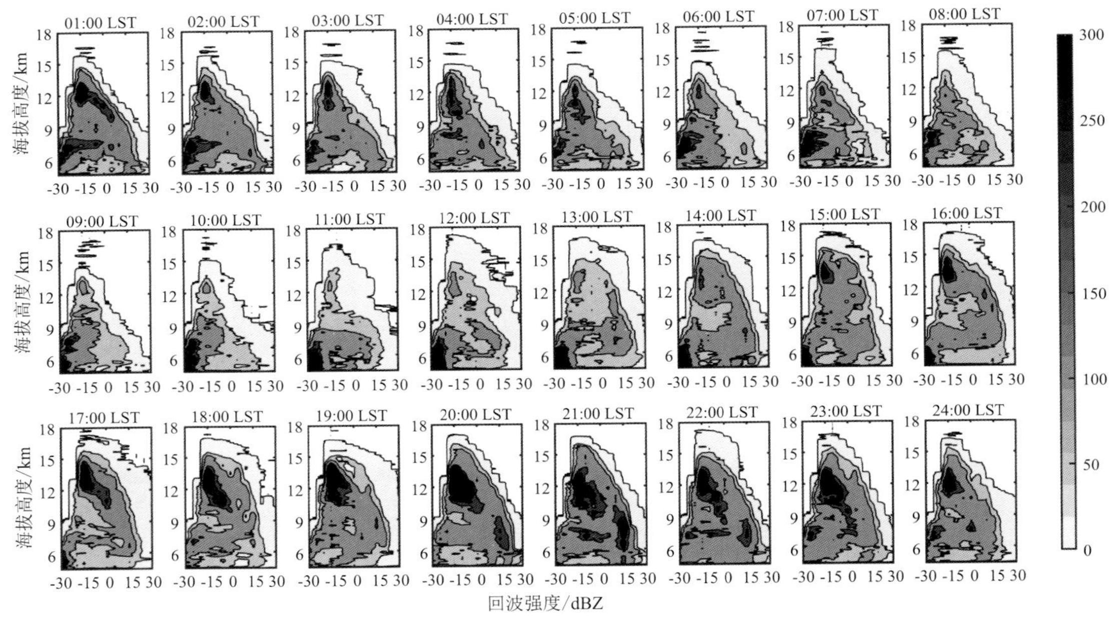

图4.40　C波段连续波雷达回波随高度的频次变化(单位:次)(引自常祎 等,2016)

张涛等(2019)选取了2015年7月16日青藏高原那曲地区一次对流云-降水过程，主要运用常用物理量和国内运用很少的物理量(谱偏度、谱峰度、粒子平均下落末速度、大气垂直速度)对降水垂直结构进行深入研究。

对2015年7月16日青藏高原(那曲)一次对流云-降水的垂直结构进行分析，其结果主要见图4.41、图4.42和图4.43。图4.41、图4.42和图4.43分别是这次对流过程的三个对流云阶段的谱偏度、谱峰度、粒子平均下落末速度、大气垂直速度等的垂直分布。图4.41为7月16日09:35—09:55的反射率因子、平均下落末速度、大气垂直速度、谱宽、线性退极化比、谱偏度、谱峰度的平均垂直廓线。从图4.41上可以发现：16日09:55之前，那曲上空一直有层积云存在，反射率因子主要集中在－15～15 dBZ。结合探空资料，08时大于0 dBZ回波区主要与气温为−15～−8 ℃、相对湿度为 80%左右的环境大气所对应，随着时间的推移，≥0 dBZ 回波区向上向下伸展。从 2.5 km 下降到 1.6 km，线性退极化比的值虽有所增加，但均<−24 dB(图 4.41e)，表明层积云中以近似球形的微小冰晶粒子为主，自上而下，图 4.41a 中反射率因子从−5 dBZ 到 10 dBZ 再到−10 dBZ 的过程，谱偏度、谱峰度均表现为“零—正—零”的特征(图 4.43 f、g)，且三个参数在 1.8 km 高度处发生了转折；大气上升运动微弱(0.6 m · s^{-1})，不利于云体内过冷水形成，故在层积云中，水汽凝华增长形成的小冰晶在下降过程中因聚并作用逐渐增长，但尺寸仍较小。经过 1.8 km 后由于升华作用冰晶逐渐减小，最终微小冰晶在 1.2 km 左右和空气浮力达到平衡。

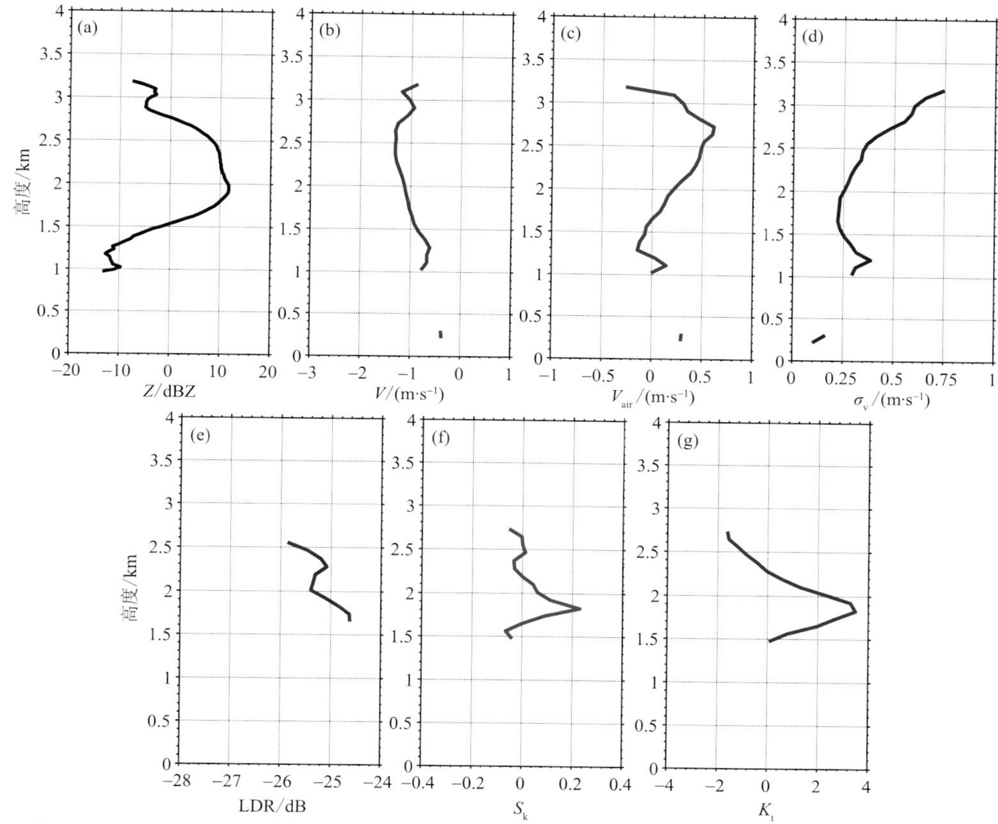

图 4.41　7 月 16 日 09:35—09:55 反射率因子 Z(a)、平均下落末速度 V(b)、大气垂直速度 V_{air}(c)、谱宽 σ_v(d)、线性退极化比 LDR(e)、谱偏度 S_k(f)、谱峰度 K_t(g)的平均垂直廓线(引自张涛 等，2019)

图 4.42 为 7 月 16 日 11:50—11:55 的反射率因子、平均下落末速度、大气垂直速度、谱宽、线性退极化比的平均垂直廓线。图 4.42a—e 回波平均垂直廓线图中 2.3 km 以下的数据分析表明，从 2.3 km 向下，反射率因子增大最快的高度位于 2.3～1.7 km 和 1～0.7 km 两个区域。云内上升气流从云顶 5 m · s^{-1}到 2 km 减小为 2 m · s^{-1}，上升气流携带水汽进入 0 ℃以下高度后，一部分凝华形成小冰晶，一部分形成过冷水；随后，通过与过冷水撞冻，使冰晶增长，逐渐形成霰粒子胚胎或霰，引起 2.3～1.7 km 区域内的反射率因子增加以及下落速度增

大。但由于上升气流的减小，托举作用较小，冰晶和霰的尺度增长有限，反射率因子仅增至15 dBZ。固态粒子在下降至1 km以后，由于上升气流中水汽状态的改变，释放的相变潜热使云内零度高于环境零度(0.6 km)，产生融化现象。

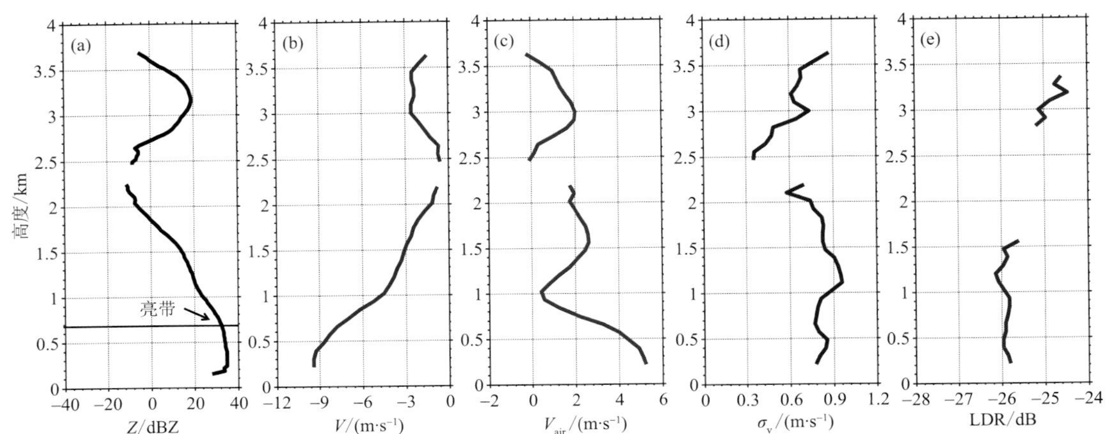

图4.42　7月16日11:50—11:55反射率因子(a)、平均下落末速度(b)、大气垂直速度(c)、谱宽(d)、线性退极化比(e)的平均垂直廓线(引自张涛 等,2019)

图4.43为7月16日19:10—19:22的反射率因子、平均下落末速度、大气垂直速度、谱宽、线性退极化比、谱偏度、谱峰度的平均垂直廓线和雨滴谱仪的雨滴数浓度。从图4.43上可见:19:10—19:22为对流云向层积云转化时段。2.8 km以上，受云顶上升气流托举作用，线性退极化比的值逐渐增大，冰晶粒子相互聚并增长，使反射率因子和粒子下降速度随高度降低而迅速增大，2.8 km至1.5 km，反射率因子减少11 dBZ，气流垂直上升运动减小为0.2 $m\cdot s^{-1}$，线性退极化比的值也随之减小，但粒子下降速度基本保持不变，说明冰晶粒子很少发生聚并，且蒸发和摩擦效应使冰晶粒子的形状更加趋向于球形。此外，谱偏度接近零和谱峰度在−0.6以下也说明，云内大小粒子分布较为均匀，增长和聚并情况少。1.5 km以下，粒子下落速度和线性退极化比的变化均甚小，谱偏度仍接近零和谱峰度在−0.8以下，反映尺寸较均匀的冰晶粒子融化成云滴后，聚并的概率并未增大;反射率因子的不断减小，是由蒸发作用加强、云雨粒子尺度不断变小引起的。

4.5.2　高原地区层状云的垂直结构

阮悦(2017)采用C-FMCW雷达的观测资料对高原那曲地区层状云-降水的垂直结构进行了研究。2014年7—8月层状云的垂直结构主要如图4.6和图4.44所示。图4.6为2014年7月16日一次层状云降水过程垂直分布的时序图及扫描雷达平面图，图4.44为该云体垂直结构统计特征。从图4.6和图4.44可见:本次过程中Z_{max}为45 dBZ，H_{ctop}为9 km，强度图上存在明显的零度层亮带，持续时间有150 min;图4.6c表明，层状云中上升、下沉运动稳定，这些弱的上升运动在零度层以上，下沉运动集中在零度层以下，最大上升气流速度为−4 $m\cdot s^{-1}$，

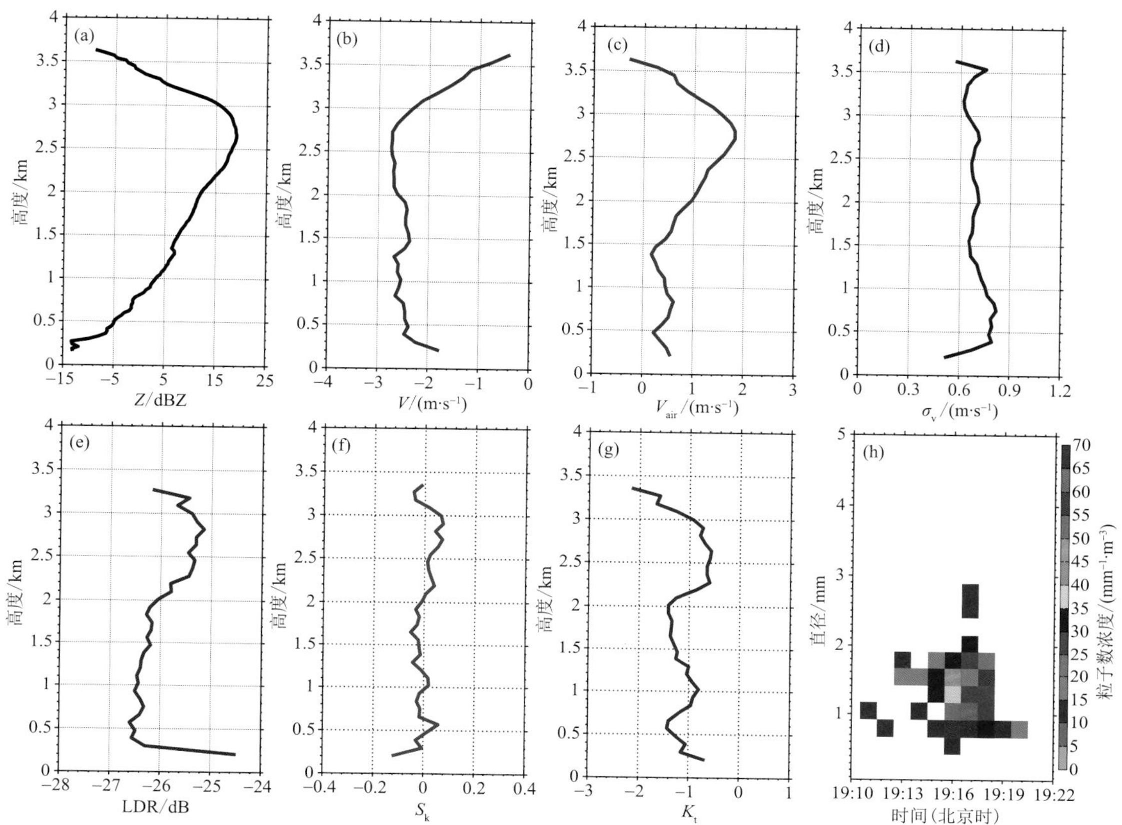

图 4.43　7 月 16 日 19:10—19:22 反射率因子(a)、平均下落末速度(b)、大气垂直速度(c)、谱宽(d)、线性退极化比(e)、谱偏度(f)、谱峰度(g)的平均垂直廓线和雨滴谱仪的雨滴数浓度变化(h)(引自张涛 等,2019)

最大下沉气流速度为 10 m · s^{-1}。图 4.6d 为 CINRAD/CC 雷达当日 23 时双偏振雷达 3.4°仰角回波图,可以明显看到有零度层亮带出现。对于 Z、V、W 的 A-CFAD 图在各个高度上的概率分布,Z 的 A-CFAD 中 $Z>35$ dBZ 的强回波在低层以及中层 2.5 km 出现概率较大,$Z>35$ dBZ 的峰值概率出现在 2.5 km 高度处;$Z>45$ dBZ 集中出现在低空 2.5 km 以下。图 4.44b 中径向上升速度较小,下沉速度大值区集中在 2.5 km 以下。图 4.44c 中低层有微弱上升气流,在云体上半部最强,下沉气流集中出现在云体下部,表明浅薄对流环流结构主要出现在低空,上升气流从地面触发、强度较弱,随高度增加而加强。

He 等(2021)对比了在不同的水汽、动力、地形、大气环境的条件下,青藏高原(那曲站)和华南地区(龙门站)的层状云降水的不同特征,垂直结构分析结果如图 4.45 所示。图 4.45 为龙门和那曲地区层状降水的雷达变量的平均廓线,图 4.45a_1—a_5 分别为龙门地区的反射率因子、平均多普勒速度、速度谱宽、线性退极化比、功率谱,图 4.45b_1—b_5 分别为那曲地区的结果。从图 4.45 可见:龙门和那曲地区具有明显的亮带特征,亮带分别位于 4.4～5.1 km 和 0.8～1.3 km 的高度范围内。并且由于冰粒子的聚合,在融化层以上,两地的雷达变量随高度的增加而减少(增加);龙门的 Z 比那曲的具有更大的斜率,这意味着冰粒子的聚集速率更快。

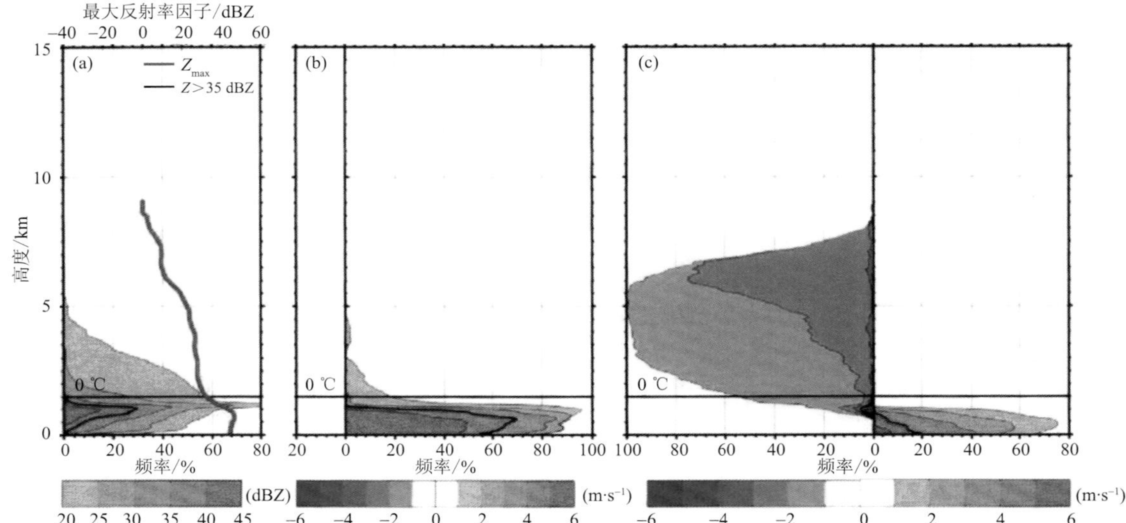

图 4.44　2014 年 7 月 16 日层状云云体垂直结构统计特征(样本数:2400)(引自阮悦 等,2017)
(a)回波强度(黑粗实线:$Z>35$ dBZ,红线:Z_{max});(b)径向速度(正:下沉,负:上升,黑粗实线:径向速度大于 4 m·s^{-1}的上升(下沉)速度概率);(c)大气垂直速度(正:下沉,负:上升,黑粗实线:大气垂直速度大于 4 m·s^{-1}的上升(下沉)速度概率)

此外,可以发现在亮带的顶部,与那曲相比,龙门的 Z 更大,这种现象出现的原因是龙门上空的水成物较大,但它的密度低。随着冰粒子落入融化层,平均多普勒速度和线性退极化比先增加后减少,同时龙门的线性退极化比和速度谱宽要比那曲的大,这意味着前者的层状降水在融化层底部形成的雨滴比后者大。粒子完全融化后,龙门的雨滴在触地前的下落路径比那曲地区长得多。

4.5.3　高原地区高层冰云和低层液态云的垂直结构

Zhao 等(2016)利用 2014 年 7 月 6—31 日那曲地区 Ka-MMCR 卷云模式的观测资料,研究了高冰云(底部高度在 5 km 以上)的微物理特性及其垂直结构(图 4.46 和图 4.47)。其中图 4.46 为那曲地区观测的冰云的反射率高度的概率分布,图 4.47 为平均冰水含量和平均冰云有效半径的垂直分布。随着高度的增加,雷达观测到的云也增加,而对于冰水含量和冰云有效半径沿高度的垂直分布,在 6 km 以上,平均冰水含量和冰云有效半径都在减少,低于 6 km 二者随高度的变化复杂。平均冰水含量和冰云有效半径减少的原因可能是:第一,在相对较低海拔处,水汽的含量较多,从而冰粒子相态较多。第二,低海拔的云比高海拔的云包含更多的地形冰云,这些云通常具有更强的上升气流,可以导致冰粒子更大。第三,在大约 8 km 的高度,空气温度可以达到−38 ℃,在此温度下会形成许多小冰粒。

Zhao 等(2017)利用经验回归算法对青藏高原那曲地区低层液态云的微物理特性进行了

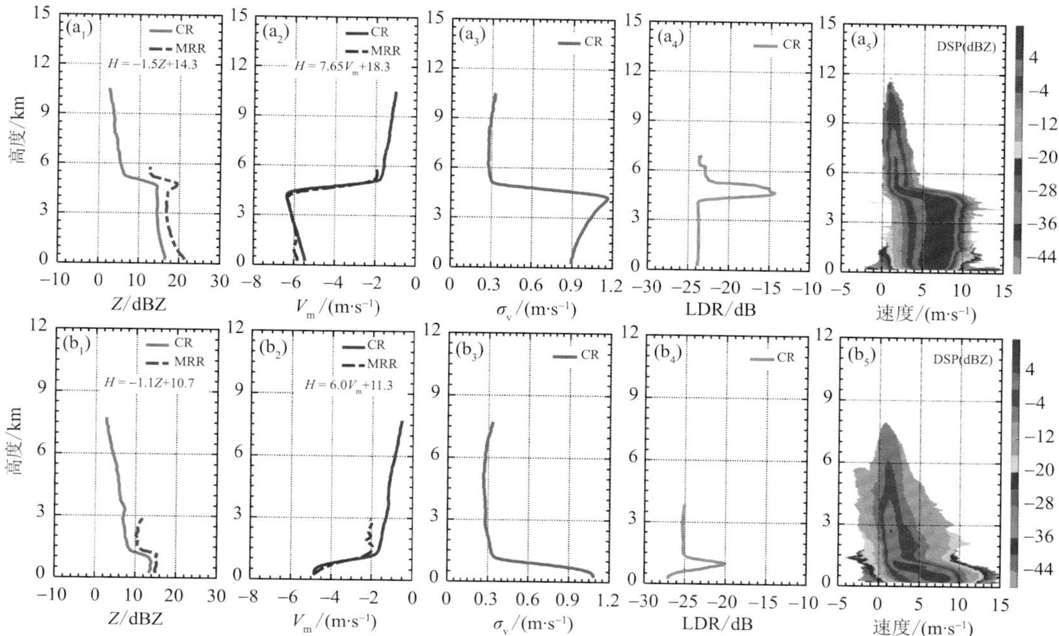

图 4.45 龙门和那曲地区层状降水雷达变量的平均垂直廓线。(a_1)—(a_5)分别为龙门地区的反射率因子(dBZ)、平均多普勒速度 V_m($m \cdot s^{-1}$)、速度谱宽($m \cdot s^{-1}$)、线性退极化比(dB)、功率谱(dBZ);(b_1)—(b_5)同(a_1)—(a_5),但为那曲地区(引自 He et al.,2021)

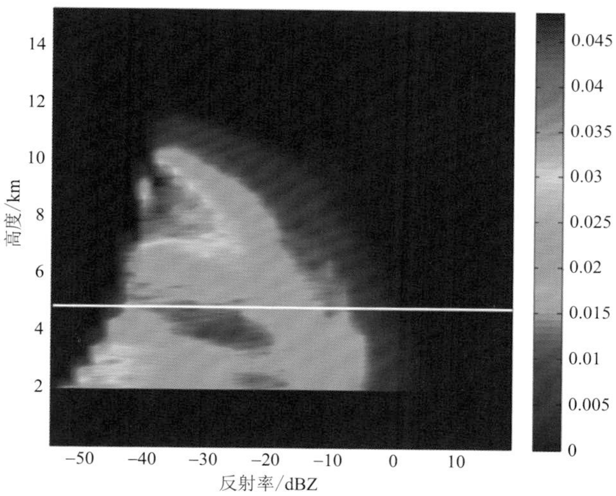

图 4.46 2014 年 7 月 6—31 日那曲地区观测的冰云的反射率高度的概率分布,其中白色线代表离地 5 km 的高度(引自 Zhao et al.,2017)

统计,并分析低层液态云的垂直结构。低层液态云的判断方法为:利用无线电探空仪在北京时 08:00 和 20:00 在那曲测得的月平均温度廓线和微波辐射计温度廓线的日变化表明在 1.2 km 以上存在 0 ℃层,因此,1.2 km 以下的云被假定为纯液态。对于低层液态云的垂直结构的研

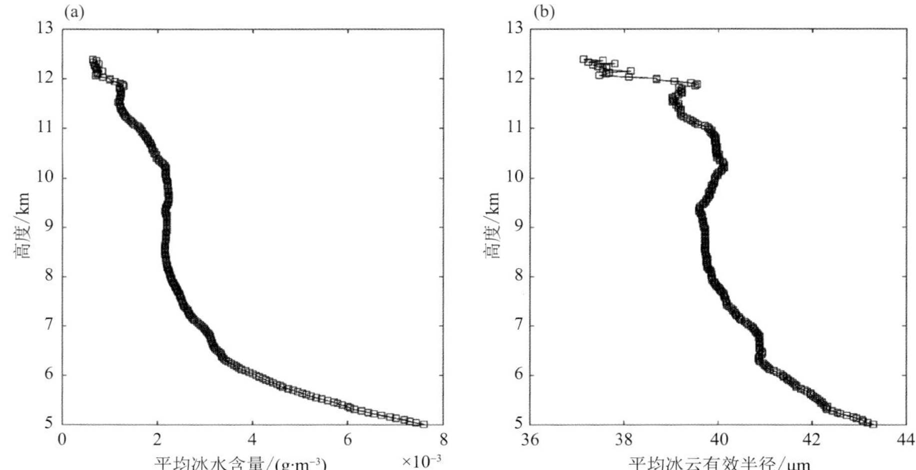

图 4.47　2014 年 7 月 6—31 日平均冰水含量(a)和平均冰云有效半径(b)沿高度的垂直分布(引自 Zhao et al.,2016)

究具体如图 4.48 和图 4.49 所示。图 4.48 为 00:00、06:00、12:00 和 18:00 的平均液态水含量(LWC)和液滴有效半径(r_e)的垂直分布,图 4.49 为所有时间平均的 LWC 和液滴 r_e 的垂直分布。从图 4.48 和图 4.49 可见:在所研究的时间内,平均液滴有效半径 r_e 和 LWC 一般都随高度增加。这一趋势不同于在青藏高原东部发现的云水含量随高度增加而减少的趋势。此外,这里发现的平均液滴有效半径 r_e 和 LWC 的增加趋势与许多人的发现一致。平均液滴有效半径 r_e 和 LWC 随高度增加这一变化趋势的原因是:利用绝热理论来解释,即当气团向上运动时膨胀,失去能量并变冷,然后水汽凝结成液态水,使液滴有效半径 r_e 和 LWC 都增加。在接近 200 m 的低空,液滴有效半径 r_e 和 LWC 分别为 4～6 μm 和 0.02～0.05 g·m^{-3},在 1 km 以上,分别为 8～12 μm 和 0.2～1 g·m^{-3}。图 4.48 还显示出液滴有效半径 r_e 和 LWC 在较高和较低的高度上斜率的急剧变化。其中可能的原因是,在高层和低层,云内部和外部之间的空气交换相对较强。图 4.49 进一步显示出了所有时间平均的液滴有效半径 r_e 和 LWC 的垂直结构。除了平均值,标准偏差也显示在该图中。与图 4.48 所示相同,液滴有效半径 r_e 和 LWC 随高度增加,其增长率分别约为 3 μm·km^{-1} 和 0.15 g·m^{-3}·km^{-1}。

4.5.4　高原地区的整体上的云-降水垂直结构

马若赟(2018)利用 2014 年 TIPEX-Ⅲ期间(7 月 1 日—8 月 31 日)的 C-FMCW 雷达的观测资料,研究了青藏高原中部那曲地区夏季降水回波的分类和日变化特征,并分析夏季的降水回波的垂直结构。其中对于夏季的降水回波的垂直结构分析如图 4.50 和图 4.51 所示。可见:22:00—次日 10:00 之间 8 km 以上各百分位廓线集中在反射率小值端,表明回波强度偏弱;上午 10:00 左右降水回波开始发展,反射率值逐渐增大,回波顶升高并且维持较高的高度

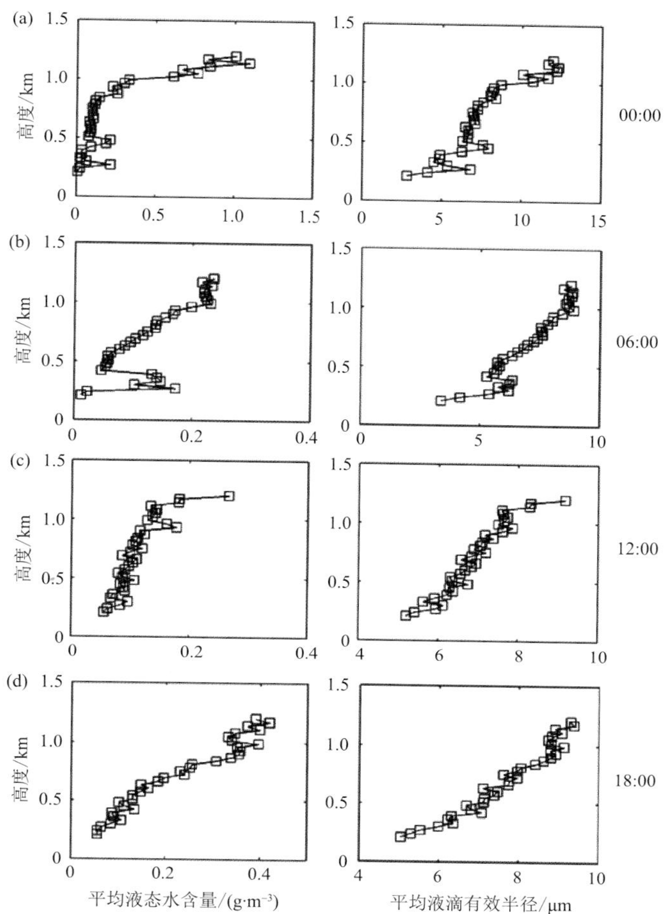

图4.48 00:00(a)、06:00(b)、12:00(c)和18:00(d)平均液态水含量(左列)和平均液滴有效半径 r_e(右列)的垂直分布(引自Zhao et al.,2017)

(12 km附近或以上),8 km以上各百分位廓线逐渐向反射率大值端偏移,表明高层回波强度增强,尤其是16:00—18:00在11～13 km附近存在一个反射率相对大值区。进一步分析雷达反射率中位值和90%百分位值垂直廓线的日变化(图4.50)。结果显示,不论是中位值还是90%百分位值,1 km以上的高度区间内,00:00—09:00之间的反射率廓线均明显位于09:00—24:00之间的廓线的左侧,表明前半天(凌晨到上午)雷达回波较弱,而后半天(上午到夜间)雷达回波较强。对中位值垂直廓线而言,除了12:00—15:00,其他时段的廓线在4 km附近均存在明显的向右弯曲,表明在该高度附近存在反射率的极大值(12:00—15:00反射率的极大值位于2～3 km),尤其是18:00—21:00,4 km高度的中值反射率值最大,为15.24 dBZ;4～8 km反射率随高度增加而增加。

图4.51是雷达径向速度垂直廓线的日变化。全天中除了10%和25%百分位的垂直速度廓线在某些高度上(主要是8 km以上的高层)小于0 m·s^{-1}外,其余百分位廓线在整层内基本为正值,表示雷达探测到整层内基本为向下的运动。1～2 km以下由于液态降水粒子的落

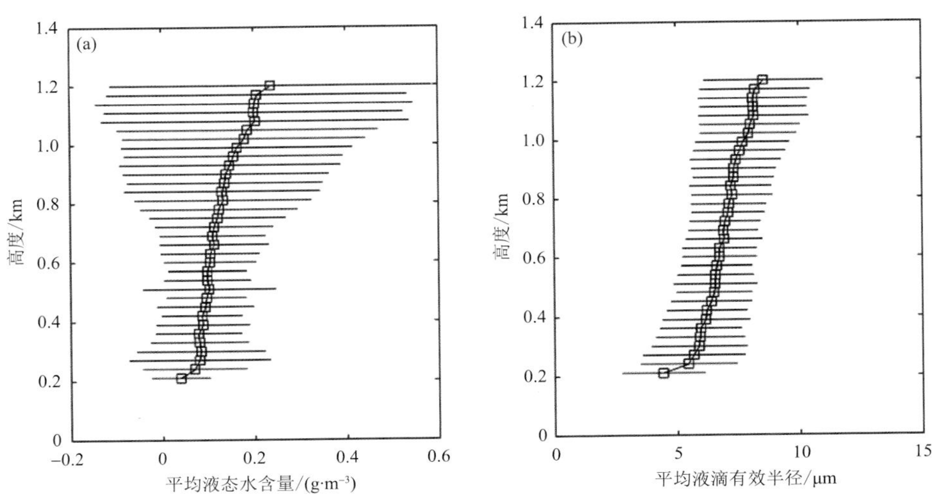

图 4.49　LWC(a)和液滴 r_e(b)的垂直分布。方块为平均值，横线代表标准偏差(引自马若赟，2018)

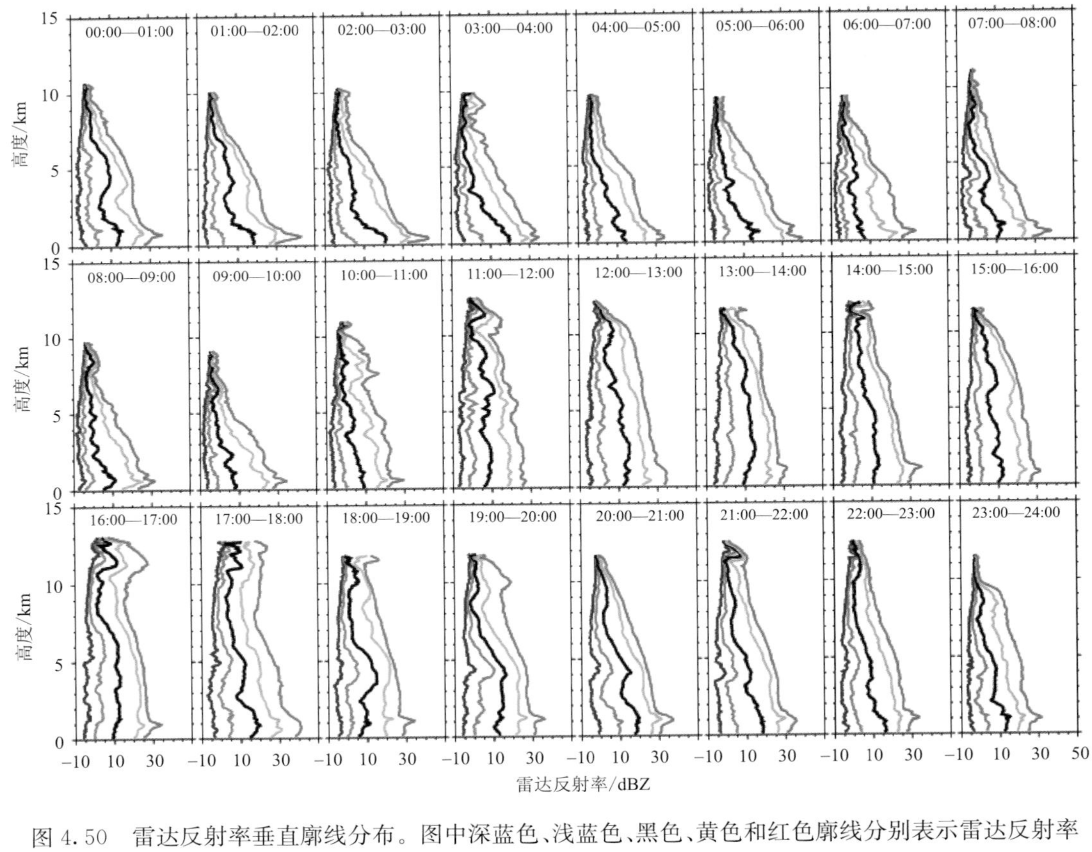

图 4.50　雷达反射率垂直廓线分布。图中深蓝色、浅蓝色、黑色、黄色和红色廓线分别表示雷达反射率值 10%、25%、50%、75%和 90%百分位廓线(引自马若赟，2018)

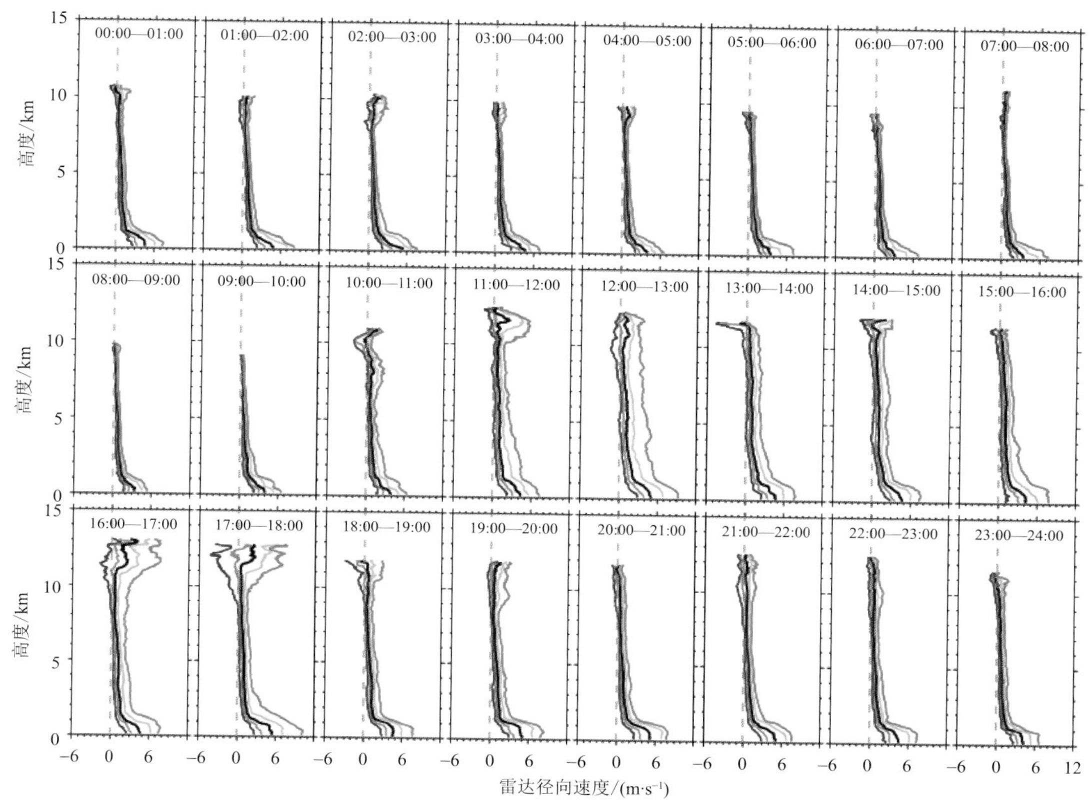

图 4.51　同图 4.50，但为雷达径向速度的垂直廓线。每幅图中虚线表示径向速度为 0 m・s^{-1}
（引自马若赟，2018）

速大、拖曳作用强，径向速度表现出明显的向下运动，而且粒子在经过融化层时下落末速明显增大。03:00—10:00 所有百分位廓线在 4 km 以上高度基本为接近于 0 m・s^{-1}的正值，表明空气运动和降水粒子下落的综合结果为较弱的向下运动。10:00—23:00 雷达观测到整层向下的运动增强，这与增强的降水粒子拖曳作用（对应后半天降水发生频次增多）有关；值得注意的是，16:00—18:00 在高层 8～13 km 之间有较强的空气上升运动，上升气流能把降水粒子送往更高的高空，位于 10 km 以上、靠近回波顶的上升运动可能与长波辐射冷却加强云内的湍流运动有关。

Qiu 等（2019）利用 2014 年 7 月 6—31 日 Ka-MMCR 数据和飞机观测资料，分析了青藏高原那曲地区夏季云-降水的垂直结构。其中整个夏季的云被分成暖云层（WCLs）、混合相云层（MCLs）和冰云层（ICLs）三类，然后分析这些云类出现的概率，并且将一天分成了四个时间段，再对这四个时段的回波强度和垂直结构进行分析。图 4.52 是一天中四个 6 h 周期云概率的垂直分布。在这四个时段，云层的最大高度有很大的差异，其原因是受地面热力条件的影响。在 T_1、T_2、T_3 和 T_4 期间，毛毛雨条件下的云层的最大高度分别约为 8.5 km、12.1 km、11.9 km 和 11.5 km，在 00:00—06:00，多云和毛毛雨条件下的云层的最大高度低于其他时

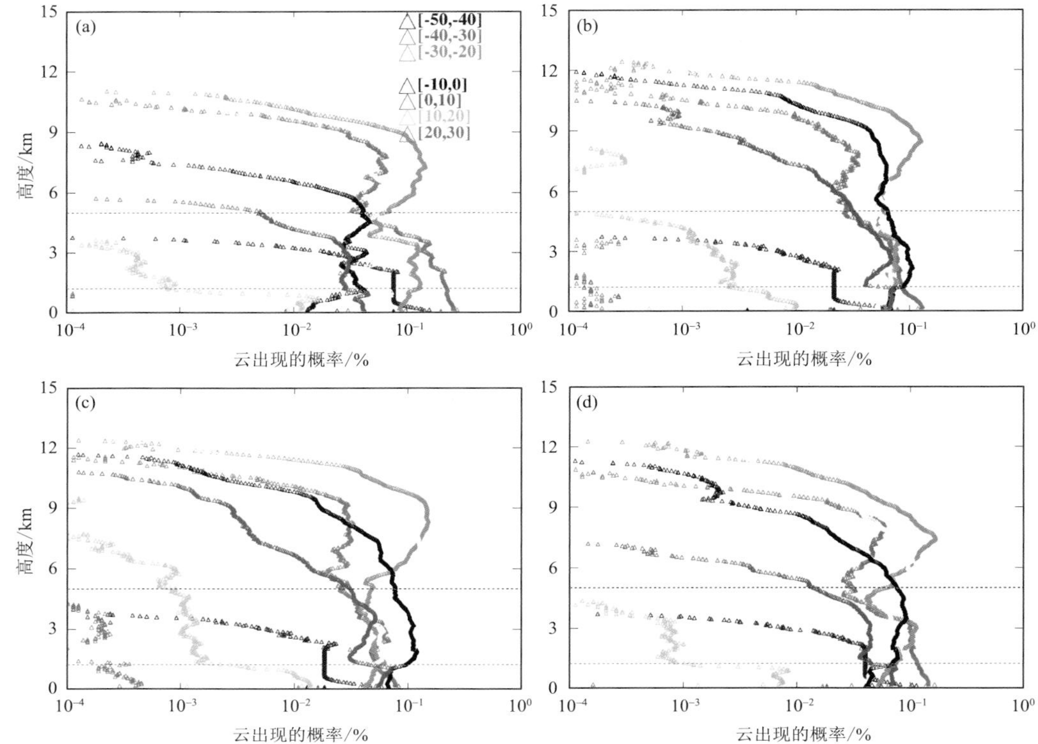

图 4.52　那曲地区 Ka-MMCR 观测到的反射率为－50～30 dBZ 的云概率垂直分布。(a)—(d)分别代表一天中 00:00—06:00(T_1)、06:00—12:00(T_2)、12:00—18:00(T_3)和 18:00—24:00(T_4)。其中蓝色和红色虚线分别代表为－20 ℃和 0 ℃的平均海拔高度(引自 Qiu et al.,2019)

段,这可能是由于 T_1 中稳定的边界层受到热动力的影响所致。此外,降水条件下的云层的最大高度在白天和夜间表现出很大的差异。0～10 dBZ、10～20 dBZ 和高于 20 dBZ 的范围分别对应于低反射率值范围(LRVR)、中反射率值范围(MRVR)和高反射率值范围(HRVR)的降水条件,LRVR 的最大风速高度在 T_2 和 T_3 分别达到 10.9 km 和 11.0 km,在 T_1 和 T_4 分别达到 6.5 km 和 7.4 km。T_2 和 T_3 期间,MRVR 的最大高度(MH)达到 6.9 km 和 9.8 km,T_1 期间为 4.0 km,T_4 期间为 4.6 km。

图 4.53 为 2014 年 7 月 6—31 日那曲地区观测到的在一天中 00:00—06:00、06:00—12:00、12:00—18:00 和 18:00—24:00 四个时段内云反射率的平均廓线。图 4.53a 提供了考虑多云、毛毛雨和降水概率而计算的反射率的平均值,图 4.53b 为仅考虑多云和毛毛雨概率而计算的反射率。在四个时段内,反射率廓线图随高度的变化趋势相似,但图 4.53a 和图 4.53b 中的反射率值显示出较大差异,这种差异与降水条件下的大反射率值有关。从统计上看,图 4.53b 中仅考虑非降水云的反射率廓线比图 4.53a 中的情况更合理。总体来说,日间的反射率廓线值比夜间的反射率廓线值大,并且随着高度的增加而增加。T_1 时的反射率值最小,T_3 时的反射率值最大。随着高度的增加,冰云层(ICL)的反射率曲线呈下降趋势。

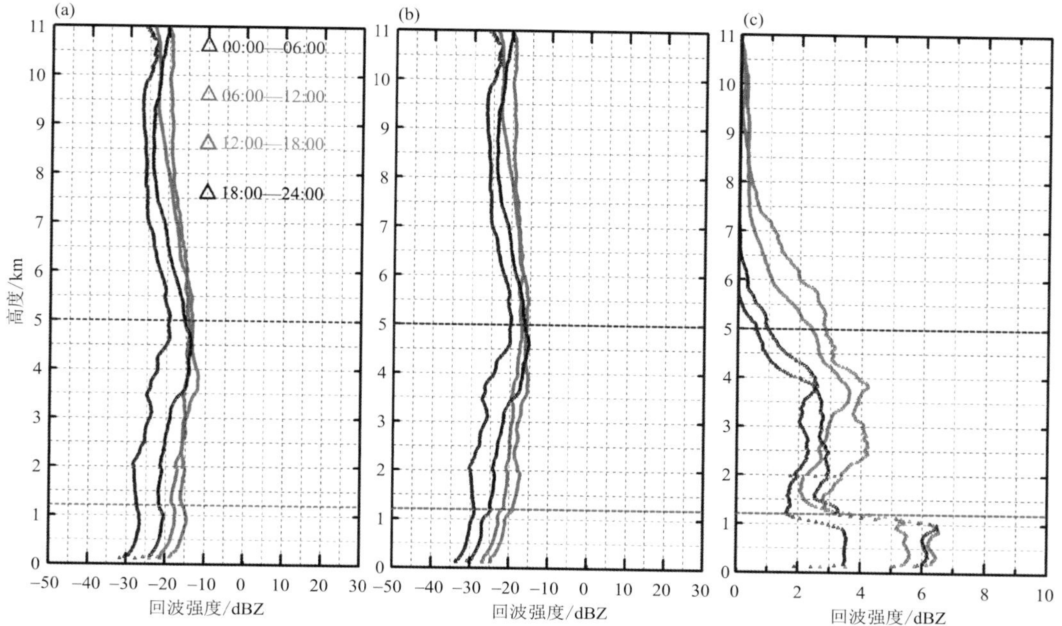

图 4.53　那曲地区观测的一天中 00:00—06:00、06:00—12:00、12:00—18:00 和 18:00—24:00 四个时段内云反射率的平均廓线。(a)为反射率范围−50～30 dBZ,(b)为反射率范围−50～0 dBZ,(c)为二者的差。蓝色和红色水平虚线分别代表−20 ℃和 0 ℃的平均海拔高度(引自 Qiu et al.,2019)

为了加强对青藏高原深对流云垂直结构的深入认识,许多研究利用 TRMM、CloudSat、CALIPSO 和 Aqua 等卫星观测资料对高原上云降水垂直结构进行分析。

有研究分析了青藏高原上空云微物理和宏观物理性质的垂直结构,结论一致表明青藏高原云顶和云底高度变化具有一定的时空连续性,不同云类的云顶和云底高度存在不同的变化范围,且随着季节的改变均有明显的变化。主要体现为青藏高原地区高云在夏季比其他季节多,11 km 以上的云量达 10%～20%(汪会 等,2011)。与四川盆地相比较,高原云底高、云顶低。如图 4.54 所示,高云的云顶高度主要在 6.5～9.5 km 之间变化,冬季的云顶高度最低,夏季达到最高,秋季略高于春季;而云底高度主要在 6～7.5 km 之间变化,冬季云底最低,夏季云底最高。高原南坡区域高云的云顶主要在 9～13 km 之间变化,云底高度主要在 7.5～11 km 之间变化,均具有较为明显的季节变化,冬季最低,夏季最高(王胜杰 等,2010;Luo et al.,2011)。

图 4.55 和图 4.56 分别为青藏高原 8 个子区域云顶、云底高度出现频率随高度分布的季节变化,可见:青藏高原所有云的云顶高度在不同高度出现频率的季节变化较云底高度显著,且高原地区的云顶和云底高度相比西北地区季节反差更大;各区域云顶高度、云底高度在冬、春季分布较为一致。单层云的平均厚度超过 2 km,2 层云和 3 层云的厚度基本为 1～2 km。总体而言,青藏高原地区各云层高度在冬、夏季反差较大。夏季云顶高度、云底高度在低层和高层的峰值高度均明显大于其他季节(叶培龙 等,2014)。

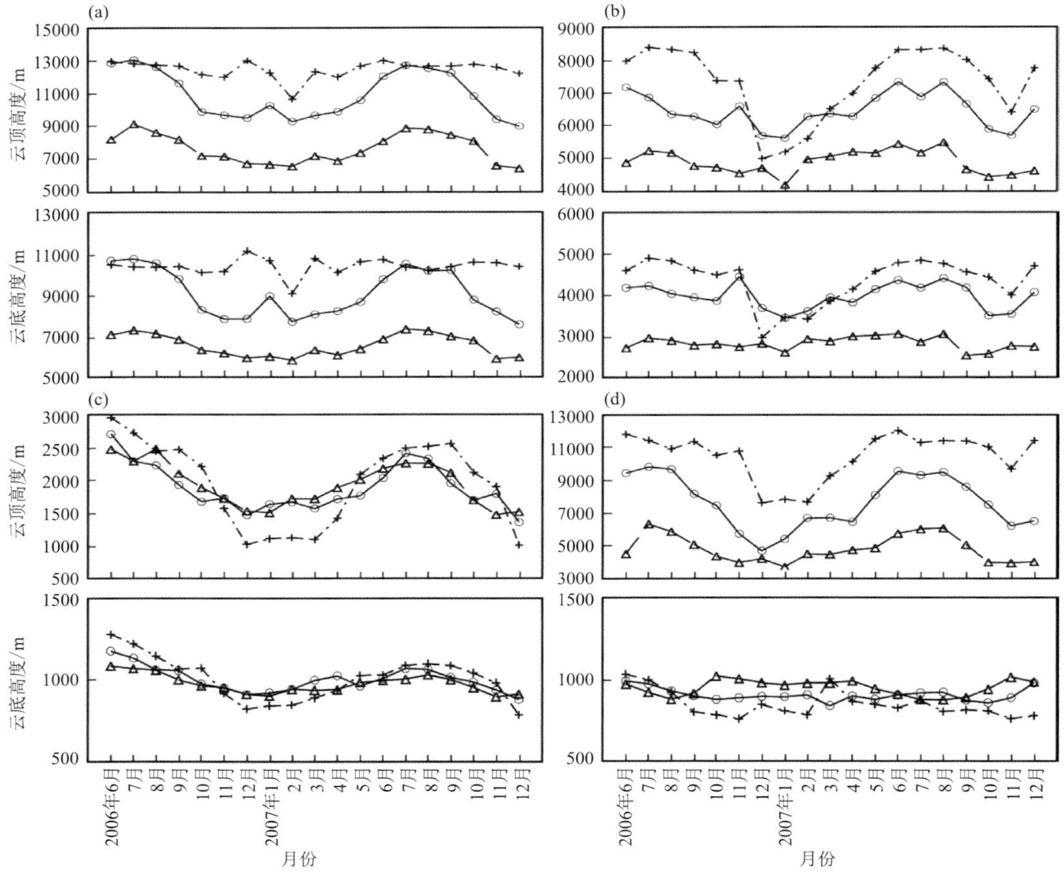

图 4.54　3 个研究区域不同类型云体的月平均云顶和云底高度统计(引自王胜杰 等,2010)

(a)高云;(b)中云;(c)低云;(d)厚云。△:青藏高原;○:高原南坡;+:南亚季风区

后续有研究指出,高原云系形成的主要原因是由于青藏高原地形,大气运动受到高原地形阻挡,引起爬坡、大范围的缓慢上升运动,造成了青藏高原上云系具有云层范围大、相对地面高度低、反射率大,云中颗粒大,多由冰晶、水滴组成的特点。研究发现,青藏高原云的发生频率为 35%,其中:低云的频率最大,接近 21%,最大频率的高度为 5～6 km;中云次之,频率为 14%,最大频率的高度为 7～8 km;高云的频率最小,最大频率的高度为 11～12 km。夏季青藏高原东部云发展可达到平流层,单云层发生频率为 52.88%,2 云层 35.43%,3 云层 9.95%,4 云层 1.60%,5 云层 0.14%,受水汽限制,高原云顶发展高度表现为由南向北递减,此外强烈的对流运动可能更易激发多层云的产生(张晓 等,2015;刘建军 等,2017)。

还有研究利用卫星资料详细分析了青藏高原的云垂直特性与降水之间的关系。研究发现,青藏高原地区的云主要位于 4～11 km 高度,且由于高原上水汽一般不够充沛,所以云层大多在对流层中层出现。研究表明,与邻近地区相比,青藏高原降水强度较弱,但是与云顶和云底高度变化相同,高原的降水云四季变化也十分明显,与青藏高原地区降水量级相关的云垂

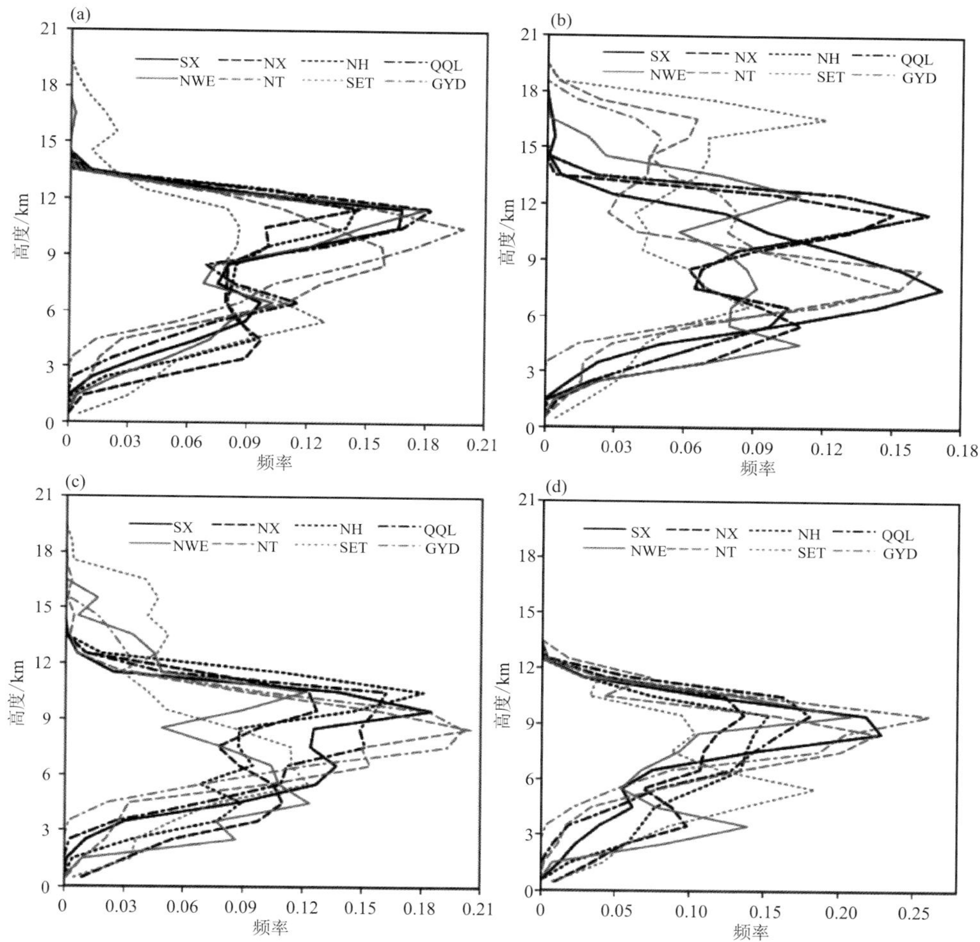

图 4.55　8 个子区域云顶高度出现频率随高度的变化(SX:南疆,NX:北疆,NH:河西—内蒙古中西部,QQL:祁连山区—青海中西部,NWE:西北东部季风区,NT:藏西北高原,SET:高原东南部及高原南坡,GYD:青藏高原腹地)(引自叶培龙 等,2014)

(a)春季;(b)夏季;(c)秋季;(d)冬季

直结构有强烈季节性变化(Yan et al.,2018)。从图 4.57a 中可看出,春季的降水云最高可以达到15 km,雷达反射率(RRF)可达 40 dBZ;云主要分布在 4～10 km 的高度,雷达反射率在 −27～15 dBZ 之间;夏季云的发展高度最高(图 4.57b),可达 19 km,秋季次之,最高发展到 16 km,由于冷季的对流活动减小,春季和冬季主要集中在低层,冬季最高发展到 13 km,高原云集中在 10 km 以下,雷达反射率集中在 −20～15 dBZ;云的高度增加,雷达反射率的范围增大。降水云最高可发展到 17 km,雷达反射率可超过 40 dBZ,并且在 12 km 以上的云占总云的比例较小;雷达反射率廓线在 4 km 以下及 7 km 以上的变化趋势相近。青藏高原的降水云主要分布在 3～9 km,分布范围为 −27～17 dBZ,表明由于高原地形作用,降水云的垂直分布尺度减小,雷达反射率的范围增大(Yin et al.,2011; 赵艳风 等,2014)。

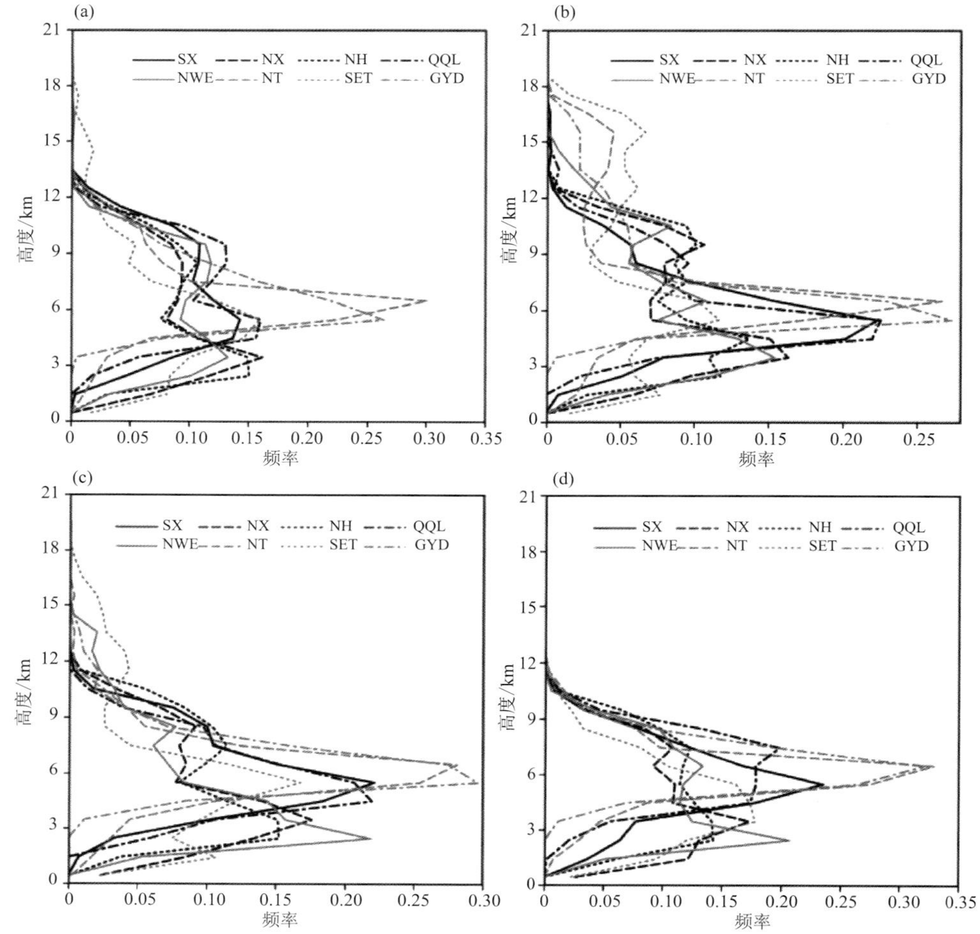

图 4.56　8 个子区域云底高度出现频率随高度的变化，其余说明同图 4.55(引自叶培龙 等，2018)

针对青藏高原对流云，有研究指出，深厚强对流云和深厚弱对流云都是由多个水平尺度为 10～20 km 的孤立对流单体组成，垂直方向发展高度在 15 km(高度均指海拔高度)以上，对流单体的垂直厚度约为 10 km。高原大地形对云层厚度和云顶高度具有压缩效应，高原地区的对流云团在垂直方向上受地形的强迫抬升和对流层顶的相互作用的影响，同时水汽集中在对流层中部，很难被输送到高层，与其他地区相比，高原地区对流层厚度偏小，强对流云团高度偏低，呈被挤压状态，表现出高原对降水云垂直扩展的限制。研究表明，青藏高原深对流云水平发展尺度较小，垂直发展高度较高。深厚强对流 40 dBZ 回波顶高发展高度可超过 8 km，垂直厚度为 3 km 左右(李典 等，2012；汪会 等，2018；Yan et al.，2018；Wang et al.，2019)。

以往对青藏高原的研究多集中在降水特征和降水统计上，而近些年大趋势是针对对流云降水的微物理研究，相对来说，利用中尺度模式对云降水进行数值模拟，进而分析其垂直结构的研究较少。如需深入研究对流云降水过程，不止对云降水的微物理研究十分重要，对对流云降水垂直结构的研究也是非常有必要的，因此，这方面的研究需要进一步加强。

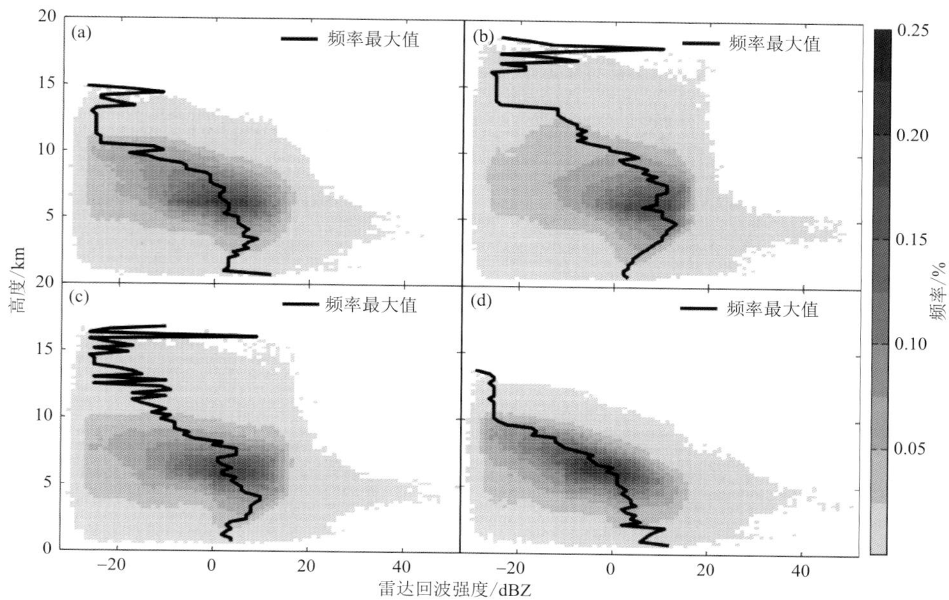

图 4.57 雷达反射率 RRF 的季节变化。图中纵坐标为高度，每层间隔 240 m；横坐标为雷达回波强度；填色区域表示不同高度对应雷达反射率占总体的百分比（引自 Yin et al.，2011）
（a）春季；（b）夏季；（c）秋季；（d）冬季

4.5.5 青藏高原云垂直结构的模拟研究

云和降水过程直接关系着向大气中释放的潜热的总量以及潜热的垂直分布，这些潜热正是大气环流最重要的驱动力，所以云和降水是影响地球和大气系统的能量分配、能量循环以及影响气候变化的重要过程（吕明明 等，2016）。云垂直结构尤其影响降水的发生和强度，不同的云垂直结构下，降水形成的条件各不相同，获得云降水在垂直方向上的分布特征对改进全球气候模式非常重要（尚博，2011）。

研究结果肯定了 WRF 中尺度数值天气预报模式的模拟资料能准确刻画卫星观测到的云团的水平、垂直特征（董雪，2018）。高洋（2014）通过中尺度数值天气预报模式具体评估了 7 个第五次国际耦合模式比较计划（CMIP5）模式中 1999—2008 年夏季沿高原纬度带云的垂直结构特征，分析结果显示各模式之间存在较大的差异。具体体现在针对单层云和双层云垂直结构特征的模拟，图 4.58 为夏季无雨时 CMIP5 各模式中单层云的分布特征。从卫星数据所显示的图 4.58a 来看，整个纬度带的单层云顶都较高，可达 15 km，高原东部上空云的分布位置较为集中，主要在 5～8 km 的高度。对比 CMIP5 的 7 个模式来看，模式在模拟单层云云顶分布高度上存在较大误差。其中 MRI-CGCM3 模拟的云顶偏低，且模拟的单层云的位置比实际偏高 2 km，但能抓住青藏高原东部夏季云体位置较为集中的特征。MPI-ESM-LR 模式的分辨率没有 MRI-CGCM3 和 BCC-CSM1.1-m 的高，但是依然能够模拟出高原上空的单层

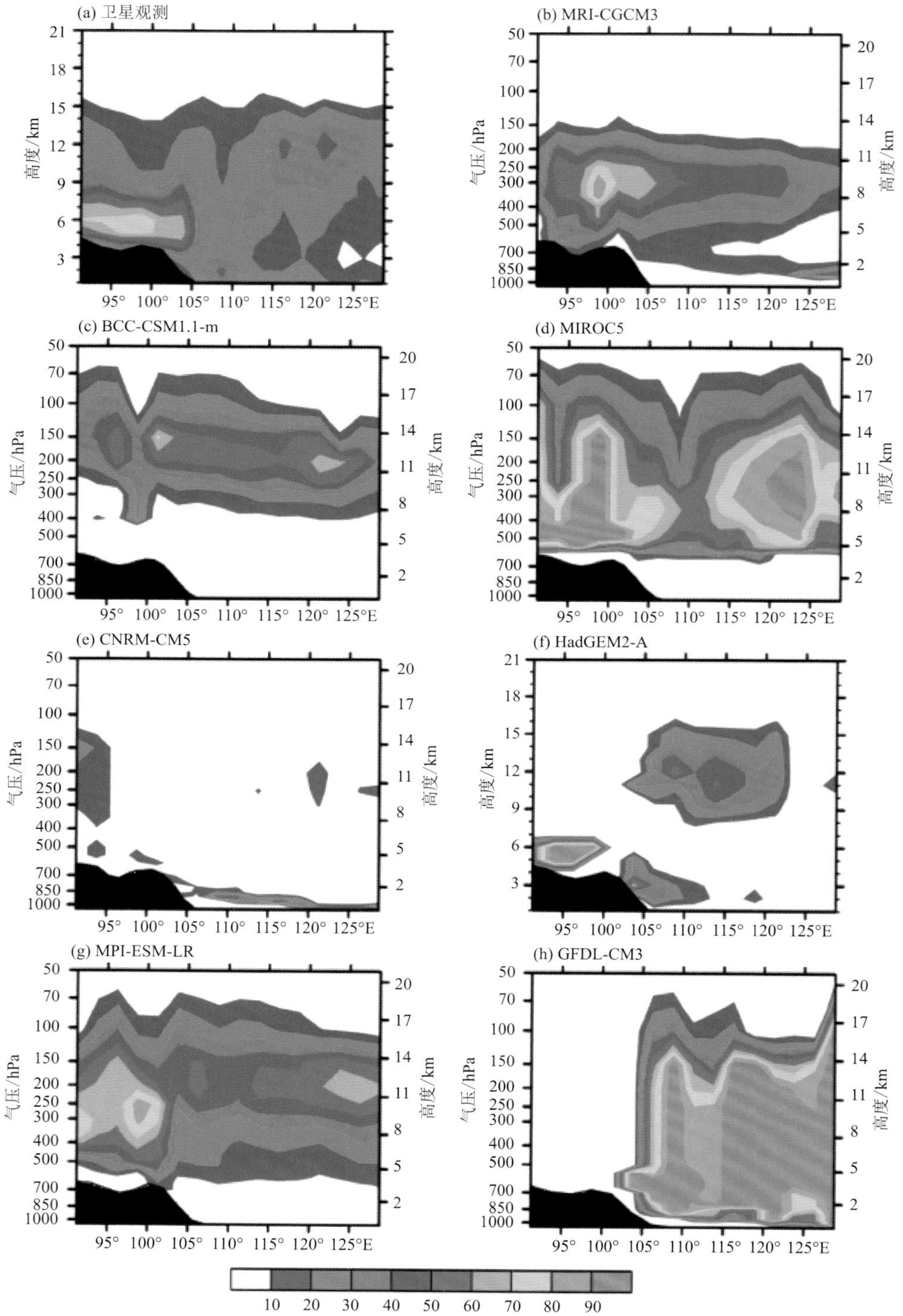

(a) 卫星观测

(b) MRI-CGCM3

(c) BCC-CSM1.1-m

(d) MIROC5

(e) CNRM-CM5

(f) HadGEM2-A

(g) MPI-ESM-LR

(h) GFDL-CM3

图 4.58　卫星观测及 CMIP5 各模式夏季无雨时单层云在不同高度上出现频率的分布(%)(引自高洋,2014)

云分布特征，只是比实际云底偏高，云体偏厚。相比之下，这两个模式模拟的结果稍好于其他模式。

图 4.59 为 CMIP5 各模式夏季微量降雨时单层云的分布特征。从 CloudSat 数据结果中可以看出，高原东部上空云的高度位置依然较为集中。除 CNRM-CM5 模式外，其余模式均能模拟出高原东部上空云的分布特征，但从单层云出现频率大于 90%的高度来看，模拟的云层比实际偏厚较多，相对而言，MRI-CGCM3 和 MPI-ESM-LR 模式模拟的结果稍强于其他模式，但前者在 120°～130°E 区域内模拟结果显示以较低的薄云为主导，这与实际相差较大，后者在 105°E 以东模拟的相对位置较高的云比实际偏多。当降水大于 0.1 mm · h^{-1}时，各模式模拟结果相似，单层云在夏季降雨时模拟得过于深厚，并未体现出实际随着地形过渡从西到东所呈现的明显变化特征。

青藏高原及其周边区域是全球平流层下层区域水汽的关键源区(陈斌 等，2010)，由于青藏高原对流要比季风区对流发展得更旺盛，能够输送更多的水汽到高空(Fu et al.，2006)，研究青藏高原强对流系统对水汽的垂直输送作用显得尤为重要。观测分析表明，深对流云对水汽的垂直输送作用可以显著地影响对流层上层及平流层下层区域的水汽分布，但观测分析不能够完全把对流输送作用与其他过程的作用区分开来，也不利于定量研究(银燕 等，2010)。因此有一些学者用数值模拟方式进行了研究，结果证明 WRF 模式能够模拟对流云对水汽的垂直输送，并且正确地体现了对流输送的重要特性(朱士超 等，2011)。

那曲地区是青藏高原大气观测的重要站点，针对该地区对流云降水过程进行了大量的数值模拟，由此进一步分析其结构及过程。研究发现，当青藏高原那曲地区对流发生时，对流区域向上的水汽通量随海拔高度呈先增大后减小的趋势，该趋势对参数化方案不敏感，成因分析表明，这与云微物理过程参数化对所模拟云中垂直上升运动的影响有关。朱士超等(2011)研究发现，采取 5 种不同的云微物理参数化方案，均能模拟出水汽输送量随着海拔高度的增加均呈先增大后减小的趋势(图 4.60)。

虽然我们已经对青藏高原对流云微物理结构、特征、物理过程有了一定的了解，但由于缺乏直接的观测研究，所以我们对高原夏季对流云内的微物理过程仍然知之甚少，此外，对高原云降水过程的遥感探测仍然存在很大的不确定性(常祎，2019)。因此，如图 4.61 所示，利用雷达观测数据，对高原云的特征如云顶、云底等可以从雷达数据反演得到的云宏观特征进行统计分析，结果发现高原云的雷达回波强度弱，有着明显的亮带等特征。图 4.61 为详细的雷达回波频率分布情况的统计特征，可见在 9 km 以下，<－25 dBZ 的范围存在一明显高频回波区域，这主要是由于雷达的晴空回波所致，一方面这些晴空回波表明高原深厚的边界层内存在着活跃的湍流运动，另一方面晴空回波的变化也显示了边界层的演变情况。在低层，一个显著的特征是在约 5.6 km (ASL)以下，强回波(>20 dBZ)的频率要高于高层，这主要是由降水导致的回波亮带及降水回波所致，也从侧面反映了高原降水频繁。在 6 km 和 8 km (ASL)之间有着明显的回波高频区，并且一直延伸到 10 dBZ 附近，说明该高度层是高原云出现频率最高的层次，很多对流云、对流单体、边界层云都是在这个高度层，因此，其回波频率最高。而在高层

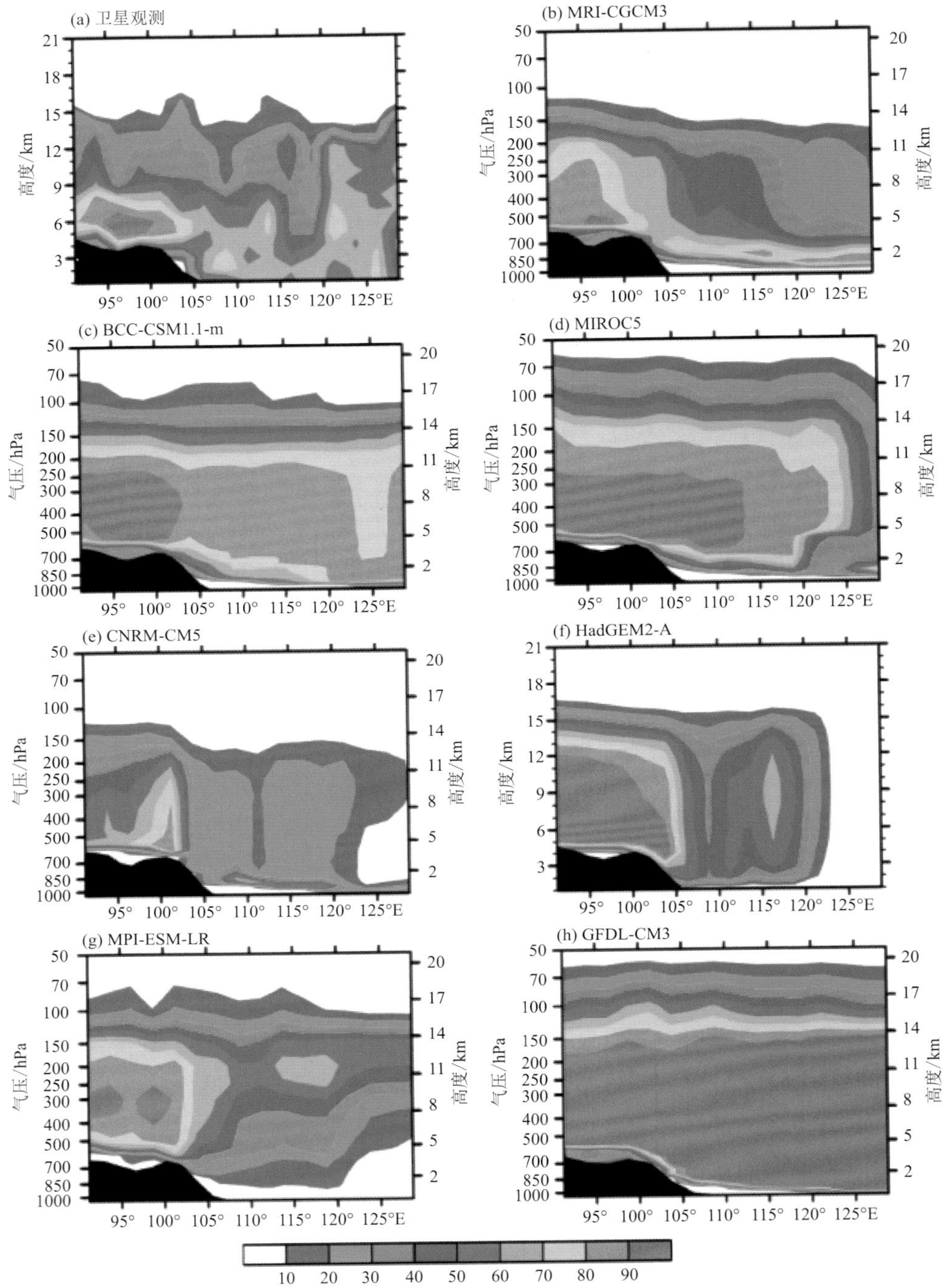

图 4.59　同图 4.58，但为微量降雨时（小于 0.1 mm · h^{-1}）的情况（引自高洋，2014）

（>10 km）同样存在一回波高频区域，但只持续到 0 dBZ 左右，该层主要的云为强对流以及强对流天气过后剩余云系，由于强对流回波的衰减及剩余云系相对较弱，所以其回波强度通常较弱。而两个高频回波层之间有着明显的低频区域，该区域的形成最主要的原因是高原水汽供

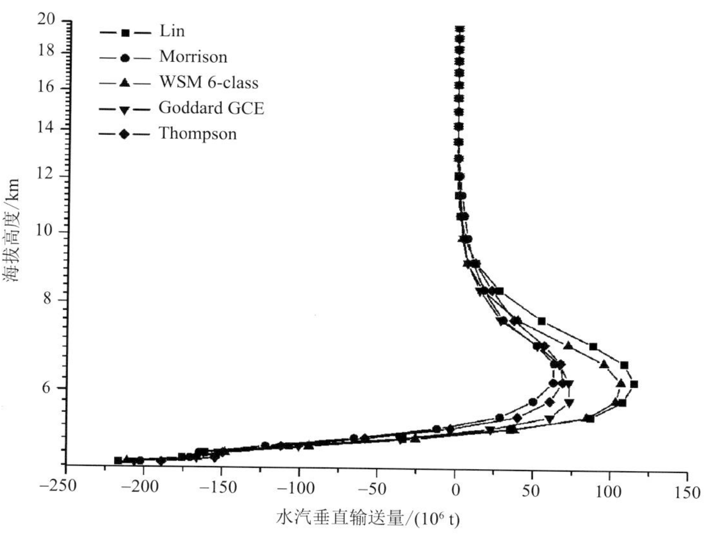

图 4.60　不同云微物理参数化方案水汽垂直输送量随高度的变化(引自朱士超 等,2011)

应相对匮乏,在没有中尺度天气系统作用的时候,由于逆温层的存在,局地热对流活动通常被局限在中低层,而当局地热对流与中尺度天气系统相配合时,对流云就有机会穿过逆温“暖盖”从而形成深厚的对流云。

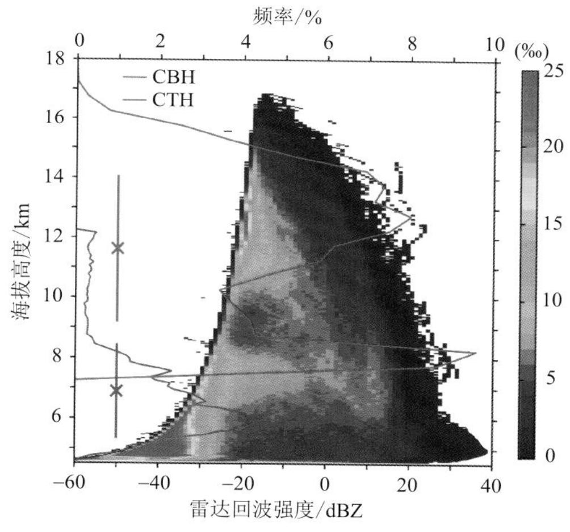

图 4.61　C 波段连续波雷达回波强度的频率随高度的变化(CFAD),图中红色和洋红色曲线分别为根据 Ka 波段毫米波云雷达确定的云顶高度以及激光云高仪测量的云底高度分布情况,对应直线与“×”则为标准差的范围以及平均值(引自常祎,2019)

为了分析不同时间段的云-垂直结构的分布,图 4.62 给出了分时段 C 波段连续波雷达的 CFAD 分布图,可以看出,一天中 06:00—09:00 LST 的云顶高度最低(图 4.62c)。图 4.62d—f 显示了完整的对流发展过程,从上午时段强回波频率在低层较低(图 4.62d),到午后强回波在低层开始出现并向上发展(图 4.62e),再到傍晚强回波在高层大范围出现(图 4.62f),这主要是由于上午的单体对流从上午开始发展、合并，到傍晚时达到最大强度，与雷达和降水的趋势类似。入夜后强回波频率仍然保持(图 4.62g、h)，图 4.62h 在 1～20 dBZ 之间的低层(<6 km)有了明显的亮带区域，后半夜云系始减弱，但亮带在 00:00—03:00 LST 仍然十分明显(图 4.62a)，表明降水过程明显，到 03:00 LST 之后(图 4.62b)，云活动明显减弱到与上午上半时段类似(图 4.62c)。

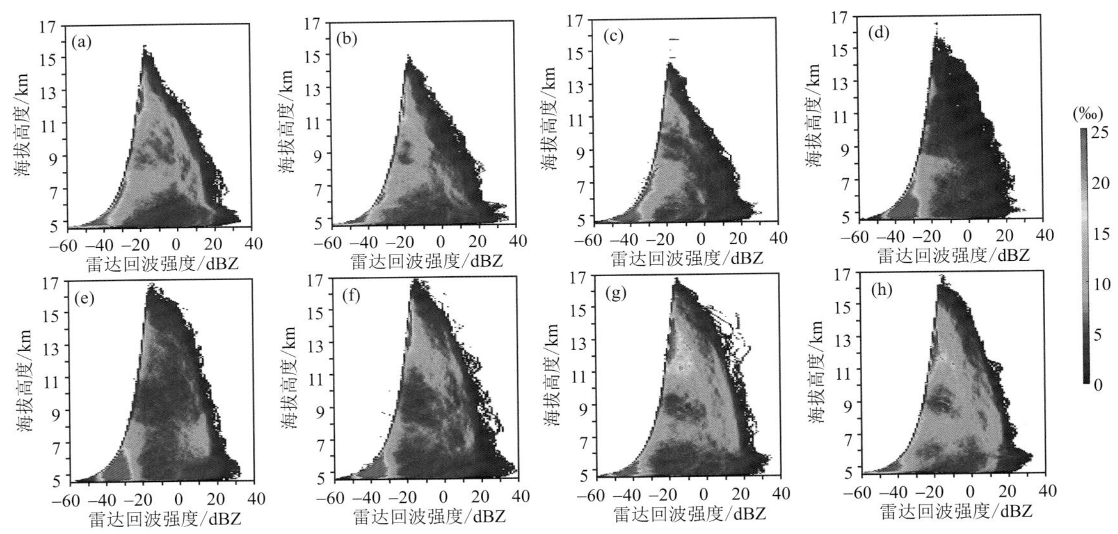

图 4.62 C 波段连续波雷达在 2014 年 TIPEX-Ⅲ观测期间 00:00—03:00(a)、03:00—06:00(b)、06:00—09:00(c)、09:00—12:00(d)、12:00—15:00(e)、15:00—18:00(f)、18:00—21:00(g)、21:00—24:00(h)的 CFAD 分布(引自常祎，2019)

结合 2014 年 7—8 月第三次青藏高原大气科学试验获得的毫米波雷达资料与探空温度资料，朱怡杰等(2019)利用模糊逻辑法反演了西藏那曲地区夏季云中水成物的相态并对其分布特征开展了研究；分析了层积云、雨层云以及深对流云的三种典型个例，发现三类云反射率因子、多普勒速度、速度谱宽以及退偏振因子的垂直分布存在差异。图 4.63 为三种相态云在不同高度层的回波强度频率分布。从图中可以看出：液相云层主要有两个分布中心，其中暖云层处于0～1.5 km，出现相对频繁。反射率因子集中在－45～20 dBZ，500 m 以下的暖云回波强度分布在－45～28 dBZ，随着高度增大频率高值中心向高反射率移动。到 1 km 左右为层积云下部暖区，其液滴浓度与尺寸比层云的要大，反射率达到－35～20 dBZ。纯过冷水层则分布在2～3 km，反射率主要为－45～20 dBZ，随高度增大集中在 32 dBZ。混合云层的反射率因子在低云范围内介于－20～0 dBZ 之间，在平均 0 ℃层高度以上 500 m 处达到最大频率且集中在－7 dBZ。此频率分布中心几乎不随高度发生变化，这表明混合相的反射率因子分布是一个较为稳定的相态特征。冰云层在 0 ℃层以上分布较广，在 2～9 km 分布相对均匀，反射率因子≥－35 dBZ。高反射率的冰相出现高度较低，最高在 3 km 处能达到－5 dBZ。6 km 以上基本为中云、高云以及深对流云顶部冰晶层，冰晶出现频率高且其反射率分布随高度增大而集中，高反射率的云逐渐减少，最终趋于－30～－20 dBZ。三种相态回波强度分别在 0～

1.5 km、1.5～3 km 以及 3 km 以上高度层有明显的分布中心，利用此特征对阈值进行分类可提高不同相态分类和相关反演的准确度。

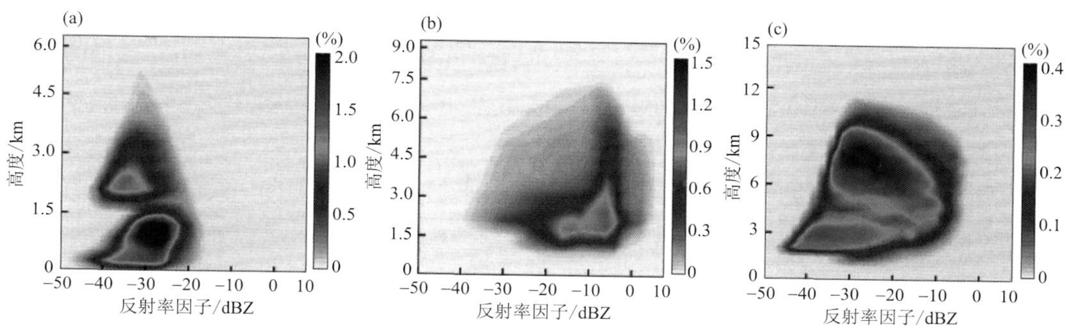

图 4.63　回波强度频率的垂直分布特征(引自朱怡杰 等,2019)

(a)液相云;(b)混合云;(c)冰云

图 4.64 统计了 7 月和 8 月液相云层、混合云层、冰云层在不同高度层(相对地面高度)出现的频率。某一高度层内某一相态发生的频率定义为这个高度层内出现此相态的雷达廓线数与总雷达廓线数之比。总的来说,液相云层频率随高度增大而降低,在 6 km 以上几乎没有液相云层存在。8 月液相云层在 1 km 高度以下出现的频率达到 26%,比 7 月高 6%,而 1 km 以上各高度层液相出现频率均有所减小。由观测资料统计,那曲夏季 0 ℃层高度为(1415±325) m,0 ℃层以下水云出现频率达 32%。图 4.65 为相态温度频率分布以及累积频率分布,从图中可以看出,只有 35%的液相云出现于 0 ℃层以上。值得注意的是,在 0 ℃左右液水频率出现突变,这是因为一般混合相或冰相粒子下落到此高度层具有较大速度,不适合液态水维持过冷状态。混合相粒子于 2～3 km 层内出现最为频繁,总体频率高于 30%,在此高度上多为云底较高的低云。8 月 4 km 以下的混合相较 7 月有所增加,且在离地 1 km 高度以下出现冰晶粒子。5 km 以上混合相的出现频率随高度呈线性减少,但直到 9 km 处仍有少量过冷水以混合相态存在。2 km 以下云层主要以液相云存在,2 km 以上液态水主要存在于混合相云层。混合相与液相频率比值随高度增大迅速增大,这一比值在 8 月更高。混合相在−5 ℃和−12 ℃存在频率极大值,与过冷水整体的分布形态相似,这是因为液水以纯过冷水存在时不稳定,容易向

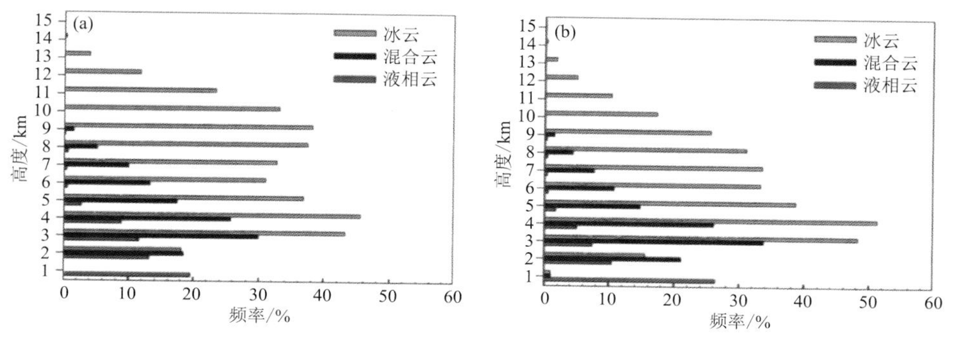

图 4.64　2014 年 7 月(a)和 8 月(b)三种相态云层出现频率的垂直分布(引自朱怡杰 等,2019)

混合相转化。混合相频率在－5～0 ℃这段区域变化很小，在－15～－5 ℃区域下降较快。

冰晶在 3～4 km 的频率最高，超过 40%的时间段出现了冰相。7 月，冰云在 8～9 km 有一极大值，8 月则无此特征并且低层冰相粒子出现频率更高。9 km 以上冰相频率随高度迅速降低，最高能达到 14 km。在－15～－5 ℃冰晶出现频率有显著增加(图 4.65)，26%的冰晶发生于此温度段。以上特征说明那曲地区夏季低云多、冰云比重大。总的来说，那曲地区夏季 1 km 以下的云为液态云，2 km 以下混合相发生频率比冰相高，3 km 以上冰晶所占比例较高。对比 7 月、8 月三种相态的高度频率分布可发现，8 月各相云粒子频率相比于 7 月均有 5 km 以下增大、5 km 以上减小的变化。由于平均温度廓线相差不大，造成这种差异的主要原因便是云出现高度的降低。

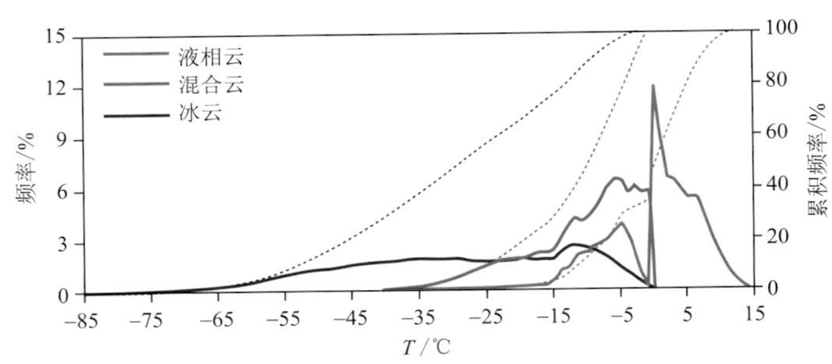

图 4.65　三种相态云层温度频率密度分布(引自朱怡杰 等，2019)
(实线为频率，对应左侧 y 轴；虚线为累积频率，对应右侧 y 轴)

4.6　云-降水日变化特征

青藏高原的对流云具有显著的日变化特征(Koike et al.，1999；Uyeda et al.，2001)。朱福康等(1985)根据 1979 年青藏高原气象科学试验期间不同观测站的云状和云量观测结果，分析了高原上的云，尤其是对流云的不同时间尺度上的变化特征。结果发现，高原上的云量具有非常显著的日变化，6 个观测站的总云量的日变化基本可以分为两类：第一类是林芝和拉萨，它们的特点是全天中云量都比较多，且日变化呈双波型。在上午 06:00—08:00(LST，本段余同)之间，云量最多，在下午 16:00—18:00 之间，为云量第二多。第二类包括那曲、双湖、格尔木和狮泉河，这 4 站的特点是云量的日变化呈单波型，14:00—16:00 为一天中云量最多的时候，而且日变化波动较大。此外他们还发现，在高原上积云基本上在午后出现最多，夜间出现最少，而积雨云大约在每日 18:00 前后出现最多，08:00 前后出现最少。陈隆勋等(1999)利用不同卫星的观测结果研究青藏高原夏季对流云的季节变化特征和日变化特征。结果发现，青藏高原地区夏季对流云在 06:00—11:00 最弱，21:00—23:00 最强。在亚洲季风爆发前，高原东部地区对流云顶在 08:00 最低，在 02:00 最高，西部地区在 11:00 最低，在 02:00 最高；在季风爆发后，不管是东部还是西部地区，都在 11:00 达到最低而在 21:00 达到最高。刘黎平等

(1999)利用全球能量与水交换亚洲季风青藏高原试验(GAME/Tibet)观测期间的多种仪器观测数据分析了1998年那曲地区的云和降水特征,发现青藏高原地区降水有显著的日变化。在那曲地区,降水在午后开始迅速增多,且多为对流降水,白天6月、7月、8月的降水强度分别在12:00、14:00和11:00前后达到最大;夜间的降水也较强,但多为层状降水,夜间6月、7月、8月的降水强度分别在23:00、23:00和00:00前后达到最大。

冯锦明等(2002)利用地面多普勒雷达观测、降水和探空观测资料,分析了1998年青藏高原地区雷达回波、大气热力变量以及降水的统计特征。他们发现,在雨季来临后,高原上几乎每天都有较强的对流活动出现。雷达回波存在日变化,在下午14:00(LST,本段余同)对流强度达到最强,而从晚上到次日凌晨,雷达回波减弱。对环境大气参量的分析也表明,雨季来临后,云顶高度明显升高,对流凝结高度降低。就地面降水而言,青藏高原地区降水存在日变化,每天存在4个降水高峰,分别在07:00—08:00、13:00—14:00、18:00和22:00,而每日02:00为降水的最小值。江吉喜等(2002)利用1998年夏季静止卫星的红外辐射亮温数据,研究了高原及其附近地区对流云和中尺度对流系统的活动特征。结果表明,高原上对流活动有明显的日变化,对流云在14:00—次日01:00之间最活跃,反映了高原热力作用的影响。Liu等(2002)利用GAME-TIBET加密观测期间的探空、雷达和降水资料,研究高原地区降水日变化和大气层结参量之间的联系。结果发现,降水的日变化和层结参量的日变化明显相关,当对流不稳定能量最大时,地面降水往往也最大,而04:00—08:00之间,9 km以上和6 km以下大气层结都是稳定的,这不利于对流的发展。

张鸿发等(2003)利用1950—2020年5—9月的雷暴资料,研究了青藏高原强雷暴云日变化特点和强雷暴天气分布特征。结果表明,高原地区雷暴云发生时段主要是21:00—次日04:00(LST,本段余同),并且由北向南发生时间不断推迟,那曲地区大概在23:00—次日01:00。白爱娟等(2008)利用合成分析和谐波分析方法研究了青藏高原及其周围地区夏季降水的日变化特征。结果发现,高原夏季降水主要发生在高原南部边缘地区,而中部和北部地区降水量明显偏少。高原夏季降水具有明显的日变化特征,而且不同地区的降水日变化特征的明显程度不同:高原中部地区日变化最强,然后是印度半岛地区。对高原中部地区来说,降水量最大值经常在傍晚时分出现。许建玉等(2012)利用WRF模式对高原地区夏季降水的日变化特征进行了模拟。结果表明,模式能很好地再现高原中部和南部地区的降水强度分别在傍晚和夜间达到最强的观测事实。高原中部地区的对流活动在12:00开始发生,在15:00—18:00达到最强,06:00—09:00基本消失;而高原南部边缘地区的对流活动在18:00出现,在00:00—05:00达到最强,15:00消失。

常祎等(2016)利用第三次青藏高原大气科学试验-边界层与对流层观测(2014—2017年)重大研究项目的资料,其中包含了C波段连续波(C-FMCW)雷达、Ka波段毫米波云雷达(Ka-MMCR)、地面雨滴谱仪、激光云高仪等先进观测仪器的数据,并结合FY-2E卫星的相当黑体亮温(TBB)资料,分析了青藏高原那曲地区2014年夏季(7—8月)对流云降水的日变化特征。图4.66为C-FMCW雷达和Ka-MMCR在观测期间的平均回波日变化。由于在统计过程中只对有回波的数据进行了统计，而观测时间只有 2 个月，因此，两部雷达在高层(>14 km)存在一些由于较强天气过程导致的零星强平均回波。整体而言，两部雷达的平均回波日变化趋势基本相同，一天 24 h 以 10:00、15:00、18:00、22:00 和 03:00(LST，本段余同)为界分为 5 个阶段。强平均回波首先出现在 10:00，之后不断增强，并持续至 15:00，开始发生第一次减弱；15:00 以后迅速增强，到 18:00 第二次迅速减弱；18:00 以后再次增强并持续至 22:00；类似于前面三个过程，22:00 以后，平均回波再次增强，并持续至 03:00；03:00 以后平均回波减弱并逐渐消失，06:00—10:00 期间基本无强平均回波，09:00 左右平均回波最弱。

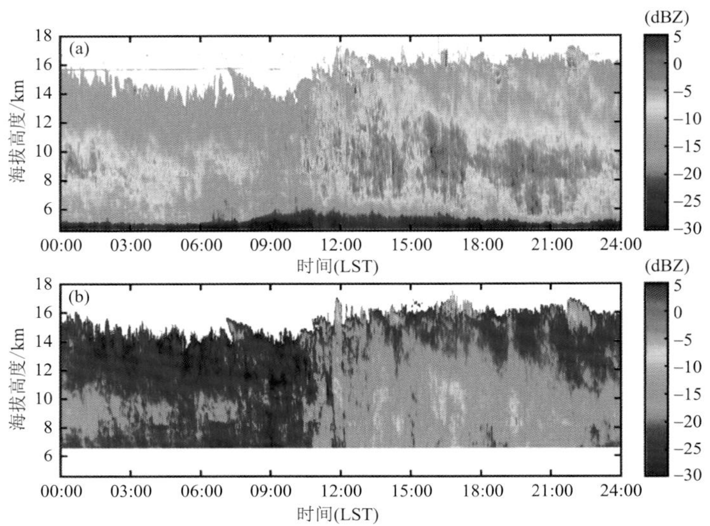

图 4.66 2014 年 7—8 月 C 波段连续波雷达(a)、Ka 波段毫米波云雷达(b)平均回波日变化(引自常祎 等，2016)

图 4.67 为观测期间平均降水强度的日变化和雨滴谱的日变化，其中降水强度和雨滴谱是利用那曲站雨滴谱仪观测的分钟降水量资料计算得到的。从图 4.67 可见：观测试验期间虽然那曲几乎天天都有降水发生，但是日降水量不大。通过对地面雨滴谱资料的分析，发现在观测期间总共发生了 112 次降水过程(两次降水过程之间时间间隔大于 20 min)，主要以短时阵性降水为主。绝大多数的降水过程持续时间都小于 1 h，降水持续时间集中在 20～60 min 之间，其中 30 min 左右持续时间的降水最多，而整个观测期间只观测到了 3 次持续时间大于 5 h 的降水过程。降水强度方面，在观测到的有降水的时刻中，超过 50%的降水强度低于 0.5 mm・h^{-1}，约 80%的降水时刻降水强度低于 2 mm・h^{-1}，只有不到 6%的降水时刻降水强度超过了 5 mm・h^{-1}，远低于同时期我国中东部的平原地区。通过对观测期间雨滴谱仪的降水强度进行滑动平均，得到图 4.67a，可见一天之中只有上午时段(06:00—12:00(LST，本段余同))降水稍少，在其他时段，降水出现了多个峰值，分别是 00:00—01:00、12:00—13:00、17:00—18:00 以及 19:00—22:00 共 4 个降水峰值，3 个较大的峰值出现在 12:00—24:00 之间，而且整个夜间降水的强度要稍强于白天。图 4.67b 为对应图 4.67a 的雨滴谱仪的平均滴谱日变化

情况，从图中可以看出，在降水强度较高时，平均的滴谱宽度也较大，表明降水强度越大，在降水过程中生成的大雨滴也就越多。另一个值得注意的现象是，从07:00以后直至19:30左右，雨滴谱在小粒子(<1 mm)范围内的数量小于20:00—次日06:00这个时间段。

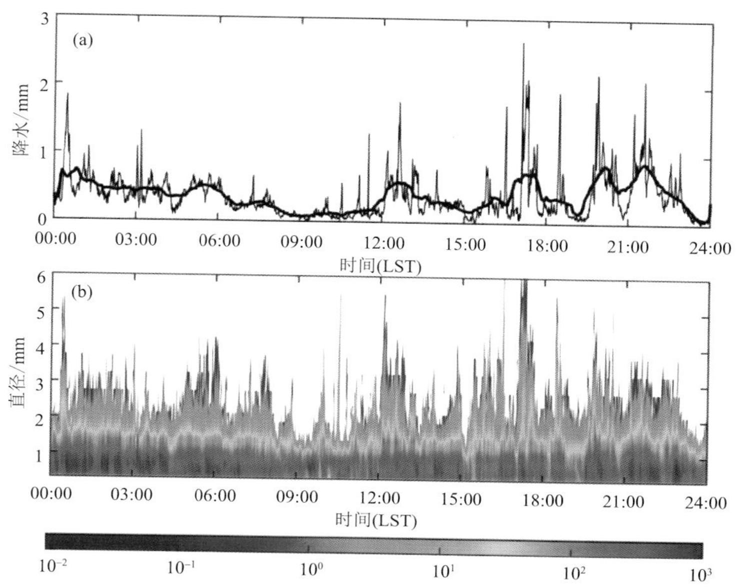

图4.67　2014年7—8月平均降水强度和雨滴谱的日变化。(a)降水强度，细线未经处理，粗线对细线进行了60点滑动平均；(b)雨滴谱(单位：$mm^{-1}\cdot m^{-3}$)(引自常祎 等，2016)

Chang等(2019)利用TIPEX-Ⅲ期间进行的第一次飞机观测资料，并结合地面垂直指向Ka波段云雷达和C波段连续波雷达资料，对2014年7月20日一次云-降水的特征进行了分析。图4.68为2014年7月20日(图4.68a)和21日(图4.68b)08:00—11:00(LST，本段余

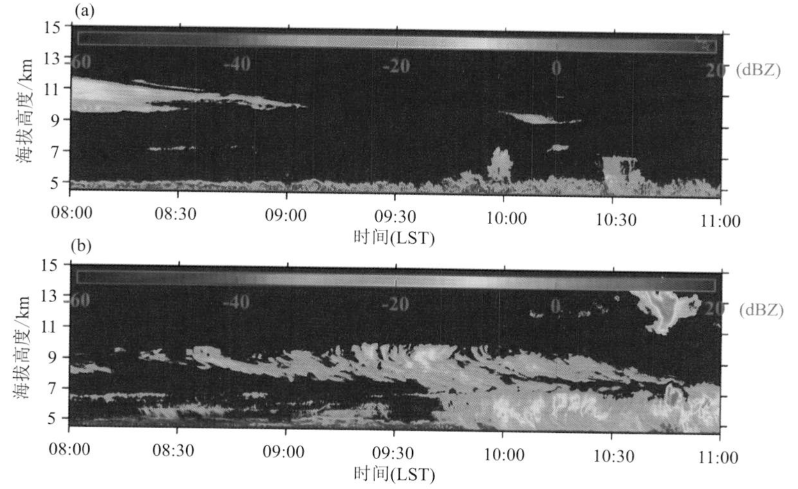

图4.68　2014年7月20日(a)和21日(b)08:00—11:00 LST
C波段连续波雷达观测的云-降水时间-高度图(引自Chang et al.，2019)

同)C 波段连续波雷达观测到的云的时间演变。由图可见:两个个例包含了观测期间所有云类型,7 月 20 日,残余的对流云在 9 km 以上,约 10:00 对流单体开始发展;7 月 21 日,那曲站上空的云呈两层结构,在 10:00 之前,为分布在 7～10 km 的弱积云,在约 09:45,主要云系为与低层太阳辐射加热相关的弱对流单体。

Zhao 等(2017)选取 2014 年 7 月 6—31 日那曲 Ka-MMCR 边界模式观测数据,利用经验回归算法对低层液态云的微物理特性进行了统计。图 4.69 为 2014 年 7 月 6—31 日期间平均液态水含量(LWC)和云滴有效半径(r_e)的日变化,在图中,正方形代表平均值,垂直竖线代表标准偏差。从图 4.69 可见:每小时平均 r_e 介于 5 μm 和 7 μm 之间,LWC 介于 0.02 g · m^{-3} 和 0.15 g · m^{-3}之间。平均 r_e 和 LWC 在夜间(00:00—03:00)略高,在早晨(07:00—09:00)和晚上(20:00—24:00)略低。然而,我们注意到,这种日变化是非常微弱的。

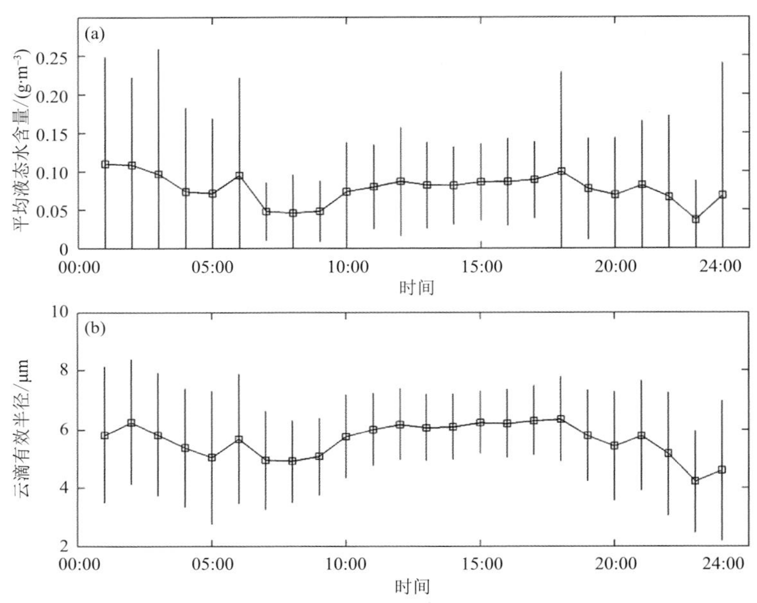

图 4.69　2014 年 7 月 6—31 日期间平均液态水含量(a)和云滴有效半径(b)的日变化。正方形点为平均值,垂直竖线为标准偏差(引自 Zhao et al.,2017)

赵平等(2017)利用多种雷达、雨滴谱仪以及 MODIS 卫星观测资料以及常规气象站地面和高空观测资料,针对 2014 年 7 月 14 日发生在青藏高原中部那曲地区的一次降水过程,研究了降水的时空变化特征,以及触发不同阶段降水的天气尺度和中尺度环流系统以及相关的云降水物理特征。2014 年 7 月 14 日这一次天气过程的时间变化特征如图 4.70 所示,其为 2014 年 7 月 14 日 14:00—15 日 00:40 雷达观测时间-高度剖面图。从图 4.70 可见:在该阶段降水的初期,14:30—15:00 在 3 km 以下有回波强度大于 35 dBZ 的柱状回波存在,反映出对流降水特征(图 4.70a),在 3～11 km 存在明显的上升气流,最大上升速度大于 3 m · s^{-1}(图 4.70c),雷达观测的径向速度是粒子本身的速度与空气速度之和,如果去除降水粒子本身的下落速度,空气上升的速度应该更大,并且上升和下降气流随时间交替出现。由云雷达径向速度可看到,

15:00 左右,7~8 km 附近出现最强的上升速度(大于 4 m·s^{-1})(图 4.70d),之后在此高度上出现强的下降速度(大于 6 m·s^{-1}),这些变化特征说明有强的较小尺度降水系统在雷达上空形成和消失。

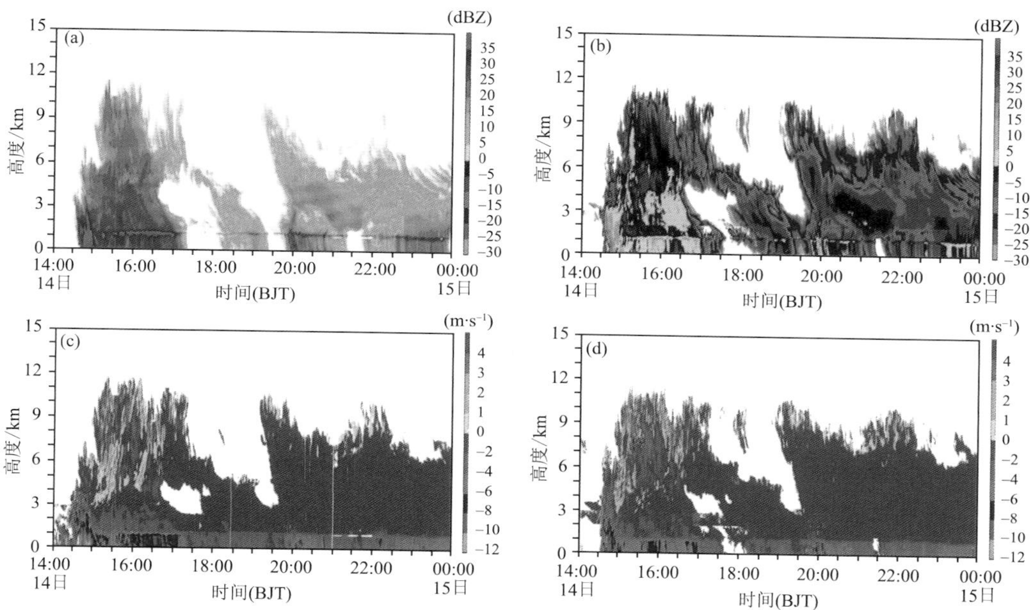

图 4.70　2014 年 7 月 14 日 14:00—15 日 00:40 雷达观测时间-高度剖面图(引自赵平 等,2017)
(a)C 波段调频连续波雷达回波强度;(b)Ka 波段毫米波云雷达回波强度;
(c)C 波段调频连续波雷达径向速度;(d)Ka 波段毫米波云雷达径向速度

图 4.71 是 2014 年 7 月 14 日 14:00—15 日 00:00 UTC 雨滴谱仪观测的降水强度。从图 4.71 可见:该时段平均降水强度为 0.3 mm·h^{-1},最大降水强度出现在 20:36 UTC,为 3.6 mm·h^{-1}(图 4.71a)。类似特征也出现在第 3 阶段。高原低涡降水过程中的雨滴谱与雨滴直径的关系(图 4.71b)说明高原低涡降水的雨滴谱特征可能在高原上具有普遍性,即高原上 7 月、8 月的雨滴谱宽度要宽于同纬度的海拔较低地区,尤其是平原地区,也说明该统计结果可能更大程度反映了高原低涡降水的特征。同时高原对流天气的降水强度也弱于同时段的平原地区。

Zheng 等(2017)研究了一种利用垂直指向 Ka-MMCR 的多普勒功率谱反演对流云中高分辨率垂直风速的技术。该方法是基于“小粒子示踪法”。随后他们对两个典型对流个例进行了分析(图 4.72 和图 4.73)。图 4.72 为 2015 年 7 月 16 日 19:00—21:30 UTC 收集的一系列晴天浅积云的云雷达测量和反演结果,可见:在 2~3 km 处发现了一系列小尺度积云,反射率范围为−30~5 dBZ。在积云上观察到雷达测量的反射率因子 Z、平均多普勒速度 MV 和速度谱宽 σ_v 出现交替变化。

图 4.73 为 2015 年 8 月 18 日 13:40—19:00 UTC 采集到的一次轻对流降水过程。图 4.73a 中标明在观测期间有 7 种不同的对流云(标记为 A、B、C、D、E、F 和 G)经过雷达站点。其中,C 是位于 7~10.5 km 的卷层云,反射率因子分布在−5~15 dBZ 范围,积雨云的最大 Z

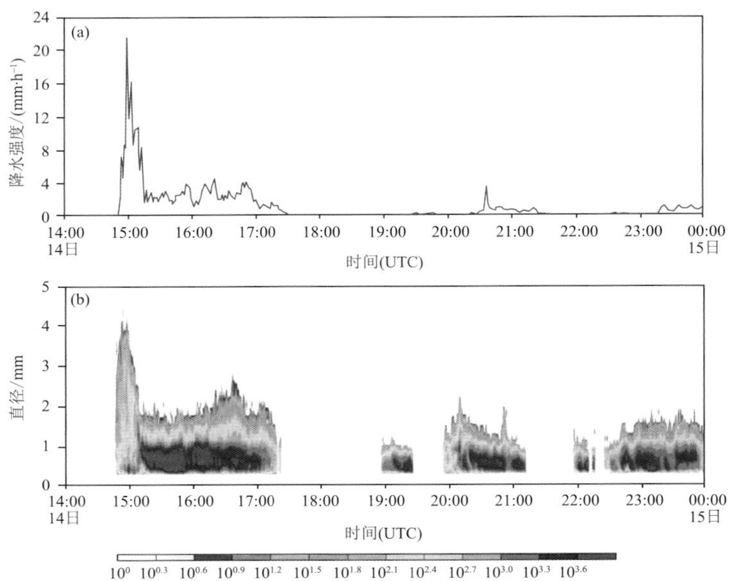

图 4.71　2014 年 7 月 14 日 14:00—15 日 00:00 UTC 雨滴谱仪观测的降水强度(a)和雨滴谱(b)的时间序列(引自赵平 等,2017)

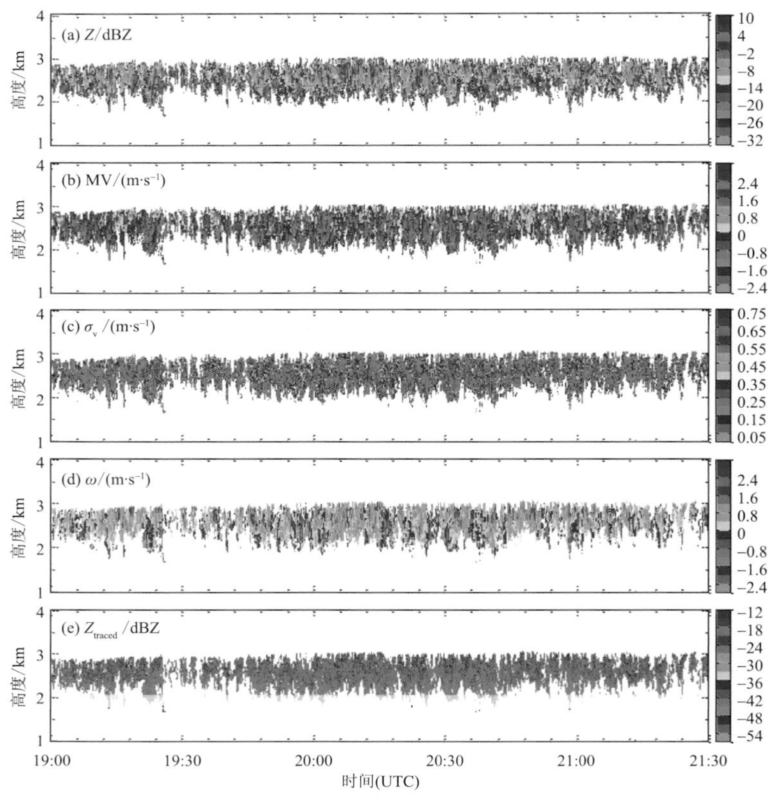

图 4.72　2015 年 7 月 16 日 19:00—21:30 UTC 晴天浅积云的云雷达测量和反演结果(引自 Zheng et al.,2017)
(a)反射率因子;(b)径向速度;(c)谱宽;(d)大气垂直速度;(e)示踪粒子的反射率因子

值超过 25 dBZ。A 和 B 比 D、E、F 更强更深，顶部高度分别接近 4.5 km 和 7 km。D、E、F 有 3～4 km 的云顶。反演出的大气垂直速度表明，上升气流出现在对流单体的上半部，强中心对应于正的 MV。大气垂直速度从云中部到云顶部逐渐加快，这可能与积雨云的发展水平密切相关，即较强的上升气流与较深的云体。卷层云和积雨云的下半部分都以下沉气流为主，有一些微弱的上升气流。因此，在 1.3 km 附近可以发现一个融化层，MV 和 σ_v 突然增加。

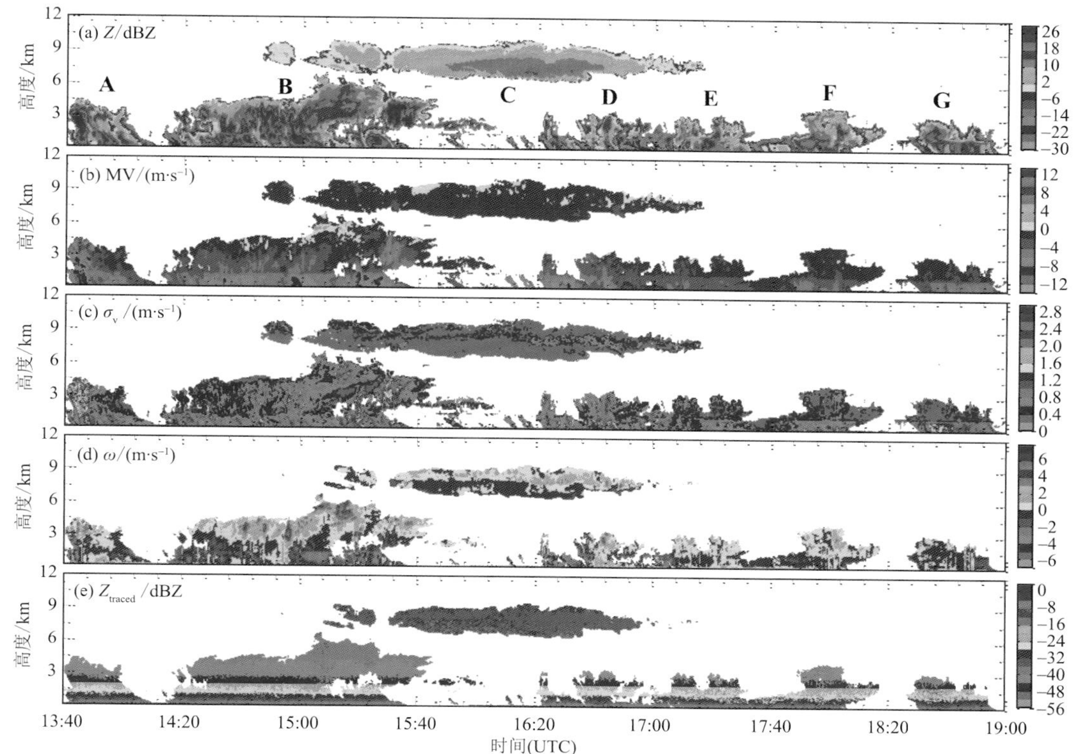

图 4.73　2015 年 8 月 18 日 13:40—19:00 UTC 一次轻对流降水过程的云雷达测量和反演结果（引自 Zheng et al.,2017）

(a)反射率因子;(b)径向速度;(c)谱宽;(d)大气垂直速度;(e)示踪粒子的反射率因子

马若赟(2018)利用 2014 年 7 月 1 日—8 月 31 日 C 波段调频连续波(C-FMCW)垂直指向雷达观测资料，研究了青藏高原中部那曲地区夏季降水回波的分类和日变化特征。其中云-降水的结果如图 4.74—4.78 所示。图 4.74 为降水回波顶高的日变化，其中红色虚线代表 C-FMCW 雷达 7—8 月观测的所有降水回波顶高的中位值。10:00(LST，本段余同)后降水回波顶逐渐升高，在 14:00—21:00 达到 8.00 km 左右并维持稳定，其中 17:00—18:00 为回波顶最高的时段，而且样本分布集中，此时回波顶高的中位值为 8.25 km，25%百分位值达到 7—8 月所有回波顶高的中位值水平。凌晨后回波顶基本呈下降趋势，在次日 06:00—10:00 高度较低，中位值约为 4.00 km，比整体中位值约低 2.21 km，10:00—11:00 回波顶达到全天最低。

由图 4.75 可见：这两个阈值表示的强回波发生频次的日变化特征基本一致。强回波的最大发生频次在 21:00(LST，本段余同)左右，具体来说，反射率≥30 dBZ 的强回波为21:00—

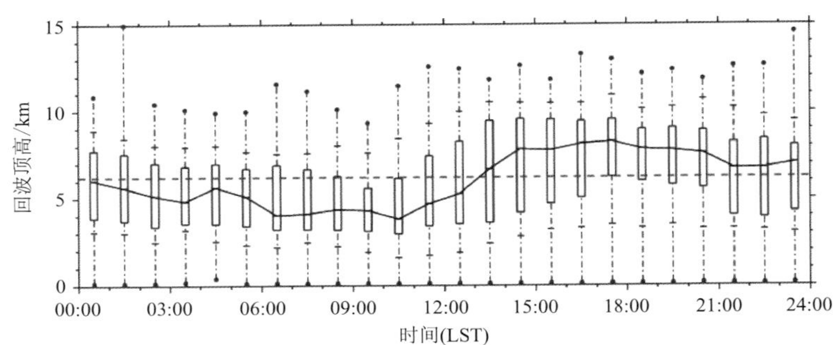

图 4.74 回波顶高的日变化。逐小时的盒须图中，最高和最低的两点分别表示最大值和最小值，盒外上下两根较短横线分别为 90%和 10%百分位值，盒子的上下横线分别为 75%和 25%百分位值，盒子中间的横线表示 50%百分位值。黑色实线为每个时次的 50%百分位值连线，红色虚线代表试验期间 C-FMCW 雷达观测的所有降水回波顶高的 50%百分位值(引自马若赟，2018)

22:00，反射率≥35 dBZ 的强回波为 20:00—21:00，并且这一发生频次高峰在反射率≥30 dBZ 的日变化上更加明显。01:00—03:00 和 05:00—06:00 强回波的发生频次也较高。另外，12:00—14:00 和 17:00—18:00 也是强回波发生频次较高的时段。06:00—12:00 强回波发生频次较低，10:00—11:00 达到最低。

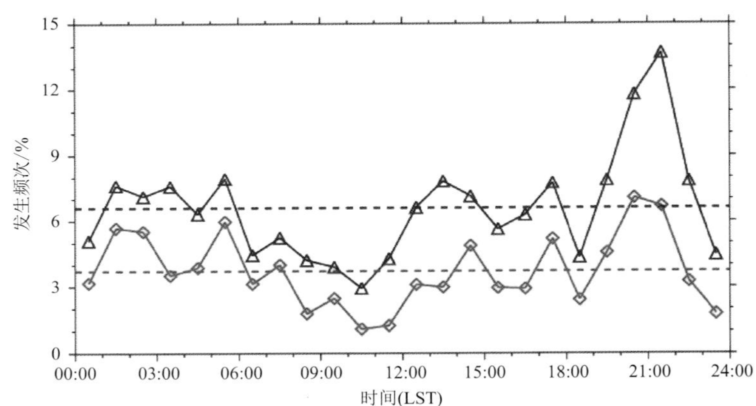

图 4.75 雷达反射率≥30 dBZ(蓝色)和≥35 dBZ(红色)发生频次的日变化。蓝色和红色虚线分别表示其在试验期间的平均发生频次(引自马若赟，2018)

图 4.76 是雷达反射率为 30 dBZ 和 35 dBZ 回波顶高的日变化。观测期间 30 dBZ、35 dBZ 回波顶高的中位值分别为 1.41 km、1.17 km，平均值分别为 1.94 km、1.89 km。强回波顶从 10:00(LST，本段余同)左右开始上升，在 12:00 前后出现一个较小峰值(30 dBZ 和 35 dBZ 的峰值出现时间分别为 12:00—13:00 和 11:00—12:00)，之后强回波顶开始下降，在 14:00 左右达到低谷，随后再次上升，并在 16:00—17:00 达到全天最高，此时强回波顶明显高于其他时间，30 dBZ 和35 dBZ 回波顶高中位值分别达到 3.69 km 和 5.67 km，其 25%百分位值分别接近相应的 7—8 月平均强回波顶高的中位值，表明大约有 75%的样本都达到了平均中位值水平，而且此时出现了很高(超过 10 km)的强回波顶，强回波顶分布的分散度比其他时次明显偏

大。17:00—18:00强回波顶虽然有所下降，但相比其他时次仍很高。此后强回波顶明显下降，20:00—次日10:00之间强回波顶明显偏低，30 dBZ和35 dBZ回波顶高的中位值基本全部位于相应的平均中位值以下，最大值基本不超过5 km。

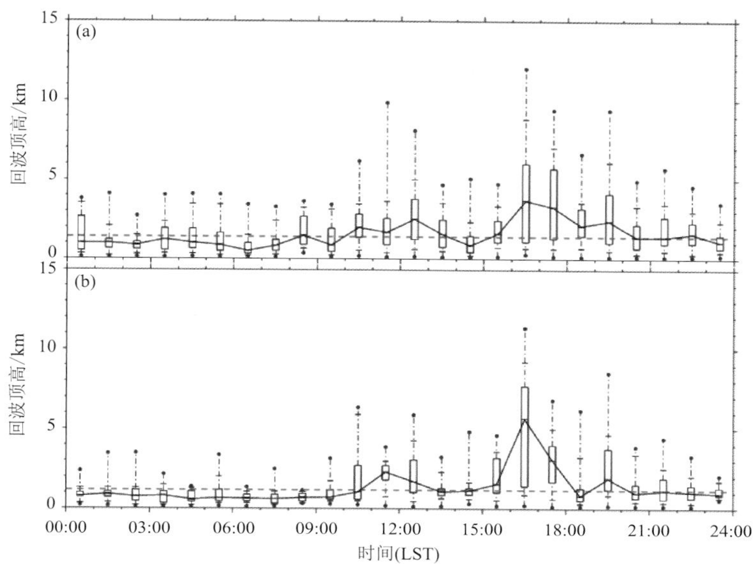

图4.76　同图4.74，但为30 dBZ(a)和35 dBZ(b)雷达反射率的顶高(引自马若赟，2018)

从图4.77可以看出，强上升运动的发生频次在一天中有3个峰值，分别是11:00—14:00、17:00—18:00和19:00—22:00(LST，本段余同)，其中发生频次最高的是17:00—18:00，而在凌晨至上午09:00之间很少出现强上升运动。与强回波发生频次的日变化(图4.75)相比，除了后半夜至清晨强回波有一定的发生频次而强上升运动的发生频次几乎为0外，其他日变化特征基本一致。

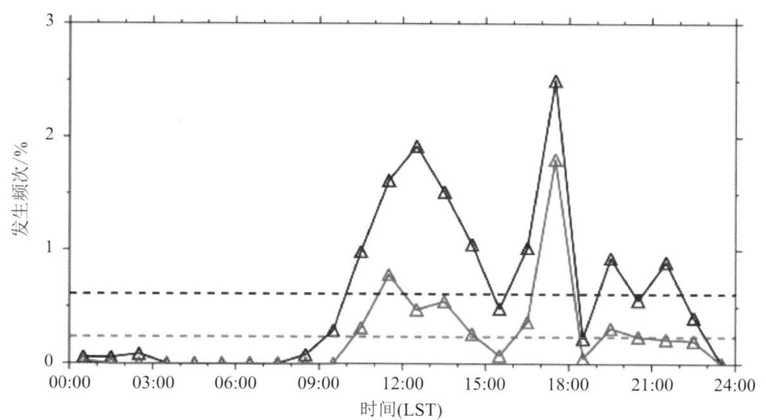

图4.77　同图4.75，但为雷达径向速度≤$-3\ \mathrm{m\cdot s^{-1}}$(蓝色)和≤$-5\ \mathrm{m\cdot s^{-1}}$(红色)的发生频次(引自马若赟，2018)

图4.78是径向速度为$-3\ \mathrm{m\cdot s^{-1}}$和$-5\ \mathrm{m\cdot s^{-1}}$顶高的日变化。11:00(LST，本段余同)强上升运动顶高开始增大，径向速度为$-3\ \mathrm{m\cdot s^{-1}}$到达的最大高度在15:00左右短暂下降，之

后又很快上升，在17:00—23:00之间维持在7—8月平均强上升运动顶高中位值之上，其中最高的是19:00—20:00；径向速度为−5 m·s^{-1}到达的最大高度在16:00—17:00达到最高，之后不断下降，在19:00—20:00达到较低后再次上升，在21:00—22:00达到次高高度。上午09:00之前，由于样本数较少，因此，顶高分布的代表性较弱。

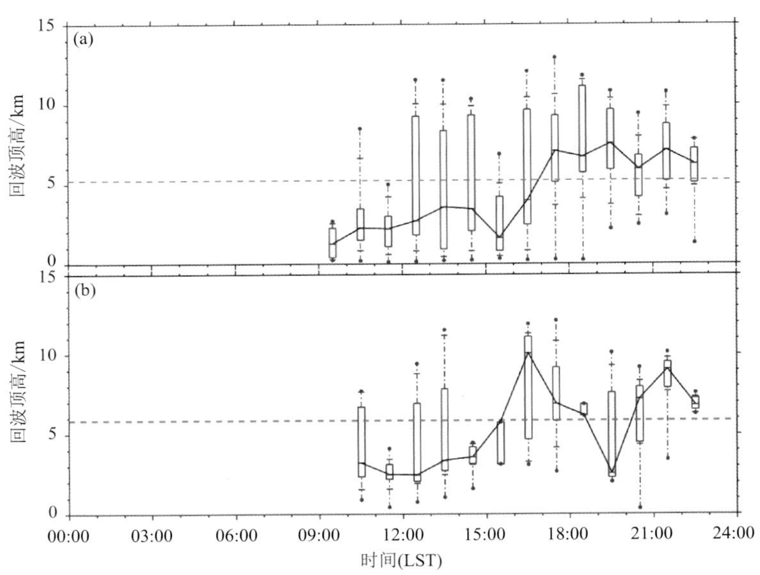

图4.78　同图4.74，但为−3 m·s^{-1}(a)和−5 m·s^{-1}(b)雷达径向速度的顶高(引自马若赟，2018)

刘黎平等(2015)利用C波段双线偏振雷达与新一代天气雷达配对，进行双多普勒雷达观测，获取青藏高原对流云三维风场和降水粒子相态的结构和演变数据。图4.79为7月15日13:15—14:28初生的积云(Cu)的回波强度、径向速度(向上为正值)、速度谱宽和退偏振因子的时间-高度剖面。从图中可以看出，积云高度约为3 km，厚度为2 km。云团经过雷达站的时间很短，说明其水平尺度非常小；从径向速度(图4.79b)看，回波强度为−30 dBZ左右的两个云团没有形成降水，雷达探测的径向速度基本为上升，上升速度超过5 m·s^{-1}，说明在云的发展阶段。从上面云的统计结果可以看出，14:00正好是对流发展迅速的时段，云高、云厚等增

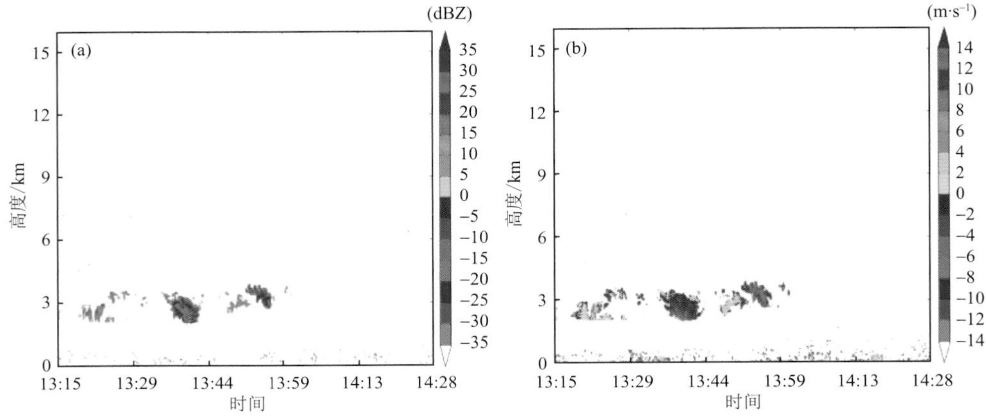

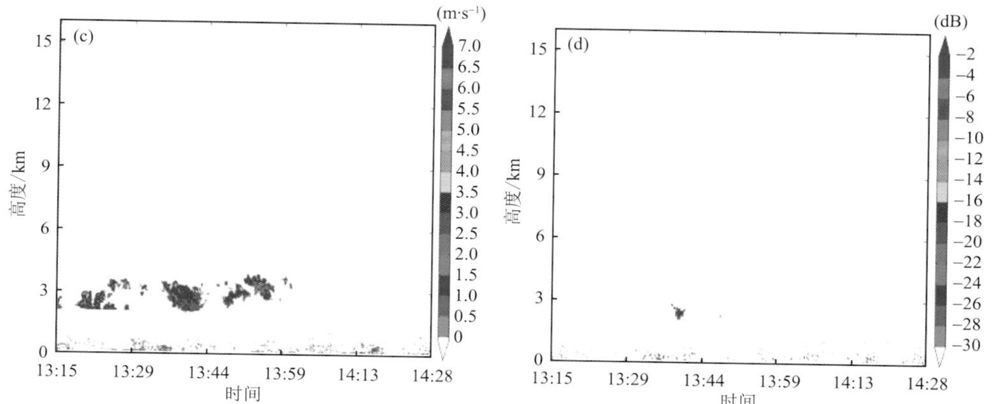

图4.79　2014年7月15日13:15—14:28 Ka-MMCR观测的积云回波特征(引自刘黎平 等,2015)

(a)反射率因子;(b)径向速度;(c)径向速度谱宽;(d)退偏振比

长非常快。而另外两块回波强度在−15 dBZ左右的云团径向速度为负值,说明已经形成降水粒子。

图4.80为发生在凌晨的高积云(Ac)、积云(Cu)和发展比较旺盛的深对流云共存的个例。深对流云顶发展到12 km,最大回波强度达到15 dBZ(因衰减,实际的云的回波强度要高于该

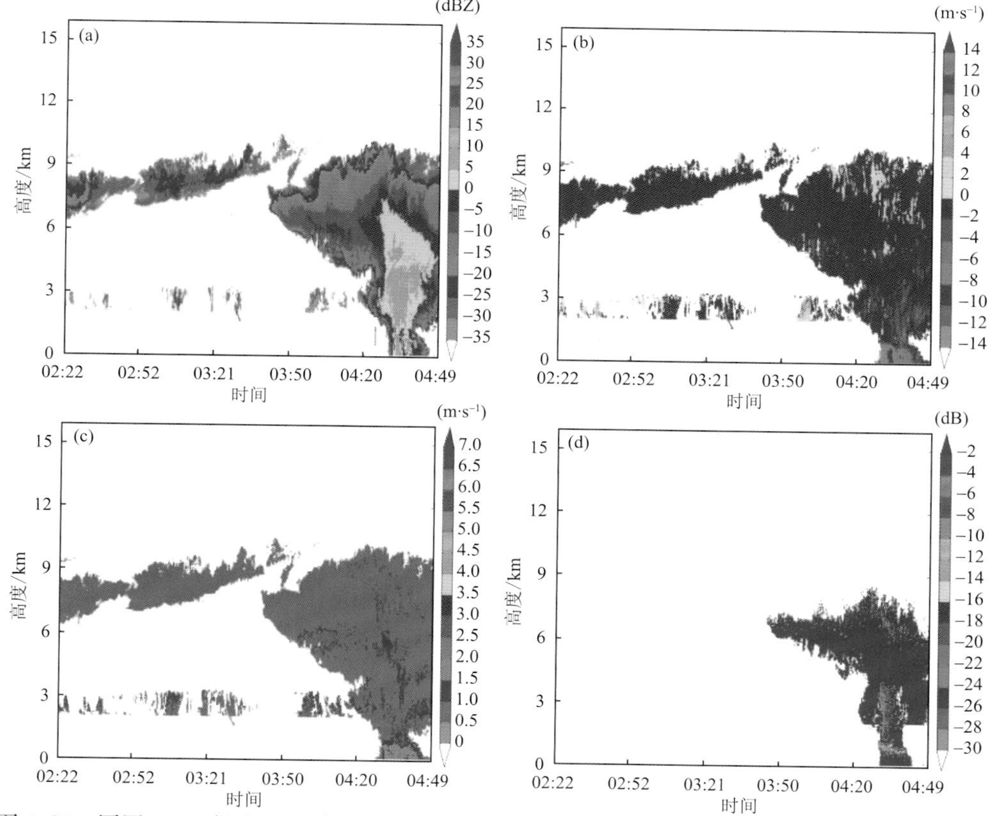

图4.80　同图4.79,但为2014年7月18日02:22—04:49 Ka-MMCR观测的Ac、Cu和深对流云回波特征(引自刘黎平 等,2015)

值)，云的中上部存在明显的上升气流，在 1.5 km 高度处，存在明显的 0 ℃层亮带(线性退偏振比突增，回波强度和径向速度也突然变化)。高积云的云底高度达到了 6 km，云顶超过 10 km，同时，在 2.5 km 高度上还有一层正在发展的积云，云厚小于 1 km，积云的高度高于 0 ℃层，说明是以冰云为主。3 km 和 8 km 高度处深对流云主体较大的线性退偏振比可能预示有混合相态存在。

利用常规天气资料，并结合 Ka-MMCR 和激光雨滴谱仪雨滴谱资料，对影响那曲地区的一次高原涡天气进行了综合分析，包括天气背景和云降水水平、垂直结构及演变特征(李筱杨等，2019)。图 4.81 是 2015 年 8 月 4 日 20:25—5 日 06:12 LST 那曲雷达回波反射率因子、粒

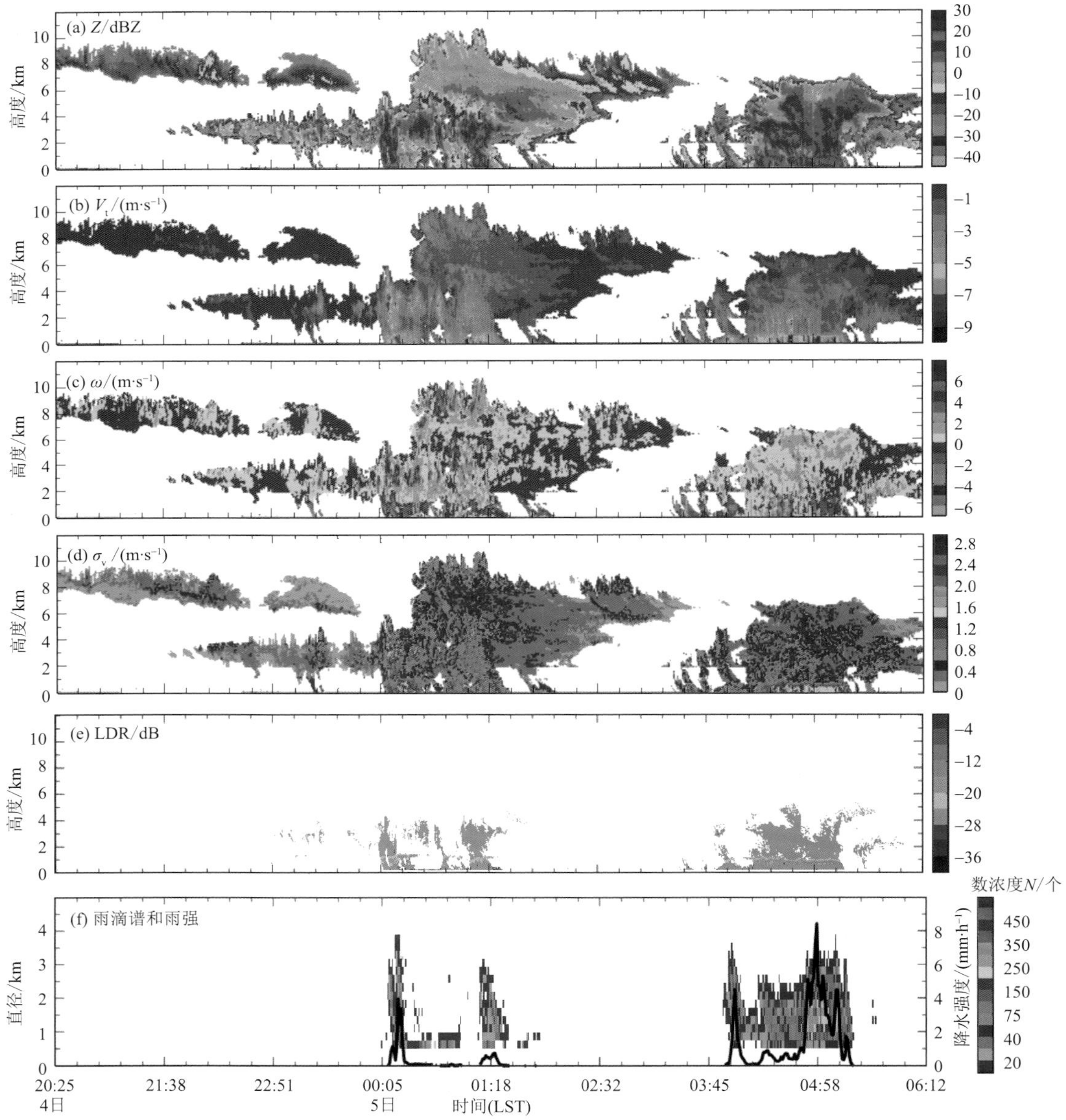

图 4.81 2015 年 8 月 4 日 20:25—5 日 06:12 LST 那曲雷达回波(引自李筱杨 等，2019)
(a)反射率因子；(b)粒子下落速度；(c)大气垂直速度；(d)谱宽；(e)线性退极化比；(f)雨滴谱和雨强

子下落速度、大气垂直速度、谱宽、线性退极化比、雨滴谱和雨强。从图 4.81 可见：2015 年 8 月 4 日 20:25—5 日 00:00 LST 雷达上空存在两层云，低空 3 km 左右的积云和高空 7～9 km 左右的高积云。低空积云回波较强，从回波下垂的结构可见，积云产生了微弱的降水，但是大部分在空中被蒸发掉了。高积云回波较弱，最强不超过 0 dBZ。从图 4.81c 看出，积云云系被大气正、负速度小值区相互契合地嵌套覆盖，对应云中弱的气流上升运动。谱宽值和粒子垂直下落速度则表现为相对均匀的较小值，表示此时云粒子较为稳定，直径发展较小。

孙辉等(2013)利用高分辨率数值模式对青藏高原夏季降水日变化的时空特征及其物理机制进行了探究，认为 WRF 模式基本能够模拟出青藏高原降水日变化特征。研究中对高原降水进行谐波分析得到降水量和降水频率的标准振幅和位相分布特征，由此可反映当地降水日变化的强弱及最大值出现的时间。从图 4.82a 可以看出，TRMM 观测的夏季降水量标准振幅高值中心主要位于青藏高原的中部、南部和东部，而青藏高原周边低海拔地区的降水量振幅较弱，表明高原上降水的日变化较周边要强。图 4.82b 和图 4.82d 是 WRF 模式模拟的同时期青藏高原夏季降水振幅和位相分布，可以发现高原上降水量最大值出现在中午，而高原周边降水量最大值出现在夜晚。但在高原的中、东部区域模拟的日变化要比 TRMM 观测偏小，对应的降水最大值出现的时间也比 TRMM 观测早 3 h 左右，这可能是由于高原地形复杂、模式中物理参数化(特别是积云参数化)存在缺陷所致。

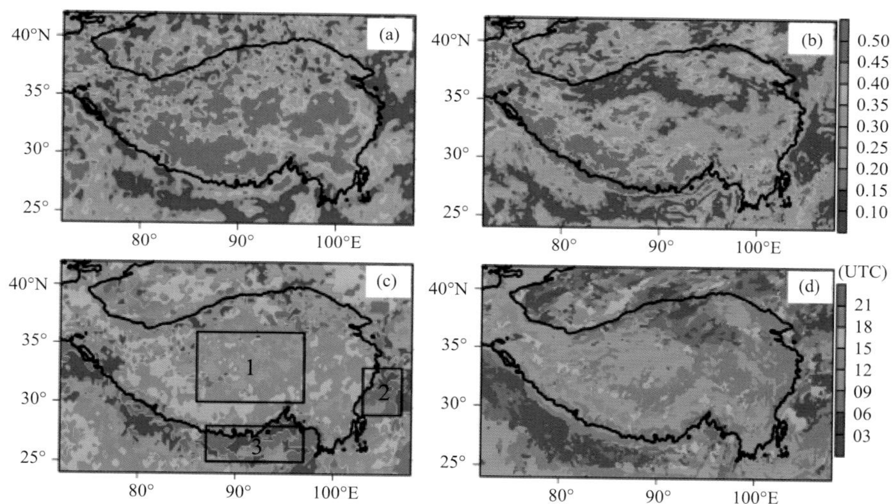

图 4.82 TRMM 观测((a)、(c))和 WRF 模式((b)、(d))的高原及周边地区夏季 3 h 降水量谐波分析标准振幅((a)、(b))和位相((c)、(d))分布，(c)中标注了文中提到的代表高原中部(1,86°～97°E,30°～36°N)、四川盆地(2,103°～107°E,29°～33°N)和高原南坡(3,87°～97°E,25°～28°N)3 个关键区(引自孙辉 等,2013)

类似的研究还有利用 TRMM 多卫星降水分析(TRMM multi-satellite precipitation analysis,TMPA)逐时降水量资料分析青藏高原及周边地区夏季降水的日变化特征，以及青藏高原中部与四川盆地两个特殊地形区降水日变化的差异。研究表明，青藏高原中部与其以东的四川盆地在降水日变化上有明显不同，即两者的降水日变化具有不同的峰值时间，高原中部降水量最大值倾向于在傍晚以后出现。同时降水日变化信号的传播伴随着涡度和垂直速度等各种物理量的变化，因此，降水量日变化是各种物理量共同作用的结果。青藏高原地形对周边地区降水日变化有重要的影响，表现为青藏高原中部的对流系统多在傍晚前后增强，随后受西风带影响倾向于向东传播，在后半夜到达青藏高原以东的四川盆地，导致此地对流活动频繁出现在夜间，形成四川盆地显著的“夜雨”（白爱娟 等，2011）。

云降水过程中垂直结构上的变化也同样值得探究。选取 Lin、Eta 和 WSM6 三种微物理参数化方案，模拟的青藏高原上水凝物垂直含量 q 随时间的演变特征如图 4.83、图 4.84 所示。可以发现，Lin 方案模拟的云水含量最多，最大值约为 0.44×10^{-4} kg·kg^{-1}，绝大部分分布在 0 ℃层以上，云系发展得最高，WSM6 方案模拟的云水含量次之，Eta 方案最少；雨水的模拟结果在三种方案中差异不大，均分布在 0 ℃层以下；固态水凝物冰、雪和霰粒子主要分布在 0 ℃层以上。虽然冰相粒子的高值中心在三种模拟方案中处于同一水平，但 Eta 方案和 WSM6 方案模拟的冰含量均高于 Lin 方案（毛智 等，2022）。

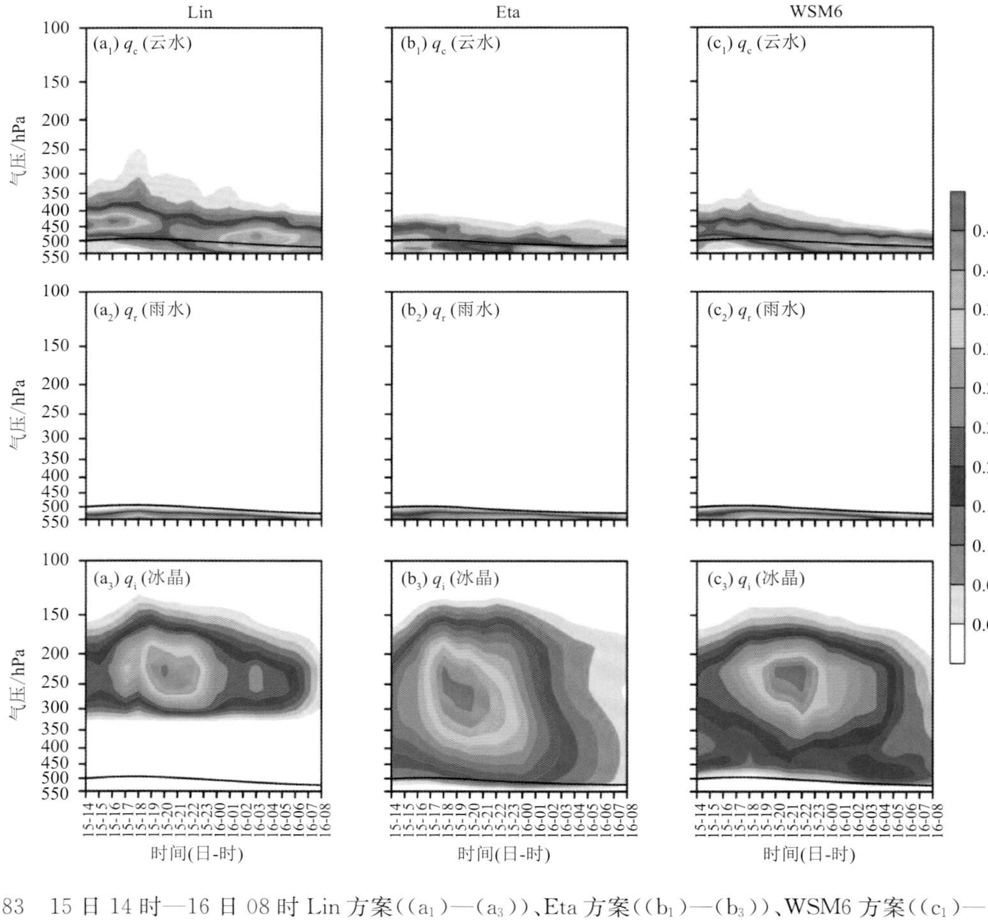

图 4.83　15 日 14 时—16 日 08 时 Lin 方案（(a_1)—(a_3)）、Eta 方案（(b_1)—(b_3)）、WSM6 方案（(c_1)—(c_3)）模拟的区域平均水凝物混合比（单位：10^{-4} kg·kg^{-1}）的气压-时间剖面（黑色实线为 0 ℃线）（引自毛智 等，2022）

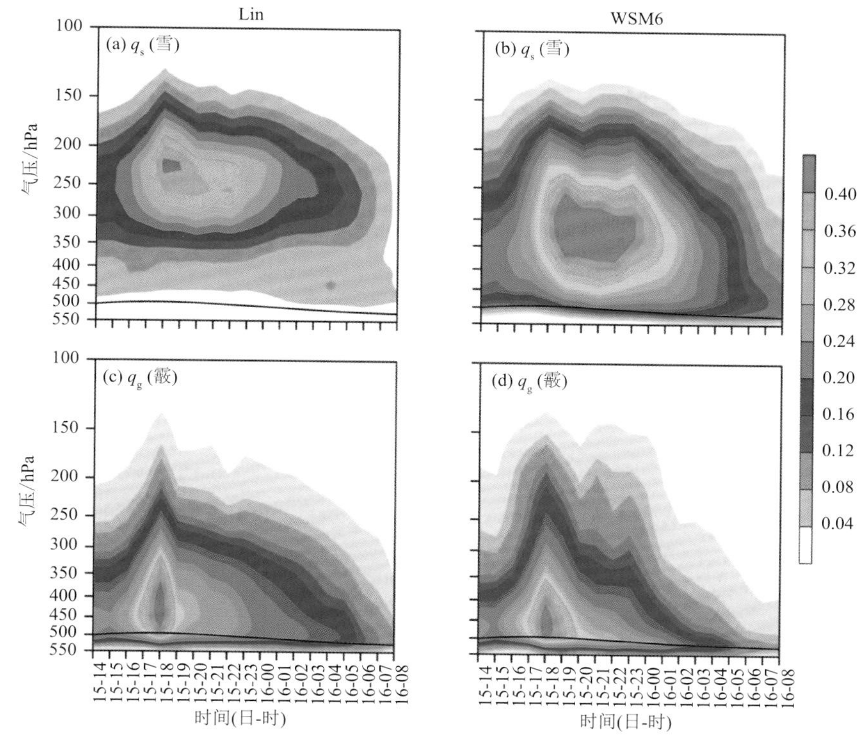

图 4.84　同图 4.83,但为 Lin 方案((a)、(c))模拟、WSM6 方案((b)、(d))模拟的结果（引自毛智 等,2022）

利用那曲气象局雨滴谱仪数据,常祎(2019)对 2014 年 TIPEX-Ⅲ期间的地面降水进行了日变化分析,结果如图 4.85 所示。图 4.85 为 TIPEX-Ⅲ期间那曲气象局雨滴谱仪数据分析得到的降水强度、降水频率、平均雨滴谱宽度及最大云滴谱宽度的日变化情况。从图 4.85a 可以看出,降水强度在中午 12:00 (LST,本段余同)之前都较低且不同观测日之间的波动(标准差)较小,而在 12:00 以后一直到夜间,降水强度有了明显的提高,且波动范围较大,这表明在白天随着太阳辐射对高原大气的加热,到达中午时局地热对流单体开始形成第一波降水,随着对流的继续发展,在傍晚(18:00 左右)形成全天最强(平均降水强度最高)的降水时段。入夜后,降水强度有所下降,但降水频率仍然维持,并在 21:00 左右形成了全天降水频率最高(21.5%)的时段,这是由于入夜后太阳辐射加热作用减弱,降水逐步转化为具有层状云降水性质的弱对流降水,其最显著特征是有明显的 0 ℃层回波亮带。整体而言,高原夏季降水频率在夜间(18:00—次日 06:00)要明显高于白天(06:00—18:00),而白天下午要高于上午,上午(06:00—12:00)为降水频率、强度最低的时段,而前半夜(18:00—24:00)是降水频率、强度最高的时段。

利用 C 波段连续波雷达的资料,对雷达回波资料进行了日变化分析,结果如图 4.86 所示。从图 4.86a 可以看出,分层现象在整个日循环都存在,很多时候云都是被限制在 8 km (ASL)以下,中午(12:00(LST,本段余同))过后,高层的云覆盖率有了明显的升高,高覆盖率

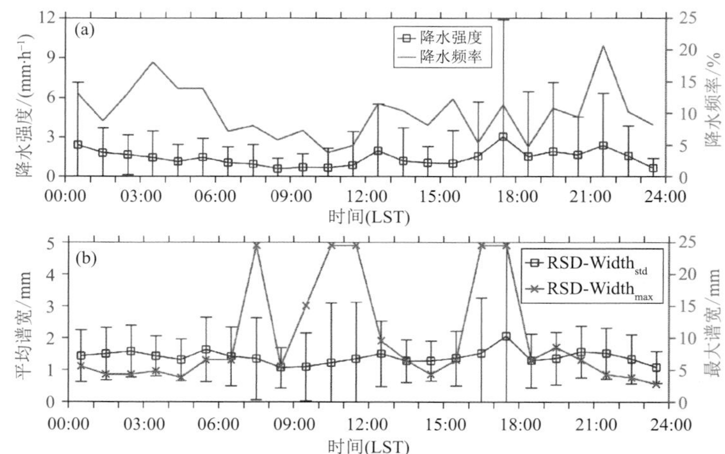

图 4.85　由 TIPEX-Ⅲ期间那曲气象局雨滴谱仪数据分析得到的降水强度、降水频率、平均雨滴谱宽度及最大云滴谱宽度的日变化。(a)中蓝线为降水强度，红线为降水频率；(b)中蓝线为平均谱宽，红线为最大谱宽(引自常祎，2019)

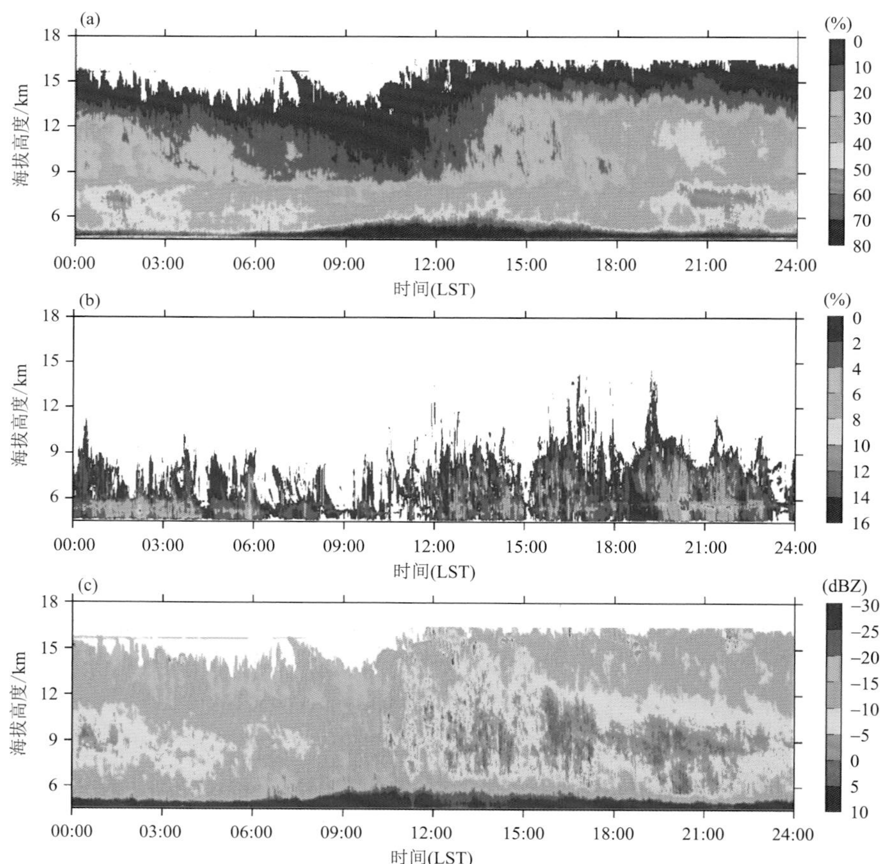

图 4.86　2014 年 TIPEX-Ⅲ期间 C 波段连续波雷达数据统计的对流日变化，其中 x 轴为当地时间，y 轴为海拔高度，(a)为整体云(雷达回波＞−100 dBZ)覆盖率分布，(b)为达到一定强度的云(雷达回波＞15 dBZ)覆盖率分布，(c)为平均回波的日变化(引自常祎，2019)

在 14:00 左右达到最大并一直持续到午夜，午夜过后开始逐渐降低，而在 16:00 以后，高层出现了新的高频区域，这和下午晚些时候强对流系统的出现有关。该高频区持续至后半夜才逐渐消散，这个高频区在 18:00—21:00 期间最强并且在高度上有所下降，表明强对流过程由于缺乏太阳辐射加热，开始转化为稳定性降水，随着时间推移，对流云开始消散，在上午 08:00 左右达到最低，但在上午仍然有夜间甚至前一天的残留降水云系存在。

图 4.87 为此次天气过程地面 Ka 波段毫米波云雷达的观测情况。在那曲地区，较强的对流云系在 15:00(LST，本段余同)左右才开始出现，15:00 之前只在 12:00 左右出现了零散的云。可以看出，对流在 18:00 发展到最强阶段，云顶温度最低；在 19:00 左右有一次强的对流过程，21:00 以后强回波减弱，而 7 月 6 日凌晨云系开始消散，到 09:00 回波基本消失。

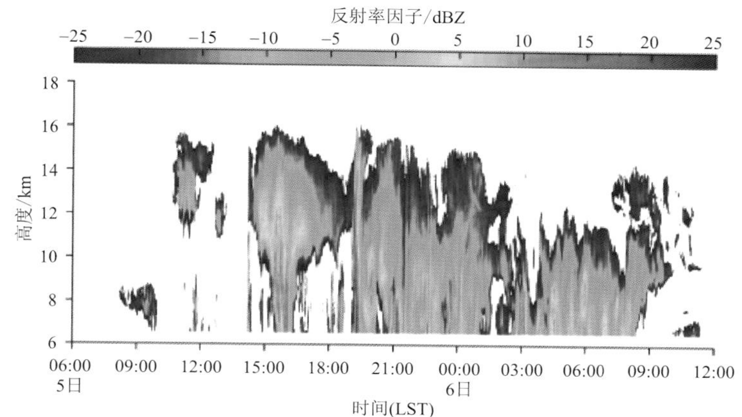

图 4.87　7 月 5 日 06:00—6 日 12:00 LST 天气过程 Ka 波段毫米波云雷达观测结果(引自常祎，2019)

此外，一些学者利用第三次青藏高原大气科学试验的观测资料对云-降水的月变化特征进行了研究。Zhao 等(2017)选取 2014 年 7 月 6—31 日那曲地区 Ka-MMCR 边界模式的观测数据，利用经验回归算法对低层液态云的微物理特性进行了统计，进而分析低层液态云的时间变化特征。图 4.88 为 2014 年 7 月 6—31 日期间反演的低层液云(顶部低于 1.2 km 的非降水云)液态水含量(LWC)和云滴有效半径(r_e)的时间变化。可见，云滴 r_e 和 LWC 分别主要为 3～10 μm 和 0.01～0.5 g・m^{-3}。

4.7　云-降水的物理过程和机理研究

云中水凝物的相互转化是云发展与降水形成的重要微物理过程，相变过程释放的潜热可以改变大气的热力结构，并引起垂直方向上水分的重新分配(Yanai et al.，1973)；降水的拖曳作用加强下沉气流，进而改变环境大气的动力和热力场，影响云的结构(史月琴 等，2008)。不

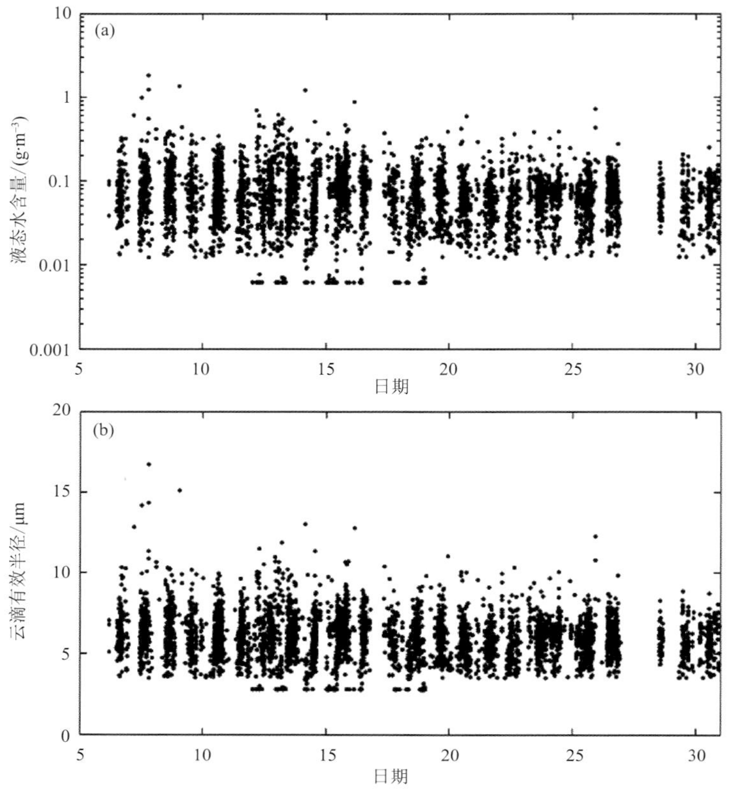

图 4.88　2014 年 7 月 6—31 日期间反演的低层液云(顶部低于 1.2 km 的非降水云)LWC(a)和云滴有效半径 r_e(b)的时间变化(引自 Zhao et al.,2017)

同的微物理过程可能导致对流降水的强度和分布有很大的差异,特别是在山区(Jankov et al.,2009;Orr et al.,2017)。Maussion 等(2011)研究表明,微物理参数化方案在青藏高原对流降水区域敏感性较高,表明源自青藏高原的微物理过程发挥了关键作用。

前期对青藏高原云-降水的物理过程和机理的研究较少。李仑格等(2001)通过分析 15 架次飞机探测资料发现,高原东部地区春季降水云层的云水含量小,冰晶浓度低,云滴尺度宽,浓度小,带有"海洋性"云的特征。戴进等(2011)利用极轨卫星反演云微物理特征的分析方法,对高原 3 个雷暴弱降水过程进行研究,发现雷暴云的云粒子在－25～－20 ℃高度层上基本冰化,降水粒子的增长过程主要依靠冰相粒子,冷云降水过程起主导作用。李典等(2012)利用 TRMM 卫星资料对青藏高原一次强对流天气的分析发现,对流云在垂直方向上呈被挤压状态,云中冰晶粒子集中分布在 6～18 km,而可降冰粒子、可降水粒子、云水粒子大多分布在 8 km 以下,其中可降冰粒子含量最大。陈玲等(2015)利用 CloudSat 资料进行统计发现,高原降水云以冰云为主;此外,高原冰相粒子有效半径更大,谱更宽。

因此,深入了解高原上云-降水的物理过程和机理,对改善高原降水过程和模式研究具有重要意义。

4.7.1 高原冷雨过程

青藏高原夏季云-降水过程具有独特性，这与高原的大地形效应密切相关。一方面，由于强烈的太阳辐射加热过程，高原夏季是一个巨大的抬升热源，这有利于午后热对流的触发和形成（常祎 等，2016）。另一方面，高大的地形也可以提供相对较冷的环境条件，使得高原云中粒子快速形成。因此，与平原地区相比，高原上空的云层具有较低的云底高度，较高的过冷水含量和活跃的冰相过程。在这些条件下，高原夏季降水过程频繁发生，并且如雷电和冰雹等灾害性天气现象在高原上也很容易发生。

张涛等(2019)应用 Ka 波段毫米波云雷达的功率谱和雨滴谱仪资料对 2015 年 7 月 16 日青藏高原那曲地区一次对流云-降水过程进行了研究。结果表明：同一对流云中，地面降霰前后，谱偏度由“正—负—正—负”结构变为负偏度为主，谱峰度由负值转为零值附近（图 4.89），云内粒子更趋于球形。离地 1.5～3 km（大气环境温度为－17～－7 ℃）内有丰富的过冷水存

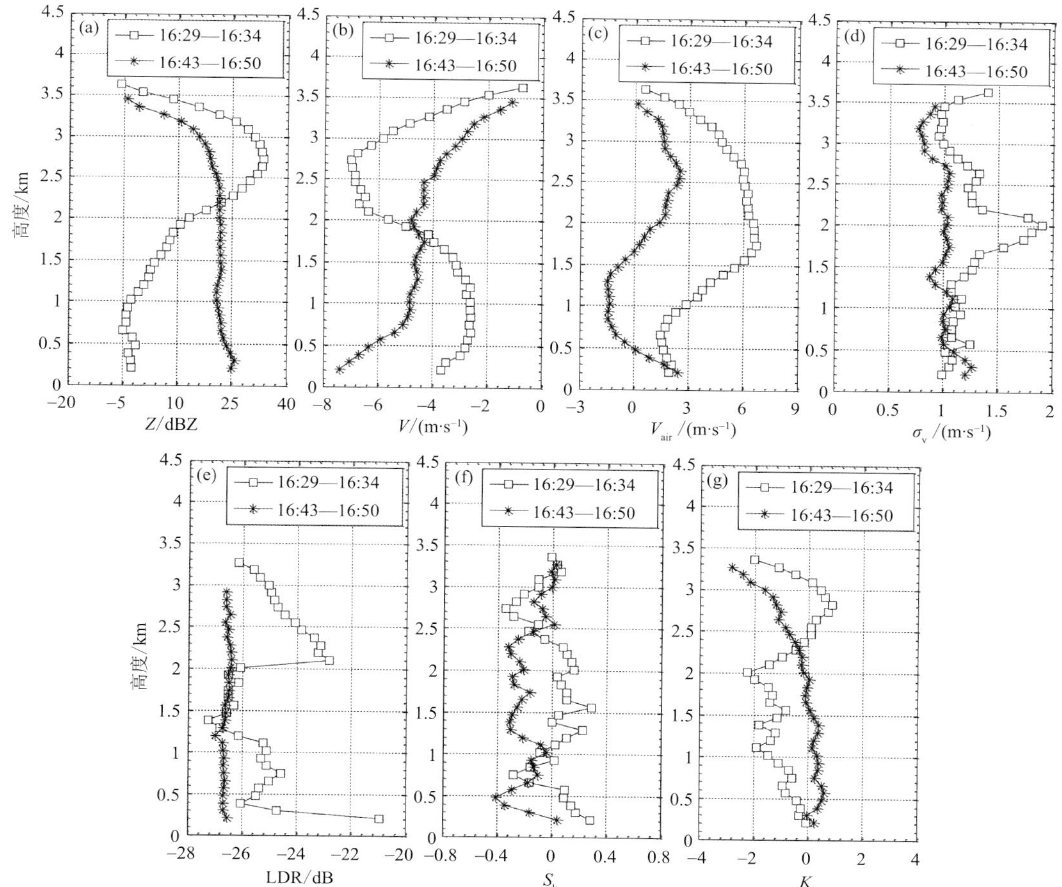

图 4.89 霰增长过程(16:29—16:34)和降霰时(16:43—16:50)的反射率因子(a)、平均下落末速度(b)、大气垂直速度(c)、谱宽(d)、线性退极化比(e)、谱偏度(f)、谱峰度(g)的平均垂直廓线(引自张涛 等，2019)

在，在强大气上升气流（≥6 m·s^{-1}）的托举作用下，确保了冰晶与过冷水有足够时间通过撞冻和淞附增长形成霰，并降落地面。若上升运动较弱（≤4 m·s^{-1}），冰晶与过冷水的淞附增长将十分有限，霰粒胚胎得不到有效增长，云内主要以较大冰晶和小霰粒子存在，当下降到环境0 ℃层上方的300 m左右的区域内时开始融化，最终以雨降落地面。

Zhao等（2016）使用青藏高原那曲地区Ka波段毫米云雷达卷云模式的观测资料，对5 km以上高冰云的微物理特征进行了研究，发现冰云有效半径和冰水含量呈单峰分布，其最大频率分别为36 μm和0.001 g·m^{-3}左右（图4.90）。

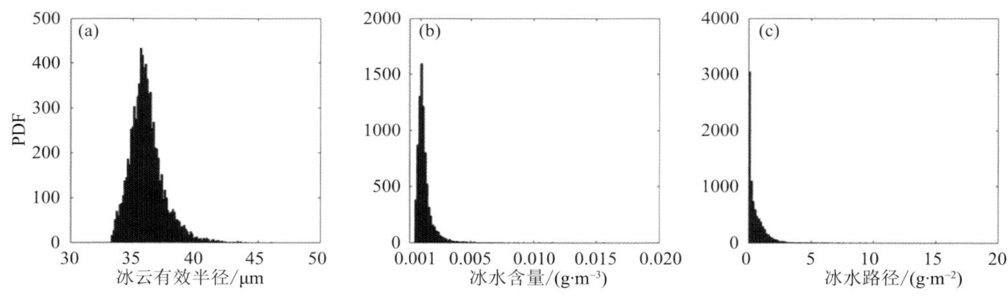

图4.90　2014年7月6—31日整个观测期间高冰云的有效半径（a）、冰水含量（b）、冰水路径（c）的PDF分布（引自Zhao et al.，2016）

岳治国等（2018）利用SNPP/VIIRS（the Suomi National Polar-orbiting Partnership/Visible Infrared Imaging Radiometer Suite，Suomi国家极轨道伙伴关系卫星/可见光红外成像辐射仪）卫星反演产品，对青藏高原地区2013—2017年夏季（6—8月）对流云的微观物理特征进行了分析，结果表明，青藏高原上对流云中水分含量仅为平原区的1/3左右。由于总体受人类活动影响较小，高原平均云底云凝结核数浓度（N_{CCN}）为200～400个·mg^{-1}，标准差约为200个·mg^{-1}（图4.91），平均最大过饱和度（S_{max}）为0.7%左右（图4.92）。拉萨周边的N_{CCN}为500个·mg^{-1}左右，标准差约为260个·mg^{-1}，S_{max}为0.6%左右。雅鲁藏布江流域及藏南地区为

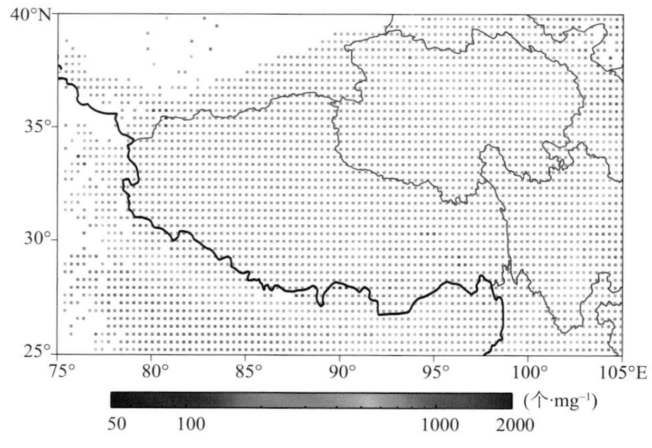

图4.91　0.33°×0.33°格点平均云凝结核浓度（N_{CCN}）分布（引自岳治国 等，2018）

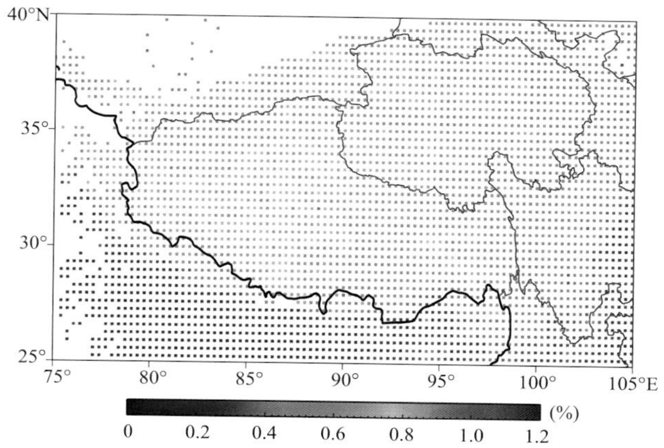

图 4.92　0.33°×0.33°格点平均云底最大过饱和度(S_{max})分布(引自岳治国 等,2018)

N_{CCN}低值区,为 100～200 个 · mg^{-1},标准差为 100～200 个 · mg^{-1},S_{max}为 0.8%左右。高原云底过饱和度明显高于周边平原和盆地(图 4.92)。高原中西部 S_{max} 为 0.8%,北部和东部 S_{max}略低,为 0.6%左右。暖云云滴凝结增长方程为:

$$r\frac{dr}{dt}=G_1 S$$

式中,r 为云滴半径,t 为时间,G_1 在给定环境中为常数,S 为过饱和度(约翰 · M. 华莱士 等,2008)。由此可知,r^2 与 S 成正比。与中国平原地区相比,高原地区大的 S 使云滴具有更快凝结增长速率,云滴更易通过凝结增长变大,进而更容易开始碰并增长、形成降水。高原对流云云底平均上升速度(W_b)≥1.5 m · s^{-1}(图 4.93),雅鲁藏布江流域及藏南地区 W_b 比高原其他地区略小,约为 1 m · s^{-1}。高原云底上升速度较周围大的原因可能是与云形成初期凝华释放的凝华潜热较大有关,因为冷云底再加上较低的环境温度,在云形成初期,尽管凝结量小,但凝华量较大(王宏 等,2002)。徐祥德等(2006)利用声雷达观测发现,高原热泡上升速度异常,垂直速度达 1 m · s^{-1}。

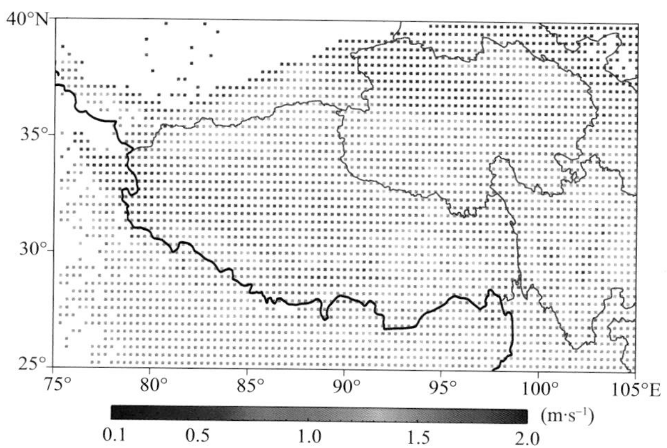

图 4.93　0.33°×0.33°格点云底平均上升速度(W_b)分布(引自岳治国 等,2018)

总之，高原云内降水粒子以冰相为主。当降水发生时，造成降水粒子掉出云底时仍以固态为主，及地时才完全融化，因而来不及破碎，呈现出雨滴大、数浓度小的特点。Chen 等(2013)观测到高原夏季雨滴谱的谱宽大于同纬度平原地区；常祎等(2016)观测到易出现较大的雨滴和冰相粒子，用 VIIRS 反演微物理特征可以解释其物理成因。

TIPEX-Ⅲ期间，飞机穿云观测主要在 2014 年 7 月进行，观测飞机为北京市人工影响天气办公室(简称人影办)“空中国王”(King Air) 350ER 飞机，机载设备为 SPEC 公司的云粒子探测系统，图 4.94 为 2014 年 7 月飞机观测区域的地形、雷达位置和飞机观测轨迹。飞机观测到的云粒子资料显示，夏季那曲负温云区富含大量过冷云滴，这对云中降水粒子的形成是有利的。低层云中存在大量雨滴大小的过冷水滴，上层云中存在大量霰粒子(图 4.95)(Zhao et al.,2019)。

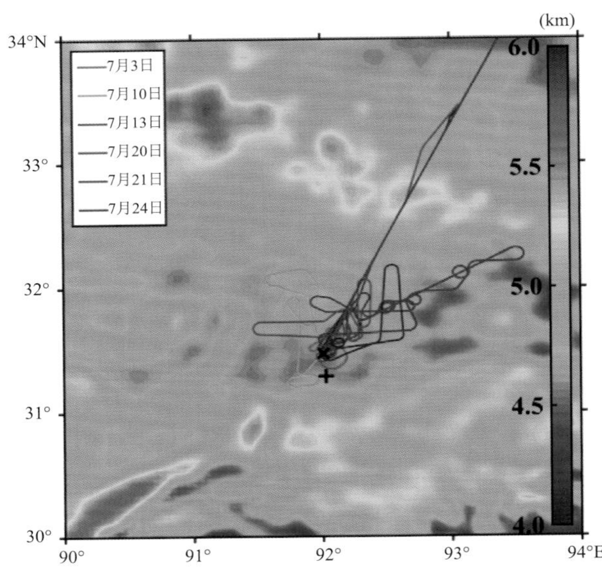

图 4.94 2014 年 7 月飞机观测区域的地形、雷达位置(黑色标记)和飞机观测轨迹(彩色线)
(引自 Zhao et al.,2019)

常祎(2019)、常祎等(2021)利用飞机观测数据，发现飞机探测的云系主要为初生或发展阶段的冰水混合云。高原云滴谱主要呈双峰分布，但峰值随对流发展的不同阶段有所不同，对流云内过冷水丰富，大云滴和雨滴浓度较高，冰粒子多为密实、不透光的霰粒子，云内凇附过程显著。

由于对流云基本在 0 ℃层以上发展，因此，冰相过程出现较早；清洁的大气环境使高原云滴数浓度较低，云滴更容易通过凝结长大触发碰并增长，进而触发暖雨过程形成大云滴和雨滴，而过冷大云滴和雨滴有利于冰相过程的发展；综合作用下高原对流云内凇附过程显著，更易形成降水。对流云在初生阶段就存在冰相粒子，云体进一步发展后，通过暖云过程形成的大云滴和雨滴会促进冰相过程的发展，冰相过程产生的冰粒子通过活跃的凇附迅速增长形成降水。不同温度下粒子尺寸分布和采样粒子图像见图 4.24 及其论述。

数值模拟研究进一步显示，高原夏季云中有丰富的过冷云水含量，并且分布深厚，冰相过程非常活跃(Gao et al.,2018)。2014 年 7 月 6 次云过程中均具有高过冷云水含量，主要分布

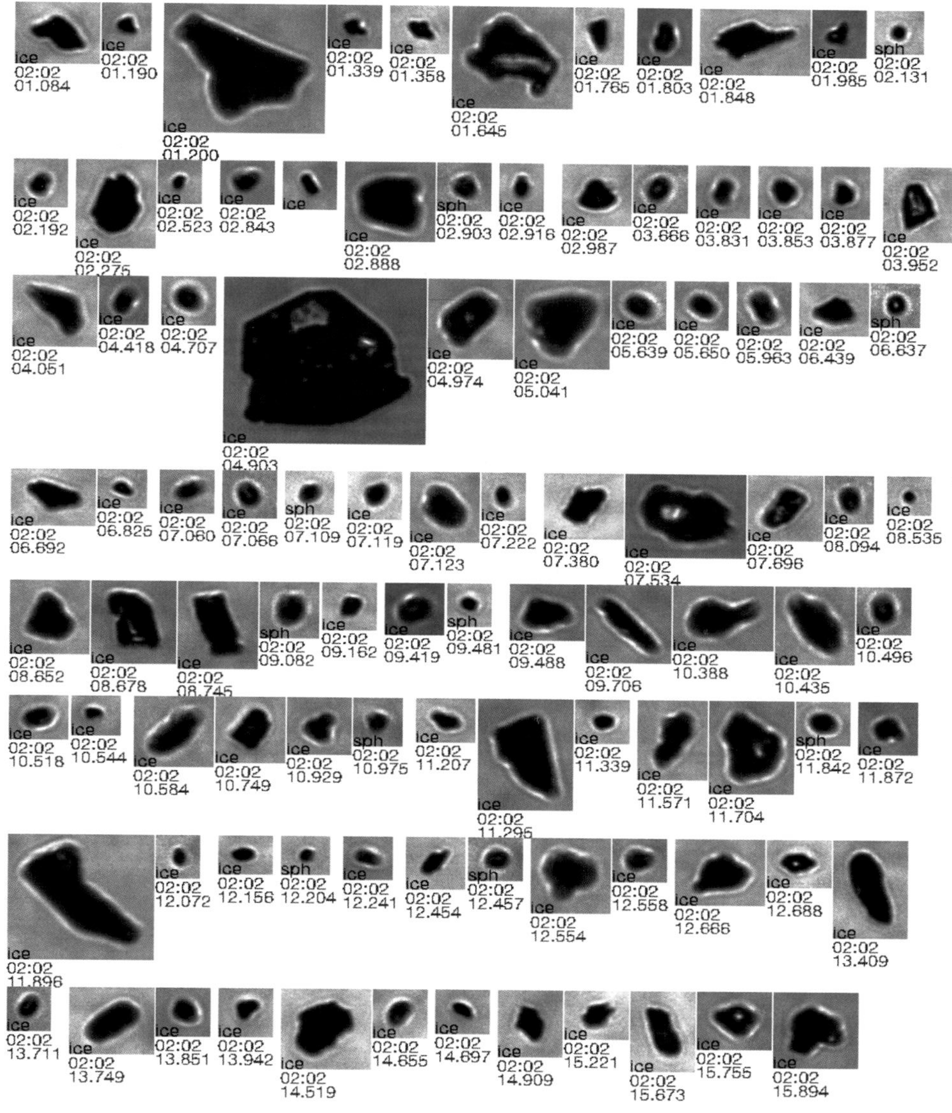

图 4.95　2014 年 7 月 21 日飞机采集的－17.9 ℃高度层上高云粒子图像(引自 Zhao et al.,2019)

在－20～0 ℃层;冰晶含量主要分布在－20 ℃层以上的区域,在强盛的对流云中,可出现在－40 ℃层以上的区域;雨水分布集中在融化层之下,说明其主要依赖降水性冰粒子的融化过程;雪和霰粒子含量高,分布范围广,说明云中冰相过程非常活跃。

了解高原上云和降水的微物理特征对深入理解高原云微物理结构及其降水产生的微物理机制有着重要意义。唐洁(2018)基于 2014 年夏季第三次青藏高原大气科学试验观测数据,选用 Lin 云微物理方案,对高原那曲地区发生的 6 次不同强度的云和降水过程(7 月 3—4 日、7 月 9—10 日、7 月 13—14 日、7 月 20—21 日、7 月 21—22 日以及 7 月 24—25 日)进行了数值模拟研究,进而深入分析了高原那曲地区夏季云微物理结构和云中水分转化特征,并对高原降水产生的微物理机制进行了探讨。图 4.96 为 2014 年 7 月 10 日 08:40—09:50 LST 飞机观测的那曲及周围地区的液态水含量。

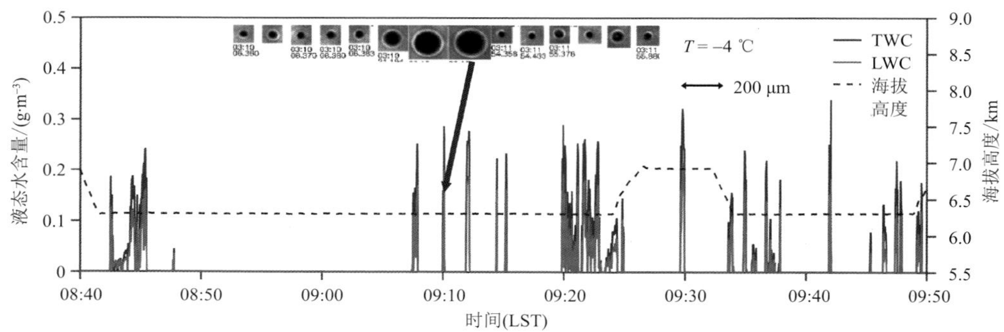

图 4.96　2014 年 7 月 10 日 08:40—09:50 LST 飞机观测的那曲及周围地区的液态水含量(TWC 为总水含量)(引自唐洁,2018)

图 4.97—4.101 给出了 6 个个例 d04 区域水平平均的水凝物含量(云水、冰晶、雨水、雪、霰)垂直分布随时间的演变。虽然 6 次云和降水过程的强度不同,致使云中水凝物粒子分布的

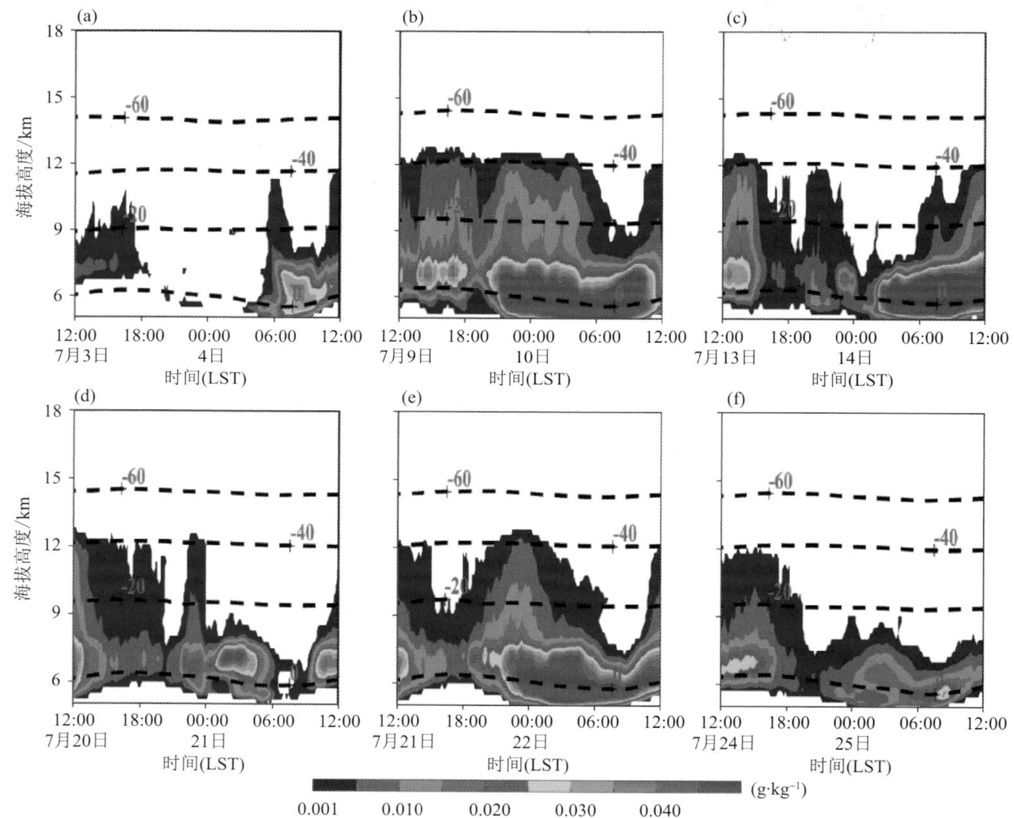

图 4.97　d04 区域水平平均的云水比含水量高度-时间分布(黑色虚线为等温线,单位:℃)(引自唐洁,2018)

(a)7 月 3 日 12:00—4 日 12:00;(b)7 月 9 日 12:00—10 日 12:00;(c)7 月 13 日 12:00—14 日 12:00;(d)7 月 20 日 12:00—21 日 12:00;(e)7 月 21 日 12:00—22 日 12:00;(f)7 月 24 日 12:00—25 日 12:00

最大高度以及比含水量的最大值存在差异，但高原夏季对流云中水凝物粒子的垂直分布具有一些明显的共同特征。

从云水含量分布（图 4.97）看到，所有个例都显示出云中存在丰富的过冷云水，分布在 12 km（−40 ℃）层以下。云水的大值区出现在−20～0 ℃之间。这种高过冷云水含量对于冰粒子的快速增长具有十分重要的作用。分析 7 月 10 日飞机的液态含水量观测资料（图 4.96）可看出，当飞机的飞行高度为 6.3～7 km，对应的温度介于−10～−4 ℃之间时，云中过冷水含量高达 0.2 g·m^{-3}，表明那曲地区过冷水含量丰富，与模拟结果较好地对应。冰晶含量主要分布在 9 km（−20 ℃）以上的区域（图 4.98）。较为强盛的对流云中，冰晶含量的高值区主要分布在−40 ℃层以上区域，说明初始冰晶的形成主要依靠水汽的凝华过程。雨水分布基本集中在融化层之下（图 4.99），说明雨水的形成主要依赖降水性冰粒子的融化过程。雪和霰粒子含量高，分布范围广（图 4.100、图 4.101），说明云中冰相过程非常活跃。

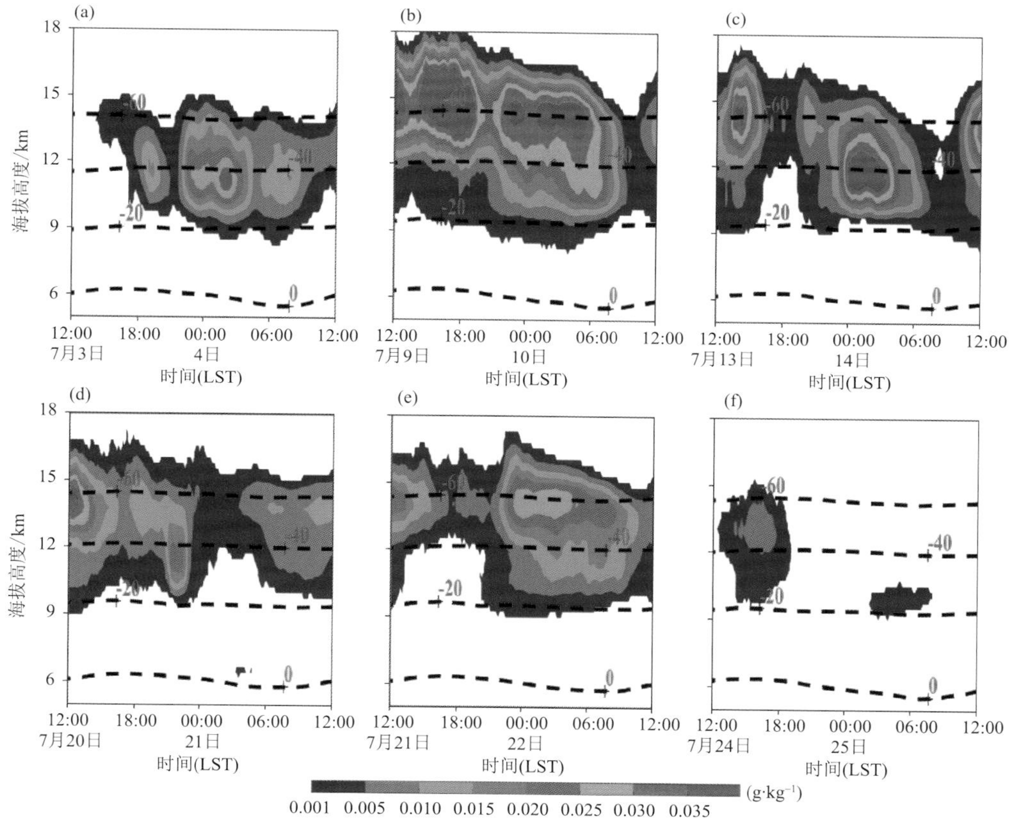

图 4.98 d04 区域水平平均的冰晶比含水量高度-时间分布（黑色虚线为等温线，单位：℃）（引自唐洁，2018）
(a)7 月 3 日 12:00—4 日 12:00；(b)7 月 9 日 12:00—10 日 12:00；(c)7 月 13 日 12:00—14 日 12:00；(d)7 月 20 日 12:00—21 日 12:00；(e)7 月 21 日 12:00—22 日 12:00；(f)7 月 24 日 12:00—25 日 12:00

综上所述，2014 年 7 月高原 6 次云和降水过程的微物理量垂直分布具有明显的特征。云中具有高过冷云水含量，主要分布在−20～0 ℃层之间；冰晶含量主要分布在−20 ℃层以上的区域，强盛的对流云中，冰晶含量的高值区分布可出现在−40 ℃层以上区域；雨水分布集中在融化层之下，说明雨水的形成主要依赖降水性冰粒子的融化过程；雪和霰粒子含量高，分布范围广，说明云中冰相过程非常活跃。

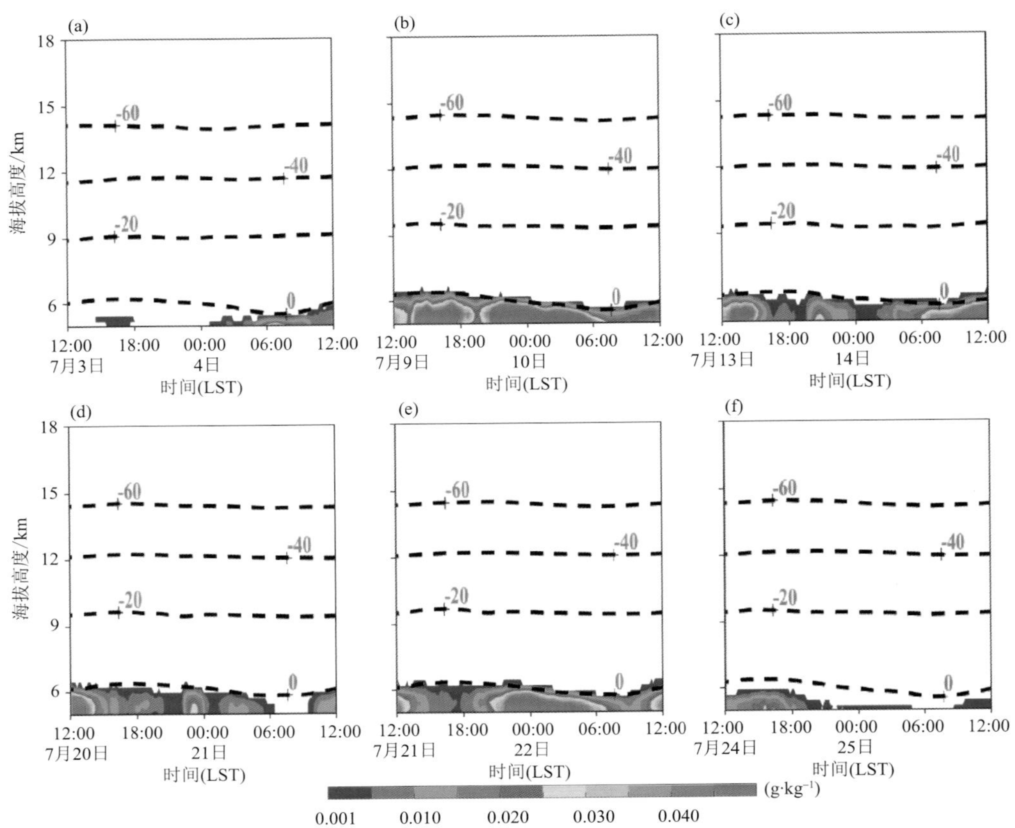

图 4.99　d04 区域水平平均的雨水比含水量高度-时间分布(黑色虚线为等温线，单位：℃)(引自唐洁，2018)
(a)7 月 3 日 12:00—4 日 12:00；(b)7 月 9 日 12:00—10 日 12:00；(c)7 月 13 日 12:00—14 日 12:00；(d)7 月 20 日 12:00—21 日 12:00；(e)7 月 21 日 12:00—22 日 12:00；(f)7 月 24 日 12:00—25 日 12:00

云中水凝物的相互转化是云发展与降水形成的重要微物理过程，相态转变引起的潜热释放改变大气的热力结构，降水的拖曳作用加强下沉气流，进而改变环境大气的动力和热力场，影响云的结构(史月琴 等，2008)，因此，进一步分析高原云中粒子的相互转化以及主要成云致雨过程是十分必要的。在 Lin 云微物理方案中，雨水的源项共有 4 个过程，分别是云雨的自动转化(Acr)、雨水碰并云水(Ccr)、霰的融化(Mgr)以及雪的融化(Msr)。雪的源项共有 5 个过程，分别是冰晶向雪的自动转化(Ais)、雪碰并冰晶(Cis)、冰晶的贝吉龙过程转化为雪(Bis)、雪的淞附增长(Ccs)、雪的凝华增长(Svs)。霰的源项共有 9 个过程，其中初生霰粒子过程为雪向霰的自动转化(Asg)、冰晶碰冻过冷雨水转化为霰(Cri)、过冷雨水碰并雪转化为霰(Csr)、过冷雨水的冻结成霰(Frg)，霰粒子通过这 4 个过程产生霰胚后然后增长。霰增长的微物理过程为霰的淞附增长(Ccg)、霰碰并过冷雨水(Crg)、霰碰并冰晶(Cig)、霰碰并雪(Csg)以及霰的凝

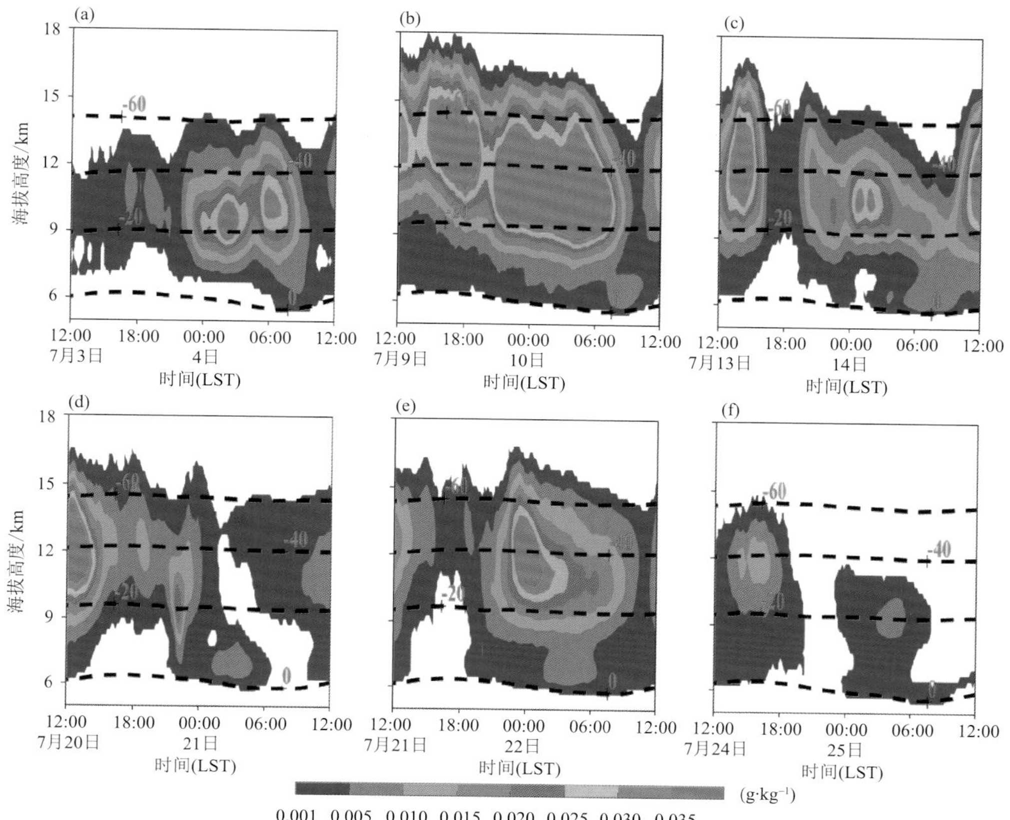

图 4.100　d04 区域水平平均的雪比含水量高度-时间分布(黑色虚线为等温线,单位:℃)(引自唐洁,2018)
(a)7 月 3 日 12:00—4 日 12:00;(b)7 月 9 日 12:00—10 日 12:00;(c)7 月 13 日 12:00—14 日 12:00;
(d)7 月 20 日 12:00—21 日 12:00;(e)7 月 21 日 12:00—22 日 12:00;(f)7 月 24 日 12:00—25 日 12:00

华增长(Svg)。

这里分别选取 7 月 3 日 12:00—14:00、9 日 12:00—14:00、13 日 12:00—14:00、20 日 12:00—14:00、21 日 12:00—14:00 以及 24 日 12:00—14:00 时段的平均值,分析 d04 区域平均的降水性粒子源项微物理过程转化率的垂直分布特征。整体来看,虽然 6 个个例由于强度不同,在云微物理过程转化率的最大分布高度及其最大值有差别,但云中粒子相互转化以及成云致雨的主要微物理过程仍然具有一些明显共同特征。

从雨水源项转化率垂直分布(图 4.102)可以看出,霰粒子的融化过程明显大于其他微物理过程,是地面降水的主要来源,这表明冰相过程对高原夏季降水的形成至关重要。其次是云雨的自动转化和雨滴碰并云滴过程。雪粒子的融化对雨水的贡献较小。值得注意的是,Acr、Ccr 大值出现高度不同(图 4.102a 略有不同)。Ccr 大值出现在 5.5～6.5 km 高度层,而 Acr 大值出现在 7～8 km 高度层。这说明,暖雨过程在正温度区主要为雨滴碰并云滴过程,在负温度区则主要发生云雨的自动转化过程,该过程对形成过冷雨滴十分重要,其冻结过程对形成霰胚十分重要。因此,高原夏季对流云中虽然暖雨过程对地面降水的直接贡献很小,但其对云

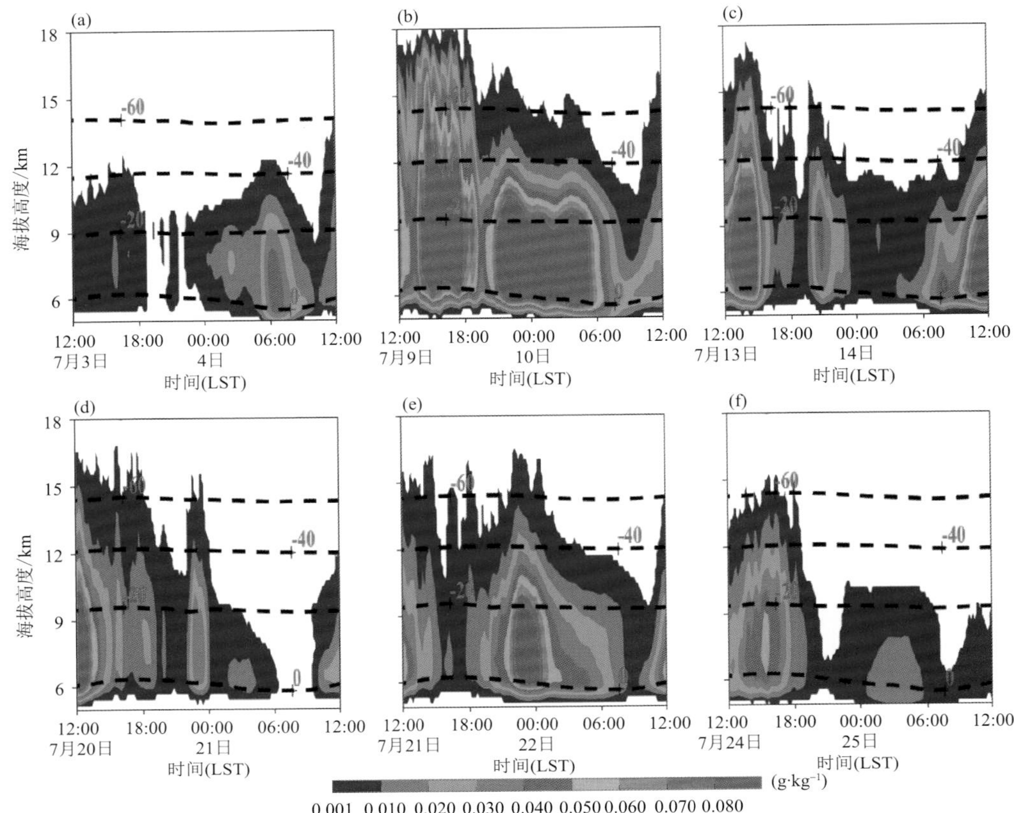

图 4.101 d04 区域水平平均的霰比含水量高度-时间分布(黑色虚线为等温线,单位:℃)(引自唐洁,2018)
(a)7 月 3 日 12:00—4 日 12:00;(b)7 月 9 日 12:00—10 日 12:00;(c)7 月 13 日 12:00—14 日 12:00;
(d)7 月 20 日 12:00—21 日 12:00;(e)7 月 21 日 12:00—22 日 12:00;(f)7 月 24 日 12:00—25 日 12:00

中霰粒子胚胎的形成至关重要。从雪粒子源项的转化率可见,雪粒子形成的主要微物理过程在不同高度上存在差异。12 km(−40 ℃)以上雪粒子是由冰晶的自动转化生成,而 12 km(−40 ℃)以下,主要通过贝吉龙过程(Bis)形成。雪粒子胚胎生成后,在高层(12 km 以上)主要通过聚并冰晶继续增长,而在中低层(6~12 km)主要通过碰并过冷云水增长(淞附过程),其次是凝华增长过程,聚并冰晶的微物理过程很小,对雪增长的贡献较小。图 4.102 已经讨论过高原夏季地面降水直接来自于霰粒子的融化过程,所以云中霰胚的形成和增长十分重要。从霰粒子胚胎形成的转化率可见,过冷雨滴碰冻冰晶、雪的异质冻结过程是产生霰胚的主要微物理过程,这些过程的大值基本出现在 6~8 km,与云雨自动转化过程(Acr)的大值相对应,说明暖雨过程对于霰胚的形成十分重要。此外,过冷雨滴同质冻结形成霰胚(Frg)的过程发生在 9~12 km 之间,但其最大转化率远小于 Cri、Csr,对霰胚的贡献相对较小。7 月 3 日个例中,霰粒子增长的微物理过程基本发生在 12 km 以下,主要通过淞附过程(Ccg)以及聚并雪晶增长。其他个例则显示,不同高度层霰粒子增长的主要微物理过程不同。霰在高层(12 km 以上)主要通过碰并冰晶、雪增长。在 6~12 km 高度层之间,霰粒子主要依靠淞附过程(Ccg)增长,其次为聚并雪晶以及凝华增长。霰粒子碰冻过冷雨水的转化率相对较小,对霰粒子增长所起作用较小。

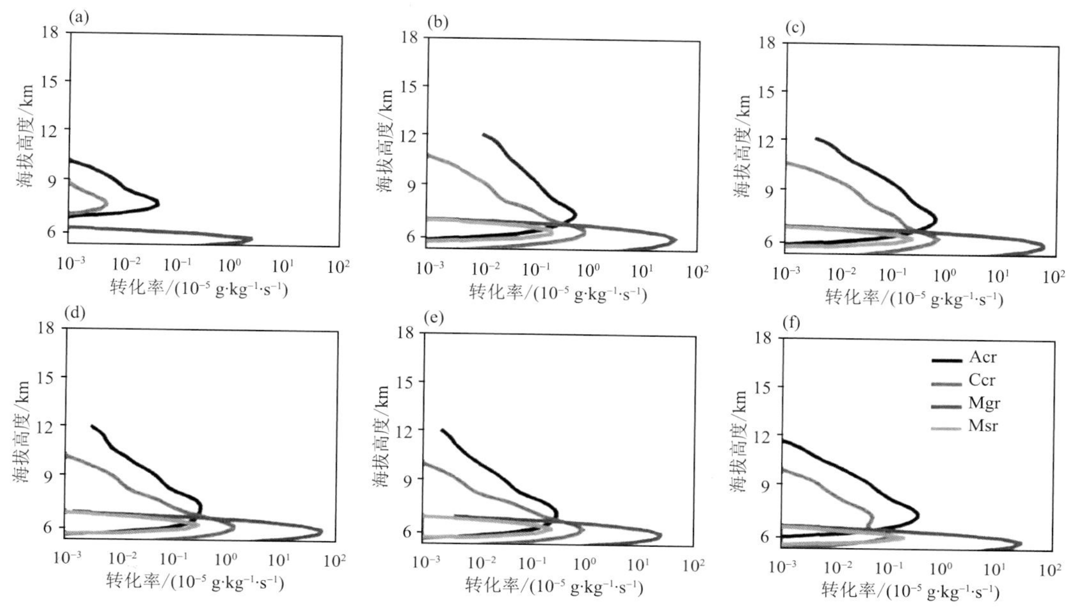

图 4.102 d04 区域平均的雨水源项的微物理过程转化率的垂直分布(12:00—14:00 时段的平均值)(引自 Gao et al.,2016)

(a)7 月 3 日;(b)7 月 9 日;(c)7 月 13 日;(d)7 月 20 日;(e)7 月 21 日;(f)7 月 24 日

高原夏季云中水凝物的转化过程和降水的形成机理具有明显特点。地面降水的产生主要来源于霰粒子的融化过程,暖雨过程对降水的直接贡献很小,但通过暖雨过程形成的过冷雨滴的异质冻结过程对云中霰胚的形成十分重要。雪粒子的形成和增长过程在−40 ℃以上层主要依靠冰晶的自动转化和对冰晶的聚并过程,而在其以下层主要通过贝吉龙过程,雪粒子的增长主要依赖凇附过程。在−40 ℃以下层,霰胚的形成主要来源于冰晶、雪粒子和过冷雨水的碰冻转化过程(雨滴的异质冻结过程),而过冷雨滴的同质冻结对霰胚的形成贡献很小,霰胚的增长过程主要依赖凇附过程,而−40 ℃以上层,霰胚的形成和增长与雪的转化和聚并增长有关,这种情况一般发生在高原强对流云中(Tang et al.,2019)。

4.7.2 高原暖雨过程

在青藏高原地区,虽然暖雨过程对降水的直接贡献较小,但暖雨过程中形成的过冷液滴的异质冻结对云中霰胚的形成非常重要,这说明暖雨微物理过程在青藏高原弱对流云团降水中起重要作用。Gao 等(2016)利用第三次青藏高原大气科学试验云雷达和雨滴谱仪观测资料,以及 WRF 模式、CAMS 和其他一些云微物理方案,研究了那曲地区 2014 年 7 月 24 日一次对流降水的微物理和降水机制。研究发现,由于冰云较厚,冷雨过程有助于扩大降雨区域,但弱对流期间，降雨中心的暖雨过程强度要大得多，表明那里的暖雨微物理过程起着重要作用。然后，通过改变暖雨微物理过程，包括暖雨微物理方案、云滴初始大小、雨滴的凝结和雨滴的蒸发，进行了 4 个敏感性试验。试验结果表明，在弱对流降水中，去除冰微物理过程会导致雨强增加。对流和暖雨过程的增强导致了云水和雨水的倍增。随着云滴凝结速率的增加，各试验的降水中心的雨强增加显著，降水区域相对于对照试验要大。这是唯一一次模拟再现的弱对流期间的峰值雨强(最接近观测值的雨强)。

对于层状云，占优势的云粒子是雨滴大小的过冷水，冰粒子较少(图 4.103)，这是一个暖雨过程。该过程在弱对流系统降水中心可产生比冷雨过程更强的降水(Gao et al.，2016；Zhao et al.，2018)。

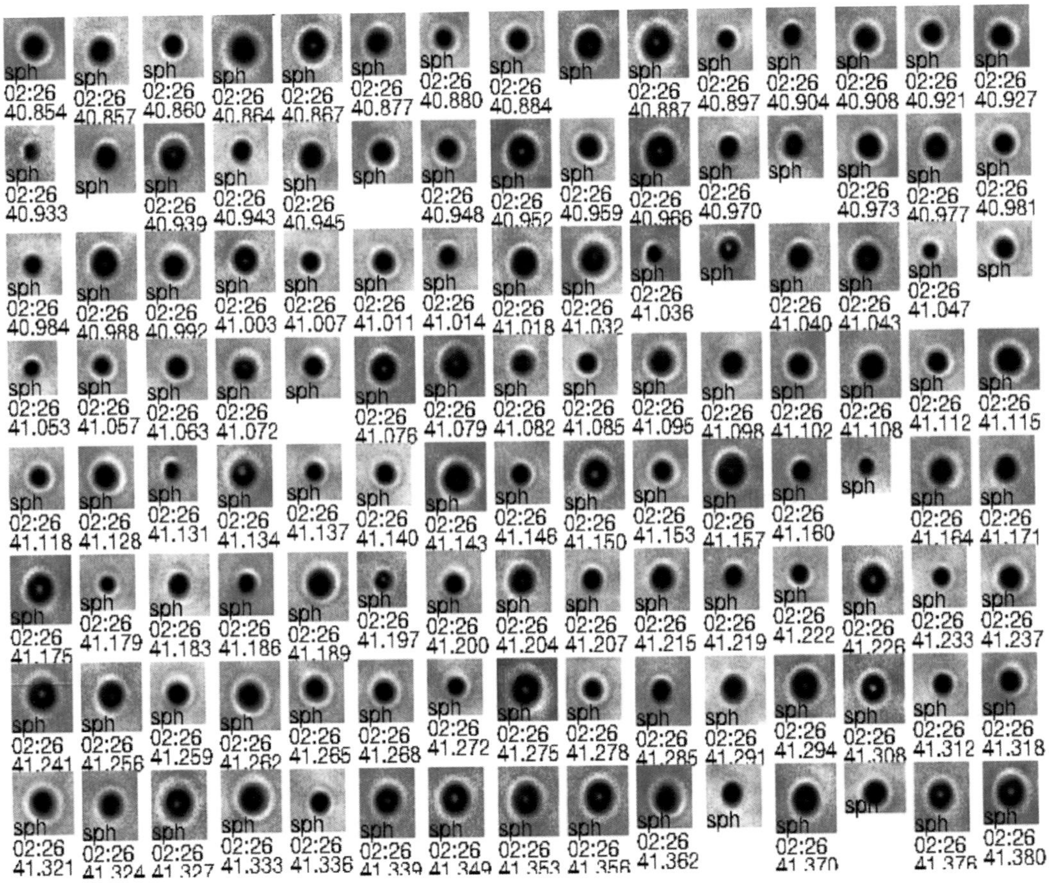

图 4.103　2014 年 7 月 21 日飞机在那曲通过机载云粒子成像仪(CPI)和二维立体成像(2DS)在积云降水的－3.5～－2.5 ℃高度层采集的云粒子图像(引自 Zhao et al.，2018)

4.7.3　高原降水的模拟研究

在青藏高原云降水物理机制研究方面，目前已经有不少学者利用 WRF 对高原降水进行了数值模拟研究。

在个例模拟方面，有研究指出，冰相粒子对降水的产生具有重要影响，冰相过程中霰、雪和云水三种粒子的变化与降水量之间存在较好的对应关系，高原上空冻结层以上的水汽凝结形成大量过冷水，过冷水的边缘是霰的主要源项，霰粒对过冷水的碰冻能力最强，使得其含量远大于冰雪晶含量；而霰粒子的融化是雨水的主要来源（马恩点 等，2018），所以霰的沉积在降水的形成中可以起到至关重要的作用。雪粒子在 200 hPa 以下大量形成释放的潜热不仅有利于对流活动发展，还可通过融化过程产生降水，而 200 hPa 以上冰晶粒子的凝华则进一步增强了对流的发展（侯文轩 等，2020）。总体来说，冰相粒子过程在高原降水过程中具有十分重要的作用，整个过程霰对降水的形成有重要作用，云水和雨水在形成霰的过程中也占有重要的作用（阴蜀城 等，2020）。水汽凝结（延伸至 10 km）和雨滴蒸发（6 km 以下）是对流期间两个关键的相变微物理过程（图 4.104），即使是在较低的 0 ℃层（约 6.5 km）（Cheng et al.，2022）。水汽收支表明，地表水汽通量是水汽的主要来源，水汽的自循环发生在对流开始阶段，而总水汽通量的辐合决定了青藏高原对流过程中的凝结和降水（Gao et al.，2018）。弱对流期间，在降水中心，暖雨过程比冷雨过程产生更强的降水（图 4.105）。降水对扰动暖雨微物理过程的敏感

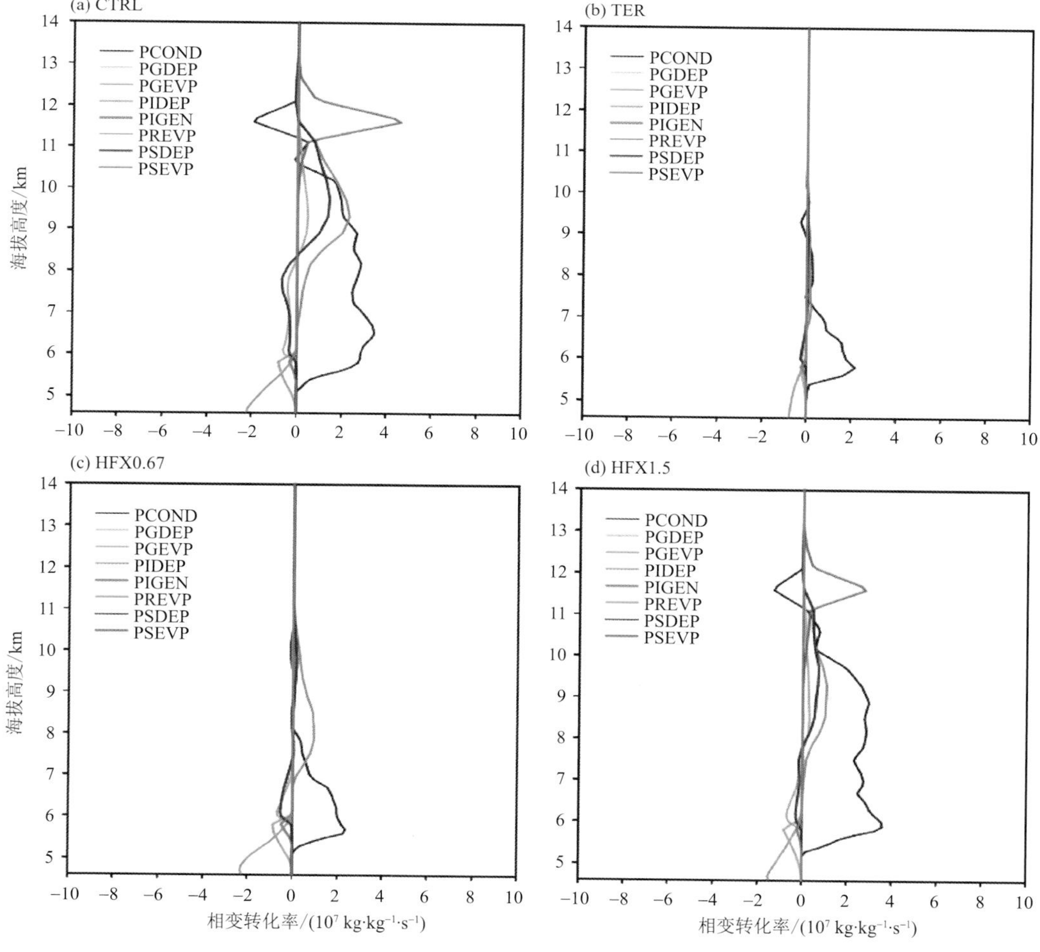

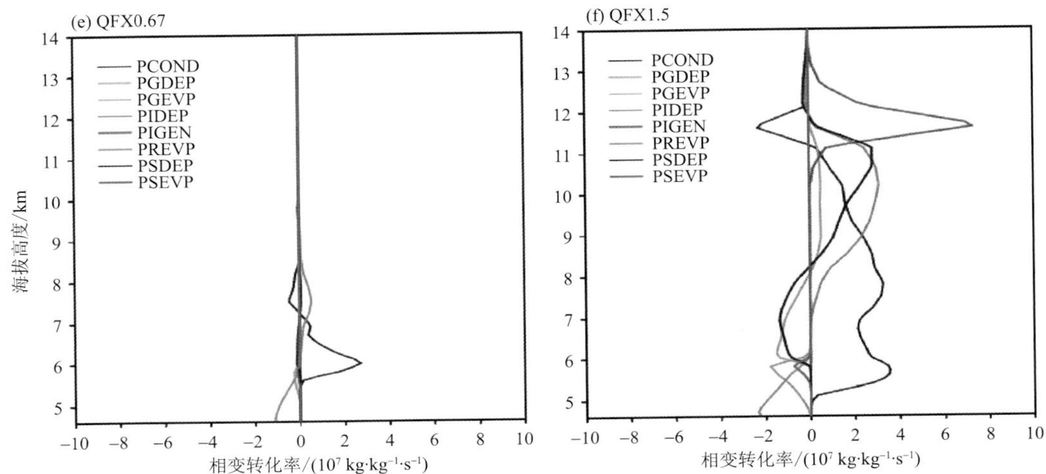

图 4.104　2014 年 7 月 24 日 06:00—08:00 UTC 那曲相变转换率(10^7 kg·kg^{-1}·s^{-1})的时间平均垂直廓线，包括水汽凝结(PCOND)、霰沉积(PGDEP)、霰融化然后蒸发(PGEVP)、冰沉积(PIDEP)、冰生成(PIGEN)、雨滴蒸发(PREVP)、雪沉积(PSDEP)和雪融化然后蒸发(PSEVP)(引自 Cheng et al.,2022)

(a)CTRL:控制试验;(b)TER:将那曲东部的山丘高度降低到与那曲站相同;(c)HFX0.67:模拟区显热通量为 67%;(d)HFX1.5:模拟区显热通量为 150%;(e)QFX0.67:模拟区感热通量为 67%;(f)QFX1.5:模拟区感热通量为 150%

性表明，双水滴凝结显著增加降水，并产生最佳区域平均降雨率，表明基线模拟存在热力学偏差。雨滴蒸发减少一半，导致弱降雨地区增加，同时云下层变暖(Gao et al.,2016)。

也有相关研究利用 WRF 对青藏高原上空的积云过程进行模拟，发现青藏高原的降水量会随着气溶胶浓度的增加而增加，气溶胶引起的对流增强不仅促进了降水，而且将更多的冰相水凝物输送到对流层上层，从而降低了降水效率。考虑到青藏高原上空的大气非常干净，且由于其特殊的地形，升高的气溶胶浓度可以显著增强对流，这不仅会使对流层中部变暖，影响亚洲夏季风，而且还会将水凝物输送到对流层上层，继而进入平流层底(Zhou et al.,2017)。

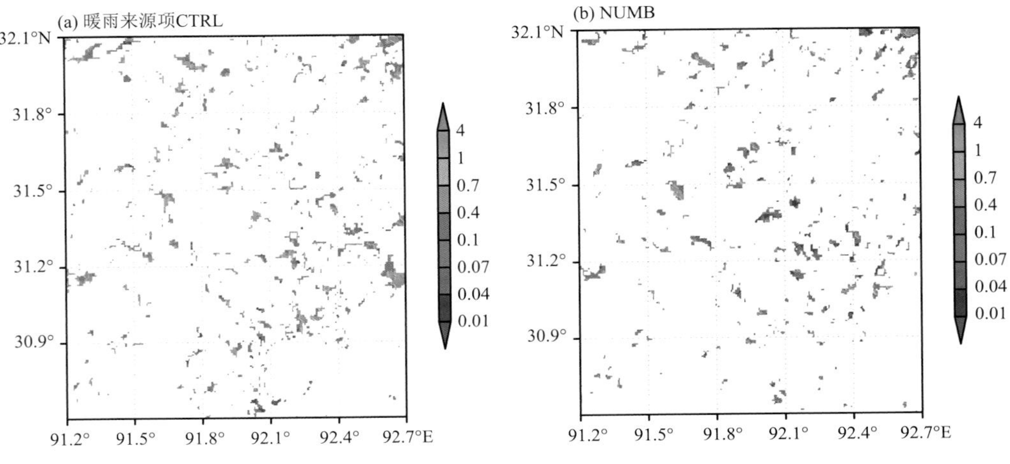

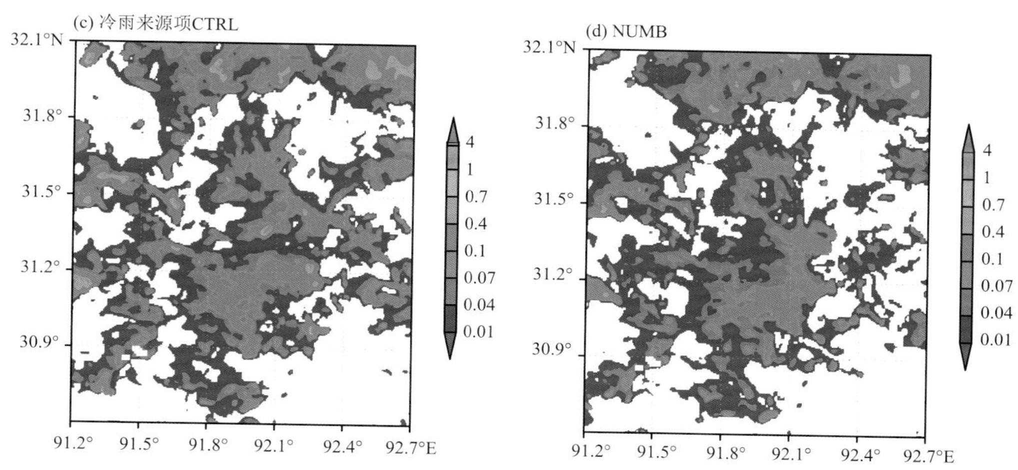

图 4.105　由 CTRL 和 NUMB 试验得到的弱对流期间垂直积分和时间平均的暖雨源((a)和(b))和冷雨源((c)和(d))(单位:g·m^{-2}·s^{-1})(CTRL 用 CAMS 微物理方案进行控制模拟,NUMB 和对照组试验一样,但云滴的初始半径从 0.6 μm 增加到 2 μm)(引自 Gao et al.,2016)

在长期模拟方面,有相关研究利用天气研究和预报(WRF)模式对高原黑河流域进行降水长期模拟,结果表明:①黑河流域水汽主要由西风和北风输送,西风比北风大得多。西风输送净水汽为正,北风输送净水汽为负(图 4.106)。②黑河流域上空的降水主要是由来自西部的水汽触发的,在自西向东的输送过程中,水汽由低垂直层上升到高垂直层。来自北方的水汽从较高的层下沉到较低的层,并穿过黑河流域的南部边缘。③高原蒸散发对降水的水分循环比远高于其他地区,这可能与干旱内陆河流域地-气相互作用强有关(Pan et al.,2021)。

在青藏高原南坡,地表感热(SH)的吸力和抽吸作用导致的高度上升和水汽辐合是局地降水形成的主要原因。当局地地面感热被抑制时,弱上升运动和降水仍然存在于青藏高原南坡,而且这种降水与微物理过程有关。受抑制的地表加热在地表附近引起显著的冷异常,这降低了饱和比湿度,但增加了相对湿度。水汽的相变过程导致了明显的微物理大尺度降水的形成。此外,与相变过程相对应的微物理凝结释放了潜热,这进一步导致青藏高原南坡上的弱上升对流降水。因此,当地表加热被抑制时,坡面上的局地降水是大尺度凝结降水的直接结果,也是水汽相变的微物理过程诱发的对流降水的间接结果,而不是地表加热的吸力和抽吸作用(Wang et al.,2016)。

在数值模拟中云微物理参数化方案选择方面,目前有研究指出 Lin、Eta 和 WSM6 三种方案均能够模拟出青藏高原降水天气过程的发生,但在主要降水区域和降水强度两方面仍与实测资料存在偏差;在水凝物方面,三种方案对冰粒子的模拟较接近,Lin 和 WSM6 方案模拟的雪粒子差异较大,但霰粒子无明显差异。进一步对比分析了 Lin 和 WSM6 方案模拟的云微物理转化过程,结果表明:这两种方案都表现出了霰向雨水转化的特点。在 Lin 方案中,通过水汽向霰粒子凝华、霰碰并水汽凝华生成的雪粒子以及霰碰并云水这三种过程生成的霰粒子最终融化为雨水。而在 WSM6 方案中,一方面水汽凝结成云水,云水被雪和霰粒子碰并收集转

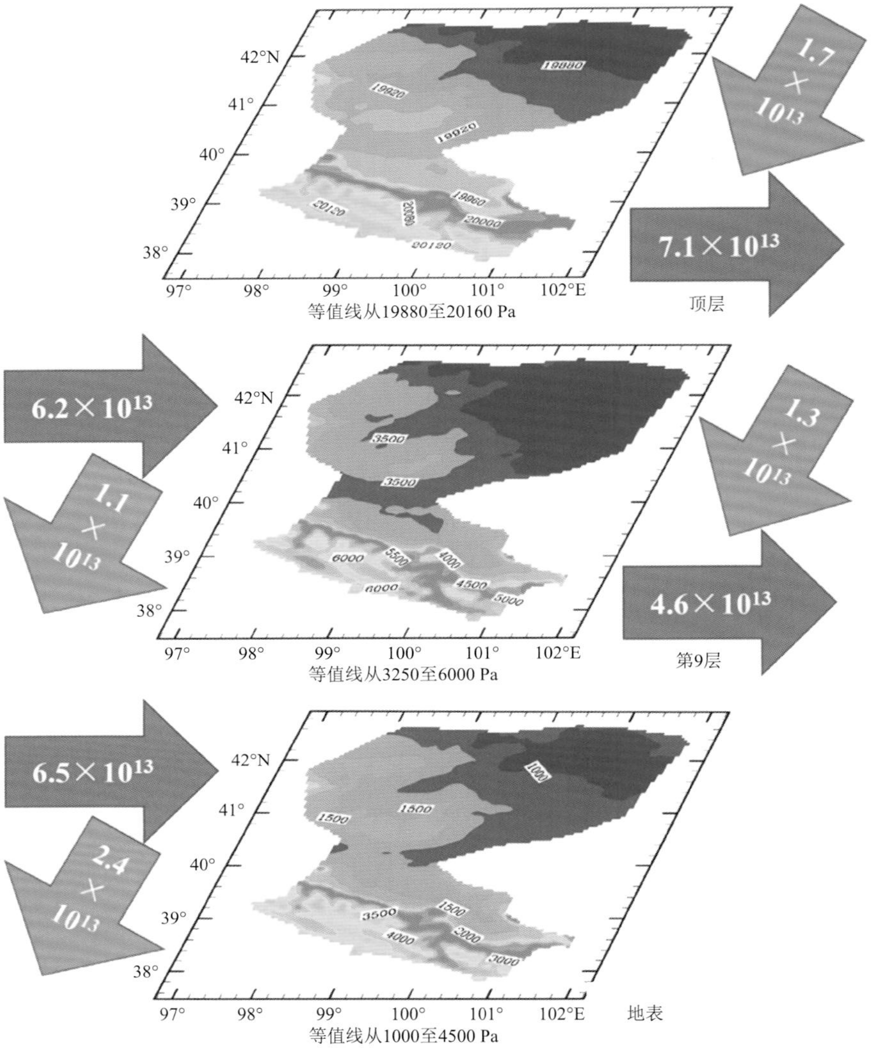

图 4.106　x 和 y 方向的净水汽输送(单位:kg·a^{-1})。蓝色箭头代表西风输送的水汽,粉色箭头代表北风输送的水汽(引自 Pan et al.,2021)

化为霰,之后霰融化为雨水;另一方面水汽凝华为冰粒子,一部分冰转化为雪,雪直接融化为雨水或转化为霰融化为雨水,另一部分冰转化为霰,霰融化为雨水(毛智 等,2022)。也有相关研究将液相微物理过程(吸积、自转换和夹带混合)的不同参数化应用于 Morrison 微物理方案。敏感性试验结果表明,与其他研究的液相过程相比,吸积过程在青藏高原降水模拟中更为重要(Xu et al.,2020)。

4.8 本章小结

通过卫星、星载雷达、不同波长地基雷达和飞机等多种观测和数值模拟方法，TIPEX-Ⅲ试验期间，在高原对流气候统计特征、云-降水宏微观特征、云-降水垂直结构、日变化规律、物理过程和机理等方面取得的发现总结如下。

(1)高原对流的卫星观测表明，随着气候态的西风带季节性北移和亚洲夏季风爆发，高原以南地区西南风加强；强劲的西南季风携带孟加拉湾输送来的水汽部分在高原南麓中东部的地形缺口处爬上高原，高原上最强的对流发生在高原的东南部。夏季，高原对流发生频率总体上表现为由南向北递减分布，且与南亚地区的对流活动相对独立。青藏高原西部、中部和东部的对流发生频率的变化具有截然不同的特征。

(2)在高原云-降水宏观特征和结构方面，地基雷达和飞机观测表明，高原降水云的云底高度、云顶高度和云厚度分别分布在1～8.5 km、2.5～11 km和0.5～6.5 km。云底和云顶的分布规律都表现为随高度的增加先增大后减小、再增大后又减小的双峰分布。云层主要为低云和高云，中云出现比例相对较小，且大部分云层较为浅薄，且为单层云，云层在凌晨出现的频次最大；夏季高原整体的云底和云顶均比盆地和高原盆地过渡区高，但其云厚度却更小。

(3)在高原云-降水微观特征方面，地基雨滴谱仪观测发现高原夏季降水的雨滴谱宽度要宽于同纬度的低海拔地区，且高原夏季的雨滴谱分布相对于高原其他季节也要宽。飞机观测发现，在相同的温度下，高原中部地区的最大和平均云滴浓度比中国北方地区小1～2个数量级，而高原中部上的液态水含量与华北地区具有相同的数量级。大陆上空云中云滴的浓度一般比海洋上空的云滴浓度大，但高原上空的云滴浓度远小于海洋上空的云滴浓度。在−5～0 ℃环境下也能观察到雨滴，说明高原上空云团内部存在较多的过冷云滴。高原云中淞附和聚并过程都很重要，高原云中的冰粒子是不透明且潮湿的，通过吸收云滴导致其发生更活跃的聚并过程。高原云中很少观测到规则形状的粒子，冰粒子的形成主要依赖于云滴的冻结过程。高原云内，云滴等效半径和液态水含量在低空随高度升高略有增大，在高空则随高度升高略有减小；低空的增加趋势可能与绝热冷却导致的凝结增加有关，而高空的减小趋势可能与云顶附近的夹带作用有关。

(4)在高原云-降水的日变化方面，观测发现，高原云的分层现象在整个日循环都存在，许多时候云都是被限制在8 km以下。中午过后，高层的云覆盖率有了明显的升高，高覆盖率在14时左右达到最大，并一直持续到午夜，午夜过后开始逐渐降低。而在16时以后，高层出现了新的高频区域，这和下午晚些时候强对流系统的出现有关，该高频区持续至后半夜才逐渐消散；这个高频区在18—21时期间最强，并且在高度上有所下降，表明强对流过程由于缺乏太阳辐射加热，开始转化为平流性降水。随着时间推移，对流云开始消散，在上午08:00左右达到最低，但在上午仍然有夜间甚至前一天的残留降水云系存在。高原夏季降水频率在夜间要明显高于白天，而白天下午要高于上午；上午为降水频率、强度最低的时段，而前半夜是降水频率、强度最高的时段。

(5)在云-降水的物理过程和机理研究方面，对于冷云来说，地面降水的产生主要来源于霰粒子的融化过程。雪粒子的形成和增长过程在−40 ℃以上层主要依靠冰晶的自动转化和对冰晶的聚并过程，而在其以下层主要通过贝吉龙过程，雪粒子的增长主要依赖凇附过程。在−40 ℃以下层，霰胚的形成主要来源于冰晶、雪粒子和过冷雨水的碰冻转化过程，而过冷雨滴的同质冻结对霰胚的形成贡献很小，霰胚的增长过程主要依赖凇附过程，而−40 ℃以上层，霰胚的形成和增长与雪的转化和聚并增长有关，这种情况一般发生在高原强对流云中。在青藏高原地区，虽然暖雨过程对降水的直接贡献较小，但暖雨过程中形成的过冷液滴的异质冻结对云中霰胚的形成非常重要，这说明暖雨微物理过程在青藏高原弱对流云团降水中起重要作用。在弱对流降水中，去除冰微物理过程会导致雨强增加。对流和暖雨过程的增强导致了云水和雨水的倍增。数值模拟是研究高原云和降水过程的重要手段。将液相微物理过程(吸积、自转换和夹带混合)的不同参数化应用于 Morrison 微物理方案，能够较为显著地改善对高原地区降水的模拟效果。

参考文献

艾永智，杨传荣，李蕊，2015. 玉溪一次强对流天气的中尺度特征分析[J]. 高原气象，34(5)：1391-1401.

白爱娟，刘长海，刘晓东，2008. TRMM 多卫星降水分析资料揭示的青藏高原及其周边地区夏季降水日变化[J]. 地球物理学报，51(3)：704-714.

白爱娟，刘晓东，刘长海，2011. 青藏高原与四川盆地夏季降水日变化的对比分析[J]. 高原气象，30(4)：852-859.

蔡英，钱正安，吴统文，等，2004. 青藏高原及周围地区大气可降水量的分布、变化与各地多变的降水气候[J]. 高原气象，23(1)：1-10.

常祎，2019. 青藏高原那曲地区夏季云微物理特征和降水形成机制的飞机观测研究[D]. 北京：中国气象科学研究院.

常祎，郭学良，2016. 青藏高原那曲地区夏季对流云结构及雨滴谱分布日变化特征[J]. 科学通报，61(15)：1706-1720.

常祎，郭学良，唐洁，等，2021. 青藏高原夏季对流云微物理特征和降水形成机制[J]. 应用气象学报，32(6)：720-734.

陈斌，徐祥德，卞建春，等，2010. 夏季亚洲季风区对流层向平流层输送的源区、路径及其时间尺度的模拟研究[J]. 大气科学，34(3)：495-505.

陈聪，银燕，陈宝君，2015. 黄山不同高度雨滴谱的演变特征[J]. 大气科学学报，38(3)：388-395.

陈磊，陈宝君，杨军，等，2013. 2009—2010 年梅雨锋暴雨雨滴谱特征[J]. 大气科学学报，36(4)：481-488.

陈玲，周筠珺，2015. 青藏高原和四川盆地夏季降水云物理特性差异[J]. 高原气象，34(3)：621-632.

陈隆勋，宋玉宽，刘骥平，等，1999. 从气象卫星资料揭示的青藏高原夏季对流云系的日变化[J]. 气象学报，57(5)：549-560.

戴进，余兴，刘贵华，等，2011. 青藏高原雷暴弱降水云微物理特征的卫星反演分析[J]. 高原气象，30(2)：288-298.

董雪，2018. 沙尘气溶胶对云和降水垂直结构的影响[D]. 合肥：中国科学技术大学.

冯锦明，刘黎平，王致君，等，2002. 青藏高原那曲地区雨季雷达回波、降水和部分热力参量的统计特征[J]. 高原气象，21(4)：368-374.

高洋，2014. 我国沿青藏高原同纬度带降水云系的垂直结构及其微物理特征的分析模拟研究[D]. 北京：中国气象科学研究院.

侯文轩，华维，郭艺媛，等，2020. 青藏高原那曲地区一次对流云降水的数值模拟[J]. 高原山地气象研究，40(3)：18-28.

江吉喜，范梅珠，2002. 夏季青藏高原上的对流云和中尺度对流系统[J]. 大气科学，26(2)：263-270.

李博，杨柳，唐世浩，2018. 基于静止卫星的青藏高原及周边地区夏季对流的气候特征分析[J]. 气象学报，76(6)：983-995.

李典，白爱娟，黄盛军，2012. 利用 TRMM 卫星资料对青藏高原地区强对流天气特征分析[J]. 高原气象，31(2)：304-311.

李仑格，德力格尔，2001. 高原东部春季降水云层的微物理特征分析[J]. 高原气象，20(2)：191-196.

李筱杨，郑佳锋，朱克云，等，2019. 基于雷达资料的一次高原涡天气云降水宏微观特征研究[J]. 气象，45(10)：1415-1425.

刘建军，陈葆德，2017. 基于 CloudSat 卫星资料的青藏高原云系发生频率及其结构[J]. 高原气象，36(3)：632-642.

刘黎平，2021. 毫米波云雷达观测和反演云降水微物理及动力参数方法研究进展[J]. 暴雨灾害，40(3)：231-242.

刘黎平，楚荣忠，宋新民，等，1999. GAME-TIBET 青藏高原云和降水综合观测概况及初步结果[J]. 高原气象，18(3)：441-450.

刘黎平，郑佳锋，阮征，等，2015. 2014 年青藏高原云和降水多种雷达综合观测试验及云特征初步分析结果[J]. 气象学报，73(4)：635-647.

刘黎平，张扬，丁晗，2021. Ka/Ku 双波段云雷达反演空气垂直运动速度和雨滴谱方法研究及初步应用[J]. 大气科学，45(5)：1099-1113.

刘瑞霞，刘玉洁，杜秉玉，2002. 利用 ISCCP 资料分析青藏高原云气候特征[J]. 南京气象学院学报，25(2)：226-234.

刘艳，翁笃鸣，2000. 青藏高原云对地气系统长波射出辐射(OLR)强迫的气候研究[J]. 南京气象学院学报，23(2)：270-276.

刘屹岷，燕亚菲，吕建华，等，2018. 基于 CloudSat/CALIPSO 卫星资料的青藏高原云辐射及降水的研究进展[J]. 大气科学，42(4)：847-858.

栾澜，孟宪红，吕世华，等，2017. 青藏高原一次对流降水模拟中边界层参数化和云微物理的影响研究[J]. 高原气象，36(2)：283-293.

吕明明，韩立建，田淑芳，等，2016. 多样地表和大气状况下的 MODIS 数据云检测[J]. 遥感学报，20(6)：1371-1380.

马恩点，刘晓莉，2018. 一次高原强降水过程及其云物理结构的数值模拟[J]. 气象科学，38(2)：177-190.

马若赟，2018. 2014 年夏季青藏高原中部雷达观测降水回波的分类及日变化特征研究[D]. 北京：中国气象科学研究院.

毛智,朱志鹏,张如翼,等,2022. 不同云微物理方案对青藏高原一次强降水的模拟影响分析[J]. 热带气象学报,38(1):81-90.

秦宏德,1983. 青藏高原那曲地区强对流天气的大气静力能量垂直分布[J]. 高原气象,2(1):61-65.

阮悦,2017. C-FMCW 雷达提取那曲地区降水云体回波结构特征的分析研究[D]. 南京:南京信息工程大学.

阮悦,阮征,魏鸣,等,2018. 基于 C-FMCW 雷达的高原夏季对流云垂直结构分析研究[J]. 高原气象,37(1):93-105.

尚博,2011. 利用 Cloudsat 对华北、江淮云垂直结构及降水云特征的研究[D]. 南京:南京信息工程大学.

史月琴,楼小凤,邓雪娇,等,2008. 华南冷锋云系的中尺度和微物理特征模拟分析[J]. 大气科学,32(5):1019-1036.

孙辉,刘晓东,刘长海,等,2013. 青藏高原夏季降水日变化的高分辨率数值模拟[J]. 热带气象学报,29(6):1008-1018.

唐洁,2018. 青藏高原那曲地区夏季云和降水微物理特征及形成机理数值模拟研究[D]. 北京:中国气象科学研究院.

田畅,2019. 青藏高原南部夏季两次暴雨过程的数值模拟研究[D]. 兰州:兰州大学.

汪会,罗亚丽,张人禾,2011. 用 CloudSat/CALIPSO 资料分析亚洲季风区和青藏高原地区云的季节变化特征[J]. 大气科学,35(6):1117-1131.

汪会,郭学良,2018. 青藏高原那曲地区一次深对流云垂直结构的多源卫星和地基雷达观测对比分析[J]. 气象学报,76(6):996-1013.

王宏,雷恒池,德力格尔,等,2002. 黄河上游地区强对流云特征的模拟分析[J]. 气候与环境研究,7(4):397-408.

王胜杰,何文英,陈洪滨,等,2010. 利用 CloudSat 资料分析青藏高原、高原南坡及南亚季风区云高度的统计特征量[J]. 高原气象,29(1):1-9.

王艺,伯玥,王澄海,2016. 青藏高原中东部云量变化与气温的不对称升高[J]. 高原气象,35(4):908-919.

徐祥德,陈联寿,2006. 青藏高原大气科学试验研究进展[J]. 应用气象学报,17(6):756-772.

许建玉,张兵,王明欢,2012. 青藏高原夏季降水日变化的云可分辨模拟[C]//中国气象学会. 中国气象学会会议论文集:S4 青藏高原及邻近地区天气气候影响:333-343.

叶培龙,王天河,尚可政,等,2014. 基于卫星资料的中国西部地区云垂直结构分析[J]. 高原气象,33(4):977-987.

阴蜀城,2020. 青藏高原那曲地区夏季对流云降水的物理过程研究[D]. 成都:成都信息工程大学.

阴蜀城,李茂善,刘啸然,等,2020. 2014 年 8 月 7 日那曲地区对流云降水及其云微物理过程的数值模拟[J]. 高原气象,39(1):48-57.

银燕,曲平,金莲姬,等,2010. 热带深对流云对 CO、NO、NO_x 和 O_3 的垂直输送作用[J]. 大气科学,34(5):925-936.

约翰 · M. 华莱士,彼得 · V. 霍布斯,2008. 大气科学[M]. 何金海,王振会,银燕,等,译. 2 版. 北京:科学出版社:1-233.

岳治国,余兴,刘贵华,等,2018. NPP/VIIRS 卫星反演青藏高原夏季对流云微物理特征[J]. 气象学报,76(6):968-982.

张鸿发,郭三刚,张义军,等,2003. 青藏高原强对流雷暴云分布特征[J]. 高原气象,22(6):558-564.

张涛,郑佳锋,刘艳霞,2019. 利用Ka波段云雷达研究青藏高原对流云和降水的垂直结构及微观物理特征[J]. 红外与毫米波学报,38(6):777-789.

张晓,段克勤,石培宏,2015. 基于CloudSat卫星资料分析青藏高原东部夏季云的垂直结构[J]. 大气科学,39(6):1073-1080.

赵平,袁溢,2017. 2014年7月14日高原低涡降水过程观测分析[J]. 应用气象学报,28(5):532-543.

赵艳风,王东海,尹金方,2014. 基于CloudSat资料的青藏高原地区云微物理特征分析[J]. 热带气象学报,30(2):239-248.

郑佳锋,杨华,曾正茂,等,2021. 那曲夏季云宏观特征的毫米波雷达资料研究[J]. 红外与毫米波学报,40(4):471-482.

朱福康,陆龙烨,张清芬,1985. 青藏高原上空云的初步分析[J]. 气象,11(1):11-15.

朱士超,银燕,金莲姬,等,2011. 青藏高原一次强对流过程对水汽垂直输送的数值模拟[J]. 大气科学,35(6):1057-1068.

朱怡杰,邱玉珺,陆春松,2019. 青藏高原那曲夏季云中水成物分布特征的毫米波雷达观测[J]. 气象,45(7):945-957.

BEARD K V,1976. Terminal velocity and shape of cloud and precipitation drops aloft[J]. J Atmos Sci,33:851-864.

BRANDES E A,ZHANG G F,VIVEKANANDAN J,2003. An evaluation of a drop distribution-based polarimetric radar rainfall estimator[J]. J Appl Meteorol Climatol,42: 652-660.

CHANG Y,GUO X L,TANG J,et al,2019. Aircraft measurement campaign on summer cloud microphysical properties over the Tibetan Plateau[J]. Sci Rep,9:1-8.

CHEN B J,YANG J,PU J P,2013. Statistical characteristics of raindrop size distribution in the Meiyu season observed in eastern China[J]. J Meteorol Soc Jpn,91(2):215-227.

CHEN B J,HU Z Q,LIU L P,et al,2017. Raindrop size distribution measurements at 4500 m on the Tibetan Plateau during TIPEX-Ⅲ[J]. J Geophys Res:Atmos,122(20): 11092-11106.

CHENG X,SHI Y,GAO W,2022. A study of one local-scale convective precipitation event over central Tibetan Plateau with large eddy simulations[J]. Earth Space Sci,9:e2021EA001870.

FU R,HU Y L,WRIGHT J S,et al,2006. Short circuit of water vapor and polluted air to the global stratosphere by convective transport over the Tibetan Plateau[J]. Proc Natl Acad Sci U S A,103:5664-5669.

GAO B C,MEYER K,YANG P,2004. A new concept on remote sensing of cirrus optical depth and effective ice particle size using strong water vapor absorption channels near 1.38 and 1.88 μm[J]. IEEE Trans Geosci Remote Sens, 42(9): 1891-1899.

GAO W H,SUI C H,FAN J W,et al,2016. A study of cloud microphysics and precipitation over the Tibetan Plateau by radar observations and cloud-resolving model simulations[J]. J Geophys Res:Atmos,121:13735-13752.

GAO W H,LIU L,LI J,2018. The microphysical properties of convective precipitation over the Tibetan Plateau by a subkilometer resolution cloud-resolving simulation[J]. J Geophys Res:Atmos,123:3212-3227.

HE J S,ZHENG J F,ZENG Z M,et al,2021. A comparative study on the vertical structures and microphysical properties of stratiform precipitation over south China and the Tibetan Plateau[J]. Remote Sens,13:2897.

HUA S,LIU Y Z,LUO R,et al,2020. Inconsistent aerosol indirect effects on water clouds and ice clouds over the Tibetan Plateau[J]. Int J Climatol,40:3832-3848.

JANKOV I,BAO J W,NEIMAN P J,et al,2009. Evaluation and comparison of microphysical algorithms in ARW-WRF model simulations of atmospheric river events affecting the California coast[J]. J Hydrometeorol,10:847-870.

KOIKE T,YASUNARI T,WANG J,1999. GAME-Tibet IOP summer report[C]. Xi'an, China: Proc the 1st Int Workshop on GAME-Tibet,January 1999:1-2.

LIU L P,FENG J M,CHU R Z,et al,2002. The diurnal variation of precipitation in monsoon season in the Tibetan Plateau[J]. Adv Atmos Sci,19:365-378.

LUO Y L,ZHANG R H,QIAN W M,et al,2011. Intercomparison of deep convection over the Tibetan Plateau-Asian monsoon region and subtropical North America in boreal summer using Cloudsat/Calipso data[J]. J Clim,24:2164-2177.

LV M Z,XU Z F,YANG Z L,2020. Cloud resolving WRF simulations of precipitation and soil moisture over the central Tibetan Plateau: An assessment of various physics options [J]. Earth Space Sci, 7(2): EA000865.

MAUSSION F,SCHERER D,FINKELNBURG R,et al,2011. WRF simulation of a precipitation event over the Tibetan Plateau, China:An assessment using remote sensing and ground observations[J]. Hydrol Earth Syst Sci,15:1795-1817.

ORR A,LISTOWSKI C,COUTTET M,et al,2017. Sensitivity of simulated summer monsoonal precipitation in Langtang Valley, Himalaya, to cloud microphysics schemes in WRF[J]. J Geophys Res: Atmos,122: 6298-6318.

PAN X D,MA W Q,ZHANG Y,et al,2021. Refined characteristics of moisture cycling over the inland river basin using the WRF model and the finer box model: A case study of the Heihe River basin[J]. Atmosphere,12:399.

PORCÙ F, D'ADDERIO L P, PRODI F, et al, 2013. Effects of altitude on maximum raindrop size and fall velocity as limited by collisional breakup[J]. J Atmos Sci, 70: 1129-1134.

PORCÙ F, D'ADDERIO L P, PRODI F, et al, 2014. Rain drop size distribution over the Tibetan Plateau [J]. Atmos Res, 150: 21-30.

QIE X S, WU X K, YUAN T, et al, 2014. Comprehensive pattern of deep convective systems over the Tibetan Plateau-South Asian monsoon region based on TRMM data[J]. J Clim, 27:6612-6626.

QIU Y J, LU C S, LUO S, 2019. Tibetan Plateau cloud structure and cloud water content derived from millimeter cloud radar observations in summer[J]. Pure Appl Geophys, 176: 1785-1796.

SHOU Y X, LU F, LIU H, et al, 2019. Satellite-based observational study of the Tibetan Plateau vortex: Features of deep convective cloud tops[J]. Adv Atmos Sci, 36: 189-205.

SONG X Q, ZHAI X C, LIU L P, et al, 2017. Lidar and ceilometer observations and comparisons of atmospheric cloud structure at Nagqu of Tibetan Plateau in 2014 summer[J]. Atmosphere, 8: 9.

TANG J, GUO X L, CHANG Y, 2019. A numerical investigation on microphysical properties of clouds and precipitation over the Tibetan Plateau in summer 2014[J]. J Meteorol Res, 33: 463-477.

ULBRICH C W, ATLAS D, 1998. Rainfall microphysics and radar properties: Analysis methods for drop size spectra[J]. J Appl Meteorol Climatol, 37: 912-923.

UYEDA H, YAMADA H, HORIKOMI J, et al, 2001. Characteristics of convective clouds observed by a Doppler radar at Naqu on Tibetan Plateau during the GAME-Tibet IOP[J]. J Meteorol Soc Jpn, 79: 463- 474.

WANG H, GUO X L, 2019. Comparative analyses of vertical structure of deep convective clouds retrieved from satellites and ground-based radars at Naqu over the Tibetan Plateau[J]. J Meteorol Res, 33: 446-462.

WANG Y J, ZHENG J F, CHENG Z G, et al, 2020. Characteristics of raindrop size distribution on the eastern slope of the Tibetan Plateau in summer[J]. Atmosphere, 11: 562.

WANG Z Q, DUAN A M, WU G X, et al, 2016. Mechanism for occurrence of precipitation over the southern slope of the Tibetan Plateau without local surface heating[J]. Int J Climatol,36(12):4164-4171.

WEBSTER P J, STEPHENS G L, 1984. Cloud-radiation Interaction and the Climate Problem[M]. Cambrige: Cambridge University Press: 63-78.

WU G X, ZHANG Y S, 1998. Tibetan Plateau forcing and the timing of the monsoon onset over South Asia and the South China Sea[J]. Mon Wea Rev, 126(4): 913-927.

WU Y H, LIU L P, 2017. Statistical characteristics of raindrop size distribution in the Tibetan Plateau and southern China[J]. Adv Atmos Sci, 34: 727-736.

XU J Y, ZHANG B, WANG M H, et al, 2012. Diurnal variation of summer precipitation over the Tibetan Plateau: A cloud-resolving simulation[J]. Ann Geophys, 30: 1575-1586.

XU X Q, LU C S, LIU Y G, et al, 2020. Effects of cloud liquid phase microphysical processes in mixed phase cumuli over the Tibetan Plateau[J]. J Geophys Res:Atmos, 125: e2020JD033371.

YAN Y F, WANG X C, LIU Y M, 2018. Cloud vertical structures associated with precipitation magnitudes over the Tibetan Plateau and its neighboring regions[J]. Atmos Ocean Sci Lett, 11: 44-53.

YAN Y F, LIU Y M, 2019. Vertical structures of convective and stratiform clouds in boreal summer over the Tibetan Plateau and its neighboring regions[J]. Adv Atmos Sci, 36: 1089-1102.

YANAI M, ESBENSEN S, CHU J, 1973. Determination of bulk properties of tropical cloud clusters from large-scale heat and moisture budgets[J]. J Atmos Sci, 30: 611-627.

YIN J F, WANG D H, ZHAI G Q, 2011. Long-term in situ measurements of the cloud-precipitation microphysical properties over East Asia[J]. Atmos Res, 102: 206-217.

ZHAO C F, LIU L P, WANG Q Q, et al, 2016. Toward understanding the properties of high ice clouds at the Naqu site on the Tibetan Plateau using ground-based active remote sensing measurements obtained during a short period in July 2014[J]. J Appl Meteorol Climatol, 55: 2493-2507.

ZHAO C F, LIU L P, WANG Q Q, et al, 2017. MMCR-based characteristic properties of non-precipitating cloud liquid droplets at Naqu site over Tibetan Plateau in July 2014[J]. Atmos Res, 190: 68-76.

ZHAO P , XU X D, CHEN F, et al, 2018. The third atmospheric scientific experiment for understanding the Earth-atmosphere Coupled System over the Tibetan Plateau and its effects[J]. B Am Meteorol Soc, 99: 757-776.

ZHAO P, LI Y Q, GUO X L, et al, 2019. The Tibetan Plateau surface-atmosphere coupling system and its weather and climate effects: The third Tibetan Plateau atmospheric science experiment[J]. J Meteorol Res, 33: 375-399.

ZHENG J F, LIU L P, ZHU K Y, et al, 2017. A method for retrieving vertical air velocities in convective clouds over the Tibetan Plateau from TIPEX-Ⅲ cloud radar Doppler spectra[J]. Remote Sens, 9: 964.

ZHOU X, BEI N F, LIU H L, et al, 2017. Aerosol effects on the development of cumulus clouds over the Tibetan Plateau[J]. Atmos Chem Phys, 17: 7423-7434.

第5章
青藏高原对流层-平流层大气成分交换过程及其影响

5.1 引言

亚洲是目前世界上经济发展最快的地区，高强度的人类活动所带来的区域乃至全球气候环境问题成为科学界关注的一个重要课题。越来越多的研究表明，夏季亚洲季风区是低层水汽和污染物进入平流层的一个重要通道。青藏高原，由于其高大地形和夏季强热源对大气环流的显著的强迫作用，而在平流层-对流层大气物质交换中具有重要的贡献。自然排放或人为排放的大气污染物通过该通道进入平流层后，通过大气化学、微物理、辐射等过程对臭氧层和全球气候产生重要影响（Bian et al.，2020）。在国家自然科学基金委员会重大研究计划“青藏高原地-气耦合系统变化及其全球气候效应”的支持下，开展了对流层-平流层大气成分交换的过程探测、机理分析以及气候影响的研究，尤其在亚洲对流层顶气溶胶层、热带气旋系统中深对流活动对大气成分的输送等方面取得了一些重要研究进展。

5.2 平流层-对流层大气成分数据

此项研究主要包括两个方面的工作，一是在青藏高原地区开展大气成分的探空观测试验，二是一些常用数据在青藏高原地区的适用性的评估。

5.2.1 青藏高原大气成分探空观测试验

许多研究表明，亚洲夏季风区是对流层污染物进入全球平流层的一个重要通道。这些研究主要依赖于卫星观测和数值模拟，而缺乏亚洲季风区的野外观测数据。由于卫星观测分辨率比较低，难以分辨对流层顶附近的精细结构，而且卫星产品在亚洲季风区的测量性能也缺乏现场观测数据的验证。为了更好地认识亚洲夏季风大气成分变化特征及其全球气候效应，需要开展亚洲季风区对流层-平流层大气成分的现场观测，例如气球探空观测。由于常规探空仪主要关注对流层天气，在对流层中上层湿度测量误差很大，因此，需要采用高精度的感应探头。

与对流层探测相比较，平流层探测难度更大，技术要求更高。

主要采用了以下几种先进的探空仪。

第一种是低温霜点湿度计(CFH)，见图5.1。常规湿度计对300 hPa以上高度不能精确测量，而CFH是基于冷镜原理的湿度探测仪，在上对流层-下平流层(UTLS)区域测量精度在10%以内。CFH利用包含不同水汽量的空气在不同温度下的镜面上会结霜/露，采用光电检测技术，控制镜面温度，使镜面上始终保持一层冷凝物，在这层冷凝物下，镜面的温度和通过传感器气流的露点/霜点温度是一致的，进而可以测得空气中的水汽含量。液态三氟甲烷和镜面相连接，可以保证将镜面冷却至比外界温度低30～100 ℃的霜点状态。同时，加热元件和制冷剂控制镜面快速加热和冷却，这样在低湿度条件下也可以精准地测量水汽含量。

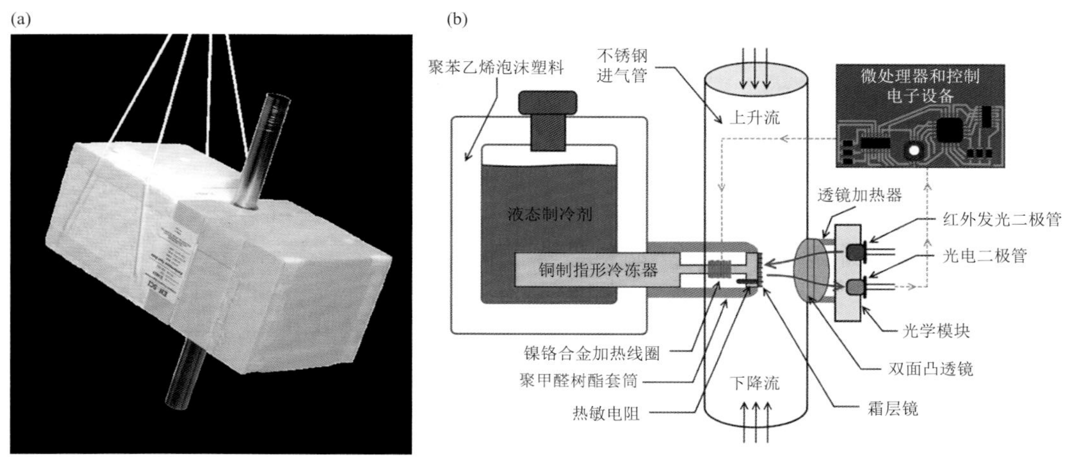

图5.1　低温霜点湿度计实物图(a)与探测原理图(b)

第二种是袖珍光学后向散射气溶胶探测仪(COBALD)，见图5.2。这是由瑞士苏黎世联邦理工大学(ETH Zurich)基于气溶胶的后向散射特征研发的微型气溶胶探空仪，由复杂可编程逻辑器件(CPLD)控制位于两侧的电子显示屏(LED)光学镜头分别发射455 nm波长的蓝光和940 nm波长的近红外光，并通过中间光电二极管接收粒子和空气分子的后向散射信号，信号经放大和转换后，经常规探空仪发回地面，经反演可以得到气溶胶的光学特征。根据两个

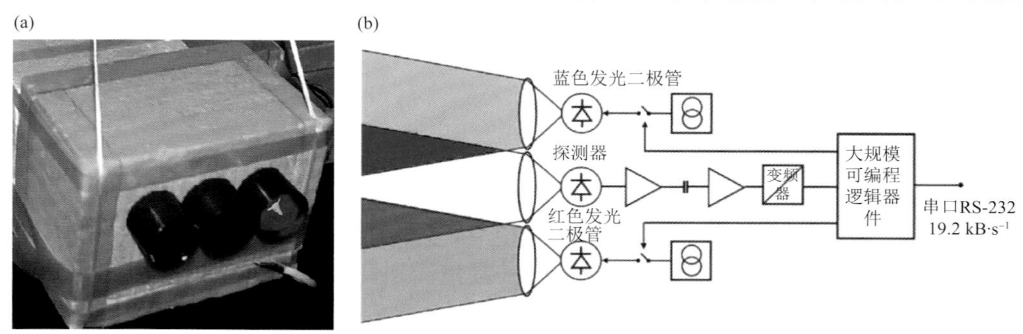

图5.2　袖珍光学后向散射气溶胶探测仪实物图(a)与探测原理图(b)

波长的后向散射比可以计算每个高度的粒子浓度和大小。它可以探测地面至 30 km 粒子数浓度和粒子半径垂直分布，结合 CFH 可以研究卷云形成等微物理过程。

第三种是电化学浓度池(ECC)臭氧探空仪，可以探测地面至 30 km 臭氧浓度垂直分布结构。

第四种是球载粒子计数器(POPS)，见图 5.3。这是由美国国家海洋大气局(NOAA)最新研制的微型气溶胶探空仪，基本原理是由气泵将空气吸入激光腔，激光腔内的光电二极管发射一束 405 nm 的激光，对吸入空气中所含的气溶胶粒子进行探测，由激光腔上方的光电倍增管

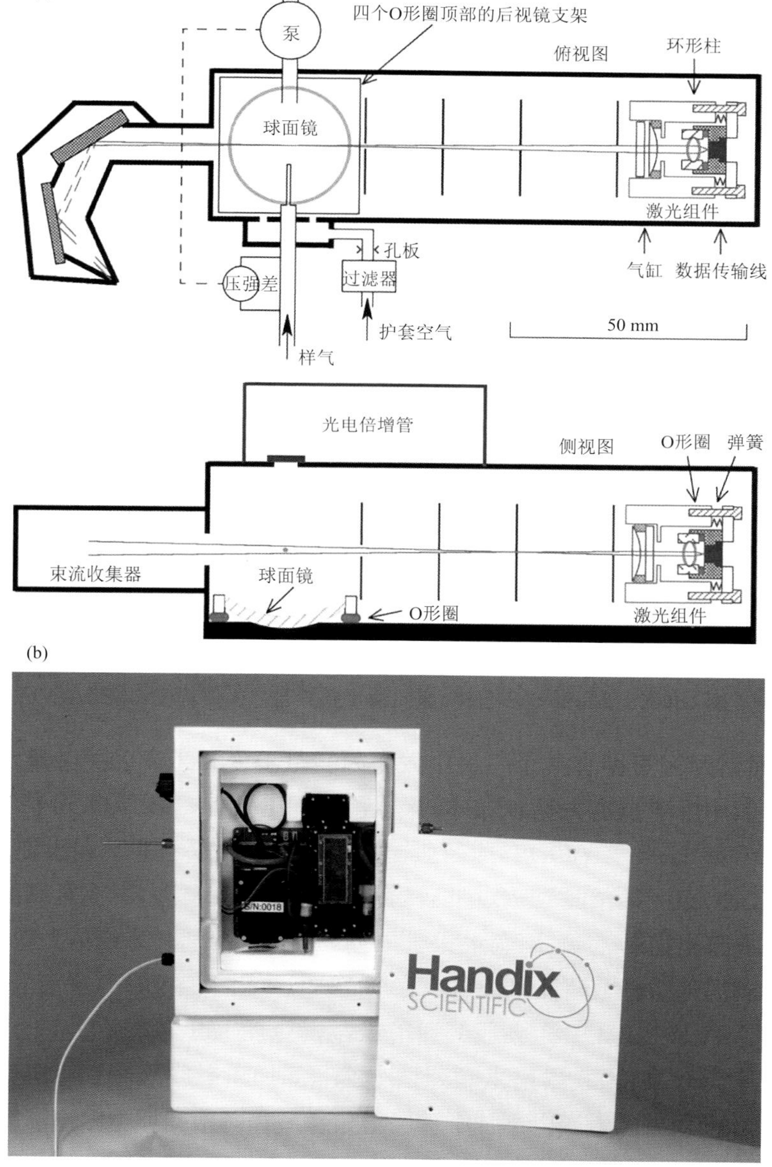

图 5.3 球载粒子计数器探测原理图(a)和实物图(b)

测量气溶胶粒子的侧向散射，每一个气溶胶粒子可以产生一个脉冲信号，根据散射信号的强度确定该气溶胶粒子的大小，进而可以得到气溶胶粒子的粒子谱，探测粒径范围为 140～3000 nm，可获得地面至 30 km 气溶胶粒子谱的垂直分布特征。

连续十多年在青藏高原地区开展水汽、臭氧、粒子探空观测，称之为 SWOP 试验。从 2009 年起，连续十多年夏季在青藏高原地区开展探空观测试验，常设地点有拉萨和昆明（Bian et al.，2012；Li D et al.，2017），此外还有西藏阿里、那曲、林芝（Yan et al.，2016），青海格尔木（Zhang et al.，2019），云南腾冲，四川甘孜，甘肃张掖。在 2020 年组织了多站点跨季节的联合观测试验，时间段为 2020 年 5—9 月，在西藏拉萨、那曲、阿里，青海格尔木，云南昆明，甘肃张掖，四川甘孜进行多地联合探空观测，实现青藏高原多站点大气成分垂直结构的综合探测（图 5.4）。在 2016 年和 2017 年，还与欧盟支持的“StratoClim”计划（StratoClim 计划：提高对对流层上部和平流层关键过程的了解，对气候变化和平流层臭氧做出更可靠的预测）开展了国际联合探空观测试验，国内昆明、拉萨、格尔木开展了观测。

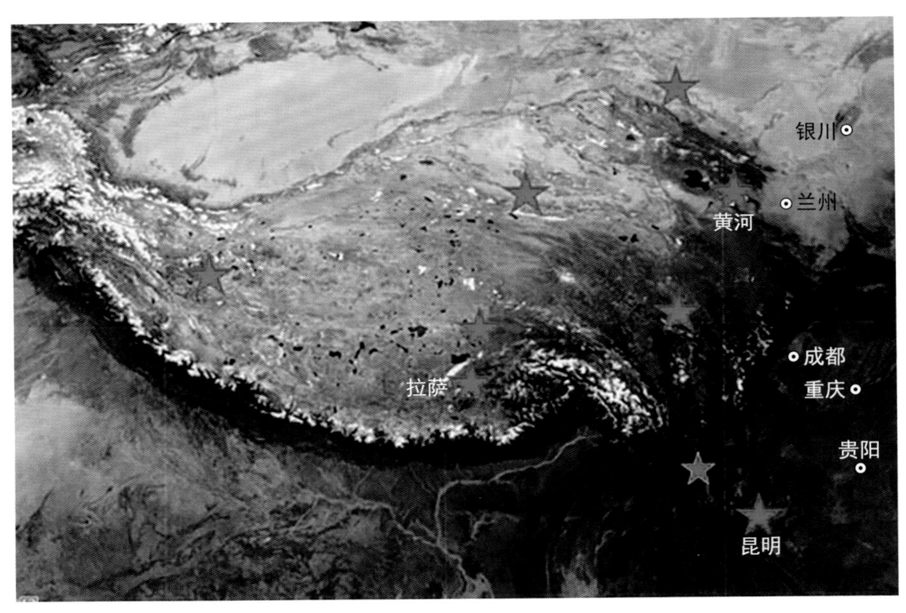

图 5.4　探空试验站点分布图

这些原位观测数据首次给出了夏季亚洲季风区反气旋内高垂直分辨率、高精度的水汽、臭氧、气溶胶垂直廓线。与在赤道热带观测站点开展的相似观测相比较，亚洲季风区在上对流层和下平流层有较高含量的水汽和较低含量的臭氧（图 5.5）。此外，观测还发现在冷点对流层顶（CPT）下方 8～10 km 内存在 10%～40%比例的冰面过饱和现象（图 5.5）。

相关观测数据还在亚洲对流层顶气溶胶层、对流层向平流层输送过程等研究方面提供了重要的观测证据，详见后文。

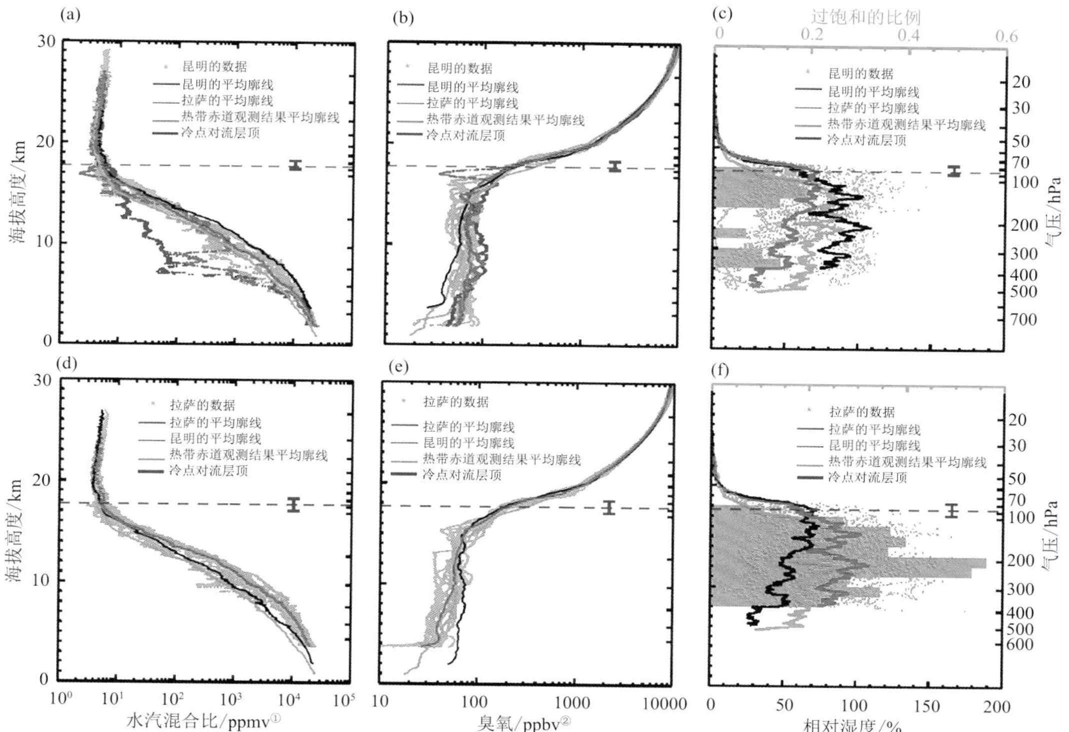

图 5.5 (a)—(f)分别为水汽体积混合比(左列)、臭氧体积混合比(中间列)和冰面相对湿度(右列)廓线,(a)—(c)为昆明 2009 年夏季、(d)—(f)为拉萨 2010 年夏季探空观测结果。图中灰色点为观测,红色线为平均廓线。黑色线是为了比较昆明与拉萨而给出的平均廓线,淡蓝色线是赤道热带观测结果的平均廓线。右列图橙色柱状图表示每一层的冰面过饱和比例。图中平均冷点对流层顶(CPT)高度用蓝色虚线表示,并给出其 10%～90%变率(引自 Bian et al., 2012)

5.2.2 部分常用数据适用性的验证

定量评估了 MLS 臭氧和水汽数据在青藏高原上空 UTLS 的适用性。卫星遥感产品具有覆盖范围广、时间序列长等优点,适合开展整个区域的研究。Aura 卫星微波临边观测仪(MLS)是目前提供 316 hPa 以上高度水汽、臭氧和其他重要痕量气体垂直廓线分布的主要星载探测器。利用 2010—2014 年夏季在青藏高原及其周边地区 CFH 测量的水汽和 ECC 测量的臭氧结果对 MLS 卫星 2 版、3 版和 4 版数据进行验证,图 5.6 给出了水汽和臭氧的比对结果。发现:夏季 MLS 水汽浓度在高原地区 38 hPa 及其以上高度的平流层和 121 hPa 及其以下的上对流层测值偏干,而在 100～38 hPa 之间的测值基本上是以偏湿为主,特别是 100～

① 1 ppmv=10^{-6}(体积分数),下同。

② 1 ppbv=10^{-9}(体积分数),下同。

68 hPa 之间的冷点温度附近;MLS 的水汽误差随着气压增高而增大(Yan X et al., 2015; Yan et al., 2016)。夏季 MLS 卫星臭氧垂直廓线浓度总体高于探空测值,其中 83 hPa 处的值相差最大;MLS 的臭氧廓线误差也是随气压增加而明显增大(Yan X et al., 2015; Yan et al., 2016;Shi et al., 2017)。

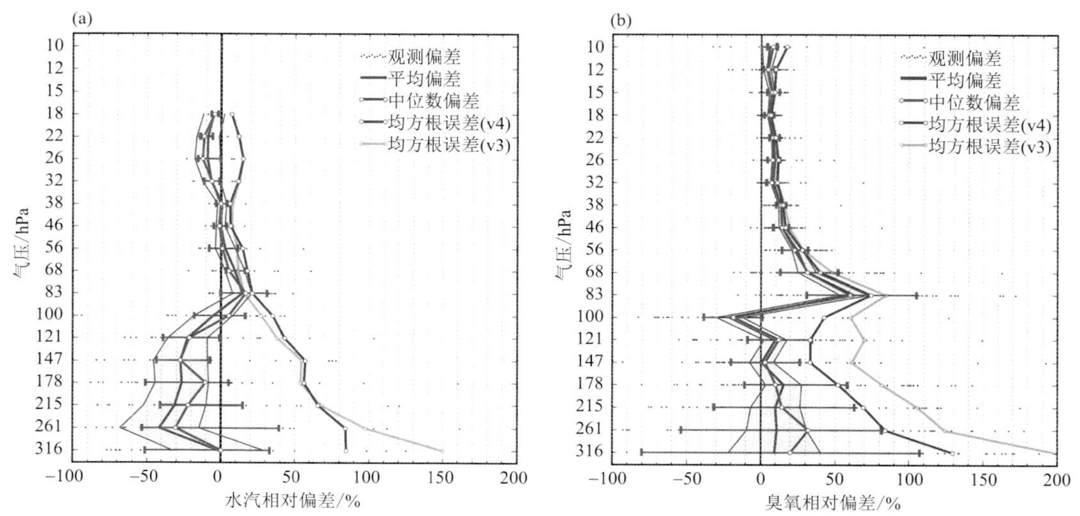

图 5.6 青藏高原及其周边地区 CFH 测量的水汽(a)和 ECC 测量的臭氧(b)与 MLS 卫星 3 版和 4 版数据的比对结果(引自 Yan et al., 2016)

下面评估适用于青藏高原平流层-对流层交换研究的多套资料。利用 2005—2013 年青藏高原及其周边地区的 MLS 水汽观测数据评估了 ERA-I、MERRA、JRA-55、CFSR 和 NCEP2 再分析资料,结果表明:这五套再分析资料在青藏高原地区都偏湿,其中 215 hPa 层湿偏差达到 165%。ERA-I 和 MERRA 与 MLS 的差异相对较小,并能够给出夏季青藏高原地区的高值区以及冬季对流层顶和西风急流中心附近的水汽梯度带。由于两套再分析资料中辐射加热率的差异,ERA-I 中辐射加热率比 MERRA 中辐射加热率高,导致 ERA-I 数据表征青藏高原及其周边地区向上传输的信号更好,而 MERRA 数据表征青藏高原及其周边地区向极地传输的信号更好(唐南军 等,2020a)。

5.3 臭氧低谷

青藏高原地区的臭氧总量分布特征可以利用扩展哥白尼气候变化中心数据集(1979—2017 年)提供的臭氧总量数据展现出来(Li Y et al., 2020)。如图 5.7 所示,青藏高原臭氧总量在每一个季节都存在纬向负偏差,而且在春季、夏季、秋季纬向偏差的等值线分布都与青藏高原的地形分布有很好的一致性,这也反映了高地形引起的空气柱短缺是形成这些负偏差的重要原因(Bian et al.，2020)。

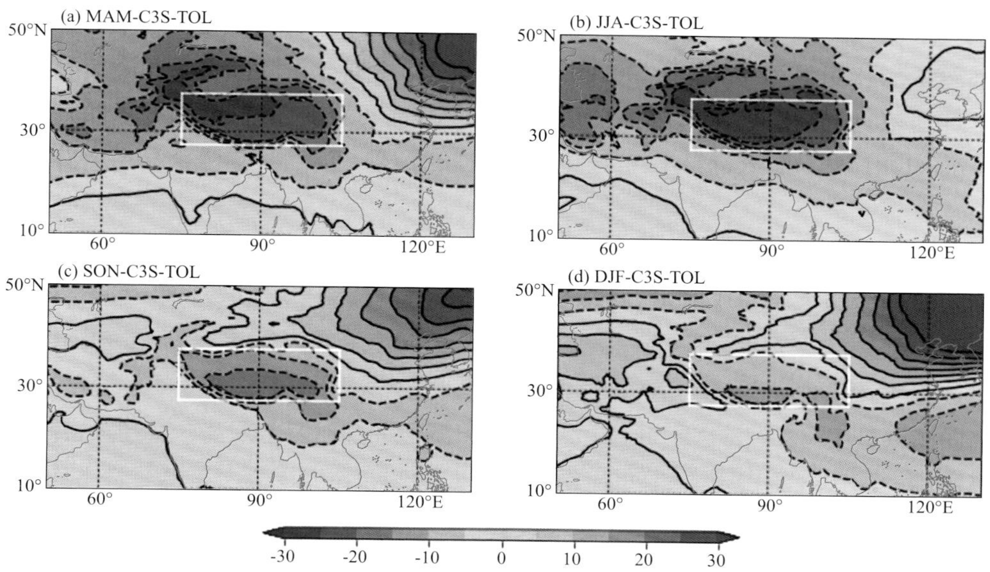

图5.7 基于1979—2017年扩展哥白尼气候变化中心数据集得到的四个季节臭氧总量纬向偏差的分布，(a)为3—5月(MAM)、(b)为6—8月(JJA)、(c)为9—11月(SON)、(d)为12月—次年1月(DJF)。图中实线和虚线分别表示纬向正偏差和负偏差，等值线间隔为5 DU(引自Li Y et al.，2020)

5.3.1 青藏高原臭氧总量长期变化趋势

以下研究揭示了青藏高原臭氧柱总量在1979—2017年间的变化趋势。利用扩展哥白尼气候变化中心数据集(1979—2017年)分析了青藏高原不同季节臭氧柱总量的长期变化，结果见表5.1(Li Y et al.，2020)。结果表明：青藏高原臭氧柱总量在1979—1996年期间有减少趋势(冬季(−0.56±0.21) DU·a^{-1}、夏季(−0.30±0.11) DU·a^{-1})，但是小于同纬度减小趋势(冬季(−0.64±0.18) DU·a^{-1}、夏季(−0.35±0.11) DU·a^{-1})；而在1997—2017年期间青藏高原和同纬度臭氧柱总量均转变为弱增加趋势。1997—2017年青藏高原臭氧总量冬季增加趋势((0.21±0.08) DU·a^{-1})大于夏季((0.11±0.04) DU·a^{-1})，但这两个季节青藏高原恢复速率均小于同纬度增加趋势(冬季(0.24±0.07) DU·a^{-1}、夏季(0.13±0.04) DU·a^{-1})。分析还表明，冬季150 hPa位势高度对青藏高原夏季臭氧柱总量的年际变化有重要影响；而对于同纬度臭氧柱总量的年际变化，准两年振荡是其主要的动力学因素。

表5.1 青藏高原与同纬度臭氧总量变化趋势的比较 单位：DU·a^{-1}

时间段	青藏高原趋势		同纬度趋势	
	冬季	夏季	冬季	夏季
1979—1996年	−0.56±0.21	−0.30±0.11	−0.64±0.18	−0.35±0.11
1997—2017年	0.21±0.08	0.11±0.04	0.24±0.07	0.13±0.04

5.3.2 夏季青藏高原臭氧垂直方向的双核心结构

根据微波临边探测仪(MLS)提供的多年(2005—2013 年)臭氧数据分析了夏季青藏高原上空臭氧三维分布结构,发现臭氧低谷在垂直方向存在双核心结构(图 5.8):一个低值中心位于上对流层-下平流层(UTLS)高度(200～50 hPa,称为低层核心),与纬向平均值的差异可达10%～30%;另一个低值中心位于上平流层(5～2 hPa,称为高层核心),与纬向平均值的差异仅为 1.5%左右(Guo et al., 2015;Tang et al.,2019)。其中高层核心对臭氧低谷的贡献约为 1 DU,而低层核心的贡献则约为 15 DU。低层核心的形成主要是由于大尺度环流和地形效应所致;而高层核心的形成则主要是因为奇氯(包括 Cl 和 ClO)引起的光化学反应,高层核心附近对应着 ClO 和 HCl 浓度的纬向正偏差区,高浓度奇氯族的存在可以加速臭氧的破坏。万凌峰等(2017)利用全大气气候通用模式 WACCM3 实现了对青藏高原夏季臭氧谷双心结构的模拟。

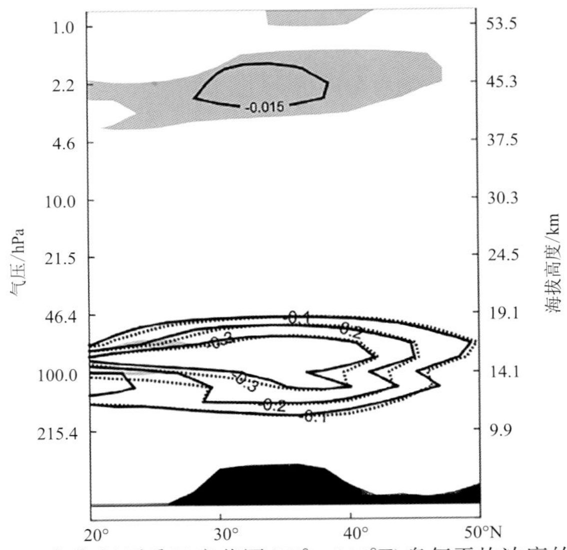

图 5.8 2005—2013 年期间夏季经度范围(75°～105°E)臭氧平均浓度的纬向偏差与纬向平均值比例的垂直-纬度剖面图,白天和夜间分别用实线和虚线表示,阴影区表示通过置信度为 99%的显著性检验(引自 Guo et al., 2015)

5.3.3 夏季南亚高压反气旋区域 UTLS 臭氧变化模态

这里剖析了夏季南亚高压反气旋区域 UTLS 臭氧变化的主要特征。南亚高压反气旋区域 UTLS 高度臭氧柱总量纬向偏差的变率表现为三个主要模态:低纬度地区的东西向偶极子模态(第一模态)、中纬度地区的东西向三极子模态(第二模态)、南北向模态(第三模态)(Chang et al., 2021)。前三个主分量主要关联参数包括印度尼西亚和低纬西太平洋的 SST、伊朗高原上空的对流层顶高度、青藏高原东部上空的南亚高压(SAH)强度。对于第一模态,海-气相互作用引起 850 hPa 南支槽和 200 hPa 辐合的加强，导致青藏高原附近低纬度地区 UTLS 高度臭氧总量的减少。对于第二模态，伊朗高原上空存在臭氧柱总量的负异常，且臭氧低值范围随着对流层顶的升高而增加。对于第三模态，青藏高原上空存在显著的正异常，且青藏高原上空的臭氧低谷范围在弱 SAH 期间减小，该模态与西太平洋副热带高压的位置密切相关。

5.3.4　青藏高原臭氧低谷对南亚高压的影响

这里揭示了青藏高原臭氧低谷对南亚高压的影响。利用 CAM5 模式开展敏感性试验，研究表明：如果去除青藏高原臭氧低谷，夏季南亚高压会变得更强更冷，尤其在 6 月(Li Z et al.，2017)。因为青藏高原臭氧低谷的去除，即增加了 200～30 hPa 高度内的臭氧，会显著增强南亚高压内的长波和短波辐射加热率，进而增强水平辐散，通过科氏力的作用，增强南亚高压；而动力过程可以引起南亚高压变冷，即绝热膨胀和上升运动导致南亚高压内温度下降，而与辐射加热有关的热力学过程抵消了部分冷却响应。

在夏季林芝观测的温度、水汽和臭氧的垂直廓线图上(Zhao et al.，2018)，对流层顶在海平面以上 17 km 左右，最低温度出现在 17～19 km 之间，平均温度为−76.7 ℃；水汽含量从近低层的大于 1000 ppm[①] 向上迅速减小，到对流层顶附近减小到 3～4 ppm，之后随高度增加变化不大；臭氧浓度在近低层较大，向上呈现减少趋势，在 13～17 km 之间变化较小，而在平流层低层则呈现出明显的增加趋势。高原臭氧这种垂直分布特征有别于南亚季风区的情况，与印度新德里(28.3°N，77.07°E)比较，林芝的臭氧浓度总体上偏低，二者在 16～22 km 的平均偏差是 3.1 mPa。夏季青藏高原加热产生的强烈垂直上升运动影响着臭氧在对流层-平流层之间的输送。观测资料分析表明，夏季青藏高原东南部对流层上层-平流层低层平均温度大于−78.15 ℃(该温度是极地平流层云形成所必需的最高临界温度)，并伴随着较低的水汽浓度。在这样的大气温度条件下，类似于极地的平流层云现象不大可能出现在高原上，即在高原上消耗臭氧的非均相化学反应可能比较弱，因而对流层顶附近的非均相化学过程可能不是夏季高原对流层上层-平流层低层臭氧低谷形成的主要机制(Zhao et al.，2018)，而观测到的对流层低层低臭氧的向上输送(Zheng et al.，2004)可以起更重要的作用。

5.3.5　未来百年夏季青藏高原臭氧变化趋势的预估

这里预估了未来百年夏季青藏高原臭氧变化趋势。利用全球大气气候通用模式(WACCM3)对政府间气候变化专门委员会排放情景特别报告中 2001—2099 年 A1B、A2、B1 三种排放情景进行了模拟，分析了三种排放情景下青藏高原地区未来百年臭氧总量在夏季(6—8 月)的变化趋势(苏昱丞 等，2016)。在三种排放情景下，未来百年夏季高原区臭氧总量均呈现增

① 1 ppm＝10^{-6}，下同。

长趋势，其中A2情景下臭氧增长最快，B1情景下臭氧增长最慢。但相对于同纬度其他地区，高原区的臭氧总量增长较慢，即高原区臭氧谷加深。高原区高空污染物的减少以及局域哈得来环流的减弱是未来高原区臭氧总量增加的原因，而南亚高压的增强以及与之相对应的辐散增强则可能是高原区臭氧谷继续加深的原因。

5.4 亚洲对流层顶气溶胶层（ATAL）的研究进展

5.4.1 首次用原位观测数据证实了ATAL的存在

在Vernier等（2011）利用星载云-气溶胶正交偏振激光雷达（CALIOP）观测数据发现ATAL存在之前，也有一些研究工作指出夏季在青藏高原上空对流层顶附近气溶胶存在增强信号，并且明显高于周边地区（Li et al.，2001；Tobo et al.，2007；周任君 等，2008）。但是早期工作未能充分考虑上对流层卷云对气溶胶信号的影响。Vernier等（2011）发现ATAL是基于CALIOP的遥感观测，但是由于ATAL信号比较弱，所以这些遥感观测结果需要原位观测的证实。SWOP观测计划在拉萨和昆明开展的探空观测中，采用了球载粒子光学后向散射仪（COBALD），根据冰面相对湿度剔除了卷云的干扰后，得到的气溶胶后向散射比（BSR）在对流层顶附近明显增强（图5.9），证实了CALIOP遥感观测结果（Vernier et al.，2015），从而第

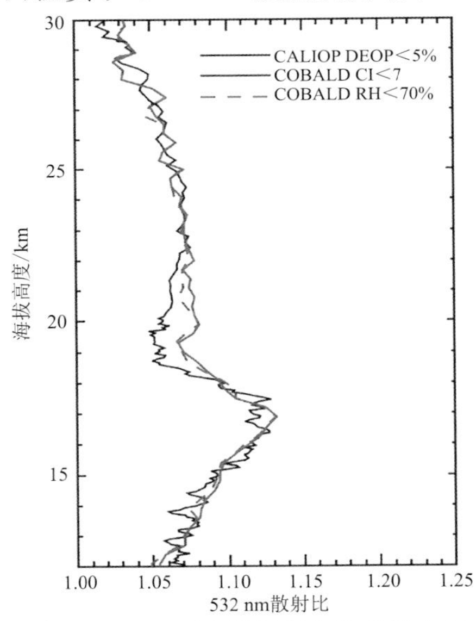

图5.9 利用2013年8月拉萨18次COBALD后向散射探空仪获得的532 nm散射比中值廓线（红色），并与2013年8月拉萨（30°N，91°E）周边经度30°和纬度5°范围CALIOP激光雷达532 nm散射比的中值廓线（黑色）的比较。在COBALD数据中分别采用两种方法去除了冰云的影响，一是把颜色指数（CI）≥7识别为冰云（红色实线表示CI<7），二是把RH≥70%识别为冰云（红色虚线表示RH<70%），图中DEOP为退偏比

一次提供了 ATAL 存在的原位观测证据。气溶胶增强高度位于 13～19 km 之间(Vernier et al.，2015)。COBALD 观测数据分析还表明，940 nm 和 455 nm 波长的气溶胶后向散射比(ABSR)之比(即颜色指数)在 4～8 之间，表明该层气溶胶主要是直径小于 0.2 μm 的细粒子模态；分析 CI 与冰面相对湿度(RH_i)的关系还发现，水汽的增多有利于细粒子大小的增大，即气溶胶粒子的吸湿增长是影响 ATAL 辐射特征的重要因素(He et al.，2019)。

SWOP 观测计划还采用了球载粒子计数器(POPS)，在青藏高原地区获得了气溶胶粒子谱随高度的变化，图 5.10 非常清晰地展示了对流层顶附近存在的亚洲对流层顶气溶胶层(Yu et al.，2017)。观测发现，ATAL 气溶胶数浓度在 0.14～3 μm 之间为 35～80 cm^{-3}，质量浓度为 0.15～0.30 μg · cm^{-3}，数浓度主要集中在 0.25 μm 以下粒径(图 5.11)，占比达 98%以上，位于对流层顶上下 2 km(Yu et al.，2017；Zhang et al.，2019，2020)。

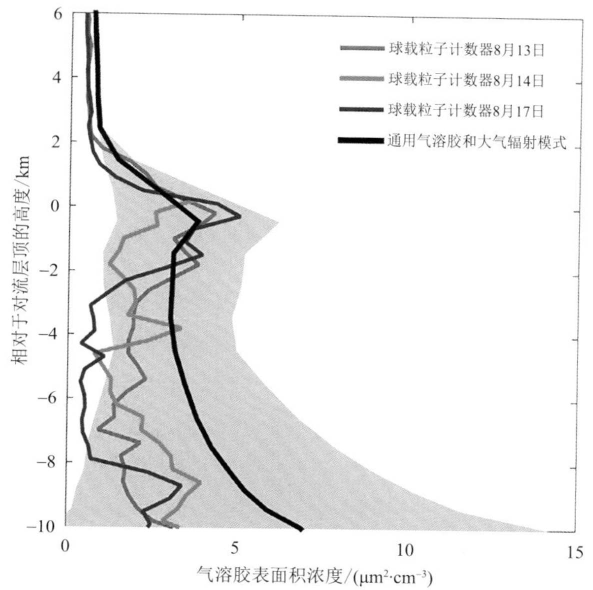

图 5.10　2015 年 8 月 13 日(红色)、14 日(绿色)和 17 日(蓝色)利用 POPS 探空在中国昆明(25°N，102°E)获得的气溶胶表面积浓度的垂直廓线以及利用 CARMA 模式模拟的亚洲季风反气旋区的平均值(黑色)。灰色阴影区表示模式模拟的时空变率，垂直坐标为相对于对流层顶的高度(引自 Yu et al.，2017)

5.4.2 火山喷发对 ATAL 观测的影响

目前，一般把亚洲对流层顶气溶胶层的形成视作人为活动排放污染物而产生的现象，不同于平流层气溶胶层，后者主要是由火山喷发等自然过程而产生的(Bian et al.，2020)。在没有火山喷发影响的年份，ATAL 范围从东亚(向南至泰国)一直延伸到地中海(向南至北非)，平均散射比(SR)在 1.12～1.19 之间。受到亚洲夏季风反气旋环流的围困作用，这些气溶胶在反气旋内出现高值区，如图 5.12a—c 中的 2006—2008 年夏季。当前期火山喷发后，会对

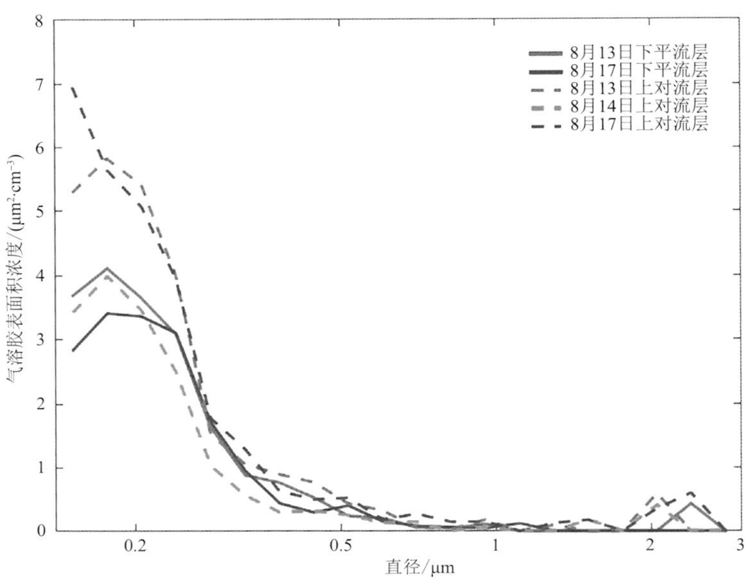

图 5.11　利用 POPS 探空观测数据获得的上对流层（虚线）与下平流层（实线）1 km 高度层的气溶胶表面积浓度的谱分布，其中 2015 年 8 月 14 日下平流层上方 1 km 高度层数据缺测（引自 Yu et al.，2017）

ATAL 的观测存在影响。例如，2009 年 6 月 7 日爆发的俄罗斯远东堪察加 Sarychev 火山，将 1 Tg 的SO_2喷发至对流层顶之上，引发北半球平流层气溶胶浓度激增，2009 年 7—8 月 CALIPSO 观测到的 SR 大于 1.2（图 5.12d）。由于亚洲夏季风反气旋环流的作用，这些高浓度的气溶胶被阻挡在反气旋之外，而反气旋内部维持相对较低的气溶胶浓度（Vernier et al.，2011）。

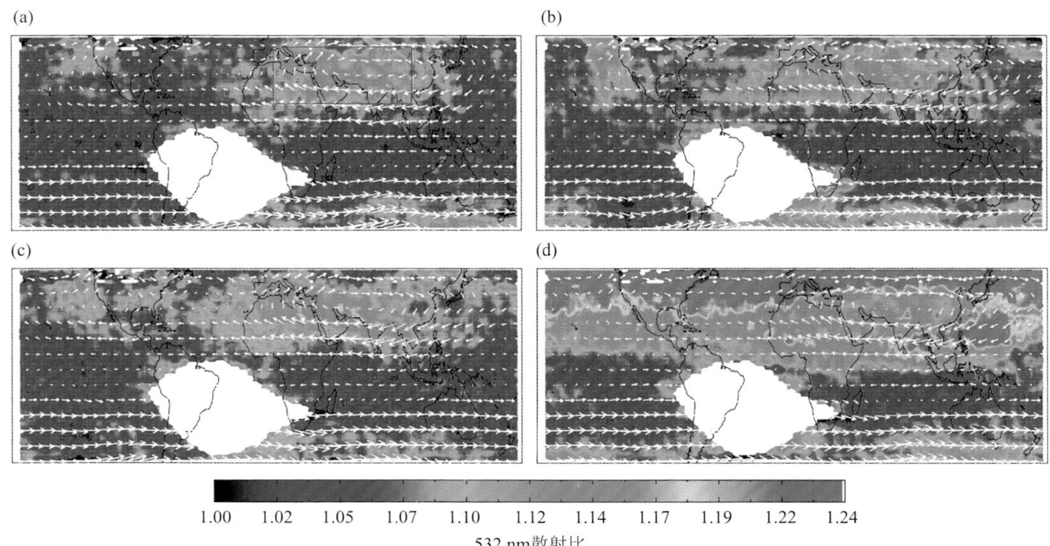

图 5.12　夏季（7—8 月）来自 CALIPSO 观测的 532 nm 散射比（SR）在 15～17 km 高度的分布，(a)—(d)分别为 2006 年、2007 年、2008 年、2009 年，图中叠加了同期 100 hPa 高度风矢量（引自 Vernier et al.，2011）

2011 年 6 月 13 日在非洲东北部厄立特里亚的 Nabro 火山喷发将大约 1.3 Tg 的 SO_2 喷射到 9～14 km 并在平流层形成气溶胶(Bourassa et al., 2012),影响 2011 年夏季在那曲(31.5°N,92.1°E)微脉冲激光雷达的观测,发现在 UTLS 高度存在气溶胶消光系数持续大值区,散射比极大值为 4～9(He et al.,2014)。2014 年 2 月 14 日印度尼西亚的 Kelud 火山(8°S, 112°E)喷发,火山烟羽可达 18～21 km(Vernier et al., 2016),影响 2014 年 6—7 月在林芝(29.67°N, 94.33°E)的 COBALD 观测,发现在 UTLS 高度存在气溶胶增强层,BSR (455 nm) >1.1,BSR (940 nm)>1.4(He et al.,2019)。2019 年 6 月 21 日的雷公计岛(Raikoke)火山喷发,把 1.45 Tg 的 SO_2 注入平流层,绝大部分注入高度位于 13 km,最大烟羽高度约 16 km(Global Volcanism Program, 2019),严重干扰 2019 年 8 月在柴达木(37.74°N,95.34°E)开展的 POPS 观测,发现气溶胶数浓度是 180 cm^{-3},超过 2018 年的 5 倍(Zhang et al.,2020)。

5.4.3 ATAL 中空气块的来源

根据对 ATAL 中气溶胶增强层中气块的跟踪,发现部分气块来源于喜马拉雅山脉南麓的抬升,部分来源于 370～460 K 等熵面之间的水平输送(Zhang et al.,2019, 2020)。He 等(2021) 分析了 ATAL 形成与消散机制以及年际变化特征,发现孟加拉湾北部及邻近陆域,即印度次大陆污染物汇集之地,是 ATAL 的气溶胶对流源区。ATAL 的空间范围(根据 CALIOP 平均消光散射比定义)与平流层 QBO 驱动的次级环流有关。ATAL 内气溶胶并非均匀分布,西部的下沉运动对于气溶胶层的消散起重要作用。

5.4.4 ATAL 形成过程的数值模拟

Gu 等 (2016) 利用 GEOS-Chem 模式模拟硝酸盐在气溶胶层形成中的作用,结果表明硝酸盐气溶胶是气溶胶层中的主要贡献者,在 200 hPa 高度质量占比达 25%～50%,而在 100 hPa 高度其贡献超过 60%。UTLS 硝酸盐的堆积的主要机制是 HNO_3 的垂直输送和气粒转换形成的硝酸盐。与深对流相关联的高相对湿度与低温有利于 HNO_3 的气粒转换。Ma 等(2019) 利用 ECHAM/MESSy 大气化学(EMAC)环流模式模拟了 ASM 反气旋内 UTLS 中气溶胶及其前体物的排放、化学和输送过程。发现该气溶胶层主要是由于青藏高原北部沙尘抬升至 10 km 以及在反气旋环流中累积所致。另外还发现青藏高原中部氨气的排放和积云对流输送,对青藏高原 UTLS 及亚洲反气旋内的气溶胶气态前体物有很大贡献。模拟发现,ASM 反气旋中 UTLS 气溶胶消光主要来自沙尘气溶胶的贡献,其次为亲水性 (硝酸盐和硫酸盐)气溶胶和液态水气溶胶。Yu 等(2019) 发现美国基金会/能源部的通用地球系统模式(CESM)缺省对流输送方案,从而严重高估对流层中上部气溶胶质量浓度,可达 10～1000 倍。Yu 等(2019)改进了气候模式中对流输送方案,考虑了云底上方的气溶胶活化和湿清除过程,新的方案大大改善了全球对流层中上部气溶胶收支。

5.4.5 ATAL 对北半球平流层气溶胶收支的贡献

这里揭示了 ATAL 对北半球平流层气溶胶收支的贡献。Yu 等（2017）的模拟表明，亚洲地区排放的大量人为气溶胶前体物被亚洲季风对流快速垂直输送，在 ASM 反气旋的上对流层形成气溶胶层。这些粒子随后向整个北半球下平流层输送，就全年而言，其对整个北半球平流层柱气溶胶表面积的贡献显著（约为 15%，图 5.13a），与 2000—2015 年期间所有火山喷发的贡献相当。尽管 ASM 贡献小于热带上升区（约 35%，图 5.13b），但是 ASM 单位时间和单位面积的贡献是后者的三倍。随着亚洲经济的持续发展，亚洲排放对平流层气溶胶的贡献也将持续增长。

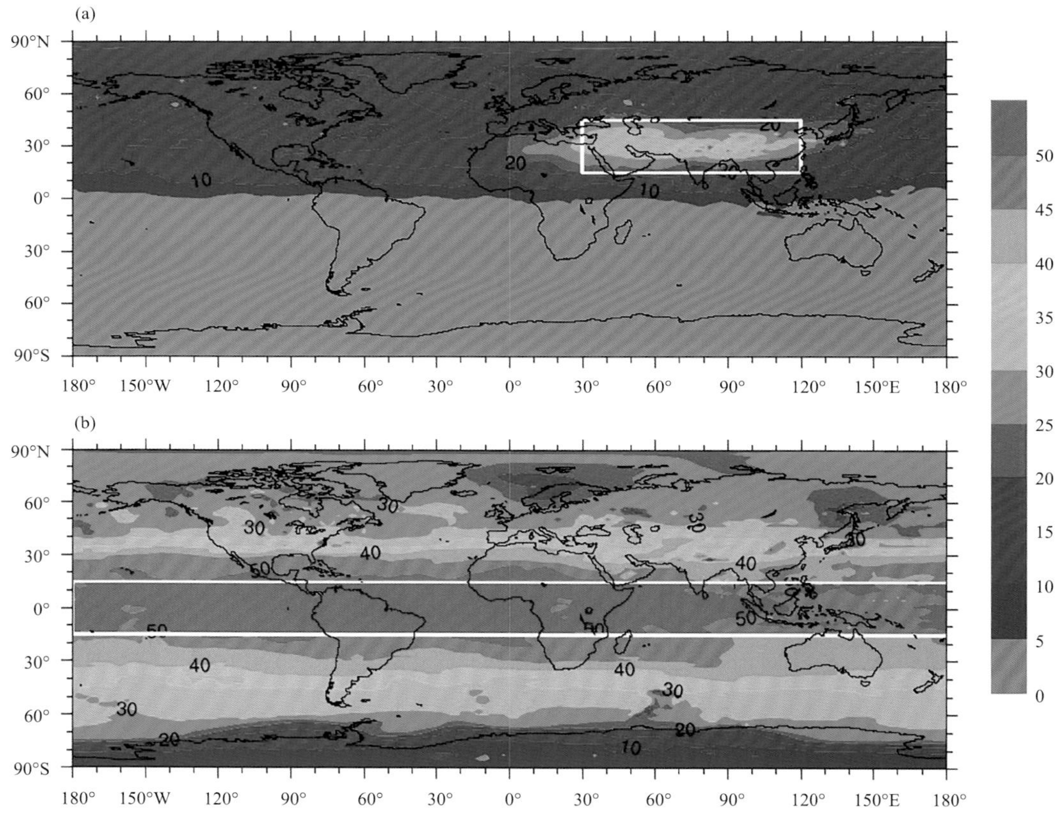

图 5.13 （a）亚洲季风区（15°～45°N，30°～120°E）夏季（6—9 月）对流层顶气溶胶层对平流层气溶胶年平均表面积浓度的贡献（%）；（b）热带（15°S～15°N，0°～360°E）全年对平流层气溶胶年平均表面积浓度的贡献（%）（引自 Yu et al.，2017）

5.5 对流层-平流层交换

5.5.1 对流层-平流层输送过程

夏季亚洲季风区（ASM）对流层-平流层大气成分输送对于全球平流层化学和气候系统具有重要的影响。由于特殊的地理位置和气候特征，青藏高原上空大气成分输送备受关注。由于受卫星资料空间分辨率的制约，对夏季亚洲季风区上对流层-下平流层（UTLS）大气成分垂直结构方面的刻画存在严重不足，所以应用高分辨率的原位观测资料研究平流层-对流层交换尤为重要。

下面分析热带气旋输送过程对 ASM 反气旋中大气成分的影响。基于在青藏高原中心测站拉萨和东南部测站昆明的大气成分探空观测资料，结合德国于利希研究中心平流层大气所的平流层化学拉格朗日（CLaMS）轨迹模式，发现了地面空气进入 UTLS 的新路径——热带气旋。影响 ASM 反气旋内部大气成分分布特征主要有两个关键过程：一是与季风对流有关的快速垂直输送，二是 ASM 反气旋内大尺度缓慢抬升。基于青藏高原观测资料，结合轨迹模式，发现了边界层物质侵入到 ASM 反气旋内的一个新输送通道，即热带气旋输送边界层低臭氧浓度空气到 UTLS 区，经过水平长距离输送后进入反气旋内部（Li D et al.，2017）。该结果对于解释 ASM 反气旋内大气成分分布特征提供了第三个关键的大气输送过程。利用日本那霸和香港观象台多年（2000—2017 年）ECC 臭氧探空资料，定量评估了西太平洋台风对 UTLS 区臭氧的贡献。结果表明，台风季（7—10 月）臭氧廓线总数的 45%受到台风不同程度的影响，在台风影响下 UTLS 臭氧均值比历史均值低 20%，导致 UTLS 区臭氧浓度降低了 20～60 ppbv（图 5.14，Li et al.，2021）。

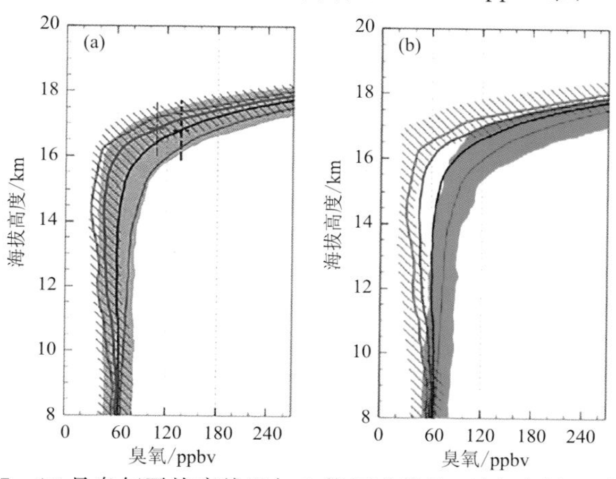

图 5.14　香港多年 7—10 月臭氧平均廓线叠加 1 倍标准偏差，所有个例（黑色实线＋灰色阴影）、强台风（红色）、普通台风（蓝色）、无台风（绿色）

(a)所有个例阴影和普通台风阴影；(b)强台风阴影和无台风阴影

基于在青藏高原上空测站拉萨获取的臭氧探空资料，结合轨迹模式，发现了拉萨对流层臭氧浓度增加的一个新机制，即南亚次大陆的臭氧前体物在喜马拉雅山南侧强上升气流的输送作用下，由边界层到达对流层中、上部，进而通过光化学过程导致此层臭氧浓度升高(Li et al.，2018)。它揭示了拉萨对流层臭氧浓度增加的一个新机制。

利用青藏高原北缘测站格尔木开展夏季大气臭氧探空观测试验，探讨了对流层臭氧污染过程。结果表明，青藏高原北缘对流层臭氧污染主要由两个因素引起：①该地区高空大气环流同时受南亚高压反气旋和西风急流影响，与之相关的平流层入侵导致的动力输送过程可使对流层臭氧浓度增加52.9%；②2016年7月俄罗斯中部野火排放的臭氧前体物经过远距离输送及化学过程导致下游地区对流层臭氧浓度增加，造成青藏高原北侧对流层内数千米的高臭氧污染(图5.15，Zhang et al.，2021)。该研究揭示了青藏高原北侧臭氧污染的新途径，即西伯利亚野火可以影响到我国北部地区大气臭氧含量及其垂直分布特征。在全球变暖导致野火活动增加的背景下，更多污染物可能会通过野火排放进入大气，进而通过远距离输送及化学过程

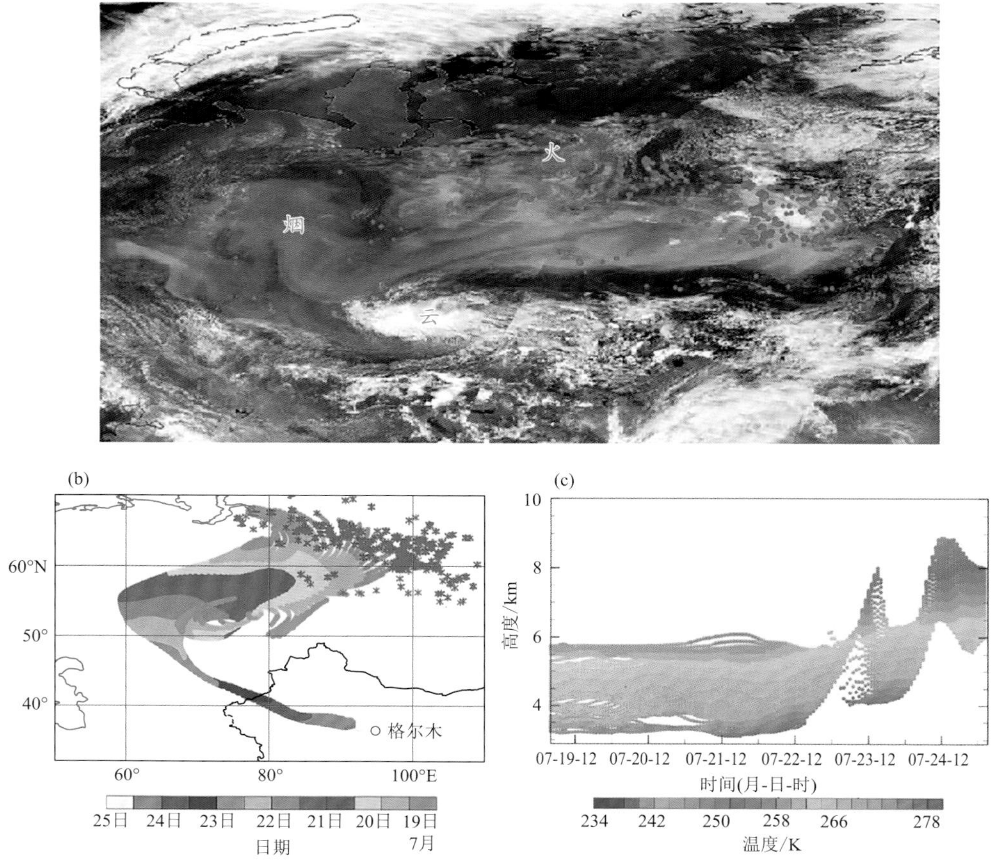

图5.15 (a)2016年7月20日MODIS探测到的俄罗斯野火点分布，用红色点表示。(b)格尔木臭氧观测站点后向轨迹图，用颜色标注日期，红星点表示7月20日火点位置。(c)2016年7月25日格尔木站点6～8 km高度空气块后向轨迹的高度和温度变化

对我国对流层臭氧污染造成威胁。

平流层水汽的变化对气候系统辐射收支具有重要的影响，关于深对流的增湿或脱水具有很大的争议，因此，研究对流层顶脱水是一个重要研究课题。根据2009年8月8日在昆明站点的探空观测，发现在对流层顶（图5.16a）附近存在明显的臭氧浓度和水汽浓度低值，在380 K等熵面上臭氧浓度仅为35 ppbv（图5.16b），水汽浓度也仅有2.7 ppmv（图5.16c）。利用欧洲中心再分析资料ERA-Interim和ERA5驱动平流层化学拉格朗日（CLaMS）轨迹模式，发现ASM反气旋和热带气旋相互作用，首先将海洋边界层低臭氧浓度空气输送到对流层顶，深对流出流区低温导致空气发生脱水现象（图5.17，Li D et al.，2020），最终，携带低臭氧、低水汽空气影响昆明测站。同时发现高时空分辨率的ERA5再分析资料在模拟台风螺旋云带及台风对流垂直输送方面更有优势，轨迹模拟结果显示ERA5驱动场比ERA-Interim展现了更强的垂直上升速度，导致边界层物质快速输送到对流层顶附近。这为定量评估ASM反气旋和热带气旋相互作用对对流层顶水汽、臭氧以及卷云的影响将有重要意义，揭示了台风深对流可引起ASM对流层顶水汽减少的事实。

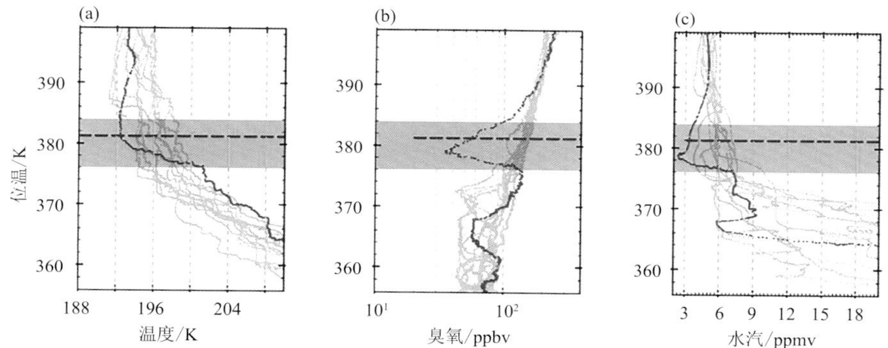

图5.16　2009年8月昆明站点的温度(a)、臭氧混合比(b)和水汽混合比(c)的所有垂直廓线，其中臭氧和水汽混合比异常偏低的8月8日观测结果用蓝色标记，水平蓝色虚线为8月8日对流层顶高度（引自Li D et al.，2020）

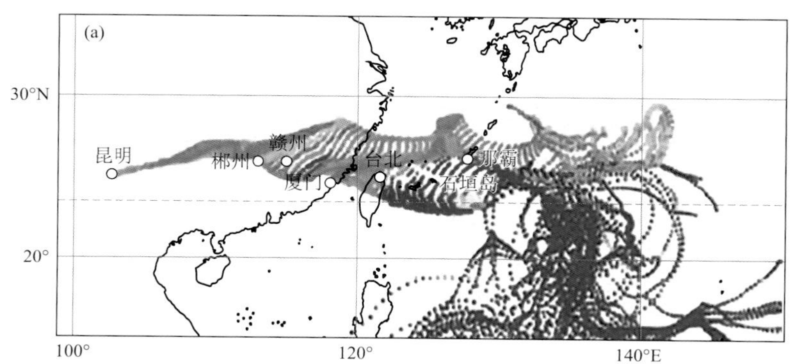

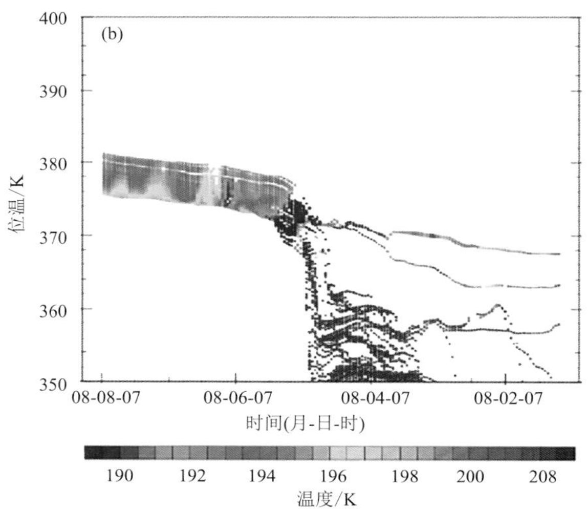

图 5.17　昆明站点 8 月 8 日臭氧与水汽混合比异常偏低高度(376～384 K)气块的 7 d 后向轨迹中的温度变化(用颜色表示),(a)为经度-纬度水平分布,(b)为时间-高度(高度用位温表示)剖面(引自 Li D et al.,2020)

5.5.2　亚洲夏季风对流层顶层混合特性

热带对流层顶是大气痕量成分进入平流层的通道,热带对流层顶层(TTL)中发生的动力、物理、化学过程对于控制平流层大气成分具有重要的作用。热带对流层顶层的上下边界可由热力学来定义,上边界由冷点对流层顶(CPT)定义,下边界为最小稳定度(LMS)高度(图 5.18),通常认为 LMS 对应于对流主出流高度。TTL 的上下边界也可以由平流层示踪物(例如臭氧)-对流层示踪物(例如水汽、CO)的相关关系来确定。根据十多年夏季在昆明和拉萨开展的臭氧和水汽探空观测,分析了夏季亚洲季风反气旋中对流层顶层结构,尤其关注平流层-对流层空气的混合特性。分析表明混合空气形成了一个转换层,即由对流层特性向平流层特性的转换,该混合层厚度具有很强的变率(图 5.19)。统计结果表明,混合空气所在高度范围大致有 5.5 km 厚,位于 12.5 km 和 18 km 之间。混合空气的垂直分布高度与热力学定义的 TTL 基本一致,即下边界为 LMS 而上边界为 CPT。但是热力学定义只是把 TTL 视作热力学特性转换的一个区域,而不考虑对流层与平流层之间的混合特征。根据示踪物相关分析,可以识别所有高度(不管是热力学 TTL 内部还是外部)的混合特性空气,而混合特性恰恰是 TTL 的一个基本特征。基于水汽和臭氧的相关分析(图 5.20)表明,LMS 与 CPT 之间 30%～50%的空气具有混合特性,在 CPT 之上 1～1.5 km 也存在一定比例的混合特性空气,这就意味着亚洲季风区反气旋内的对流层空气块可以抬升并混合进入自由平流层中。

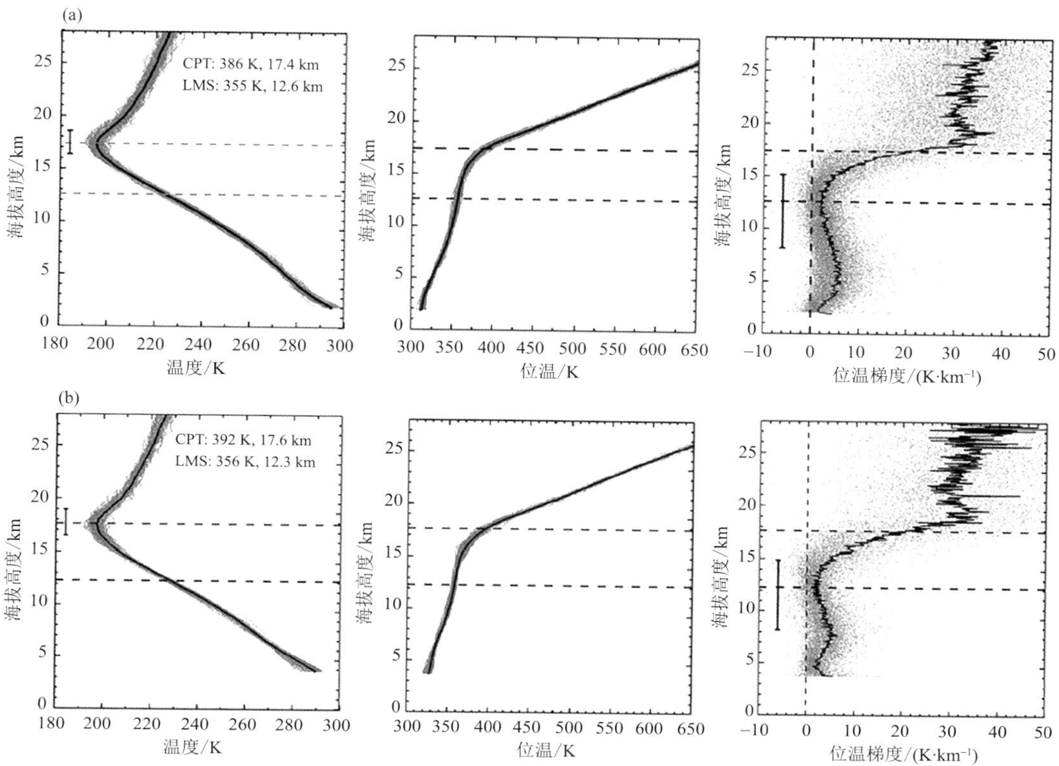

图5.18 昆明(a)和拉萨(b)夏季的温度(左列)、位温(中间列)和静力稳定度(右列)廓线，黑色实线为平均廓线，平均CPT和LMS高度用水平黑色虚线显示，垂直长条分别表示CPT和LMS高度变化范围(引自 Ma et al.,2022)

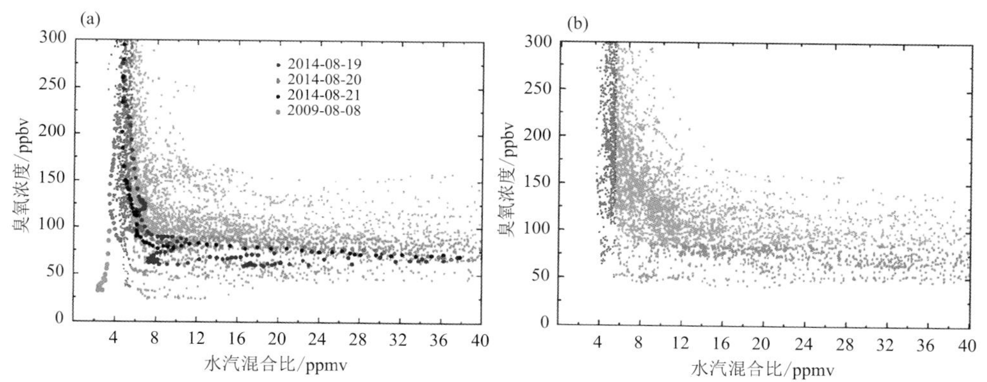

图5.19 昆明(a)和拉萨(b)示踪物空间中臭氧-水汽相关散点图。平流层空气、对流层空气、混合层空气分别用红色、绿色和青色表示(引自 Ma et al.,2022)

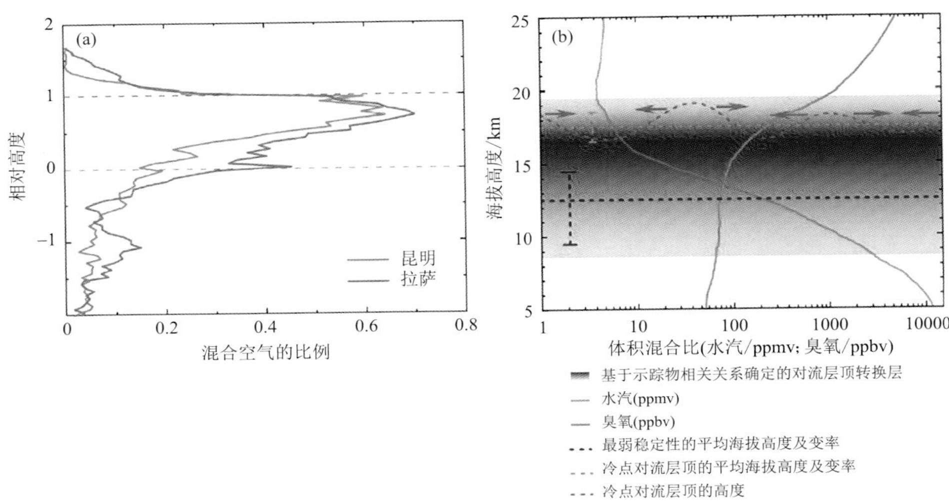

图 5.20 (a)为昆明和拉萨上空 TTL 中的混合特性，(b)为基于热力学结构和臭氧-水汽相关关系的TTL 示意图。(a)中灰色虚线表示以 LMS 与 CPT 高度之差为基准构建的垂直坐标，图中红线和青线分别表示拉萨和昆明混合特性空气比例。(b)着重展示臭氧和水汽在 LMS 与 CPT 之间的变化，其中水汽在 CPT 之上达到平流层背景值，而臭氧从 LMS 开始偏离其对流层背景值，图中箭头表示空气沿着等熵面的混合(引自 Ma et al.,2022)

5.5.3 亚洲夏季风反气旋内部污染物地面排放源的追根溯源

卫星观测资料显示南亚高压反气旋内部存在着高浓度的地面排放的污染物，随着反气旋的形变，这些污染物会脱离反气旋的控制进入北半球甚至全球平流层，并进一步通过微物理、化学、辐射等过程对全球气候环境产生重要影响。以往的研究虽然指出这些高浓度污染物主要来自夏季亚洲季风区地面排放源，然而由于亚洲季风区覆盖范围广阔，且不同区域对应着不同的大气环流，因而未能明确指明不同区域的贡献。为了找出地面主要污染源，本项目选择印度地区和中国东部地区这两个全球污染排放比较严重的区域，以 CO 为例开展了数值模拟研究(图 5.21)。结果表明，南亚高压反气旋内的 CO 主要来源于印度源区的排放(贡献了2/3)，而中国东部排放源由于受低层西南风的输送，主要向东扩散，向上输送进入反气旋内的贡献很少(11%)(Yan R et al.,2015)。该结果对于评估未来亚洲地区人类活动对全球平流层环境的影响具有重要的指导意义，即需要精确地预测亚洲不同地区污染物的排放情况。

下面将从大气边界层源的角度解释亚洲夏季风反气旋区域对应着高浓度污染物。多年夏季后向轨迹模拟结果表明：在 150 hPa 等压面上的气块受边界层影响最多的区域主要位于强对流区域的上空及其下风向区域，即位于亚洲夏季风反气旋的南部边缘地带(图 5.22a)；但是该区域并非对应污染物高浓度中心(图 5.22b)。海洋源(污染物排放少)对 20°N 以南区域的上对流层的影响占主导作用(图 5.23a)，且由大气边界层输送到上对流层的时间相对较长

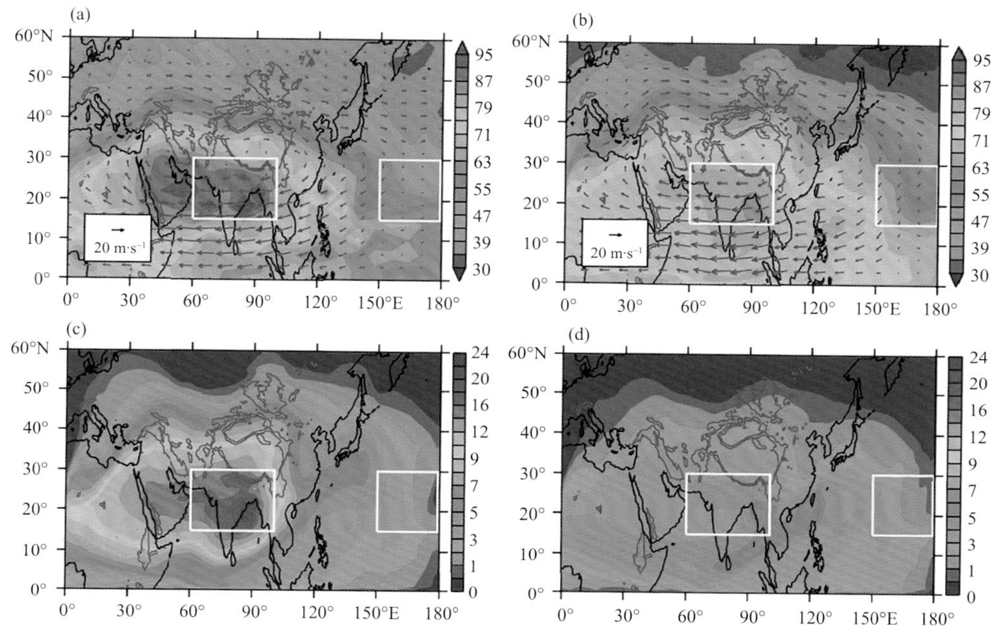

图 5.21 2006 年 6 月 15 日—7 月 15 日 100 hPa 高度 CO 平均浓度(ppbv)分布,(a)为 MLS 观测结果,(b)为 WRF+chem 模拟结果,(c)、(d)分别为印度排放源和中国排放源引起的分布,(a)、(b)叠加该时段 100 hPa 高度水平风矢量(引自 Yan R et al.,2015)

(图 5.23b)。而陆地源(污染物的重要排放源)则显著影响 10°~30°N 之间的上对流层,尤其是孟加拉湾、印度次大陆、阿拉伯海和阿拉伯半岛(图 5.23c),且达到上对流层高度所需的时间相对较短(图 5.23d),地面空气特性对上对流层的影响更显著。正是后者导致了亚洲夏季风区反气旋内高浓度污染物的形成(Fan et al.,2017a)。

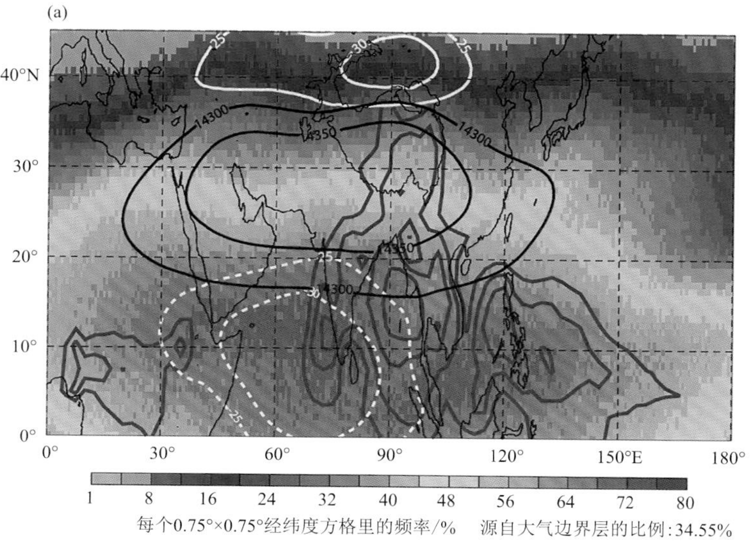

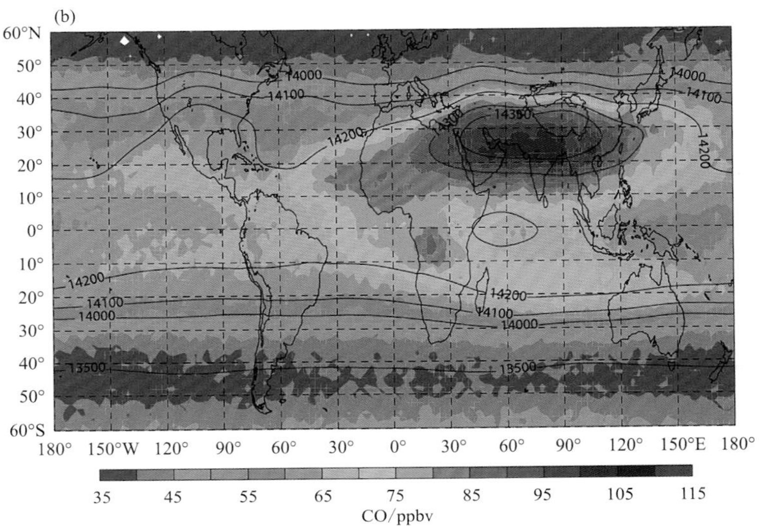

图 5.22 (a)为 2009—2014 年夏季(6—8 月,JJA)150 hPa 高度气块在 30 d 内来源于大气边界层的比例(色标),叠加同期平均位势高度场(黑色等值线,单位为 gpm,14300 gpm 等值线内的区域可视作亚洲夏季风反气旋)、平均纬向风(白色等值线,实线为西风、虚线为东风)和表征对流高度的 OLR(蓝色等值线,对应于 220、210、200 和 190 $W \cdot m^{-2}$)。(b)为 2009—2014 年夏季 147 hPa 高度平均 CO 浓度(色标,ppbv),叠加同期 150 hPa 高度平均位势高度(引自 Fan et al.,2017a)

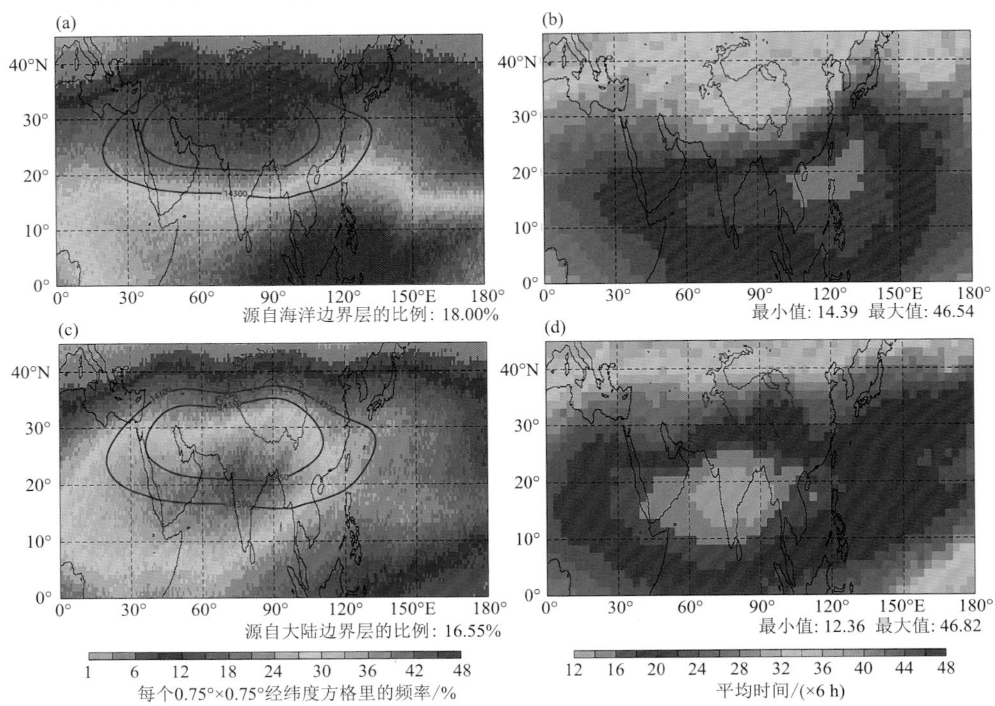

图 5.23 2009—2014 年夏季(6—8 月)150 hPa 高度空气块在 30 d 内源自大气边界层的百分比((a)为海洋源、(c)为大陆源),用色标表征;另外叠加夏季 150 hPa 平均位势高度场(黑色等值线,单位:gpm)。(b)和(d)分别为海洋源和大陆源气块从大气边界层达到 150 hPa 高度所需的平均时间(用色标表征,单位:h)(引自 Fan et al.,2017a)

5.5.4 向平流层的输送

Fan 等(2017b)找出了亚洲夏季风反气旋内上对流层空气块穿越对流层顶进入平流层的位置(图 5.24)。进入平流层的入口主要位于 30°N 以南,占比约为 3/4,其中亚洲夏季风区是气块穿越对流层顶进入平流层最集中的区域。在该区域,与辐射有关的非绝热向上运动是其主要输送机制。在反气旋的北侧与东侧,也存在一些较弱的穿越对流层顶区域,主要输送机制是反气旋与副热带罗斯贝波相互作用引起的等熵涡动脱落过程。而在反气旋主体上空仅有少数气块由此穿越对流层顶(Fan et al. ,2017b)。

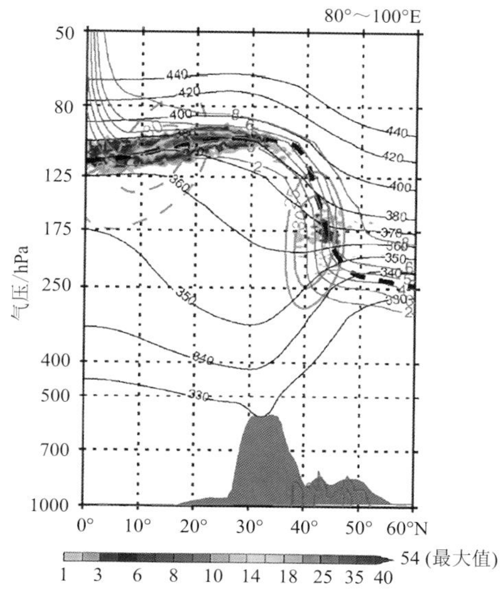

图 5.24 亚洲夏季风反气旋内上对流层空气块穿越对流层顶进入平流层的位置分布(色标),叠加平均热力学对流层顶高度(粗虚线)、纬向风(灰色等值线)、位温(黑色实线)、位涡(红色等值线)(引自 Fan et al. ,2017b)

这里揭示了夏季青藏高原上空水汽的年际异常主导型及其与水汽向平流层传输的联系(唐南军 等,2020b,2020c)。前人的研究表明,夏季亚洲季风区水汽向平流层的输送是平流层水汽的重要来源,而输送主要发生在青藏高原及其周边的地区。资料分析表明,7—8 月青藏高原及周边地区上对流层水汽质量的年际异常的主导分布为:整体异常型、东西偶极型和南北偶极型;主要过程为垂直非绝热输送所造成的水汽辐合辐散,而等熵绝热输送过程起部分抵消作用。然而,与水汽分布异常型所对应的水汽向平流层传输异常,却由等熵绝热传输的异常变化起主导作用。当青藏高原上空水汽质量整体偏多(少)时,周边水汽向平流层的等熵输送则偏强(弱)。当青藏高原上空水汽质量呈西多/东少分布时,对应青藏高原东北侧水汽向平流层的纬向绝热传输、西北侧水汽向平流层的由南向北经向绝热传输,以及南侧高层水汽向热带平流层的由北向南绝热输送均偏强,只有青藏高原北侧由南向北经向绝热输送明显减弱;水汽向平流层的非绝热输送也略强。当青藏高原上对流层水汽质量呈西少/东多分布时，结果趋于相反。

下面给出亚洲夏季风环流（ASM）与北美夏季风环流（NASM）向平流层输送量和输送效率的比较（Yan et al.，2019）。研究发现，在 350～360 K 高度释放示踪剂时，从 ASM 和 NASM 区域到热带平流层的输送量甚至到南半球平流层的输运量比其他高度都要大；在对流层顶附近（370～380 K）释放的示踪剂主要向北半球平流层输送（图 5.25）。从 ASM 和 NASM 区域上对流层进入热带导管的输送存在两个路径：①在对流层顶之下向热带准水平输送，接着通过热带上涌爬升到热带平流层（热带路径）；②在 ASM、NASM 内上升至平流层，随后通过准水平输送进入热带下平流层和热带导管（季风路径）。热带路径比季风路径快，尤其是上升分支。相比较而言，ASM 对热带导管的贡献大约是 NASM（约 1.5%）的三倍。进入热带导管的传输效率在 ASM 区域 370～380 K 高度的输送最高，从 ASM 到热带导管的输运效率几乎是从 NASM 或热带到热带导管的输运效率的两倍。尽管 NASM 对平流层的贡献小于 ASM 和热带的贡献，但 NASM 的传输效率与热带相当。

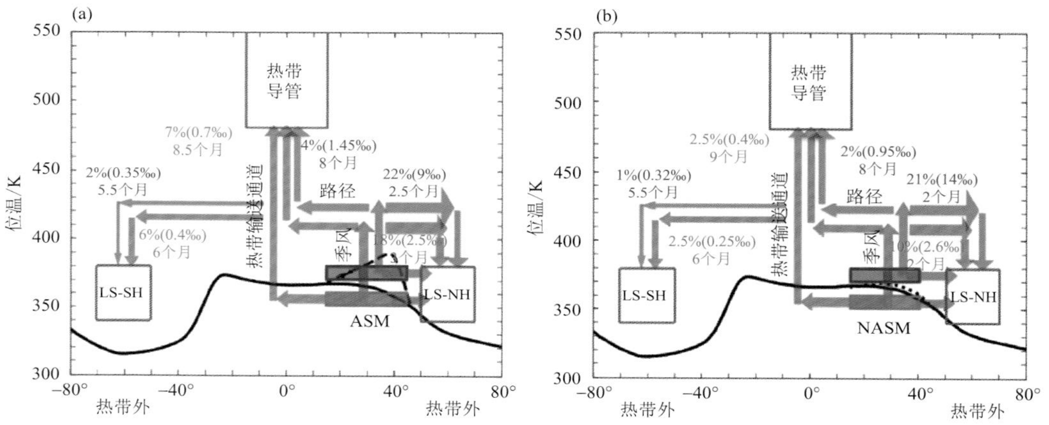

图 5.25　亚洲夏季风环流（a）和北美夏季风环流（b）示踪物向热带导管（TrP）、北半球下平流层（LS-NH）和南半球下平流层（LS-SH）输送示意图。红色和蓝色盒子分别表示起始位置位于 350～360 K 和 370～380 K 层的示踪物，箭头表示主要输送路径。百分数表示来源区的质量百分比，千分数表示输送效率，月数表示平均输送时间。黑色虚线、点线和实线分别表示 ASM、NASM 和其他地区的热力学对流层顶位置（引自 Yan et al.，2019）

5.6　本章小结

在国家自然科学基金委员会重大研究计划“青藏高原地-气耦合系统变化及其全球气候效应”的支持下，青藏高原对流层-平流层大气成分交换过程及其影响方面的研究取得了一些重要进展。

(1)在青藏高原地区开展大气成分的探空观测试验能够帮助我们更好地认识亚洲夏季风大气成分变化特征及其全球气候效应。从2009年起,连续十多年在青藏高原地区开展水汽、臭氧、粒子探空观测。观测站点包括西藏的拉萨、阿里、那曲、林芝,青海的格尔木,云南的昆明、腾冲,四川甘孜和甘肃张掖。主要采用了低温霜点湿度计(CFH)、袖珍光学反射气溶胶探测仪(COBALD)、电化学浓度池(ECC)臭氧探空仪。这些原位观测数据首次给出了夏季亚洲季风区反气旋内高垂直分辨率、高精度的水汽、臭氧、气溶胶垂直廓线。相关观测数据还在亚洲对流层顶气溶胶层、对流层向平流层输送过程等研究方面提供了重要的观测证据。

(2)青藏高原高地形引起的空气柱短缺造成青藏高原臭氧总量在每一个季节都存在纬向负偏差。在1979—1996年期间,青藏高原臭氧柱总量有减少趋势;而在1997—2017年期间,青藏高原和同纬度臭氧柱总量均转变为弱增加趋势。夏季青藏高原臭氧低谷在垂直方向存在双核心结构。此外,夏季南亚高压反气旋区域UTLS高度臭氧柱总量纬向偏差的变率表现为三个主要模态:低纬度地区的东西向偶极子模态(第一模态)、中纬度地区的东西向三极子模态(第二模态)、南北向模态(第三模态)。如果去除青藏高原臭氧低谷,夏季南亚高压会变得更强更冷。

(3)SWOP观测计划在拉萨和昆明开展的探空观测中,首次用原位观测数据证实了亚洲对流层顶气溶胶层(ATAL)的存在,SWOP观测还非常清晰地展示了对流层顶附近存在的亚洲对流层顶气溶胶层。火山喷发会对ATAL的观测存在影响。此外,孟加拉湾北部及邻近陆域,是ATAL的气溶胶对流源区,部分来源于喜马拉雅山脉南麓的抬升。ATAL对整个北半球平流层柱气溶胶表面积的贡献显著。

(4)夏季亚洲季风区(ASM)对流层-平流层大气成分输送对于全球平流层化学和气候系统具有重要的影响。亚洲季风区反气旋内的对流层空气块可以抬升并混合进入自由平流层中。卫星观测资料显示南亚高压反气旋内部存在着高浓度的地面排放的污染物,南亚高压反气旋内的CO主要来源于印度源区的排放。

(5)亚洲夏季风区是气块穿越对流层顶进入平流层最集中的区域。夏季亚洲季风区水汽向平流层的输送是平流层水汽的重要来源,而输送主要发生在青藏高原及其周边地区。从亚洲夏季风(ASM)到热带导管的输运效率几乎是从北美夏季风(NASM)或热带到热带导管的输运效率的两倍。尽管NASM对平流层的贡献小于ASM和热带的贡献,但NASM的传输效率与热带相当。

参考文献

苏昱丞,郭栋,郭胜利,等,2016.未来百年夏季青藏高原臭氧变化趋势及可能机制[J].大气科学学报,39(3):309-317.

唐南军,任荣彩,吴国雄,2020a.青藏高原及周边UTLS水汽时空特征的多源资料对比[J].大气科学学报,43(2):275-286.

唐南军,任荣彩,吴国雄,等,2020b.夏季青藏高原及周边上对流层水汽质量及其向平流层传输年际异常.Ⅰ:

水汽质量异常主导型[J]. 大气科学,44(2):239-256.

唐南军,任荣彩,吴国雄,等,2020c. 夏季青藏高原及周边上对流层水汽质量及其向平流层传输年际异常. Ⅱ:向平流层的绝热和非绝热传输[J]. 大气科学,44(3):503-518.

万凌峰,郭栋,刘仁强,等,2017. WACCM3 对夏季青藏高原臭氧谷双心结构的模拟性能评估[J]. 高原气象,36(1):57-66.

周任君,陈月娟,毕云,等,2008. 青藏高原上空气溶胶含量的分布特征及其与臭氧的关系[J]. 高原气象,27(3):500-508.

BIAN J, PAN L L, PAULIK L, et al, 2012. In situ water vapor and ozone measurements in Lhasa and Kunming during the Asian summer monsoon[J]. Geophys Res Lett, 39(19):L19808.

BIAN J,LI D,BAI Z, et al, 2020. Transport of Asian surface pollutants to the global stratosphere from the Tibetan Plateau region during the Asian summer monsoon[J]. Nat Sci Rev, 7:516-533.

BOURASSA A E, ROBOCK A, RANDEL W J,et al,2012. Large volcanic aerosol load in the stratosphere linked to Asian monsoon transport[J]. Science,337(6090):78-81.

CHANG S J, SHI C H, GUO D, et al, 2021. Attribution of the principal components of the summertime ozone valley in the upper troposphere and lower stratosphere[J]. Front Earth Sci, 9:605703.

FAN Q J, BIAN J C, PAN L L, 2017a. Atmospheric boundary layer sources for upper tropospheric air over the Asian summer monsoon region[J]. Atmos Ocean Sci Lett, 10(5): 358-363.

FAN Q J, BIAN J C, PAN L L, 2017b. Stratospheric entry point for upper-tropospheric air within the Asian summer monsoon anticyclone[J]. Sci China: Earth Sci, 60(9): 1685-1693.

GLOBAL VOLCANISM PROGRAM, 2019. Report on Raikoke (Russia)[R]. Russia: Bull Global Volcan Network, 44:8.

GU Y, LIAO H, BIAN J, 2016. Summertime nitrate aerosol in the upper troposphere and lower stratosphere over the Tibetan Plateau and the South Asian summer monsoon region[J]. Atmos Chem Phys, 16(11): 6641-6663.

GUO D, SU Y, SHI C, et al, 2015. Double core of ozone valley over the Tibetan Plateau and its possible mechanisms[J]. J Atmos Sol-Terr Phy, 130: 127-131.

HE Q, LI C, MA J, et al, 2014. Lidar-observed enhancement of aerosols in the upper troposphere and lower stratosphere over the Tibetan Plateau induced by the Nabro volcano eruption[J]. Atmos Chem Phys, 14(21): 11687-11696.

HE Q, MA J, ZHENG X, et al, 2019. Observational evidence of particle hygroscopic growth in the upper troposphere-lower stratosphere (UTLS) over the Tibetan Plateau[J]. Atmos Chem Phys, 19(13): 8399-8406.

HE Q, MA J, ZHENG X, et al, 2021. Formation and dissipation dynamics of the Asian tropopause aerosol layer[J]. Environ Res Lett, 16(1): 014015.

LI D, VOGEL B, BIAN J, et al, 2017. Impact of typhoons on the composition of the upper troposphere within the Asian summer monsoon anticyclone: The SWOP campaign in Lhasa 2013[J]. Atmos Chem Phys, 17(7): 4657-4672.

LI D, VOGEL B, MÜLLER R, et al, 2018. High tropospheric ozone in Lhasa within the Asian summer monsoon anticyclone in 2013: Influence of convective transport and stratospheric intrusions[J]. Atmos Chem

Phys, 18(24): 17979-17994.

LI D, VOGEL B, MÜLLER R, et al, 2020. Dehydration and low ozone in the tropopause layer over the Asian monsoon caused by tropical cyclones: Lagrangian transport calculations using ERA-Interim and ERA5 reanalysis data[J]. Atmos Chem Phys, 20(7): 4133-4152.

LI D, VOGEL B, MÜLLER R, et al, 2021. Tropical cyclones reduce ozone in the tropopause region over the western Pacific: An analysis of 18 years ozonesonde profiles[J]. Earth's Future, 9(2): e2020EF001635.

LI W, YU S, 2001. Spatio-temporal characteristics of aerosol distribution over Tibetan Plateau and numerical simulation of radiative forcing and climate response[J]. Sci China Ser D, 44(1): 375-384.

LI Y, CHIPPERFIELD M P, FENG W, et al, 2020. Analysis and attribution of total column ozone changes over the Tibetan Plateau during 1979—2017[J]. Atmos Chem Phys, 20(14): 8627-8639.

LI Z, QIN H, GUO D, et al, 2017. Impact of ozone valley over the Tibetan Plateau on the South Asian high in CAM5[J]. Adv Meteorol, 2017:1-8.

MA D, BIAN J, LI D, et al, 2022. Mixing characteristics within the tropopause transition layer over the Asian summer monsoon region based on ozone and water vapor sounding data[J]. Atmos Res, 271: 106093.

MA J,BRÜHL C,HE Q,et al,2019. Modeling the aerosol chemical composition of the tropopause over the Tibetan Plateau during the Asian summer monsoon[J]. Atmos Chem Phys,19(17):11587-11612.

SHI C, ZHANG C, GUO D, 2017. Comparison of electrochemical concentration cell ozonesonde and microwave limb sounder satellite remote sensing ozone profiles for the center of the South Asian high[J]. Remote Sens, 9(10): 1012.

TANG Z, GUO D, SU Y C, et al, 2019. Double cores of the ozone low in the vertical direction over the Asian continent in satellite data sets[J]. Earth Planet Phys, 3(2): 93-101.

TOBO Y, IWASAKA Y, SHI G Y, et al, 2007. Balloon-borne observations of high aerosol concentrations near the summertime tropopause over the Tibetan Plateau[J]. Atmos Res, 84(3): 233-241.

VERNIER J-P, THOMASON L W, KAR J, 2011. CALIPSO detection of an Asian tropopause aerosol layer [J]. Geophys Res Lett, 38(7):L07804.

VERNIER J-P, FAIRLIE T D, NATARAJAN M, et al, 2015. Increase in upper tropospheric and lower stratospheric aerosol levels and its potential connection with Asian pollution[J]. J Geophys Res: Atmos, 120(4): 1608-1619.

VERNIER J-P, FAIRLIE T D, DESHLER T, et al, 2016, In situ and space-based observations of the Kelud volcanic plume: The persistence of ash in the lower stratosphere[J]. J Geophys Res:Atmos,121(18):11104-11118.

YAN R, BIAN J, 2015. Tracing the boundary layer sources of carbon monoxide in the Asian summer monsoon anticyclone using WRF-Chem[J]. Adv Atmos Sci, 32(7): 943-951.

YAN X, ZHENG X, ZHOU X, et al, 2015. Validation of Aura Microwave Limb Sounder water vapor and ozone profiles over the Tibetan Plateau and its adjacent region during boreal summer[J]. Sci China: Earth Sci, 58(4): 589-603.

YAN X, WRIGHT J S, ZHENG X, et al, 2016. Validation of Aura MLS retrievals of temperature, water vapour and ozone in the upper troposphere and lower-middle stratosphere over the Tibetan Plateau during boreal summer[J]. Atmos Meas Tech, 9(8): 3547-3566.

YAN X, KONOPKA P, PLOEGER F, et al, 2019. The efficiency of transport into the stratosphere via the Asian and North American summer monsoon circulations[J]. Atmos Chem Phys, 19(24): 15629-15649.

YU P, ROSENLOF K H, LIU S, et al, 2017. Efficient transport of tropospheric aerosol into the stratosphere via the Asian summer monsoon anticyclone[J]. Proc Nati Acad Sci, 114(27): 6972-6977.

YU P, FROYD K D, PORTMANN R W, et al, 2019. Efficient in-cloud removal of aerosols by deep convection[J]. Geophys Res Lett, 46(2): 1061-1069.

ZHANG J, WU X, LIU S, et al, 2019. In situ measurements and backward-trajectory analysis of high-concentration, fine-mode aerosols in the UTLS over the Tibetan Plateau [J]. Environ Res Lett, 14(12): 124068.

ZHANG J, WU X, BIAN J, et al, 2020. Aerosol variations in the upper troposphere and lower stratosphere over the Tibetan Plateau[J]. Environ Res Lett, 15(9): 094068.

ZHANG J, LI D, BIAN J, et al, 2021. Deep stratospheric intrusion and Russian wildfire induce enhanced tropospheric ozone pollution over the northern Tibetan Plateau[J]. Atmos Res, 259: 105662.

ZHAO P, XU X D, CHEN F, et al,2018. The third atmospheric scientific experiment for understanding the earth-atmosphere coupled system over the Tibetan Plateau and its effects[J]. B Am Meteorol Soc, 99: 757-776.

ZHENG X D, ZHOU X J, TANG J, et al, 2004. A meteorological analysis on a low tropospheric ozone event over Xining, north western of China on 26—27 July, 1996[J]. Atmos Environ, 38: 261-271.

后　记

国家自然科学基金委员会从2014年开始实施了为期10年的重大研究计划“青藏高原地-气耦合系统变化及其全球气候效应”。本专辑在概述早期相关研究进展的基础上，重点阐述了上述重大研究计划开展以来，国内外有关青藏高原地-气系统复杂耦合过程的这一核心科学问题的研究成果。

青藏高原地-气相互作用主要通过陆面过程和大气边界层之间动量、热量和水汽等物质通量的交换来实现，青藏高原地形高大，使其直接加热对流层中上层大气，形成高耸入云的动力和热力扰源，对青藏高原及周边、东亚和全球的环流和天气气候变化有重要影响。由于青藏高原观测站网稀疏，高原复杂地形和下垫面特征使观测站的代表性受限制，再加之卫星反演产品在高原上存在较大不确定性。近年来，国内外科学家开展了大量的青藏高原陆面-边界层过程的加密观测和理论研究，取得了若干原创新性成果，推动了对青藏高原地-气相互作用过程的认识。通过在青藏高原实施陆面过程、边界层过程、云降水物理过程及对流层-平流层交换过程的综合观测试验获取刻画这些物理过程的宝贵资料；在此基础上，评估和发展了适合于青藏高原区域能量和蒸散发算法以及数值预报模式中计算地面热通量参数化方法和次网格地形重力波拖曳物理过程参数化方法，加深了对青藏高原地区多圈层复杂地表地-气相互作用规律、地表水量平衡、边界层东—西向结构特征及形成机制、云降水物理过程特征及大气水分循环，以及对流层-平流层大气成分交换过程及其影响的认识，特别是基于加密观测试验的地基雷达、飞机观测以及卫星遥感反演数据，对青藏高原独特的云-降水宏观和微物理特征第一次有了比较全面的认识，基于青藏高原多观测平台的大气成分观测数据，比较系统地认识了青藏高原臭氧结构、长期变化趋势及其影响。

目前青藏高原仍然是数值预报模式气温、降水误差最大的地区之一。现有的加密观测在青藏高原西部仍然缺乏；青藏高原地形复杂，莫宁-奥布霍夫相似理论基本假定在表层大气的适用性存在问题，这些都影响着对青藏高原地-气相互作用过程及其气候效应的认识。因此，未来有必要从陆面、边界层、对流层和平流层方面重点对青藏高原西部特别是西北部区域开展多圈层的综合观测试验，需要探索在获得局地参数的基础上将陆面过程局地观测与小尺度平均通量观测、卫星遥感反演以及数值模拟等相结合的方法，需要在青藏高原更大范围理解青藏高原多圈层地-气耦合过程及其区域差异，深入认识青藏高原地-气动量、热量和水分等物质交换过程特征以及边界层非均匀结构对大气环流和云-降水物理过程的影响，厘清青藏高原中部对流系统频繁发生的原因，发展能够更适合青藏高原复杂特点的陆面过程参数化方案，提高数值预报模式在青藏高原区域的性能。

赵平　周秀骥

2022 年 8 月